高等院校土建类专业“互联网＋”创新规划教材

土木工程系列实验综合教程

(含实验报告册)

主　编◎周瑞荣
副主编◎宗明明　唐　磊　许长青
参　编◎吴　波　白　杰　品尚富
主　审◎宗　兰

北京大学出版社
PEKING UNIVERSITY PRESS

内 容 简 介

本书以丰富翔实的资料，系统论述了土木工程领域所涉及的常规实验与检测项目。编写时围绕新时期应用型土木工程类专业的人才培养需求，遴选了相关课程的基本实验项目，综合汇编于本书中，以达到基础训练和能力提高的双重目的。

全书共6章，分为材料力学实验、土木工程材料实验、土力学实验、土木工程结构实验、流体力学实验、地下结构与市政工程检测实验。为了满足自学或预习的需要，本书配备了相关实验的教学视频，读者可以通过扫描书中二维码的方式来观看学习，非常方便。另外，本书还附有五本独立成册的实验报告册，供师生选用。

本书可作为高等院校土木类专业(如土木工程、工程管理、工程造价等专业)的实验教材，也可作为涉及工程力学课程实验相关专业的参考书和选用教材，还可作为相关技术人员的工具书。

图书在版编目(CIP)数据

土木工程系列实验综合教程 / 周瑞荣主编. —北京：北京大学出版社，2017.8

（高等院校土建类专业“互联网+”创新规划教材）

ISBN 978-7-301-28534-3

Ⅰ. ①土…　Ⅱ. ①周…　Ⅲ. ①土木工程—实验—高等学校—教材　Ⅳ. ①TU-33

中国版本图书馆CIP数据核字(2017)第157882号

书　　名　土木工程系列实验综合教程
TUMU GONGCHENG XILIE SHIYAN ZONGHE JIAOCHENG

著作责任者　周瑞荣　主编

策划编辑　杨星璐　刘健军

责任编辑　伍大维

数字编辑　孟　雅

标准书号　ISBN 978-7-301-28534-3

出版发行　北京大学出版社

地　　址　北京市海淀区成府路205号　100871

网　　址　http://www.pup.cn　新浪微博：@北京大学出版社

电子信箱　pup_6@163.com

电　　话　邮购部62752015　发行部62750672　编辑部62750667

印 刷 者　三河市博文印刷有限公司

经 销 者　新华书店

787毫米×1092毫米　16开本　26印张　610千字

2017年8月第1版　2022年7月第4次印刷

定　　价　56.00元（含实验报告册）

序

随着我国基本建设的快速发展以及 “一带一路”的发展战略的推进，基本建设第一线越来越需要大量的应用型土木工程人才。对这种人才的培养目标是什么呢？在我国的高等工程教育界有多种表述。我在到德国访问期间，特意走访了德国的一些工程技术学院，德国同行对此的解释很简单，他们认为研究型大学就是要为社会培养研究及制定工程规范和标准的人才，而应用型大学就是要培养对工程规范及标准能够理解、应用和创新的人才。

要培养对设计规范能够理解、应用、创新的高素质土木工程人才，除了需要掌握相关的基础理论知识(如数学、力学、物理等)及结构设计需要的专业理论知识(如混凝土结构设计、钢结构设计、地基基础设计等)外，更需要掌握相关的实验技术、实验方法以及对实验数据的整理。通过实验的开展，学生不仅能够验证理论，学会设计实验方案，更重要的是可培养动手能力，激发创新精神。

目前土木工程类专业的实验课程，各个学校根据办学定位和具体情况有一些差别，且基本上分散在各门课程之中，把土木工程专业的相关实验指导进行综合汇总的教材并不多见。三江学院的老师们总结了多年的实验教学经验，并在此基础上做了全新的尝试，将土木工程系列实验编成综合教程，以期对土木工程实验课程的改革有良好的促进。

希望这本土木工程系列实验综合教程能够适应应用型土木工程人才培养的需求，为培养高素质人才起到积极的作用。

宗　兰

2017 年 5 月

实验技术是进行材料性能测试、产品质量检验及相关科学研究的重要手段，在科学技术进步与社会经济发展中占有重要的地位。土木工程是一门古老并随实践不断发展的技术学科，由此决定了其实践经验先行于学科理论，而学科理论又应用于指导工程实践。

实践教学内容是土木工程专业人才培养方案的重要组成部分，相关课程贯穿整个专业学习的全过程，具有面广量大、知识点分散且又联系紧密的特点。如何做到既重视基础培养又兼顾能力提高，科学地设置各门实验课程的内容，是培养应用型土木工程专业人才的重要课题。

本书结合了三江学院应用型土木工程专业人才培养方案和土木工程检测行业的能力需求，遴选了一批各门类课程的实验项目。为了不同的需要，本书将实验项目分为基础必修型和开放提高型两大类，供师生选教选学，并附带了教材使用说明。其中应用型本科院校土木工程专业必修实验推荐学时及开设阶段见下表。

课程名称	实验项目	建议学时	建议开设阶段
材料力学实验	拉伸实验	2～4	第 3 学期
	扭转实验		
	纯弯曲梁的正应力测定实验	4～6	
	弯扭组合作用下薄壁圆管应力与内力的测量实验		
土木工程材料实验	水泥实验	2～3	第 4 学期
	混凝土实验	3～4	
	骨料实验	2	
	砂浆实验	2	
	强度检测实验	2	
	沥青实验	2～3	
土力学实验	颗粒分析实验	2	第 5 学期
	液塑限实验	2	
	压缩实验	2	
	直接剪切实验	2	
	渗透实验	2	
钢筋混凝土结构实验	钢筋混凝土梁的正截面破坏实验	4	第 5 学期
	钢筋混凝土梁的斜截面破坏实验	4	
流体力学实验	平面静水压力实验	4～6	第 6 学期
	文丘里流量计实验		
	雷诺实验		
结构检测实验	应变片的粘贴技术实验	2	第 6 或第 7 学期
	钢桁架应力测定实验	2	

全书目录中带“*”的实验项目，为应用型本科院校土木工程或相关专业的选做(开放性)实验。

本书由三江学院周瑞荣任主编，三江学院宗明明、唐磊和南京审计大学许长青任副主编，江苏建盛工程质量鉴定检测有限公司吴波、白杰、品尚富参编，南京工程学院宗兰教授任主审。具体编写分工如下：第 1 章、第 2 章由周瑞荣编写，第 4 章、第 5 章由宗明明编写，第 3 章及第 6.1 节由唐磊编写，第 6.2 节由吴波编写；实验报告册由周瑞荣、宗明明、唐磊、吴波、白杰、品尚富编制；教学视频由许长青提供。全书由周瑞荣统稿。

限于编者水平，书中或有不妥之处，敬请各位读者指正，以利对本书的进一步完善。

编　者

2017 年 5 月

【资源索引】

目录

第1章 材料力学实验

1.1 本章概述

材料力学实验是材料力学课程的重要组成部分，包括以下三方面内容。

(1) 材料的力学性能测定。材料的强度指标如屈服极限、强度极限、持久极限等，以及材料的弹性性能如弹性极限、弹性模量等，都是设计构件的基本参数和依据，而这些参数都是通过实验来测定的。随着材料科学的发展，各种新型的合金材料、合成材料不断出现，力学性能测定成为研究每一种新型材料的首要任务。实验得到的力学性能，也是对构件进行强度、刚度和稳定性计算的依据和基础。

(2) 实验应力分析。实际构件的形状和受力一般是很复杂的，尤其是现代工业逐步向高温、高压、高速度方向发展，其强度数据单靠理论计算往往并不能完全解决，有的问题目前理论还无能为力。另外，对于经过较大幅度简化后得到的理论计算或数值计算结果，其可靠性也有赖于实验的验证。而实验应力分析是在实际构件或模型上直接测取工作时的应力和变形，并分析其分布规律和承受能力。

(3) 验证材料力学的理论和定律。材料力学的发展过程清楚表明，实践是材料力学赖以建立的基础。材料力学的一些重要公式(如弯曲、扭转的应力公式)都是在大量的实验观察之后，通过推理假设，将其抽象为理想模型而推导出的一般性公式。这些公式反过来必须经过实践(包括实验)的检验。因此，验证理论的正确性也是材料力学实验的重要内容。

通过这些实验，可以观察到课堂讲授的一些现象、规律，比较理论计算与实验结果是否一致，增进感性认识和加深对理论的了解，对一些典型材料的力学性能有一定程度的认知，逐步掌握材料力学实验的基本原理和方法。

材料力学实验课程，可采用课内必修和课外开放选修相结合的方式开设。相关专业可根据工程力学课程的具体要求和学时数安排，确定必修和选修的项目。

1.2 力学性能实验(机测)

本节实验依据如下：

(1)《金属材料 拉伸实验 第 1 部分：室温实验方法》(GB/T 228.1—2010)；

(2)《金属材料 室温压缩实验方法》(GB/T 7314—2005)；

(3)《金属材料 室温扭转实验方法》(GB/T 10128—2007)；

(4)《金属材料 夏比摆锤冲击实验方法》(GB/T 229—2007)；

(5)《金属材料 疲劳实验 旋转弯曲方法》(GB/T 4337—2015)。

1.2.1 拉伸实验

※内容提要

拉伸实验是检验金属材料力学性能时普遍采用的一种极为重要的基本实验，其方法简单，数据可靠。拉伸实验可测定金属材料的重要力学性能指标，如屈服极限σ_s($\sigma_{0.2}$)、抗拉强度σ_b、伸长率δ、断面收缩率ψ等，这些参数是评定材料质量和工程设计的重要依据。

不同材料在实验过程中表现出不同的力学性质和现象。低碳钢和铸铁分别是典型的塑性材料和脆性材料。低碳钢具有良好的塑性，在拉伸过程中弹性、屈服、强化和颈缩四个阶段尤为明显；而铸铁则是典型的脆性材料，其实验现象与低碳钢有明显的区别。

试样的形状和尺寸对实验结果有影响。为了使材料性能可以相互比较，应按 GB/T 228.1—2010 的规定，将材料做成标准试样。若因材料尺寸等限制不能做成标准试样，则应按规定做成比例试样。一般棒材可做成圆形试样，板材可做成矩形试样，如图 1.1 所示。比例试样应符合公式$l_0 = k\sqrt{A_0}$，对于直径为d_0的圆试样，可取$l_0 = 5d_0$(短试样)和$l_0 = 10d_0$(长试样)，其中l_0为试样平行段标距，A_0为试样初始横截面积，系数k为 11.3 和 5.65。

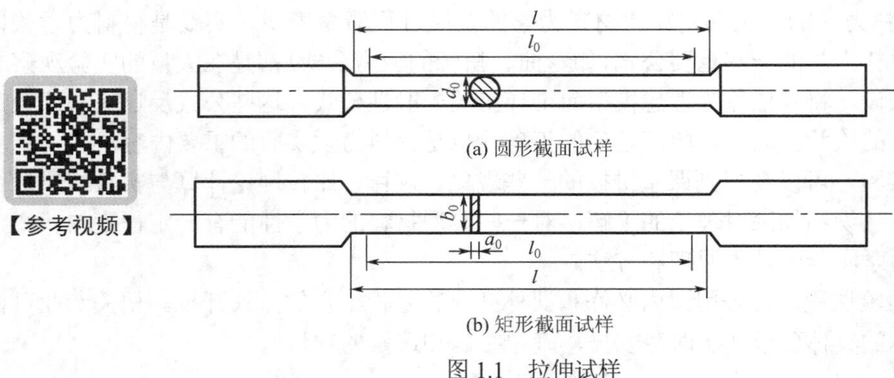

图 1.1 拉伸试样

※实验指导

Ⅰ 低碳钢拉伸实验

一、实验目的

(1)了解拉伸实验的原理和方法，观察低碳钢在拉伸过程中的各种现象。

(2)测绘低碳钢的荷载-变形曲线($P-\Delta l$曲线)，了解试样变形过程中变形随荷载的变化规律。

(3)测定低碳钢的屈服极限σ_s、抗拉强度σ_b、伸长率δ和断面收缩率ψ。

(4)掌握电子万能实验机的操作要领，培养动手能力。

二、实验设备与试样

电子万能实验机、应变式引伸计、游标卡尺等。

三、实验原理与方法

低碳钢试样在静拉伸实验中，实验机能自动绘制任意两个参数之间的关系曲线，如图1.2所示的荷载与变形关系的拉伸曲线。在整个实验过程中，试样依次经过了弹性、屈服、强化和颈缩四个阶段。

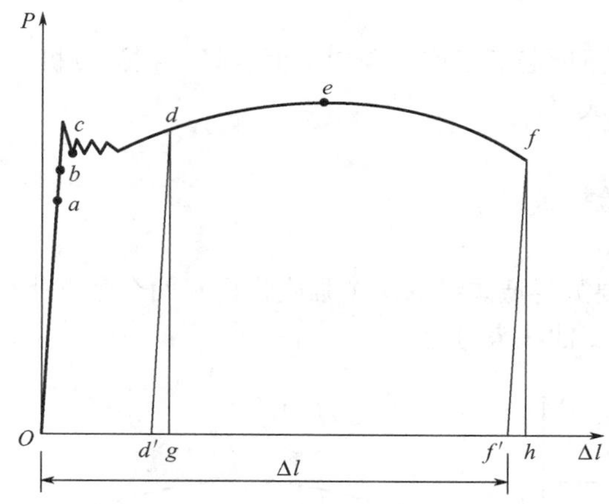

图1.2 低碳钢的荷载-变形曲线

由实验可知，变形开始阶段，卸掉荷载后，试样立即恢复原状，这种变形是弹性变形。当荷载增加到一定值时，拉伸曲线上出现锯齿平台，此时在荷载不增加或减小的情况下，试样还继续伸长，称为屈服现象。GB/T 228.1—2010 定义："上屈服点，试样发生屈服而力首次下降前的最大应力；下屈服点，当不计初始瞬时效应时屈服阶段中的最小应力。"在不加说明的情况下，一般认为低碳钢的屈服点就是指下屈服点，计算σ_s时应取下屈服点作为计算值。当屈服到一定程度后，材料又重新具有了抵抗变形的能力，称为材料的强化。强化后的材料就产生了残余应变，卸载后再重新加载，将反映出和原材料不同的性质，材料的比例极限提高而塑性降低。这种在常温下经塑性变形后，材料强度提高、塑性降低的现象，称为冷作硬化。当荷载达到最大值后，试样的某一截面开始急剧缩小而使荷载下降，颈缩现象产生，直至试样断裂。拉伸曲线上的最大荷载，是计算抗拉强度的荷载P_b。

四、实验内容与步骤

(1)用打点机在低碳钢试件上预先打好点(点与点之间的间距为试样的直径大小)。

(2) 分别测量试样的尺寸 l_0 和 d_0，用游标卡尺测量低碳钢试样的标距 l_0（取 10 倍直径大小）；在试样标距段 l_0 内于两端和中间三处测取直径，每处直径取两个相互垂直方向的平均值，做好记录；用最小直径计算试样横截面积 A_0。

(3) 熟悉电子万能实验机的操作方法。接通计算机和控制器电源，单击桌面上的“Test expert”图标，进入实验软件控制界面，然后单击联机按钮。

(4) 在实验机上装卡低碳钢试样：先用上夹头卡紧试样一端，然后调节实验机活动横梁到合适的高度，使试样下端缓慢插入下夹头的 V 形卡板中，再锁紧下夹头。

(5) 在试样的实验段上安装引伸计，安装完毕后，轻轻拔出引伸计定位销钉。

(6) 在计算机软件界面中执行以下操作：

① 在方法定义里调整和设置相应的参数；

② 单击左侧“实验”按钮，开始实验；

③ 待计算机有鸣叫声提示时，单击引伸计图标，立即摘除引伸计，摘除后注意插好引伸计上的销钉。

(7) 注意观察试样的变形情况和颈缩现象，试件拉断后，按计算机提示，确认实验是否有效。

(8) 取下断裂试件，量取断后长度、断口截面直径，按计算机提示输入相关数据。

(9) 按要求打印实验成果。

(10) 整理实验现场。

(11) 按要求整理实验报告。

五、实验数据处理

通过实验，我们需要测得低碳钢的两个强度指标和两个塑性指标，下面结合图 1.3 所示的低碳钢拉伸的应力-应变曲线来讨论。

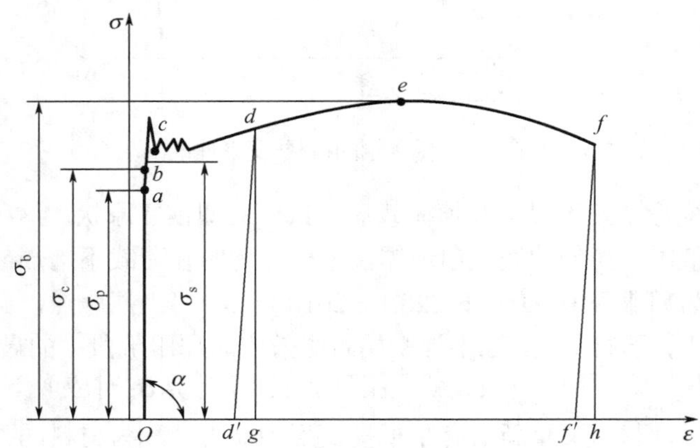

图 1.3　低碳钢拉伸的应力-应变曲线

(1) 由实验测得衡量材料抵抗破坏能力的强度指标如下。

① 屈服极限：即屈服点的(单位面积)应力值为

$$\sigma_s = \frac{P_s}{A_0}$$

② 抗拉强度：即曲线最高点的应力值为

$$\sigma_b = \frac{P_b}{A_0}$$

(2) 由实验测得衡量材料抵抗变形能力的塑性指标如下。

① 伸长率为

$$\delta = \frac{l_1 - l_0}{l_0} \times 100\%$$

式中 l_1 ——断后标距部分长度。

将拉断后试样的两段在拉断处紧密对接起来，并尽量使两部分位于同一轴线上。如果拉断处由于各种原因形成缝隙，则此缝隙应计入试样拉断后的标距长度 l_1 内。l_1 可用下述两种方法之一测定。

a．直接法：如果拉断处到临近标距端的距离大于 $l_0/3$，可直接测量两端点之间的距离。

b．移位法：如果拉断处到临近标距端的距离小于或等于 $l_0/3$，则在长段上从拉断处 O 量取短段格数，得 B 点，如果所余下格数为偶数［图 1.4(a)］，则取剩余格数的一半，得 C 点，则移位后 $l_1 = |AB| + 2|BC|$；如果所余下格数为奇数［图 1.4(b)］，则取所余格数减 1 和加 1 的各一半，分别得 C 和 C_1 点，则移位后 $l_1 = |AB| + |BC| + |BC_1|$。

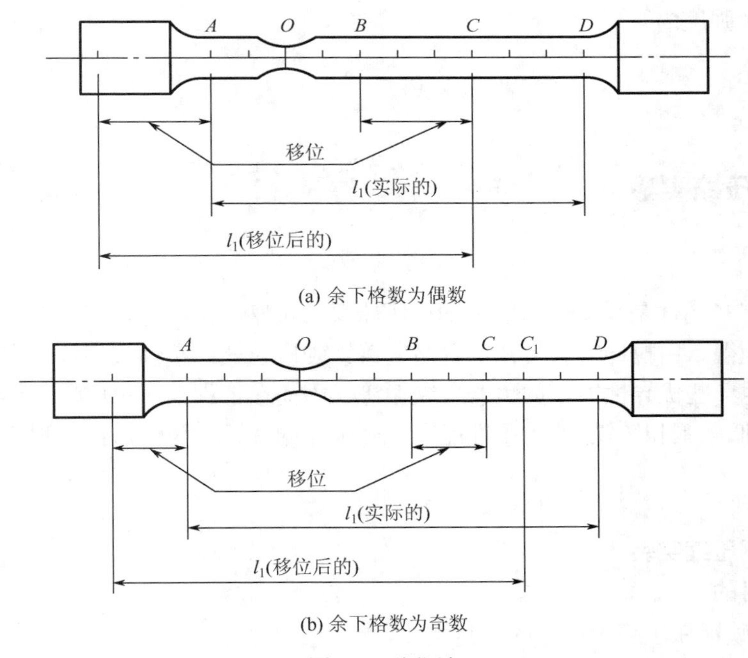

(a) 余下格数为偶数

(b) 余下格数为奇数

图 1.4 移位法

注意：试样拉断断口在移位法所述位置时，如用直接法求得的伸长率达到技术条件的规定值，则可不采用移位法。

② 断面收缩率为

$$\psi = \frac{A_0 - A_1}{A_0} \times 100\%$$

其中

$$A_0 = \frac{\pi d_0^2}{4}, \quad A_1 = \frac{\pi d_1^2}{4}$$

Ⅱ 铸铁拉伸实验

一、实验目的

(1)测量铸铁的抗拉强度 σ_b。

(2)比较低碳钢与铸铁的拉伸力学性能及破坏形式。

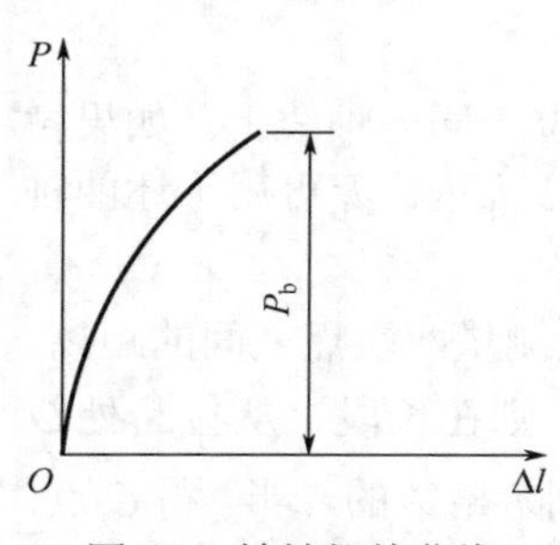

图 1.5 铸铁拉伸曲线

二、实验设备与试样

电子万能实验机、游标卡尺等。

三、实验原理与方法

铸铁属于脆性材料，在荷载作用下直到断裂也只产生很小的变形，无屈服点，只有抗拉强度值，如图 1.5 所示。

四、实验内容与步骤

在计算机屏幕上单击“条件”，选择“铸铁拉伸”，检查设定条件后确定。其他步骤可参考低碳钢拉伸实验。

五、实验数据处理

铸铁的抗拉强度为

$$\sigma_b = \frac{P_b}{A_0}$$

1.2.2 压缩实验

※内容提要

工程上有许多构件是承受压力的，如机床床身、机座、桥墩等，其材料的强度指标必须通过压缩实验测得。由拉伸实验可知，普通灰铸铁强度较低、塑性极小，但它的抗压强度却较高，并有其他一些优异性能，如耐磨、减振等，因而在工程上应用广泛。通过压缩实验，可对两种材料(低碳钢和铸铁)的抗压性能有一个全面的认识，为今后在工程实际中合理选材打下基础。

※实验指导

Ⅰ 低碳钢压缩实验

一、实验目的

(1)验证低碳钢在压缩时遵循的胡克定律。

(2)测定压缩时材料的屈服极限 σ_s。

二、实验设备与试样

(1)实验设备：电子万能实验机、游标卡尺等。

(2)实验试件：金属压缩试样，一般做成圆柱形，如图 1.6 所示。

理论分析与实验证明，当试样承受压力 P 时，其上下两个端面与实验机支承垫之间产生很大的摩擦力，这些摩擦力将阻碍试样的上部和下部产生横向变形，若采取措施(磨光或加润滑剂)减少摩擦力，试样的抗压能力会降低；另外当试样的高度 h_0 增加时，摩擦力对试样中段的影响减少，也会使抗压强度降低；如果试样高度与直径相比过大，受压时会造成失稳破坏，抗压强度数据也不真实。所以压缩实验是有条件要求的，只有在相同实验条件下压缩性质才能相互比较。试样 $\frac{h_0}{d_0}$ 的值一般规定为 1～3。

三、实验原理与方法

低碳钢试样压缩时有较短的屈服阶段，如图 1.7 所示。由于低碳钢是塑性材料，屈服之后截面逐渐增大，试样将压成饼而不断裂，故只能测出屈服极限 σ_s。

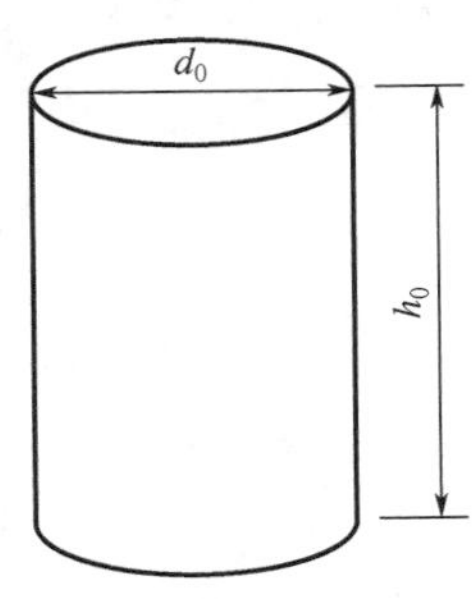

图 1.6 标准压缩试样

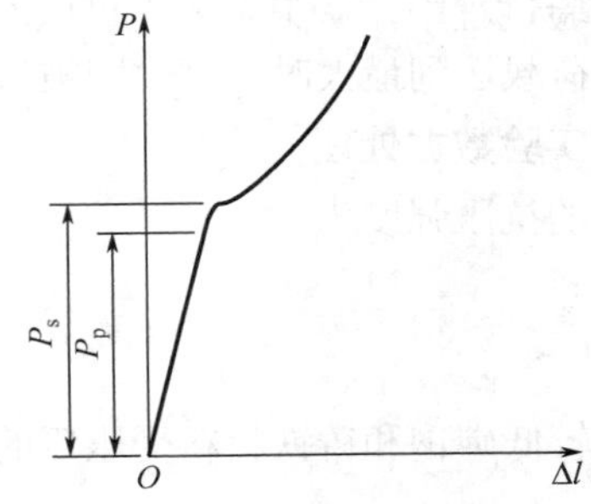

图 1.7 低碳钢压缩曲线

由于低碳钢塑性较高，无多大抗压强度，故屈服后试样稍显鼓时即可停止实验，以免过载，使机器受到损害。

四、实验内容与步骤

(1) 测量试件尺寸：取试件上、中、下三个截面，每个截面在互为 90° 方向上各测量一次；取三组截面数据中最小的平均值 d_0 来计算 A_0。

(2) 进行实验：以低速加载，从计算机显示器上可以得到 $P-\Delta l$ 曲线。开始的部分都是斜直线，说明低碳钢在弹性阶段拉伸与压缩的力学性能是相同的。继续加载至一定值，这时记录曲线出现明显的转折，转折点的荷载即为 P_s。屈服以后材料进入强化阶段，随着塑性变形的迅速增长，试件横截面积也逐渐增大，因而所能承受的荷载也越来越大，试件被压成薄饼状而不破坏，所以无法测量极限荷载 P_b；在这一阶段，记录是上升的曲线。

五、实验数据处理

根据实验中测得的数据，按下式计算低碳钢的压缩屈服极限：

$$\sigma_s = \frac{P_s}{A_0}$$

Ⅱ 铸铁压缩实验

一、实验目的

(1) 测定铸铁的抗压强度 σ_{bc}。

(2) 比较低碳钢和铸铁的抗压性能及破坏形式。

二、实验设备与试样

同低碳钢压缩实验。

三、实验原理与方法

铸铁试样压缩时的断裂面接近于 45°斜面，试样 h_0/d_0 越大，断面越接近于 45°，这与断面的摩擦约束的影响有关。45°面为最大切应力作用面，故铸铁压缩试样断口为剪切破坏。

铸铁受压缩与拉伸时一样，也是在很小的变形下即发生破坏，只能测出载荷 P_{bc}，如图 1.8 所示。

四、实验内容与步骤

铸铁压缩实验的方法和步骤与低碳钢实验相同。但为了防止铸铁试样破坏时崩出来伤人，要加盖安全罩。

在实验过程中，从记录图上可以看出，其压缩曲线在开始时接近于直线，以后曲率逐渐加大。当荷载达到最大时，试件即被破坏，可记录最大荷载 P_{bc}。

五、实验数据处理

铸铁的抗压强度为

$$\sigma_{bc}=\frac{P_{bc}}{A_0}$$

试比较低碳钢和铸铁材料受压后的形状变化，如图 1.9 所示。

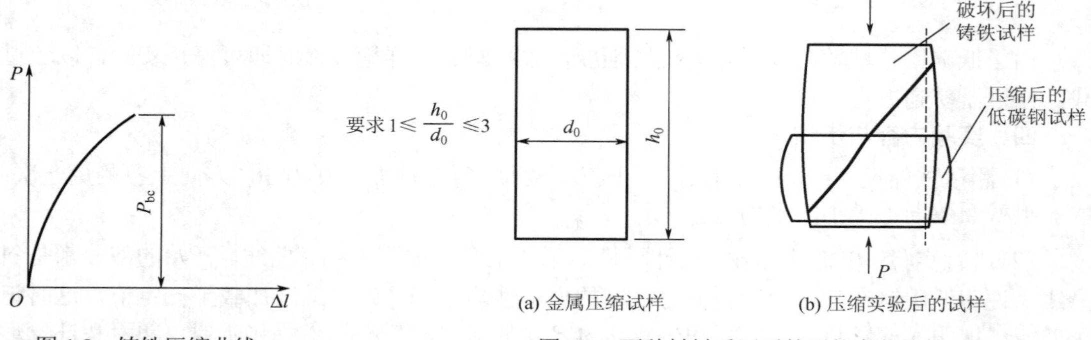

图 1.8　铸铁压缩曲线

图 1.9　两种材料受压后的形状变化比较

1.2.3　扭转实验

※内容提要

扭转变形是材料力学重要的基本变形之一。在工程结构上，许多机械部件都是在切应力下工作的，如各类齿轮的传动轴，各种钻机、钻床的钻头等，因此由扭转实验所测定的力学性能指标，是确保安全工作的主要依据。

【参考视频】

低碳钢和铸铁两种材料，在扭转实验中也体现了不同的特点，低碳钢在发生大量塑性变形后被剪坏，而铸铁在变形很小的情况下即被拉坏。因此，通过拉伸、压缩及扭转实验，对低碳钢和铸铁这两种材料的力学性能及破坏形式可有较为全面、深入的认识，从而掌握它们的规律。

※实验指导

Ⅰ 低碳钢扭转实验

一、实验目的

(1) 测定低碳钢的扭转屈服极限 τ_s 和抗扭强度 τ_b。

(2) 观察其扭转破坏断口。

二、实验设备与试样

(1) 实验设备：扭转实验机、游标卡尺等。

(2) 实验试样：扭转实验所用的标准试样有两种，分别为 $l_0 = 5d_0$ (短试样) 和 $l_0 = 10d_0$ (长试样)，试样形状如图 1.10 所示。

图 1.10 试样形状(单位：mm)

三、实验原理与方法

试样受扭直至断裂，在控制实验机工作的计算机上可自动绘制扭矩 M_e 和扭转角 φ 的关系曲线，如图 1.11 所示。$M_e - \varphi$ 图中的斜直线表示扭矩 M_e 和扭转角 φ 成正比关系，从而验证了扭转时的剪切胡克定律的正确性。由 $M_e - \varphi$ 图和扭转过程，还可以看到与拉伸实验类似的弹性现象和屈服现象。GB/T 10128—2007 规定："扭转实验中，上屈服点，以首次下降前的最大扭矩，按弹性扭转公式计算切应力；下屈服点，以屈服阶段中最小扭矩，按弹性扭转公式计算切应力。"计算屈服切应力时，应按下屈服点计算。当扭矩超过 M_{ep} 时，试样表面开始形成塑性区，扭转角越大，塑性区越深入到中心，$M_e - \varphi$ 曲线开始显得平坦，一直到 B 点，这时 $M_e = M_{es}$，可以近似认为整个截面切应力都达到扭转屈服极限 τ_s，如图 1.12 所示。

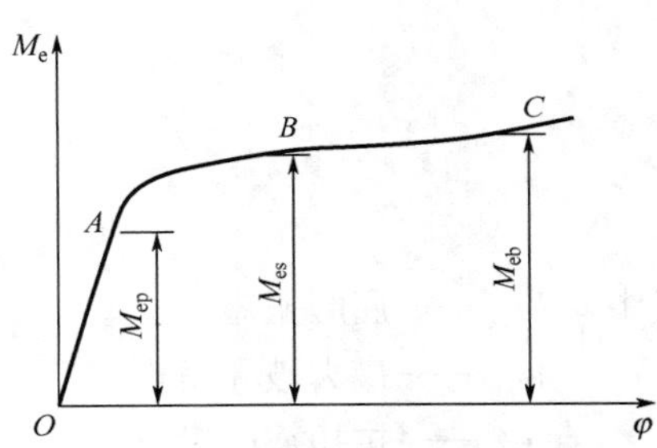

图 1.11 低碳钢的 $M_e - \varphi$ 曲线

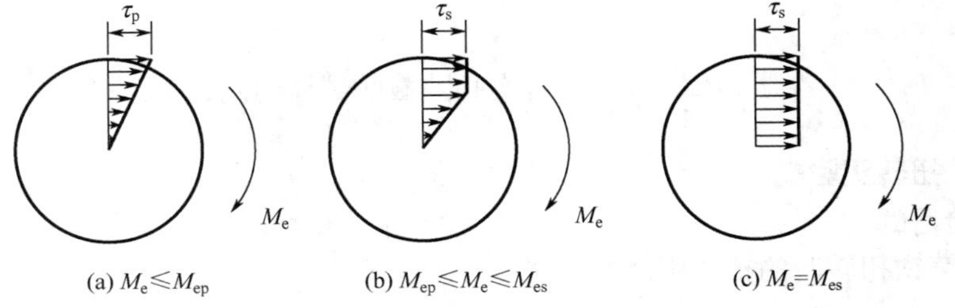

(a) $M_e \leqslant M_{ep}$　(b) $M_{ep} \leqslant M_e \leqslant M_{es}$　(c) $M_e = M_{es}$

图 1.12 扭转试样切应力分布图

四、实验内容与步骤

(1) 计算机控制扭转实验机的开机准备：

① 接通计算机电源，启动计算机；

② 双击桌面图标，启动实验程序；

③ 启动程序后，界面上出现“扭矩”和“转角”的数字显示，单击旁边的“清零”按钮执行清零操作，此时扭矩与转角显示均为零；

④ 接通实验机电源；

⑤ 在实验程序中设定转速为(60°～120°)/min，试件屈服后移动转速拉条至(350°～400°)/min，观察现象，直至试样断裂。

(2)测量试样尺寸 d_0(测量直径的方法与拉伸实验相同)。

(3)调整扭转实验机，熟悉扭转实验机的操作方法。

(4)装卡试样。

(5)单击实验屏幕上的“正转”按钮，开始实验。

(6)试样扭断后自动停机，取下试样，注意观察断口。

(7)请指导教师检查原始记录数据并签字后，将实验机复位并整理现场。

五、实验数据处理

相关计算公式为

$$\tau_s = \frac{M_{es}}{W_p}$$

$$\tau_b = \frac{M_{eb}}{W_p}$$

$$W_p = \frac{\pi d_0^3}{16}$$

式中　M_{es}——屈服扭矩；

M_{eb}——最大破坏扭矩；

W_p——抗扭截面模量。

由于在弹性阶段时切应力在试样的圆截面上沿半径线性分布，当试样最外层进入屈服时，整个截面的绝大部分区域仍处于弹性范围，此时实验机测量出的屈服扭矩实际上是横截面上相当一部分区域屈服时的扭矩值(图 1.12)，所测到的破坏扭矩值也是这样的。因此，按上述公式计算得到的剪切屈服点 τ_s 和抗扭强度 τ_b 均比实际值偏大。若按全面屈服考虑，可采用以下关系：

$$\tau_{s实际} = \frac{3}{4}\tau_s \text{（}\tau_s\text{ 为对实心圆截面试样的测试值）}$$

Ⅱ　铸铁扭转实验

一、实验目的

(1)测定铸铁扭转时的抗扭强度 τ_b。

(2)观察其扭转破坏断口。

二、实验设备与试样

同低碳钢扭转实验。

三、实验原理与方法

铸铁因抗拉强度较低，故扭转破坏时断口与轴线呈 45° 的螺旋面，并为该面上的主拉应力所拉断。如图 1.13 所示为低碳钢和铸铁破坏时的断口形状比较。

铸铁扭转时在很小变形的情况下即被破坏，如图 1.14 所示，故只能测得抗扭强度 τ_b：

$$\tau_b = \frac{M_{eb}}{W_p}$$

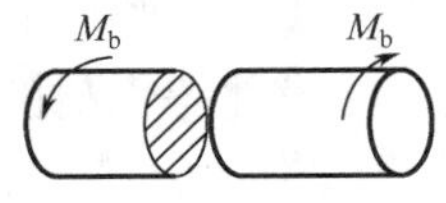

(a) 低碳钢试样断口

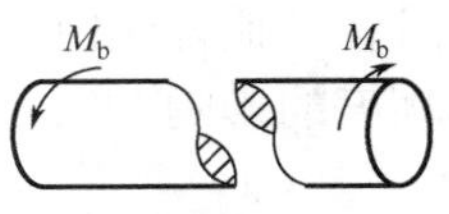

(b) 铸铁试样断口

图 1.13 两种材料扭转破坏时的断口比较

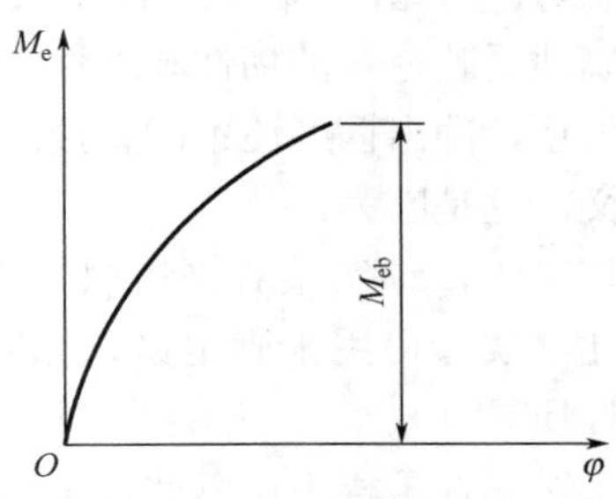

图 1.14 铸铁的 $M_e-\varphi$ 曲线

四、实验内容与步骤

(1) 计算机控制扭转实验机的开机准备：

① 接通计算机电源，启动计算机；

② 双击桌面图标，启动实验程序；

③ 启动程序后，界面上出现“扭矩”和“转角”的数字显示，单击旁边的“清零”按钮执行清零操作，此时扭矩与转角显示均为零；

④ 接通实验机电源；

⑤ 在实验程序中设定转速为 20°/min，观察现象，直至试样断裂。

(2) 测量试样尺寸 d_0(测量直径的方法与拉伸实验相同)。

(3) 调整扭转实验机，熟悉扭转实验机的操作方法。

(4) 装卡试样。

(5) 单击实验屏幕上的“正转”按钮，开始实验。

(6) 试样扭断后自动停机，取下试样，注意观察断口。

(7) 请指导教师检查原始记录数据并签字后，将实验机复位并整理现场。

五、实验数据处理

参考低碳钢实验。

1.2.4 冲击实验*

※内容提要

冲击实验主要是研究加载速度对材料力学性能的影响。工程结构中常见的机器设备多数是在动载荷下工作的，如凿岩机、起重机、锻锤、轧钢机等。很多材料在静载荷下能表现出良好的塑性，而在冲击作用下则呈显脆性。因此，在设计承受冲击作用的零部件时，必须考虑材料承受冲击的能力。冲击实验可分为拉伸冲击、弯曲冲击和扭转冲击，其中以弯曲冲击应用最为广泛。

摆锤式弯曲冲击实验是将带有切槽的长方形的标准试样放在实验机的支架上，并使切槽位于受拉的一侧，用规定高度的摆锤对处于简支梁状态的试样进行一次性打击，测量试样折断时的吸收功。冲击试样所消耗的总功可分为两部分，一部分是消耗于试样的变形(弹性变形和塑性变形)及破坏，另一部分是消耗于试样和机座的摩擦及将试样掷出时机座本身振动吸收的功等。因此，严格地讲冲击吸收功 A_k 值并不能代表试样断裂后所吸收的总能量，不能完全正确地反映材料的韧性和脆性，而塑性功可由撕裂功的大小显示出材料的韧性。因此，到目前为止，冲击韧度还不能直接应用于工程设计计算。但即便如此，冲击实验仍有很大的实际意义，这是因为：

第一，该实验对钢组织的变化很敏感，且在其他方法中反映不出来，或者反映微弱。因此，实验可用来确定钢材晶粒大小对冲击韧度的影响，以及热脆性、冷脆性等钢材的特殊性质。

第二，工程中常以此检定加工(如压力加工、热处理等)工艺是否合理，也用来检定钢材组织的均匀性等。

第三，冲击值对温度反映敏感，温度降低使材料的脆性急剧增加，因此低温冲击常用于生产实际。

第四，冲击实验方法简单而迅速，因此其方法已经标准化了。影响材料冲击性能的因素很多，除以上的一系列因素外，还有试样的尺寸和形状、材料的化学成分和杂质(特别是磷和硫)、实验条件、环境因素等，因此都要予以注意。

※实验指导

一、实验目的

(1) 了解冲击韧性的含义及表达方式。

(2) 掌握金属冲击实验机的操作方法。

(3) 分析温度对材料韧脆性能转变的影响，理解金属的低温脆性。

二、实验设备与试样

(1) 实验设备：冲击实验机、保温瓶、热电偶测温计。

(2) 实验试样：尺寸为10mm×10mm×55mm，2mm 深V形缺口，如图 1.15 所示。

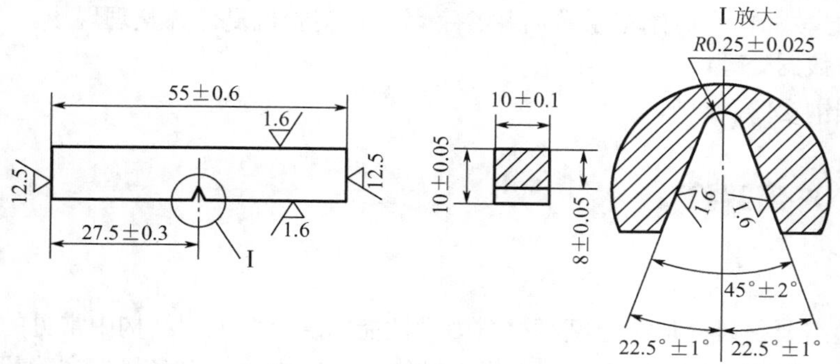

图 1.15　V 形缺口试样(单位：mm)

三、实验原理与方法

300N·m 摆锤式冲击实验机如图 1.16 所示。摆锤通过轴承安装在不动底座上，试样则安放在支座上。摆锤的最高位置可由挂钩确定(此时摆锤具有最大的势能)。推动手柄 6 后，摆锤即自由落下并冲击试样，其消耗于试样的功可由指针在示功标盘上直接读出。摆锤可以更换不同的重量，对应于标盘上不同的能量范围。手柄 9 及钢带用于在摆锤冲击试样后能迅速将其制动，以免摆锤长久摆动。

冲击载荷是指载荷在与承载构件接触的瞬间速度发生急剧变化的情况，即有一定的加载速率的载荷。冲击韧性是指金属材料在冲击载荷作用下吸收塑性变形功和断裂功的能力，常用标准试样的冲击吸收功 A_k 来表示。冲击吸收功 A_k 值越大，表明材料的抗冲击性能越好。本实验通过缺口试样的冲击弯曲实验来测量材料的冲击吸收功。

缺口试样的冲击弯曲实验原理如图 1.17 所示，实验是在摆锤式冲击实验机上进行的。将试样水平放在实验机支座上，缺口位于跟冲击相背的方向上。将具有一定质量 m 的摆锤举至一定高度 H_0，使其获得一定位能 mgH_0；释放摆锤冲击试样，摆锤的剩余能量为 mgH_1，则摆锤冲击试样失去的位能为 $mgH_0 - mgH_1$，即为试样变形和断裂所消耗的功，也就是冲击吸收功 A_k。

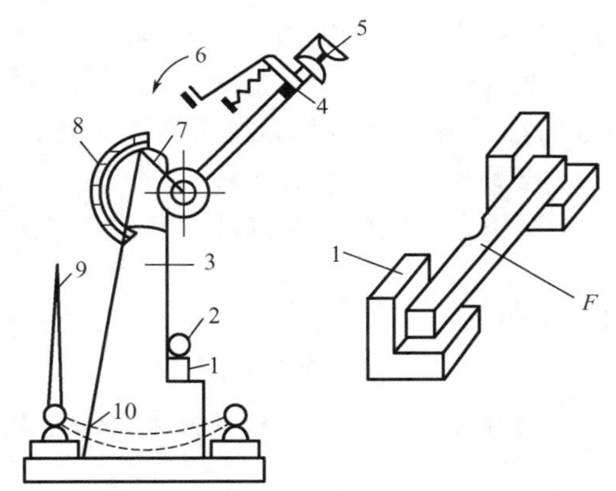

图 1.16 摆锤式冲击实验机结构示意图

1—支座；2—试样；3—底座；4—挂钩；5—摆锤；6，9—手柄；7—指针；8—示功标盘；10—钢带

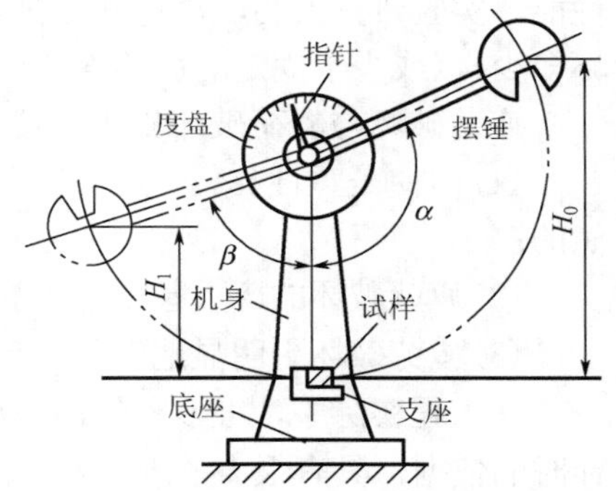

图 1.17 摆锤式冲击实验机工作原理图

在冲击实验机实际操作过程中，先将指针调零，待冲击完成后指针自动转向表盘上冲击吸收功所指的刻度处，单位为 J。实验者只需按要求放好试样，调零和读数即可，不需要测量 H_0 和 H_1 的大小。

四、实验内容与步骤

(1) 测量试件尺寸(长、宽、高、切口处断面尺寸)。

(2) 将试件放在实验机的支座上，使试件的切口背向撞击摆锤的刀口。

(3) 把摆锤提起并用挂齿钩住。注意此时在其摆动范围内禁止有人站立。

(4) 将指针拨到刻度盘的最大值上。

(5) 扳动挂摆装置的手柄，放松挂齿的小钩，使摆锤落下将试件撞断，这时推杆(它和摆杆牢固连接在一起)将随摆锤向右飞起而推动指针，使它指示出撞断试件所需能量的读数。

(6) 撞击后为了使空摆不致长时间摆动，可踩动脚踏板将其刹住。

(7) 在刻度盘上直接读出撞击试件所消耗的功。消耗在试件破坏上的功，按照摆重 Q 和撞击前后摆的高差 $H-h$ 的乘积来计算，即 $A_k = Q(h-h)$。

(8) 观察试件断口。

五、实验数据处理

冲击吸收功的计算公式为

$$A_k = \frac{A_k}{A_0}$$

式中 A_0 ——切口处的横截面积；

A_k ——记下的吸收功读数值。

1.2.5 疲劳实验*

※内容提要

当材料的应力呈周期性变化时，循环到一定次数后，在最大应力远小于静强度极限的应力水平下，材料发生破坏的现象称为疲劳现象。材料抵抗疲劳破坏的能力，称为材料的持久性能。实验研究表明，每一种材料都存在一个极限应力值，当应力小于此值时，不管应力循环多少次(或少于规定的循环次数)，材料也不会被破坏，此极限应力值称为材料的持久极限。

疲劳破坏与静荷破坏相比，具有明显不同的特点，表现在以下方面：

(1) 即便是塑性材料，在不产生明显塑性变形的情况下即可发生疲劳破坏，其破坏是突然的；

(2) 疲劳破坏的应力甚至小于静荷时的弹性极限；

(3) 疲劳破坏更明显地表现出受应力集中、尺寸大小等一系列因素的影响。

在工程实际中，很多零件都是承受周期载荷的，因此由实验来确定其持久极限，作为设计时的依据，具有很大的现实意义。

大量实验表明，持久极限不仅与材料有关，而且与作用载荷的形式有关。根据受力特点，材料的疲劳实验有拉伸压缩疲劳、弯曲疲劳、扭转疲劳、弯曲扭转疲劳、动力疲劳等实验类型。其中弯曲疲劳应用最广，这是因为其实验设备简单，实验容易进行。而且在工程实际中，很多构件都是承受此种载荷的。

材料的持久极限也与试样形式、尺寸、冷热加工方式、试样表面粗糙度以及温度条件等相关，因此，国家标准对疲劳实验有相应的规范。还应当指出，应力的循环特征不同，则材料的持久极限也是有差异的。但了解静荷作用下的强度极限以及对称循环下的持久极限以后，就可以大致了解材料在不同循环特征下的持久极限，因此一般进行对称循环下的疲劳实验就可以了。

※实验指导

本实验以金属弯曲疲劳实验为例。

一、实验目的

认识疲劳现象，了解确定持久极限的方法及所用设备。

二、实验设备与试样

PQ-6 型疲劳实验机、千分表、钢板尺、千分表架等。

实验所用的试件是按照《金属旋转弯曲疲劳实验方法》(GB/T 4337—2015)所规定的尺寸和要求进行加工的，如图 1.18 所示。

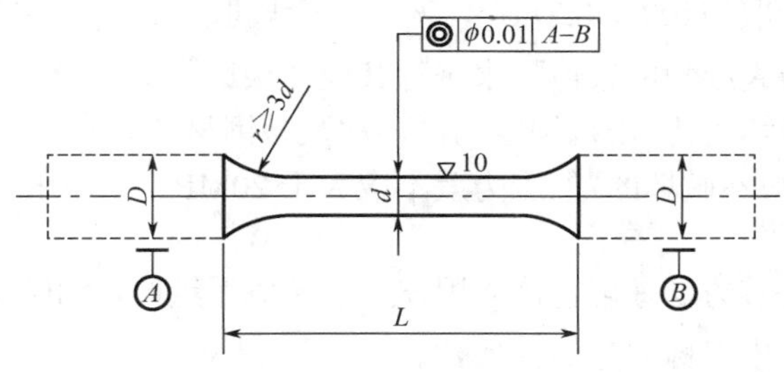

图 1.18 疲劳实验试件尺寸

试件的圆弧过渡部分必须经过仔细的加工，不能有任何的刻痕或直径的明显变化，否则试件便易于在此处断裂。此外试件表面必须光洁平滑，每组的试件材料必须取自同一状态的毛坯，且其所经过的冷热加工都必须严格保证一致，以保障实验结果的可靠性。

三、实验原理与方法

PQ-6 型疲劳实验机工作构造如图 1.19 所示，试样装在套筒内两个弹簧夹头下，砝码通过杠杆等加于两端套筒上，套筒与试样联结为一个整体。此时，试样工作部分完全处于纯弯曲受力状态。

电动机启动后，即带动试样旋转，电动机与套筒之间用万向联轴器连接，这样可避免套筒与电动机轴一起形成连续梁的作用，并且在试样折断时，也不致将电动机轴弯坏。

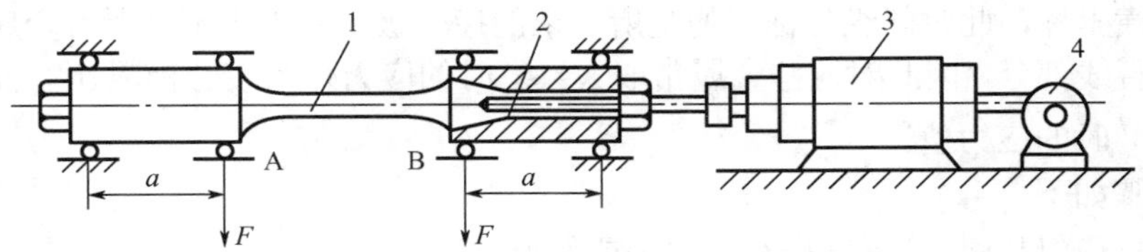

图 1.19 纯弯曲疲劳实验机工作构造

1—试样；2—心轴；3—电动机；4—计数器

电动机带动试样转动时，试样上各点都受到对称循环应力的作用，其周边上点的应力随时间变化的规律为

$$\sigma_{\max} = \frac{M_{\max}}{I} \cdot \frac{d}{2}$$

$$\sigma = \sigma_{\max} \sin \omega t = \frac{M_{\max}}{I} \cdot \frac{d}{2} \sin \omega t$$

式中 ω——电动机转动角速度(rad/s)；

t——经过的时间(s)。

电动机的转速为 3000r/min，在电动机与万向联轴器之间装有计数器，可自动记录电动机的旋转周数，即应力循环次数。

为了准确记录试样折断时的总转数，套筒的下面装有一停止开关。当试样破坏时，套筒绕其支点而下垂，因而压上开关，使电动机自动停止转动。

四、实验内容与步骤

弯曲变形的持久性能实验，通常以下述方法进行：将一组(6～8个)同样的试件进行实验，第一根试件的最大应力取为(0.6～0.7) σ_b，对有色金属取 0.5σ_b，实验后记下破坏时的循环次数，然后逐次降低最大应力的数值，来进行其他几根试件的实验，一直到某一根试件在规定的循环次数后尚不破坏为止(规范规定的循环次数为钢材 5×10^6 次，有色金属 2×10^7 次)，最后两个试件(破坏的与不破坏的)的应力差不应大于 20MPa。将所得结果绘制成应力与循环次数关系的曲线图。

绘制疲劳曲线有许多方法，可直接采用 $\sigma_{max}-N$ 关系绘制，如图 1.20 所示，其中纵坐标表示相关应力的大小，横坐标取为循环次数。

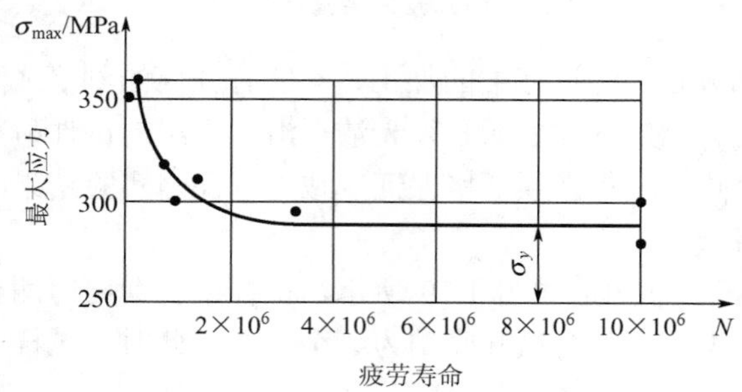

图 1.20　疲劳实验 $\sigma_{max}-N$ 曲线

由图 1.20 可看出，当 σ_{max} 减小时，应力循环次数增大，最后当应力达到一定值后，曲线几乎平行于横坐标，此时的纵坐标值便是所要求的疲劳极限。由于不是所有金属都有平行于横坐标轴的直线部分，因此对这些金属常取 $N=10^7$ 时的应力作为疲劳极限 σ_r，而对有色金属则取 $N=2\times10^7$ 时的应力值。

实验步骤如下。

(1) 测量试样尺寸，检查试样有无缺陷或伤痕。

(2) 用垫板将两个套筒调到水平位置。

(3) 将试样装入两套筒的弹簧夹头中，用扳手将套筒两端的螺钉拧紧，夹紧试样(注意不要拧得过紧，以免试样断裂后难以取出)。

(4) 检查两加载荷点(图 1.19 中 A、B 两点)之间的距离，使其等于(150±1)mm，否则需松开夹头，重新调整。

(5) 试样装夹后，慢慢转动实验机主轴，并利用千分表检查试样全工作长度上的径向圆跳动量，该跳动量不得超过±0.02mm。装上试样空载运转时，在主轴筒加力部位测得的径向圆跳动量应小于 0.06mm。

(6) 第一根试样的 $\sigma_{max}=(0.6\sim0.7)\,\sigma_b$，以后逐次减少，计算出所需载荷，用砝码加上，并记录于表中。

(7) 记下计数器上的数字。

(8) 撤掉垫板，启动电动机，按逆时针方向转动手轮，将载荷加到试样上。

(9) 实验进行到试样断裂，记下试样断裂时计数器上的数字。

(10) 逐次降低最大应力的数值，按照上述步骤继续进行其余试样的实验，直到有一根试件在经过规定的循环次数后尚不断裂为止。此次的应力值为 σ_r 。

五、实验数据处理

(1) 根据一组试件实验的结果，绘出 $\sigma_{max}-N$ 曲线。

(2) 确定疲劳极限 σ_r 的数值。

(3) 分析断口形式。

1.3 电测技术基础与应力分析实验

1.3.1 本节概述

电测法是一种对非电量的电子检测技术。测量时，用专用黏结剂将电阻应变片(简称应变片或应变计)粘贴到被测构件表面，应变片因感受测点的变形而使自身的电阻改变，电阻应变仪(简称应变仪)将应变片的电阻变化转换成电信号并放大，显示出应变值，再由应力、应变关系换算成应力值，由此达到对构件进行实验应力分析的目的。

电测法具有许多优点：①灵敏度高，能测量小到 1 με 的微小应变($1\ \mu\varepsilon=10^{-6}$，由于 ε 并非物理单位，所以用 με 代表$10^{-6}$严格来说不够规范，但方便实用)；②适应性强，可测应变范围为 $1\sim2.2\times10^5\mu\varepsilon$，可测应变频率为 0～200kHz，能在接近绝对零度的极低温直到高于900℃的高温环境下工作，能在水中和核辐射环境下测量，能在转速为 10000r/min 的运动构件上取得信号，还可以进行远距离遥测；③精度高，在实验室常温条件下做静态测量，误差可控制在 1%以内，现场条件下的静态测量误差为 1%～3%，动态测量误差在 3%～5%范围内；④自动化程度高，可配以先进的测试仪器和数据处理系统，不仅使测试效率大为提高，也使测量误差不断降低，目前已有 100 点/s 的静态应变仪和对动态应变信号进行自动分析处理的系统；⑤适用范围广，有裂纹扩展片(测量裂纹的扩展)、测温片、残余应力片等，采用应变片作敏感元件制成的应变式传感器，可测力、压力、扭矩、位移、转角、速度和加速度等多种力学量。但电测法也有局限性，只能测量构件表面有限点的应变，当测点较多时，准备工作量大。且所测应变是应变片敏感栅投影面积下构件应变的平均值，对于应力集中和应变梯度很大的部位，会产生较大的误差。然而应变电测法所具有的独特优点，使该方法成为动态应变测量最有效的方法，也是对高温、液态和旋转、运动构件做应变测量所常用的方法，目前在工业、农业、国防、科学研究、工程监测、航空、航天、医学、体育及日常生活中都得到了广泛的应用。

1.3.2 电测原理和方法

电阻应变测量技术可用于测定构件的表面应变，根据应力与应变之间的关系，确定构件的应力状态。

电阻应变片测量系统由电阻应变片、电阻应变仪及记录器三部分组成。其工作原理是将电阻应变片粘贴在被测的构件上，当构件变形时，电阻应变片的电阻值发生相应变化，通过电阻应变仪中的电桥将此电阻值变化转化为电压或电流的变化，经过放大器放大，最后换算成应变值或输出与应变仪成正比的模拟电信号(电压或电流)，输入记录器进行记录，也可输入计算机按预定要求进行处理，从而得到所需的应力和应变数值。

1．电阻应变片

常用的电阻应变片构造如图 1.21 所示，主要由四部分组成：

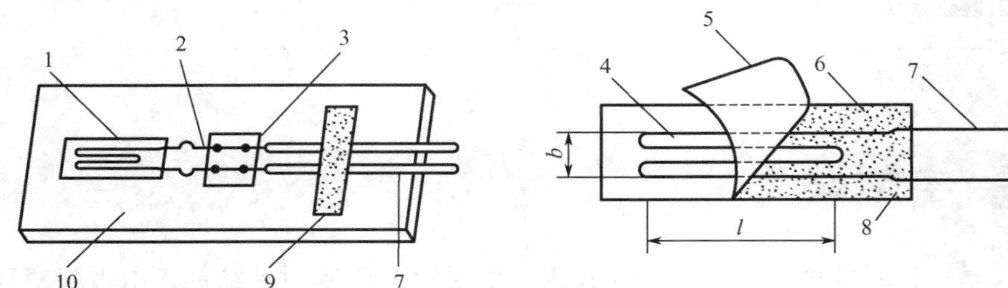

图 1.21　常用的电阻应变片结构

1—应变片；2—引出线；3—接线端子；4—敏感栅；5—覆盖层；
6—基底；7—导线；8—黏结剂；9—压线片；10—试样

(1) 敏感栅：是用具有一定电阻的金属丝绕制或用金属箔光刻而成。常用的敏感栅材料，有铜镍合金、镍铬合金、铁铬铝合金等。

(2) 引出线：用作测量敏感栅电阻值时与外部导线连接。

(3) 基底：用纸或胶膜、金属薄片等制成，作固定敏感栅用。

(4) 黏结剂：用于将敏感栅固定在基底上，另外用于在一些应变片敏感栅上覆盖一层(纸或胶膜)防护层。

测量构件应变时，将电阻应变片用黏结剂粘在被测构件上，当构件受力而产生变形时，电阻片中敏感栅随之发生变形。由于金属丝在伸长(或缩短)时，其电阻值会发生相应的变化，因此应变片可将构件的形变转化为电阻值的变化。由理论推导和实验得知，在一定范围内电阻值相对改变量 $\frac{\Delta R}{R}$ 与应变 $\frac{\Delta l}{l}$ 成正比，即

$$\frac{\Delta R}{R}=K\frac{\Delta l}{l}=K\varepsilon \tag{1-1}$$

式中　K——电阻应变片灵敏系数，与应变片的绕线形式、敏感材料性能、加工工艺等有关，由实验标定给出，一般在 1.8～3.0 之间。

应变片种类很多，有箔式及半导体电阻应变片，常温及高、低温应变片，还有基底上有几个敏感栅的应变花及特殊用途的裂纹扩展片、测压片等。

2．电阻应变片的粘贴

电阻应变片的粘贴质量将直接影响测量结果，必须充分予以重视。

(1)根据实验目的选好贴片位置，将表面清理干净，画好定位线。

(2)将黏结剂均匀涂于应变片背面，并在定位线位置贴上，用手指按应变片挤出多余黏结剂，手指压住保持1min后再放开。

(3)检查贴片位置有无气泡、翘曲、脱胶等现象，用万用表检查应变片是否通路。

(4)将电阻应变片引出线与测量用的导线焊在一起，并对导线进行固定和编号。为保证测量工作正常进行，可在电阻应变片上涂一层防潮胶合剂或凡士林、石蜡等物，以起防潮作用。

3．应变电桥

由于被测构件变形引起的应变片电阻变化是很小的，必须通过专用仪器来测量，这种仪器就是电阻应变仪。在电阻应变仪中，一般用电桥将应变片的电阻变化转换为电压或电流的变化。以直流电桥为例，如图1.22所示，直流电桥的桥臂由R_1～R_4四个电阻组成，A、C两端为供桥电源输入端，其直流电压为E，B、D两端为输出端。根据电路计算，可得输出电压$U_{\rm BD}$与电源电压E及各桥臂电阻的关系式为

$$U_{\rm BD}=\frac{R_1R_3-R_2R_4}{(R_1+R_2)(R_3+R_4)}E \tag{1-2}$$

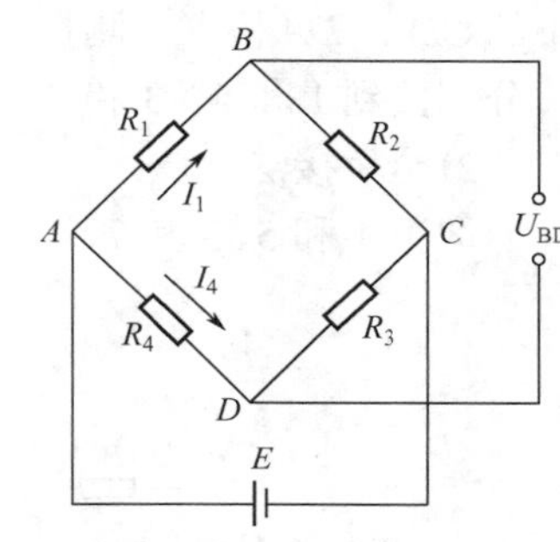

图1.22　直流电桥

如果$R_1R_3=R_2R_4$，则$U_{BD}=0$，电桥处于平衡状态，$R_1R_3=R_2R_4$即称为电桥的平衡条件。测量前使电桥满足平衡条件，如各桥臂电阻均产生微小增量(分别为ΔR_1、ΔR_2、ΔR_3、ΔR_4)，代入式(1-2)可得电桥输出电压为

$$U_{\rm BD}=\frac{E}{4}\left(\frac{\Delta R_1}{R}-\frac{\Delta R_2}{R}-\frac{\Delta R_3}{R}+\frac{\Delta R_4}{R}\right) \tag{1-3}$$

式中　R——电阻应变片的初始电阻。

若用四个电阻片作桥臂(其初始电阻值满足平衡条件)，当电阻片的应变分别为ε_1、ε_2、ε_3、ε_4时，将式(1-1)代入式(1-3)得

$$U_{\rm BD}=\frac{EK}{4}(\varepsilon_1-\varepsilon_2+\varepsilon_3-\varepsilon_4) \tag{1-4}$$

由式(1-4)可见，电桥可将应变片的应变转化为电压增量，其输出电压与各桥臂上应变片应变的代数和成正比。

通过仪器转换，可直接输出应变值为

$$\varepsilon_{\rm d}=\varepsilon_1-\varepsilon_2+\varepsilon_3-\varepsilon_4 \tag{1-5}$$

4．温度补偿

电阻值对温度变化是很敏感的，如果测量过程中温度发生变化，会引起电阻值改变，从而影响测量精度。为了消除由于温度变化引起的误差，可以采用温度补偿的方法。为此取一片与工作应变片同样性能的应变片，粘贴在与被测构件材料相同且不受力的试件上，使它与

被测构件具有相同的温度，此应变片称为温度补偿片。测量时将工作片接在 A 、B 端上，补偿片接在 B 、C 端上，如图 1.22 所示，其他两桥臂接同值的固定电阻，利用电桥特性，由式(1-5)可以看出由温度变化而产生的电阻变化被消除了，即

$$\varepsilon_{\mathrm{d}} = \varepsilon_{\mathrm{AB}} - \varepsilon_{\mathrm{BC}} = (\varepsilon + \varepsilon_{\mathrm{T}}) - \varepsilon_{\mathrm{T}} = \varepsilon$$

利用电桥特性，还可以根据构件的各种不同受力状态，利用不同的温度补偿接桥方式及合理的接桥方式增加电桥的灵敏度，消除一些不需要测量的应变值。

5. 电桥接法

通过静态电阻应变仪测出测点的应变值。实验时，将应变片接到应变仪的桥盒上，桥盒上的 1、2、3、4 接线柱与图 1.22 中的 A 、B 、C 、D 对应。连接方法有半桥接法和全桥接法两种。

1) 半桥接法

电桥盒内装有两个 $R = 120\Omega$ 的无感线绕电阻，在半桥测量时可作为内半桥，即图 1.22 中的 CD 、DA 桥臂。测量时，将应将变片接到电桥盒上的 1、2、3 接线柱之间，并将连接片分别接到 1 和 5、3 和 7、4 和 8 接线柱之间，如图 1.23(a)所示。

2) 全桥接法

取下 1 和 5、3 和 7、4 和 8 之间的应变片，分别接到 1、2、3、4 接线柱即可，如图 1.23(b)所示。

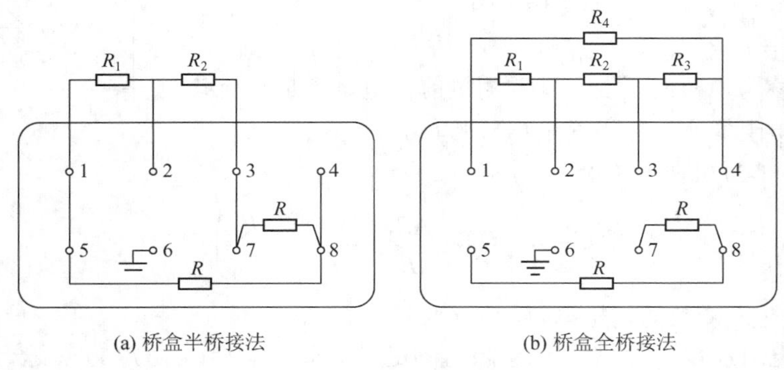

(a) 桥盒半桥接法　　(b) 桥盒全桥接法

图 1.23　电桥接法

1.3.3　纯弯曲梁正应力测定实验

※内容提要

梁弯曲变形时，其横截面上会产生弯曲正应力。测定梁弯曲正应力分布规律，了解约束对于梁弯曲正应力的影响，能对弯曲理论有进一步的了解。直梁(单一材料矩形截面梁，俗称直梁)和组合梁(如叠梁、楔块梁和夹层梁)均可作为弯曲正应力的实验试样，而叠梁、楔块梁和夹层梁又均可以是几种不同材料的组合，它们的测试原理、实验方法基本相同，仅组合截面上应力分布规律不一样。本节分别测定直梁、叠梁、复合梁在纯弯曲作用时的应力分布特点。

※实验指导

Ⅰ　直梁的纯弯曲正应力实验

一、实验目的

(1)用电测法测定直梁在纯弯曲时沿其横截面高度的正应变(正应力)分布规律。

(2)验证纯弯曲梁的正应力计算公式。

二、实验设备与试样

【参考视频】

(1)TS3861型静态数字应变仪一台。

(2)NH-10型多功能组合实验架一台。

(3)纯弯曲实验直梁一根。

(4)温度补偿块一块。

三、实验原理与方法

直梁的材料为钢，其弹性模量$E = 2.1\times10^5\,\text{MPa}$，泊松比$\mu = 0.28$。用手转动实验装置上面的加力手轮，使四点弯上压头压住实验梁，则梁的中间段承受纯弯曲应力。根据平面假设和纵向纤维间无挤压的假设，可得到纯弯曲正应力计算公式为

$$\sigma = \frac{M}{I_x}y \tag{1-6}$$

式中　M——弯矩；

I_x——横截面对中性轴的惯性矩；

y——所求应力点至中性轴的距离。

由式(1-6)可知，沿横截面高度，正应力按线性规律变化。

实验时采用螺旋推进和机械加载方法，可以连续加载，载荷大小由带拉压传感器的电子测力仪读出。当增加压力ΔP时，梁的四个受力点处分别增加作用力$\Delta P/2$，如图1.24所示。

为了测量直梁纯弯曲时横截面上应变分布规律，在梁纯弯曲段的侧面各点沿轴线方向布置了五片应变片(在梁的前后两面，规律相同地各贴有应变片，实验时可分两组同时进行)，如图1.24所示。应变片的灵敏系数K=2.08，电阻$R=120\,\Omega$，b=19.7mm，h=23.1mm，c=131mm。各应变片的分布为：1#在$\frac{1}{2}h$处，2#、3#在上下对称于1#的$\frac{1}{4}h$处，4#、5#在弯曲梁的上下表面。

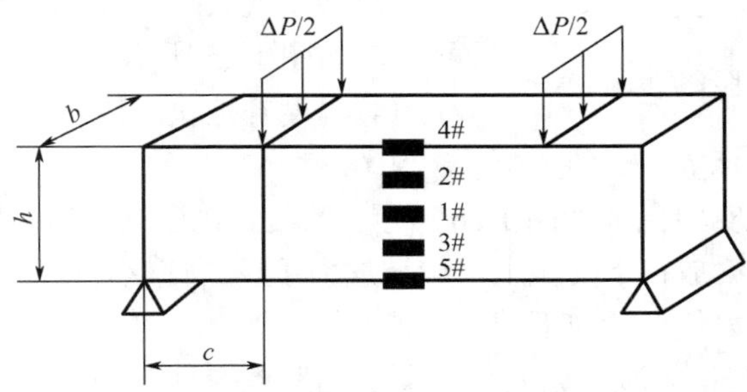

图1.24　纯弯曲梁受力示意图

如果测得直梁在纯弯曲时沿横截面高度各点的轴向应变，则由单向应力状态的胡克定律

公式$\sigma = E\varepsilon$，可求出各点处的应力实验值。将应力实验值与理论值进行比较，可以验证弯曲正应力公式。

四、实验内容与步骤

(1)在梁上的对称位置放上弯上压头附件。

(2)对齐梁的下支座白色记号。

(3)将应变仪灵敏系数调为$K = 2.08$，电阻值调为$R = 120\Omega$；这两个数值为应变片本身所固有。

(4)检查压力传感器的引出线和电子秤的连接是否良好，接通电子秤的电源线；检查应变仪的工作状态是否良好。然后把梁上的应变片按序号接在应变仪上不同通道的接线柱A、B上，黑线为公共线，接到B接线柱上，其他各色线按顺序分别对应地接到不同通道的A接线柱上；公共温度补偿片接在接线柱B、C上。相应电桥的B接线柱需用短接片连接起来，而各C接线柱之间不必用短接片连接，因其内部本来就是相通的。由于采用半桥接线法，故应变仪应处于半桥测量状态。应变仪的操作步骤见使用说明书。

(5)实验中取预加载荷$P_0 = 400\text{N}$，增量$\Delta P = 400\text{N}$，$P_{\max} = 2000\text{N}$，分四次加载；在P_0处将应变仪调零(或记录初始读数)，实验时逐级加载，并记录各应变片在相应载荷作用下的应变读数。

五、实验数据处理

(1)按实验记录数据求出各点的应力实验值，并计算出各点的应力理论值。然后算出它们的相对误差。

(2)按同一比例，分别画出各点应力的实验值和理论值沿横截面高度的分布曲线，将两者进行比较，根据比较结果，分析理解弯曲正应力的理论规律。

Ⅱ　叠梁的纯弯曲正应力实验

一、实验目的

(1)探讨叠梁在受纯弯曲作用时的变形特点。

(2)比较理论公式和实验结果的区别。

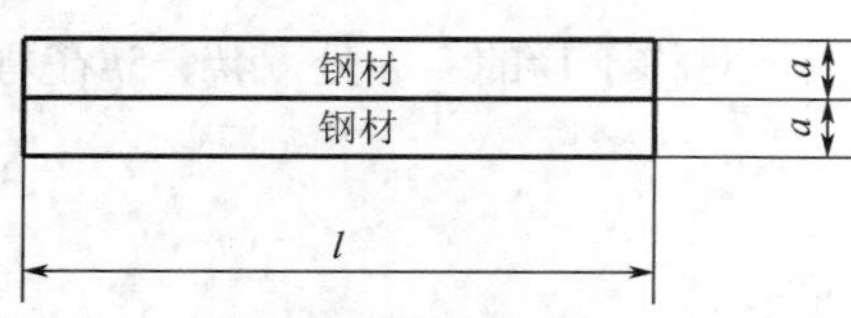

图 1.25　叠梁构造示意图(厚度为 b)

二、实验设备与试样

(1)TS3861 型静态数字应变仪一台。

(2)NH-10 型多功能组合实验架一台。

(3)金属叠梁一根(由上、下两根同材质的梁叠放而成)，如图 1.25 所示。

(4)温度补偿块一块。

三、实验原理与方法

金属叠梁应力测定实验原理如图 1.26 所示，该装置由多功能组合实验架加力系统、金属叠梁、底座等组成，叠梁放在下支座上。旋转加力手轮，使丝杆向下移动后，压住四点弯上压头部分，由数字式测力仪显示向下的压力值。

叠梁在受弯矩作用时(为减少梁间接触面上的摩擦，抹有润滑机油，可略去两梁之间的摩擦力不计)，在小变形的情况下，在纯弯曲段上、下梁的曲率半径相同，且各自承担着总弯矩的一半。虽然上、下梁之间存在挤压作用力，造成梁弯曲部分存在层间挤压应力，但一般认为这一挤压应力与弯曲应力相比可忽略不计，因此每根梁的变形应该保持横截面的弯曲应力分布也近似为线性。力 P 作用在跨度为 118mm 的分配梁上，$P/2$ 力的跨度为 380mm。

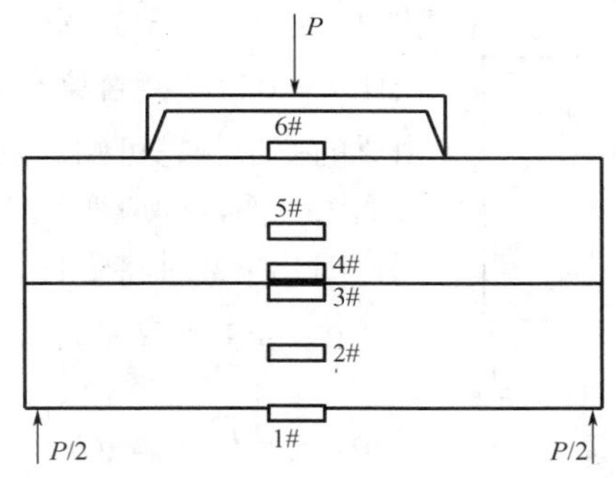

图 1.26 叠梁受力示意图

四、实验内容与步骤

(1) 接通测力仪电源，预热 10min。

(2) 将叠梁上的应变片有序地接入应变仪的 AB 桥臂，将温度补偿块上的应变片接入应变仪的 BC 桥臂，用半桥测量线路测量每一片的应变。

(3) 量取实验梁尺寸(或记录梁上标明的尺寸)。

(4) 由于忽略了纵向纤维之间的挤压应力，所以叠梁在纯弯曲段内仍可看作是单向应力场，因而可以应用胡克定律 $\sigma = E\varepsilon$ 。

(5) 预加载荷 $P_0 = 30\text{ N}$，以后逐级增加载荷 $\Delta P = 100\text{ N}$，最大至 $P_{\max} = 430\text{ N}$ 即可。

(6) 记录每级的测量读数。

五、实验数据处理

(1) 根据胡克定律 $\sigma = E\varepsilon$ 计算各贴片处的应力。

(2) 比较分布在一条直线上的若干点的应力，看是否接近于线性分布。

III 复合梁的纯弯曲正应力实验

一、实验目的

(1) 探讨复合梁在受到纯弯曲作用之后的应力及变形特点。

(2) 用电阻应变测试方法测定复合梁在纯弯曲作用下的应力分布规律。

二、实验设备与试样

(1) TS3861 型静态数字应变仪一台。

(2) NH-10 型多功能组合实验架一台。

(3) 铝、钢复合梁一根(贴有应变片)，如图 1.27 所示。

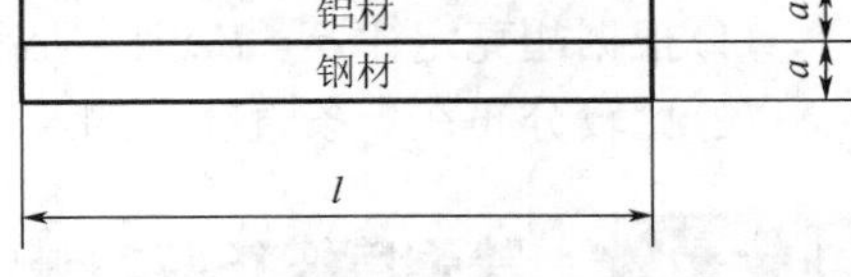

图 1.27 复合梁构造示意图(厚度为 b)

(4) 温度补偿块一块。

三、实验原理与方法

在多功能组合实验装置上进行复合梁应力测定实验，受力状态如图 1.28 所示，该套装置由多功能组合实验架的加力丝杆、加力手轮、力传感器、数字测力仪、复合梁上压头、底板、立柱、锁紧螺母等组成。实验时，旋转加力手轮，使上加力头向下压，完成加载过程。P 力的跨度为 118mm，$P/2$ 力的跨度为 380mm。

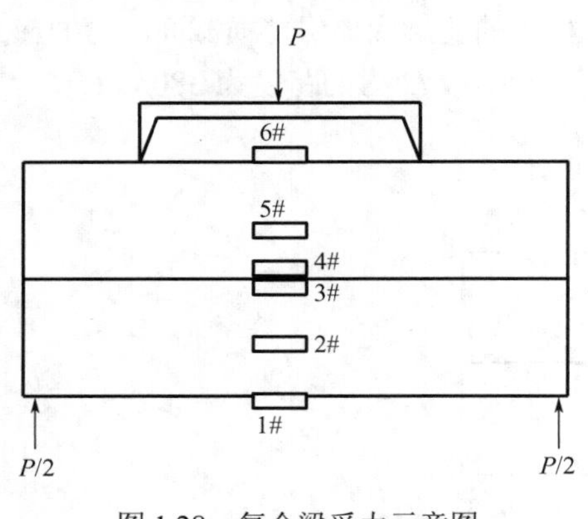

图 1.28　复合梁受力示意图

复合梁的两种材料之间由销钉和螺钉相互连接成一个整体，上层为铝，其弹性模量$E_{铝}=70\text{GPa}$，泊松比$\mu=0.33$；下层为钢，其弹性模量$E_{钢}=210\text{GPa}$，泊松比$\mu=0.28$。复合梁在外力作用下发生纯弯曲变形，由梁的变形状态可知，复合梁在弯曲过程中仍保持横截面为平面，即应变呈线性分布，但由于弹性模量不同，因此中性轴将下移。可以计算出中性轴位置。

由$E_{铝}\int_w y\mathrm{d}A+E_{钢}\int_s y\mathrm{d}A=0$得

$$E_{铝}bh\left(\frac{h}{2}+h_1\right)+E_{钢}bh_1\left(-\frac{h_1}{2}\right)+E_{钢}b(h-h_1)\left(\frac{h-h_1}{2}\right)=0$$

解得

$$h_1=\frac{1}{2}\left(\frac{E_{铝}}{E_{钢}}\right)h \tag{1-7}$$

式中　h——复合梁的总高度；

h_1——复合梁下边缘到中性层的距离；

b——复合梁宽度；

A——复合梁的横截面积。

为验证复合梁的变形特点，在中性轴h_1处，在铝材的中间、上表面、两材料的接触面高度处以及钢材的下表面贴片测定，如图 1.28 所示。

理论上，通过公式$\sigma=E\varepsilon$可算出贴片处的应力大小。

四、实验内容与步骤

(1) 接通数字测力仪电源，预热 10min。

(2) 将复合梁上的应变片有序地接入应变仪的 *AB* 桥臂，将温度补偿块上的应变片接入应变仪的 *BC* 桥臂，用半桥测量线路测量每一片的应变。

(3) 量取实验梁尺寸(或记录梁上标明的尺寸)。

(4) 预加载荷$P_0=30\text{ N}$，以后逐级加载$\Delta P=100\text{ N}$，最大至$P_{\max}=430\text{ N}$即可。

(5) 记录每一级的读数。

五、实验数据处理

(1) 根据胡克定律$\sigma=E\varepsilon$计算各贴片处的应力。

(2) 比较分布在一条直线上的若干点的弯曲应力分布规律。

1.3.4　等强度梁正应力测定实验

※内容提要

略。

※实验指导

一、实验目的

(1) 了解用电阻应变片测量应变的原理。

(2) 进行电阻应变仪的操作练习，熟悉用半桥接线法和全桥接线法测量应变。

(3) 熟悉测量电桥的应用，掌握应变片在测量电桥中的各种接线方法。

(4) 测量等强度梁的主应力。

二、实验设备与试样

(1) TS3861 型静态数字应变仪一台。

(2) NH-10 型多功能组合实验架一台。

(3) 等强度实验梁一根。

(4) 温度补偿块一块。

三、实验原理与方法

桥路变换接线实验是在等强度实验梁上进行的，由旋转支架、等强度梁等组成实验装置。等强度梁材料为钢，弹性模量 $E = 2.1\times10^5\,\text{MPa}$，泊松比 $\mu = 0.28$。在梁的上、下表面沿轴向各粘贴四个应变片，可分两组实验，每组包括两个上表面应变片和两个下表面应变片(1、2、3、4 为一组，5、6、7、8 为一组)，如图 1.29 所示。应变片的灵敏系数 K =2.08，电阻 R =120 Ω，实验前将应变仪灵敏系数调为 $K = 2.08$，应变片电阻值调为 $R = 120\Omega$，这两个数值为应变片本身所固有。

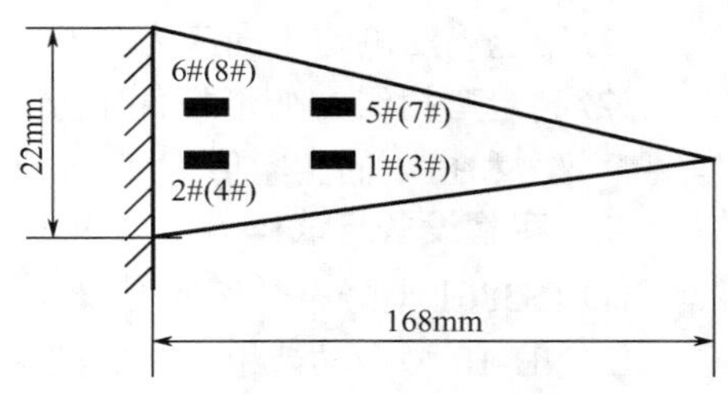

图 1.29　等强度实验梁(厚度为 7.6mm)

四、实验内容与步骤

(1) 单臂测量：采用半桥接线法，测量等强度梁上四个应变片的应变值。将等强度梁上每一个应变片分别接在应变仪不同通道的接线柱 A、B 上，补偿块上的温度补偿应变片接在应变仪的接线柱 B、C 上，并使应变仪处于半桥测量状态。TS3861 型静态数字应变仪及多功能组合实验装置的操作方法与步骤见使用说明书。

【参考视频】

加载时取 $P_0 = 20\text{N}$，$\Delta P = 20\text{N}$，$P_{\max} = 100\text{N}$，记录各级载荷作用下的应变读数。

(2) 半桥测量：采用半桥接线法。选择等强度梁上两个应变片，分别接在应变仪的接线柱 A、B 和 B、C 上，应变仪为半桥测量状态。应变仪做必要的调节后，按步骤(1)的方法加载并记录应变读数。

【参考视频】

(3) 相对两臂测量：采用全桥接线法。选择等强度梁上两个应变片，分别接在应变仪的接线柱 A、B 和 C、D 上，应变仪为全桥测量状态。应变仪做必要调节后，按步骤(1)的方法进行实验。

(4) 全桥测量：采用全桥接线法。将等强度梁上的四个应变片有选择地接到应变仪的接线柱 A、B、C、D 之间，此时应变仪仍然处于全桥测量状态。应变仪做必要的调节后，按步骤(1)的方法进行实验。

【参考视频】

(5) 串联测量：将等强度梁上的应变片 1#、4#和应变片 2#、3#分别串联后按半桥接线，应变仪为半桥测量状态。应变仪做必要的调节后，按步骤(1)进行实验。

(6) 并联测量：将等强度梁上的应变片 1#、4#和 2#、3#分别并联后按半桥接线，应变仪为半桥测量状态。应变仪做必要调节后，按步骤(1)进行实验。

五、实验数据处理

(1) 求出各种桥路接线方式所测得的等强度梁的应变值，并计算它们与理论值的相对误差。

(2) 比较各种桥路接线方式的测量灵敏度。

1.3.5 弯扭组合作用下薄壁圆管应力与内力的测量实验

※内容提要

略。

※实验指导

一、实验目的

(1) 用电测法测定平面应力状态下主应力的大小及方向，并与理论值进行比较。

(2) 测定弯扭组合变形杆件中分别由弯矩、剪力和扭矩所引起的应力，并确定内力分量弯矩、剪力和扭矩的实验值。

二、实验设备与试样

(1) TS3861 型静态数字应变仪一台。

(2) NH-10 型多功能组合实验架一台。

(3) 弯扭组合变形实验梁一根。

三、实验原理与方法

弯扭组合薄壁圆筒实验梁是由薄壁圆筒、扇臂、手轮、旋转支座等组成。实验时，转动手轮，加载螺杆和载荷传感器都向下移动，载荷传感器就有压力电信号输出，此时电子秤数字显示出作用在扇臂端的载荷值。扇臂端的作用力传递到薄壁圆筒上，使圆筒产生弯扭组合变形。

薄壁圆筒材料为钢，$E=2.1\times10^5\text{MPa}$，泊松比 $\mu=0.28$。圆筒外径 ϕ=35，壁厚 h=2mm，L_1=155mm，L_2=159 (154) mm，其弯扭组合变形受力如图 1.30 所示。截面 I—I 为被测位置，由材料力学可知该截面上的内力有弯矩、剪力和扭矩。取其前、后、上、下的 A、C、B、D 为四个被测点，其应力状态如图 1.31 所示。每点处按 –45°、0°、+45° 方向粘贴一个三轴 45° 应变花，如图 1.32 (a) 所示。

【参考视频】

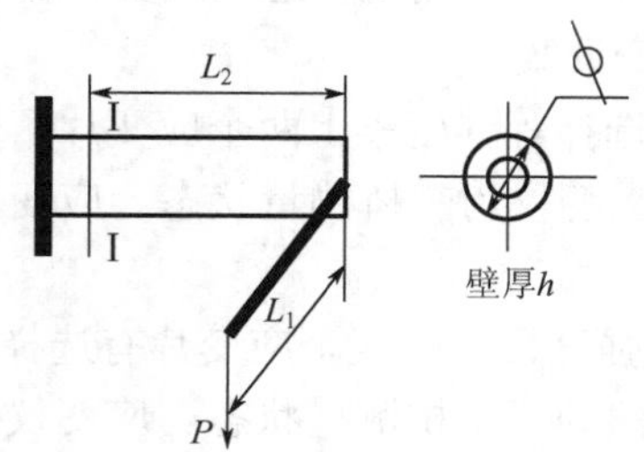

图 1.30　薄壁圆筒受力示意图

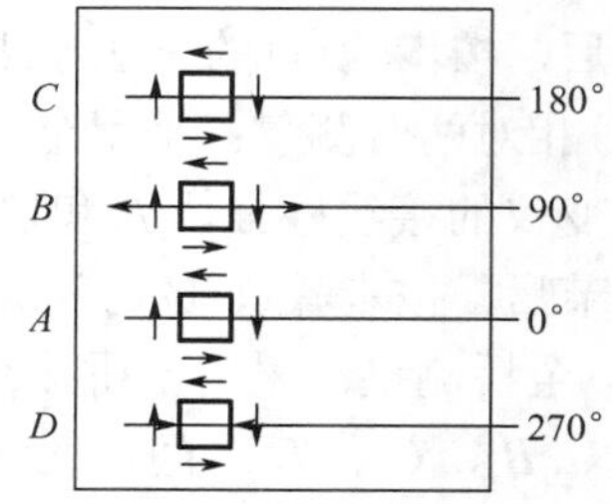

图 1.31　A、B、C、D 点应力状态

1. 确定主应力大小及方向

弯扭组合变形薄壁圆筒表面上的点处于平面应力状态。先用应变花测出三个方向的线应变，随后算出主应变的大小和方向，再运用广义胡克定律公式即可求出主应力的大小和方向。

设三轴45°应变花的三个方向的应变值分别为ε_{-45°、ε_{0°、ε_{45°，则可得到主应力计算公式为

$$\left.\begin{matrix}\sigma_1\\ \sigma_3\end{matrix}\right\}=\frac{E}{1-\mu^2}\left[\frac{1+\mu}{2}(\varepsilon_{-45^\circ}+\varepsilon_{45^\circ})\pm\frac{1-\mu}{\sqrt{2}}\sqrt{(\varepsilon_{45^\circ}-\varepsilon_{0^\circ})^2+(\varepsilon_{0^\circ}-\varepsilon_{45^\circ})^2}\right]$$

$$\tan 2\phi_0=\frac{2\varepsilon_{0^\circ}-\varepsilon_{-45^\circ}-\varepsilon_{45^\circ}}{\varepsilon_{-45^\circ}-\varepsilon_{45^\circ}}$$

式中　E、μ——分别为薄壁圆筒材料的弹性模量和泊松比；

ϕ_0——主应力的方向。

2．确定单一内力分量及其所引起的应变

(1)弯矩M及其所引起应变的测定。将B、D两点0°方向的应变片按图1.32(b)所示接成半桥线路进行半桥测量，由应变仪读数应变值ε_{Md}即可得到B、D两点由弯矩引起的轴向应变ε_M为

$$\varepsilon_M=\frac{\varepsilon_{Md}}{2}$$

【参考视频】

将上式代入$M=\varepsilon_M EW_Z$中，可得到截面Ⅰ—Ⅰ的弯矩实验值为

$$M=\frac{\varepsilon_{Md}EW_Z}{2}$$

(2)剪力Q及其所引起的应变的测定。将A、C两点45°方向和−45°方向的应变片按图1.32(c)所示接成全桥线路进行全桥测量。由应变仪读数应变值ε_{Qd}可得到剪力引起的剪应变γ_Q的实验值为

$$\gamma_Q=\frac{\varepsilon_{Qd}}{2} \tag{1-8}$$

结合公式

$$Q=\frac{\gamma_Q EA}{4(1+\mu)}$$

即可得到截面Ⅰ—Ⅰ的剪力实验值为

$$Q=\frac{\varepsilon_{Qd}EA}{8(1+\mu)}$$

式中　A——薄壁圆管横截面积。

(3)扭矩M_n及其所引起应变的测定。将A、C两点45°方向和−45°方向的应变片按图1.32(d)所示接成全桥线路进行全桥测量。由应变仪读数应变值ε_{nd}可得到扭矩引起的应变γ_n的实验值为

$$\gamma_n=\frac{\varepsilon_{nd}}{2} \tag{1-9}$$

结合公式

$$M_n=\frac{\gamma_n EW_p}{2(1+\mu)}$$

【参考视频】

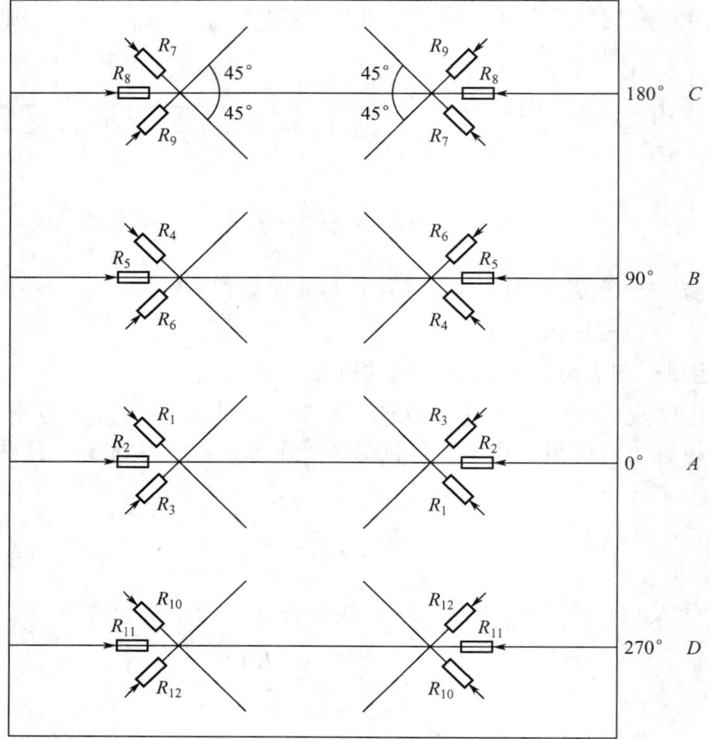

(a)

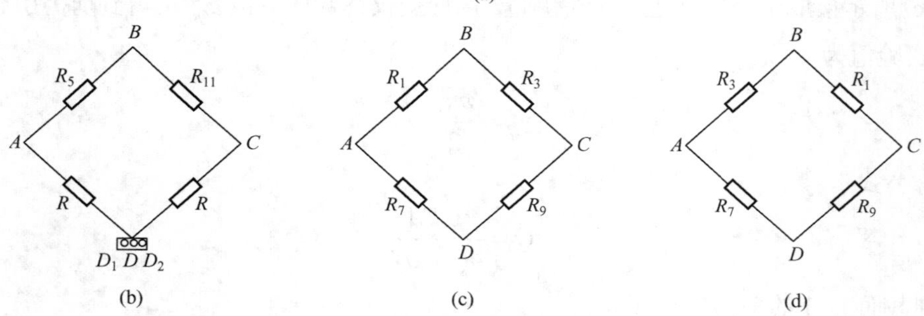

(b) (c) (d)

图 1.32 薄壁圆筒布片及接线

即可得到截面 I—I 的扭矩实验值为

$$M_{\mathrm{n}} = \frac{\varepsilon_{\mathrm{nd}} E W_{\mathrm{p}}}{4(1+\mu)}$$

式中 W_{p}——抗扭截面模量。

四、实验内容与步骤

1. 用外补偿法测一点的 ε_{-45°、ε_{0°、ε_{45°

(1) 接通电阻应变仪以及 TS3861 力指示器的电源，检查仪器工作是否正常。选择桥路形式，按半桥接线法依次接入应变仪进行单臂测量。

(2) 将实验圆管 B 点的应变花中的三个应变片 R_4、R_5、R_6 引出线分别接在 A_1、B_1、A_2、B_2、A_3、B_3 接线柱上。

(3)将相同颜色的两根温度补偿片连线分别接到应变仪公共补偿接线柱上，即接到B和C接线柱上。

(4)将应变仪灵敏系数调为$K=2.08$，应变片电阻值调为$R=120\Omega$，这两个数值为应变片本身所固有。

(5)按向下方向转动加载手轮，给圆管施加初荷载100N。

(6)正式测量前，先进行各测点桥路的平衡。可先选择一点按下初值键，再按测量键，对该点进行平衡；依次将三个点都进行桥路的平衡。

(7)分别按下测量点的通道数1、2、3，观察各点的应变是否为零或接近于零，否则应重复上一步骤，将各点桥路再平衡一次。

(8)平稳分级加载至200N、300N、400N、500N，记录各级载荷下应变仪的应变读数。由于采用的是外补偿法，温度应变的影响已消除，测得的应变值即为真实值，根据实验原理即可求出该点的主应力大小及方向。

(9)卸去荷载，使测力读数显示为零，拆去连接线。

2．用半桥自补偿法测弯曲正应变ε_w

(1)选择桥路形式，将B、D两点0°方向的应变片按图1.32(b)所示接成半桥线路，进行半桥测量。

(2)选择圆管上、下两个应变花中0°方向的两个电阻片按半桥自补偿接线，将B点的0°片R_5接入所选通道的A、B接线柱上，将D点的0°片R_{11}接入所选通道的B、C接线柱上。

(3)将应变仪灵敏系数调为$K=2.08$，应变片电阻值调为$R=120\Omega$，这两个数值为应变片本身所固有。

(4)按向下方向转动加载手轮，给圆管施加初荷载100N。

(5)正式测量前，先进行测点桥路的平衡。选择该点按下初值键，再按测量键，对该点进行平衡。

(6)平稳分级加载至200N、300N、400N、500N，记录各级载荷下应变仪的应变读数。由于采用的是半桥自补偿法，记录的应变值是ε_w的两倍，计算时应将所读数据除以2。

(7)卸去荷载，拆掉应变仪上的连接线。

3．用全桥测量法测剪力引起的A、C方向的正应变ε_Q

(1)选择桥路形式，将A、C两点-45°方向和45°方向的应变片按图1.32(c)所示接成全桥线路，进行全桥测量。

(2)将A点的-45°方向应变片R_1接在A、B接线柱间，45°方向应变片R_3接在B、C接线柱间；将C点的-45°方向应变片R_9接在C、D接线柱间，45°方向应变片R_7接在A、D接线柱间。

(3)将应变仪灵敏系数调为$K=2.08$，应变片电阻值调为$R=120\Omega$，这两个数值为应变片本身所固有。

(4)按向下方向转动加载手轮，给圆管施加初荷载100N。

(5)正式测量前，先进行测点桥路的平衡。选择该点按下初值键，再按测量键，对该点进行平衡。

(6)平稳分级加载至 200N、300N、400N、500N，记录各级载荷下应变仪的应变读数。由于采用的是全桥测量法，记录的应变值是ε_Q的 4 倍，所以应将所读数据除以 4。

(7)实验完毕，卸去荷载，关断应变仪和加载装置电源，拆掉应变仪上的连接线，清理实验场地。利用课外时间整理实验数据，完成实验报告。

4．用全桥测量法测扭转引起的 *A*、*C* 方向的正应变ε_n

(1)选择桥路形式，将 A、C 两点 $-45°$ 方向和 $45°$ 方向的应变片按图 1.32(d)所示接成全桥线路，进行全桥测量。

(2)将 A 点的 $-45°$ 方向应变片 R_3 接在 A、B 接线柱间，$45°$ 方向应变片 R_1 接在 B、C 接线柱间；将 C 点的 $-45°$ 方向应变片 R_9 接在 C、D 接线柱间，$45°$ 方向应变片 R_7 接在 A、D 接线柱间。

(3)将应变仪灵敏系数调为 $K=2.08$，应变片电阻值调为 $R=120\Omega$，这两个数值为应变片本身所固有。

(4)按向下方向转动加载手轮，给圆管施加初荷载 100N。

(5)正式测量前，先进行测点桥路的平衡。选择该点按下初值键，再按测量键，对该点进行平衡。

(6)平稳分级加载至 200N、300N、400N、500N，记录各级载荷下应变仪的应变读数。由于采用的是全桥测量法，记录的应变值是ε_n的 4 倍，所以应将所读数据除以 4。

(7)实验完毕，卸去荷载，关闭应变仪和加载装置电源，拆掉应变仪上的连接线，清理实验场地。利用课外时间整理实验数据，完成实验报告。

五、实验数据处理

算出下列数据的实验值。

(1)所测点的主应力大小及方向。

(2)截面上分别由弯矩和扭矩所引起的最大应力值。

(3)截面 I—I 上的内力分量弯矩、扭矩和剪力值。

1.3.6 应变片灵敏系数标定实验*

※内容提要

略。

※实验指导

一、实验目的

(1)掌握应变仪多点测量的方法。

(2)掌握电阻应变片灵敏系数的标定方法。

二、实验设备与试样

(1)TS3861 型静态数字应变仪一台。

(2)NH-10 型多功能组合实验架一台。

(3)标定实验梁一根。

(4)三点挠度仪一只。

三、实验原理与方法

粘贴在标定实验梁上的电阻应变片，在承受机械应变ε时，其电阻值的相对变化$\Delta R/R$与应变ε之间的关系为

$$\frac{\Delta R}{R}=K\varepsilon \tag{1-10}$$

因此分别测出$\Delta R/R$和ε，即可算出该应变片的灵敏系数K。标定实验梁为矩形截面，实验梁受力状况如图 1.33 所示。

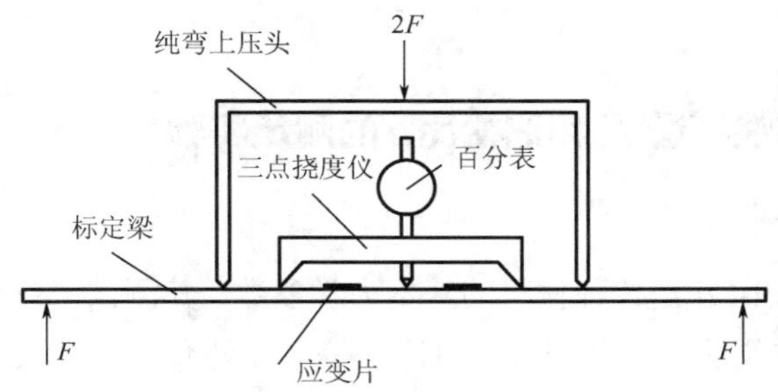

图 1.33　实验梁受力示意图

三点挠度仪跨度A=94mm，力臂L=120mm，实验梁截面宽度B=20mm，厚度H=4mm，纯弯上压头跨度C=140mm。用力转动加载手轮，使百分表增量读数f=0.2mm，这时测出四个电阻应变片的应变值读数。多次实验后得到其各自的均值$\varepsilon_{\rm d}$。

利用百分表读数f可计算出标定梁的实际应变ε，计算公式为

$$\varepsilon=\frac{Hf}{\left(\dfrac{A}{2}\right)^2+f^2+Hf} \tag{1-11}$$

利用应变读数均值$\varepsilon_{\rm d}$和测试应变时应变仪选取的灵敏系数K_0，按下式计算电阻应变片的电阻相对变化量$\dfrac{\Delta R}{R}$：

$$\frac{\Delta R}{R}=K_0\varepsilon_{\rm d} \tag{1-12}$$

利用式(1-11)和式(1-12)计算的结果ε和$\dfrac{\Delta R}{R}$，即可按式(1-10)计算出所要标定的灵敏系数K。

四、实验内容与步骤

(1) 测量标定实验梁的尺寸。

(2) 采用 1/4 桥测量电路，接好电阻应变片。

(3) 安装三点挠度仪。

(4) 预先加载三次(三点挠度仪读数不要超过 0.25mm)。

(5) 正式加载。加力，使三点挠度仪的百分表读数为 0.05mm，此时将应变仪调零，再连续加力，使三点挠度仪的百分表读数为 0.25mm，记录应变仪各应变片的读数值。

五、实验数据处理

(1)利用每个应变片三次加载的应变数据平均值ε_d，计算每个应变片的灵敏系数K_i；按式(1-11)计算ε值，按式(1-12)计算$\frac{\Delta R}{R}$值。

(2)计算四个应变片的平均灵敏系数$\overline{K}$。

(3)计算应变片灵敏系数的标准差，公式为

$$\sigma=\sqrt{\frac{1}{n-1}\sum_{i=1}^{n}(K_i-\overline{K})^2}$$

1.3.7 材料弹性模量E和泊松比μ的测定实验*

※内容提要

弹性模量E和泊松比μ是各种材料的基本力学参数，其测试工作十分重要，测试方法也多种多样，如杠杆引伸仪法、千分表法、电测法等。此处介绍电测法。

※实验指导

一、实验目的

(1)了解材料弹性常数E、μ的定义。

(2)掌握测定材料弹性常数E、μ的实验方法。

(3)了解电阻应变测试方法的基本原理和步骤。

(4)验证胡克定律。

(5)学习用最小二乘法处理实验数据。

二、实验设备与试样

(1)TS3861型静态数字应变仪一台。

(2)NH-10型多功能组合实验架一台。

(3)拉伸试件一根。

(4)温度补偿块一块。

(5)游标卡尺。

三、实验原理与方法

弹性模量是材料拉伸时应力应变成线形比例范围内的应力与应变之比。材料在该比例极限内服从胡克定律，其关系为

$$E=\frac{\sigma}{\varepsilon},\qquad \sigma=\frac{F}{A},\qquad \mu=\frac{\varepsilon'}{\varepsilon}$$

试件的材料为钢，宽度H和厚度T均由实际测量得出，形状为哑铃形扁拉伸试件，如图1.34所示。应变片的灵敏系数K=2.08。实验时利用NH-10型多功能组合实验架对试件施加轴向拉力F，利用应变片测出试件的轴向应变ε和横向应变ε'，并计算出试件的轴向应力σ。在测量轴向应变时，应将正反两面的轴向应变片接成全桥对臂测量线路。然后利用式$E=\frac{\sigma}{\varepsilon}$可得到材料的$E$，利用式$\mu=\frac{\varepsilon'}{\varepsilon}$可得到材料的泊松比$\mu$。

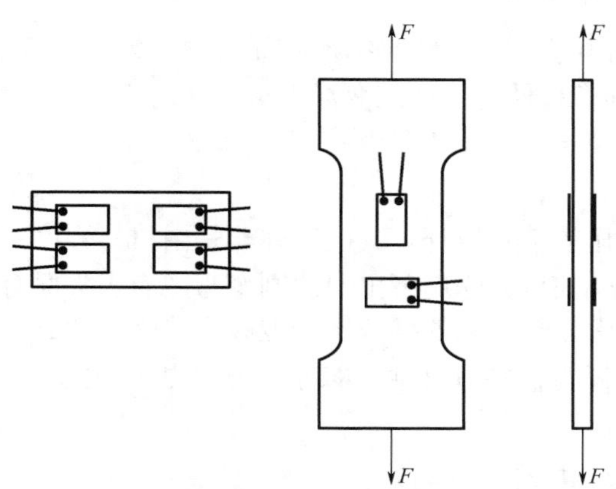

图 1.34 哑铃形扁拉伸试件

四、实验内容与步骤

(1)实验准备。检查试件及应变片和应变仪是否正常。

(2)根据材料手册，拟定加载方案(推荐方法：P_0=100N，ΔP =300N，P_{max}=1300N)。

(3)组成测量电桥。测定弹性模量 E 时，以前后两面轴线上的轴向应变片与温度补偿应变片组成对臂全桥接线方式进行测量，如图1.35(a)所示。测定泊松比 μ 时，为了消除初曲率和加载可能存在的偏心引起的弯曲影响，同样采用对臂全桥接线方式将两个轴向应变片和两个纵向应变片分别组成两个桥路进行测量，如图 1.35 所示。分别测出试件的轴向应变 ε 和横向应变 ε' 。

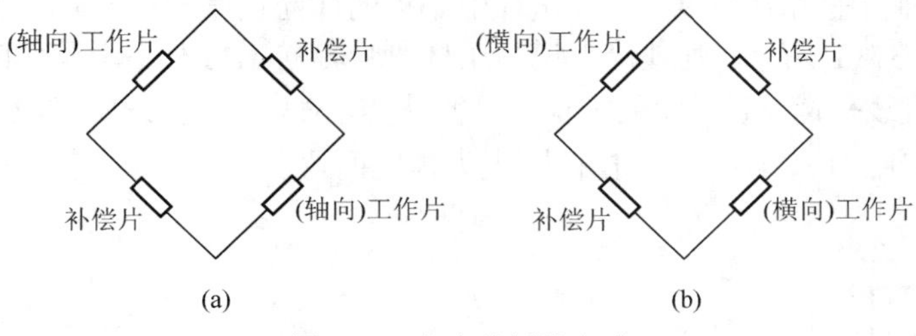

图 1.35 应变片桥接方式

(4)进行实验。

(5)检查实验数据。

(6)自主设计数据记录表。

五、实验数据处理

(1)利用最小二乘法拟合材料的弹性常数 E 和 μ 。

(2)检查数据。

1.3.8 压杆稳定实验*

※内容提要

实践表明，在轴向受压的情况下，粗而短的压杆确实是由于强度不足而发生破坏的，但对于细长的压杆，情况并非如此。细长压杆的破坏并不是由于强度不够，而是由于荷载增大到一定数值后，不能保持其原有的直线平衡形式而失效。为进一步增强对压杆稳定概念的理解，可通过电测法测定细长杆件受压后的变形大小，从而确定临界力。

※实验指导

一、实验目的

(1) 了解对于轴向受压的细长压杆，其破坏并非是由材料强度不够所引起的。

(2) 观察细长压杆在轴向压力作用下出现急剧变弯，而丧失原有直线平衡状态的现象。

(3) 用电测法确定两端铰支约束的细长压杆被破坏的临界力 P_{cr}。

(4) 理论计算细长压杆的临界力 P_{cr} 并与实验测试值进行比较。

二、实验设备与试样

(1) TS3861 型静态数字应变仪一台。

(2) NH-10 型多功能组合实验架一台。

(3) 矩形截面细长压杆一根(已粘贴应变片)。

三、实验原理与方法

压杆稳定实验装置由电子测力仪、加载手轮力传感器、V 形上压头、V 形下压头、旋转功能切换外伸臂及矩形截面压杆等组成。

压杆材料为弹簧钢，其截面高度 h=2.9mm，截面宽度 b=20mm，长度 L=300mm，如图 1.36 所示，弹性模量 E=210GN/m^2。

对于两端铰支的轴向受压的细长压杆而言，其临界压力 $P_{cr}=\dfrac{\pi^2 EI_{min}}{L^2}$。

若以压杆的轴向压力 P 为纵坐标，压杆中心点的横向挠度 f 为横坐标，压杆下端 O 点为坐标原点，如图 1.37(a)所示，则理论上说当压杆所受轴向压力 P 小于试件的临界压力 P_{cr} 时，细长压杆将保持直线平衡状况，而处于稳定平衡状态，对应 $P-f$ 图中线段 OA，如图 1.37(c)所示；当杆的轴向压力 $P \geqslant P_{cr}$ 时，杆件因丧失稳定而弯曲，对应 $P-f$ 图中的 AB 段。

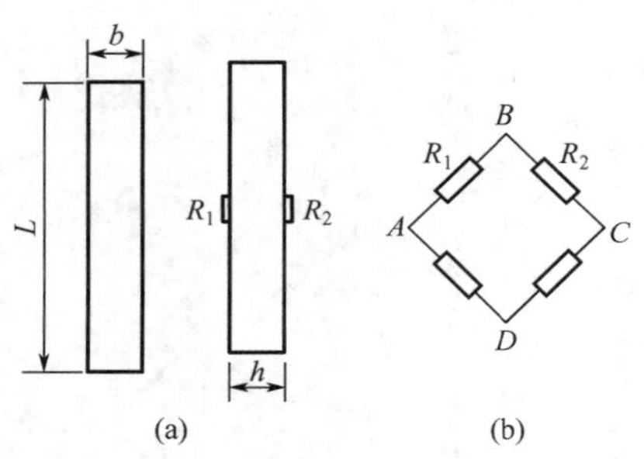

图 1.36 压杆尺寸和应变片连接

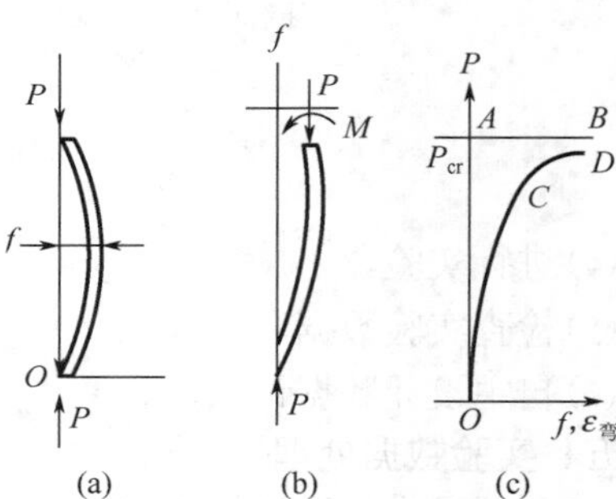

图 1.37 压杆受力示意图

在实际的实验过程中，由于诸多原因，即使在压力很小的情况下杆件也会发生微小弯曲，因此压杆事实上是处于微弯平衡状态。利用贴在压杆两侧的电阻应变片 R_1 和 R_2 组成半桥测量线路，可以测出压杆在轴向压力作用下的弯曲程度 $\varepsilon_{弯}$，即可由 $P-\varepsilon_{弯}$ 图取代 P–f 图，用来测定压杆的临界载荷。在轴向压力较小时，由于压杆在微弯状态，因此弯曲应变不大；当轴向压力接近压杆的临界力 P_{cr} 时，压杆的弯曲变形急剧增加，$P-\varepsilon_{弯}$ 图对应图 1.37(c)中的 CD 段，CD 段是以 AB 为其渐近线的，因此通过描绘曲线 OCD，可以测出压杆的临界力 P_{cr} (注意在实验中，为不破坏压杆，使之能反复使用，应控制轴向压力使得压杆的弯曲应变$\varepsilon_{弯} \leq 1000\mu\varepsilon$）。

可以导出压杆的弯曲应变$\varepsilon_{弯}$与压杆中心点横向挠度f之间具有如下关系：

$$f = \frac{2EI_{\min}}{Ph}\varepsilon_{弯}$$

四、实验内容与步骤

(1)将压杆安装在 V 形的上、下压头之间，并注意对好中心线。

(2)将应变片R_1、R_2按图 1.36(b)所示的方式接入应变仪中。

(3)将应变仪按所使用的应变片灵敏系数和应变片电阻值进行正确设置。

(4)在压杆上稍加一点轴向压力(10N)，作为初始轴向压力P_0。

(5)在轴向压力为P_0时，将应变仪置零(也可记录初始的应变读数)。

(6)根据实验前对临界力P_{cr}的估计，在轴向力小于估计P_{cr}值的 70%以内时，分大等级力加载(一般分六级)，并记录每一级的读数应变；在估计P_{cr}值 70%以上时，分小等级力加载(一般约为大等级力的 1/5～1/4)，直到弯曲应变的读数值$\varepsilon_{弯}=1000\mu\varepsilon$为止。

(7)根据弯曲应变值描绘$P-\varepsilon_{弯}$曲线，并找出所描曲线 CD 段的渐近线，以此确定临界力P_{cr}的测试值。

五、实验数据处理

(1)自行设计实验数据记录表或使用附录中的实验数据记录表记录实验数据。

(2)根据实验数据描绘$P-\varepsilon_{弯}$曲线。

(3)确定曲线 CD 段的渐近线，从而确定临界力P_{cr}的测试值。

1.3.9 板试件偏心拉伸实验*

※内容提要

略。

※实验指导

一、实验目的

(1)了解用电阻应变片进行应变测量的基本原理和方法。

(2)了解电阻应变仪的使用方法。

(3)熟悉用电阻应变仪进行半桥接线和全桥接线测量应变的方法。

(4)测定偏心拉伸时的附加弯曲应变。

(5)测定偏心拉伸时的单一拉伸应变。

二、实验设备与试样

(1)TS3861 型静态数字应变仪一台。

(2)NH-10 型多功能组合实验架一台。

(3)板试件一件，孔的偏心距离为 8mm，如图 1.38 所示。

(4)温度补偿块一块。

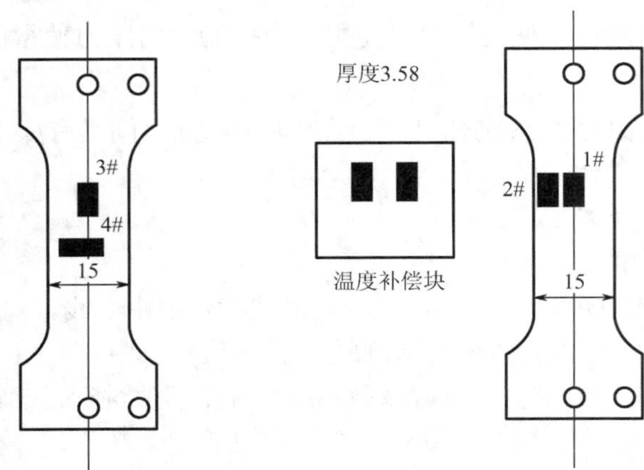

图 1.38　板试件尺寸(单位：mm)

三、实验原理与方法

板试件偏心拉伸实验，由多功能组合实验装置中承担拉伸功能的加力丝杆、加力手轮、力传感器、数字测力仪、上加力夹头、下加力夹头等完成，拉伸试件材料为钢，弹性模量为 $E = 2.1\times10^5\,\text{MPa}$，在试件的对称轴上贴有电阻应变片 1#、3#(分别在正反两面)，2#则在试件的边缘(沿轴向，与 1#同侧)，4#与 3#同侧，为轴向，它们的电阻值均为 R，灵敏系数 K=2.08。设 AB 桥臂上的应变片为 R_1、BC 桥臂上的应变片为 R_2、AD 桥臂上的应变片为 R_3、CD 桥臂上的应变片为 R_4，当四个应变片受机械应变的外力作用，分别发生电阻变化 ΔR_1～ΔR_4 时，它们所感受的应变相应为 ε_1～ε_4，则由应变仪读出的应变值为 $\varepsilon_{\text{d}} = \varepsilon_1 - \varepsilon_2 - \varepsilon_3 + \varepsilon_4$。

由于杆件处于偏心拉伸状态，1#、3#应变片位于偏心弯曲中心层上，它们感受的机械应变是拉伸试件受轴力 P 作用时的拉伸应变 ε_P 和由环境温度变化引起的温度应变 ε_T，以及试件前后弯曲引入的弯曲应变 ε_{M1}。而 2#片感受的机械应变由四部分组成：一是轴向力 P 作用时的轴向拉伸应变 ε_P；二是由于 P 的偏心所带入的附加弯曲变形引起的应变 ε_{M2}；三是由于环境温度变化引起的温度应变 ε_T；四是试件前后弯曲引入的弯曲应变 ε_{M1}。即

$$\varepsilon_{1\#} = \varepsilon_P + \varepsilon_T + \varepsilon_{M1}$$

$$\varepsilon_{3\#} = \varepsilon_P + \varepsilon_T - \varepsilon_{M1}$$

$$\varepsilon_{2\#} = \varepsilon_P + \varepsilon_{M1} + \varepsilon_T - \varepsilon_{M2}$$

四、实验内容与步骤

(1) 测定偏心拉伸时的单一拉伸应变。采用全桥对臂接线测量方法，在电桥的 AB 桥臂接入应变片 1#，在 BC 桥臂接入温度补偿应变片，在 CD 桥臂接入应变片 3#，在 AD 桥臂也接入温度补偿应变片。载荷为 100N 时，将电阻应变仪置零，然后按每级 300N 逐级加载至 1300N，记录各级载荷作用下的应变读数，填入相应表格，取其增量均值得到结果。

(2) 测定偏心拉伸时的附加弯曲应变。采用半桥接线测量方法，在电桥的 AB 桥臂接入 1#应变片，在 BC 桥臂接入 2#应变片，相应的通道设置为“半桥”状态；载荷为 100N 时，将电阻应变仪置零，然后按每级 300N 逐级加载至 1300N，记录各级载荷作用下的应变读数，填入相应表格，取其增量均值得到结果。

五、实验数据处理

自行设计实验数据记录表或使用附录中的实验数据记录表，记录实验数据并整理分析。

1.4 主要仪器设备介绍

1.4.1 电子万能实验机简介

电子万能实验机是电子技术与机械传动结合的新型实验机，对载荷、变形、位移的测量和控制有较高的精度和灵敏度，与计算机相连，可以实现控制、检测和数据处理的自动化，如可以进行等速变形、等速位移的自动控制实验，并有低周载荷循环、变形循环、位移循环等功能。图 1.39 为电子万能实验机示意图。

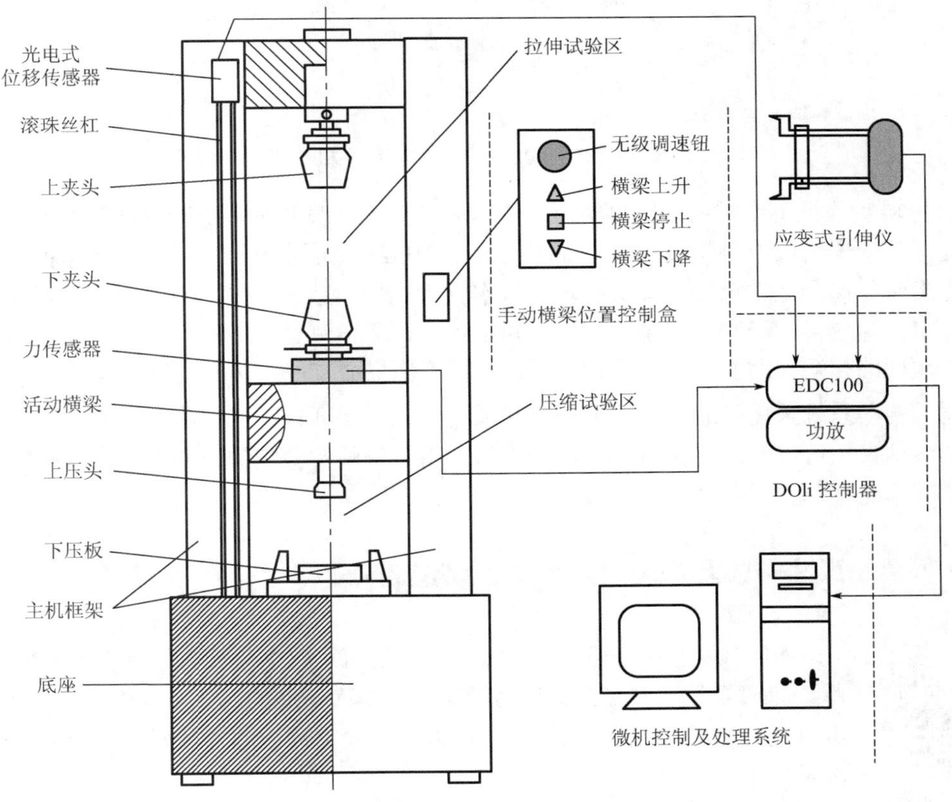

图 1.39 电子万能实验机

使用注意事项如下。

(1) 为避免损伤实验机的卡板与卡头，同时防止铸铁试样脆断飞出伤及操作者，在装卡试样时，横梁移动速度要慢，使试样下端缓慢插入下夹头的 V 形卡板中，不要顶到卡板顶部；试样下端不要装卡过长，以免顶到卡头内部装配卡板用的平台。

(2) 为保证实验顺利进行，实验时要读取正确的实验条件，严禁随意改动计算机的软件配置。

(3) 拆装引伸仪时，要插好定位销钉，实验时要拔出销钉，以免损坏引伸仪。

1.4.2 扭转实验机简介

扭转实验机是一种对金属或非金属材料试样进行扭转实验的测量仪器设备，适用于各行业力学实验室和质量检验部门做扭转力学特性实验。

ND-500C 型扭转实验机由计算机单元、扭矩检测单元、扭角检测单元、直流调速系统单元等组成，如图 1.40 所示。

图 1.40　ND-500C 型扭转实验机主机布置图

该扭转实验机工作时由计算机给出指令，通过直流伺服调速系统控制直流电动机的转速和转向，传动平稳，控制精度高。直流电动机带动摆线针轮减速机，动力经减速机减速后由同步齿形带传递到主轴箱带动夹头旋转，对实验机施加扭矩。检测器件扭矩传感器和光电编码器输出参量信号，经测量系统进行放大转换处理，将检测结果反映到计算机显示器上，并绘制出相应的扭矩-扭角($M_e-\varphi$)曲线。计算机工作界面友好，易于观察和操作，可实现自动控制。传动系统采用可靠性高的电动机和减速器，以保证传动的平稳性，同时减少功率损耗。其活动夹头可以随尾座在轨道上自由移动，用于调整实验空间，并能够在实验时随试样的转动变形而移动，避免产生轴向附加力。

1.4.3 NH-10 型多功能组合实验装置简介

【参考视频】

NH-10 型多功能组合实验装置，是南京航空航天大学针对教学实验的改革，专门为各大专院校材料力学实验教学而研制的台式多功能组合实验装置，可以满足教育部 211 工程对材料力学实验室评估的各项要求及材料力学实验教学大纲的要求。

NH-10 型多功能组合实验装置采用了南航最新(旋转功能切换)专利技术，在一台设备上可以完成多项实验任务，且各种实验内容之间的转换非常方便，是各大专院校提高实验教学质量、开设新的实验内容、搞好实验室开放工作的首选设备，如图 1.41 所示。

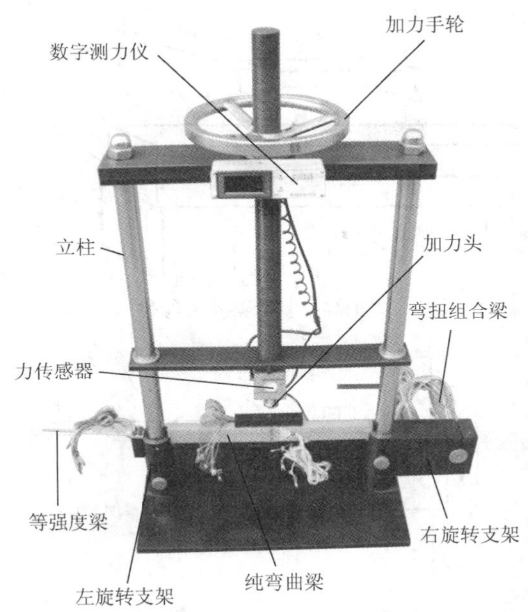

图 1.41 NH-10 型多功能组合实验装置

1．NH-10 型多功能组合实验装置的技术指标

(1) 外形尺寸：(高) 900mm×(宽) 520mm×(厚) 320mm (供参考)。

(2) 整机重量：≤100kg。

(3) 最大实验力：500kg。

(4) 最大实验行程：200mm。

(5) 电源电压：220V (1±10%)。

2．NH-10 型多功能组合实验装置的组成及相关实验组件

NH-10 型多功能组合实验装置由立柱、底盘、加力手轮、力传感器、数字测力仪(在数字测力仪面板上设有调零按钮和标定调节电位器孔，开机后应预热 10min 左右，若显示数字不为零，可以按一下“调零”按钮使之为零；力值示值的调整，可在已知标准力值的条件下，通过调整“校准”电位器进行标定。该机出厂时均已调校好，一般不须再调，特殊情况除外)、加力头、各种功能左右旋转安装支架(装有定位锁紧螺母)、多种实验的实验件及温度补偿块等组成。

该装置可供选择的实验项目的组件如图 1.42～图 1.49 所示。

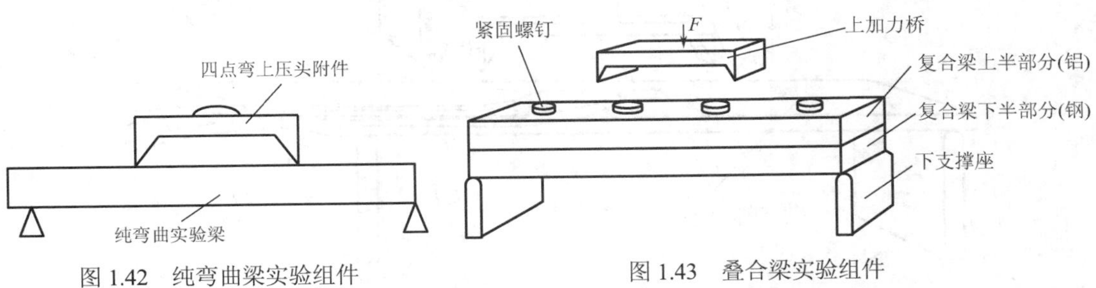

图 1.42 纯弯曲梁实验组件

图 1.43 叠合梁实验组件

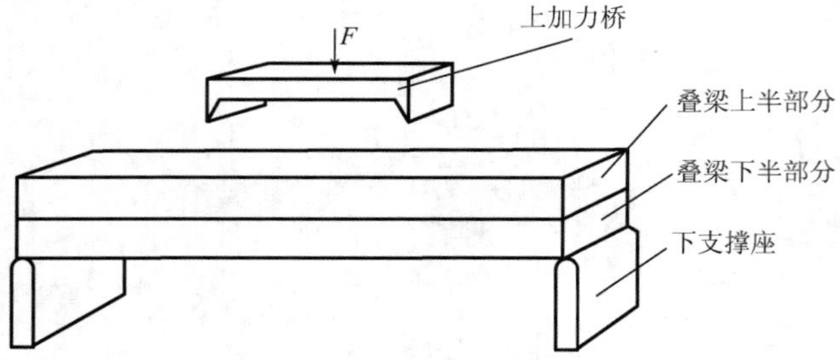

图 1.44　复合梁实验组件

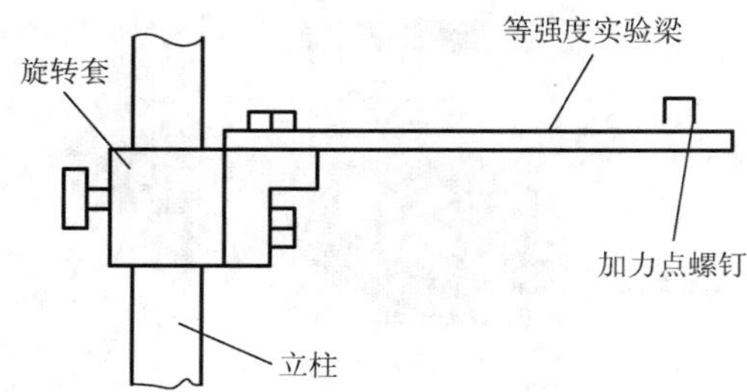

图 1.45　等强度梁实验组件

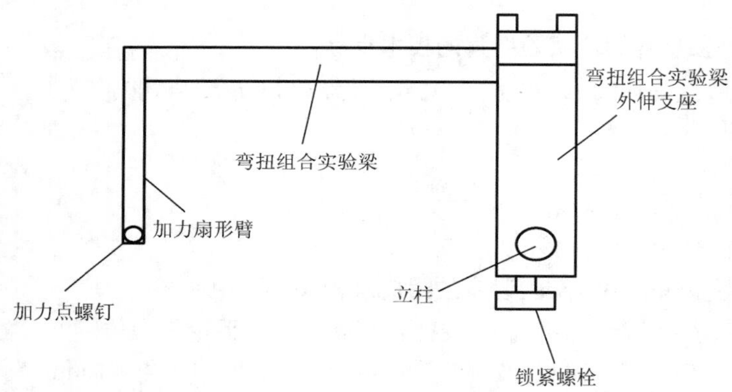

图 1.46　弯扭组合梁实验组件

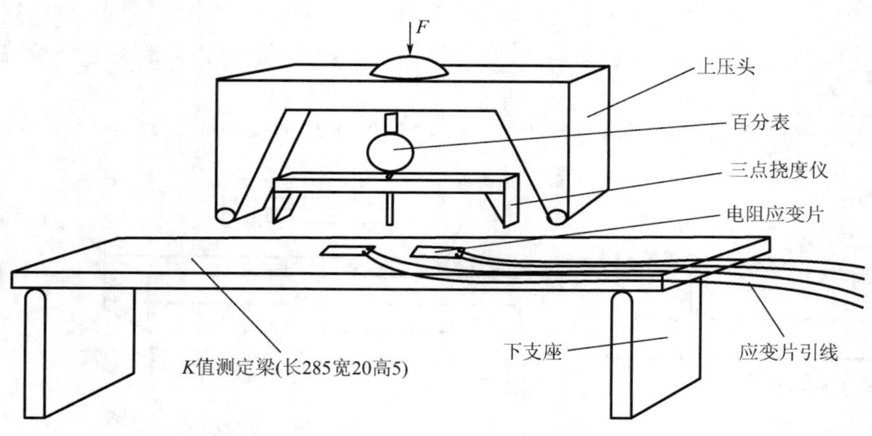

图 1.47　K 值测定梁实验组件(单位：mm)

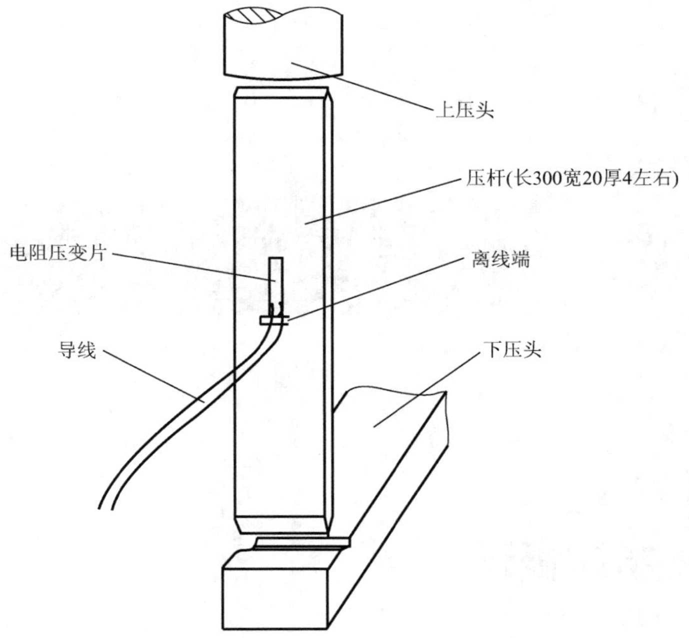

图 1.48 压杆稳定梁实验组件

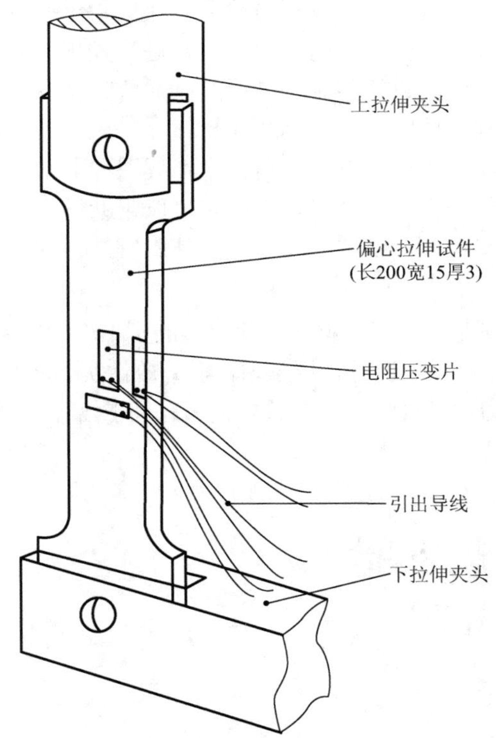

图 1.49 偏心受拉梁实验组件

第 2 章 土木工程材料实验

2.1 本章概述

实验技术是进行材料性能测试、产品质量检验及相关科学研究的重要手段，在科学技术与社会经济发展中占有重要的地位。目前，我国正在进行大规模的基础设施建设，在此过程中，诸如材料质量的评价、结构设计与施工过程控制参数的获取、工程质量验收的依据都离不开土木工程材料实验。与此同时，新工艺和新材料在工程中的应用也越来越多，这些都与工程材料实验密切相关。土木工程材料实验是土木工程课程非常重要的实践性教学环节，也是与生产实际结合最紧密的一门科学技术，通过它可以帮助学生加深对基础理论的理解，熟悉常用土木工程材料的技术性能，掌握材料实验的基本原理、基本操作技能，提高分析和解决实际问题的能力。

本章的编写不仅能够满足土木工程材料实验课程的基本教学需要，还结合工程检测的实际需要遴选了一些实验项目，供学生课外拓展学习，以开放性实验教学的方式供学生选做。这可以培养学生的综合实验能力，激发学生的实验兴趣，有利于培养创新型土木工程技术人才。

2.2 骨料实验

本节实验依据如下：

(1)《普通混凝土用砂、石质量及检验方法标准(附条文说明)》(JGJ 52—2006)；

(2)《建设用砂》(GB/T 14684—2011)；

(3)《建设用卵石、碎石》(GB/T 14685—2011)；

(4)《江苏省高速公路沥青路面施工技术规范》(DB32/T 1087—2008)。

2.2.1 筛分实验(砂、石子)

※内容提要

筛分实验是让颗粒状砂石试样通过一系列不同孔径的标准筛，将其分离成若干个粒级，分别称重，以求得以质量百分数表示的粒度分布。

为了实验样品具有代表性，在砂石料堆上取样时，应先铲除堆脚等处无代表性的部分，再在料堆的顶部、中部和底部比较均匀分布的几个不同部位，取得大致相等的若干份样品组成一组试样，务必使所取试样能代表材料的情况和质量。

※实验指导

Ⅰ　砂的筛分实验

【参考视频】

一、实验目的

通过筛分来检验细骨料(砂子)的级配及其粗细程度是否符合规范要求。

二、实验设备与试样

(1)主要仪器设备：

① 砂料标准筛，包括孔径为10mm、5mm、2.5mm的圆孔筛和孔径为1.25mm、0.63mm、0.315mm、0.16mm的方孔筛，并附筛底和筛盖，如图2.1所示；

② 天平，称量1kg，感量1g；

③ 摇筛机，如图2.2所示；

④ 搪瓷盘、毛刷等。

图2.1　砂料标准筛

图2.2　摇筛机

(2)试样制备：砂样先用孔径10mm圆孔筛筛除大于10mm的颗粒(算出其筛余百分率并进行记录)，然后用四分法缩分至每份不少于550g的试样两份，放在(105±5)℃的烘箱中烘干至恒量，冷却至室温备用。

三、实验内容与步骤

(1)称取烘干试样两份，每份500g，该质量记为G，分别进行实验。

(2)将试样倒入标准筛中，其筛孔尺寸自上而下由粗到细，顺次排列。

(3)套筛用摇筛机摇 10min 后，按筛孔大小顺序，在清洁的搪瓷盘上再逐个用手筛，直至每分钟通过量不超过试样总量的 0.1%(即 0.5g)时为止。通过的颗粒并入下一号筛中，并和下一号筛中的砂一起过筛。这样顺序进行，直至各号筛全部筛完为止。如某号筛上筛余量超过 200g，应将该筛余试样分成两份进行筛分，并以两次筛余量之和作为该号筛的筛余量。如无摇筛机，可直接用手筛。

(4)用毛刷轻轻地刷净各筛上的遗留试样。

(5)称出各筛上的筛余量 g_i (单位为 g)。

四、实验数据处理

(1)按下式计算各个筛上的分计筛余百分率 a_i (计算至 0.1%)：

$$a_i = \frac{g_i}{G} \times 100\% \quad (i = 1, 2, \cdots, 6)$$

(2)计算各筛上的累计筛余百分率 A_i (%)，即该号筛与该号筛以上各筛的分计筛余百分率之和(计算至 0.1%)。

(3)根据各个筛的累计筛余百分率绘制筛分曲线，评定该细骨料的级配是否适用于拌制混凝土。

(4)按下式计算细度模数 $F \cdot M$ (计算至 1%)：

$$F \cdot M = \frac{(A_2 + A_3 + A_4 + A_5 + A_6) - 5A_1}{100 - A_1}$$

式中 $A_1 \sim A_6$ ——5mm、2.5mm、1.25mm、0.63mm、0.315mm、0.16mm 筛上的累计筛余百分率(%)。

(5)以两次测得的平均值作为实验结果。按细度模数的大小，评定该细骨料的粗细程度。

(6)各筛筛余(包括筛底)的质量总和与原试样质量之差超过 1%或两次测得的细度模数相差超过 0.2 时，实验必须重做。

Ⅱ 石子的筛分实验

一、实验目的

通过筛分实验来检验粗骨料(石子)的细度模数和级配曲线，从而判断石子的质量。

二、实验设备与试样

(1)主要仪器设备：

① 实验圆孔筛或方孔筛(带筛底)一套；

② 托盘天平或台秤，称量随试样质量而定，感量为试样质量的 0.1%左右；

③ 烘箱、浅盘等。

(2)试样制备：实验所需的试样量按最大粒径应不少于表 2.1 的规定。用四分法把试样缩分到略重于实验所需的量，烘干或风干后备用。

表 2.1 粗集料筛分实验所需试样最少量

最大粒径/mm	10.0	16.0	20.0	25.0	31.5	40.0	63.0	80.0
筛分试样质量/kg	2.0	3.2	4.0	5.0	6.3	8.0	12.6	16.0

三、实验内容与步骤

(1)按表 2.1 称量并记录烘干或风干试样质量。

(2)按要求选用所需筛孔直径的一套筛，并按孔径大小将试样顺序过筛，直至每分钟的通过量不超过试样总量的0.1%。在筛分过程中，应注意每号筛上的筛余层厚度应不大于试样最大粒径的尺寸，如超过此尺寸，应将该号筛上的筛余分成两份，分别再进行筛分，并以其筛余量之和作为该号筛的余量。当试样粒径大于20mm时，筛分时允许用手拨动试样颗粒，使其通过筛孔。

(3)称取各筛筛余的质量，精确至试样总质量的0.1%。分计筛余量和筛底剩余的总和，与筛分前试样总量相比，相差不得超过1%。

四、实验数据处理

计算分计筛余百分率和累计筛余百分率(精确至0.1%)，计算方法同细集料的筛分实验。根据各筛的累计筛余百分率，评定试样的颗粒级配。

2.2.2 表观密度实验(砂、石子)

※内容提要

表观密度是指材料在自然状态下，单位(表观)体积的质量。材料的表观体积，是指包含内部孔隙的体积。当材料内部孔隙含水时，其质量和体积均将变化，故测定材料的表观密度时，应注意其含水情况。一般情况下，表观密度是指气干状态下的表观密度。而在烘干状态下的表观密度，称为干表观密度。

※实验指导

Ⅰ　砂的表观密度实验(标准法)

一、实验目的

测定砂的表观密度，掌握砂的基本性能参数。

【参考视频】

二、实验设备与试样

天平、烘箱、干燥箱、料勺、烧杯、温度计、烘干砂样等。

三、实验内容与步骤

(1)称取烘干试样300g(m_0)，装入盛有半瓶冷开水的容量瓶中，摇动容量瓶，使试样充分搅动以排除气泡。塞紧瓶塞，静置24h。

(2)打开瓶塞，用滴管加水，使水面与瓶颈500mL刻度线平齐。塞紧瓶塞，擦干瓶外水分，称其质量m_1(g)。

(3)倒出瓶中的水和试样，清洗瓶内外，再装入与上述水温相差不超过2℃的冷开水至瓶颈500mL刻度线处。塞紧瓶塞，擦干瓶外水分，称其质量m_2(g)。

四、实验数据处理

(1)按下式计算砂的表观密度ρ_0(精确至0.01g/cm^3)：

$$\rho_0=\frac{m_0}{m_0+m_2-m_1}\times\rho_w$$

式中　ρ_w——水的密度，取1.0g/cm^3。

(2)砂的表观密度以两次实验测定值的算术平均值作为实验结果。当两次实验的测定之差大于0.02g/cm^{3}时，应重新取样进行实验。

Ⅱ 石子的表观密度实验（简易方法）

一、实验目的

测试石子的表观密度，为判断其质量是否合格提供依据。

二、实验设备与试样

天平（量程为 5kg，感量为 1g）、广口瓶（1000mL，磨口并带玻璃片）、实验筛（孔径为 5mm）、烘箱、毛巾、刷子、烘干石子样品等。

三、实验内容与步骤

(1) 将石子试样筛去 5mm 以下颗粒，用四分法缩分至不少于 2kg，然后洗净后分成两份备用。

(2) 取石子试样一份，浸水饱和后装入广口瓶中，装试样时广口瓶应倾斜放置；注入饮用水，用玻璃片覆盖瓶口，以上下左右摇晃的方法排尽气泡。

(3) 气泡排尽后，先向广口瓶中注入饮用水至水面凸出瓶口边缘，然后用玻璃片沿瓶口紧贴水面迅速滑移，使其紧贴瓶口水面盖住。擦干瓶外水分，称出试样、水、广口瓶和玻璃片的总质量 m_1(g)。

(4) 将瓶中的试样倒入浅盘中，放在 (105±5)℃的烘箱中烘至恒重，取出后放在带盖的容器中冷却至室温，再称其质量 m_0(g)。

(5) 将瓶洗净，注入与上述水温相差不超过 2℃的水，同样用玻璃片贴紧瓶口滑行盖好，擦干瓶外水分后称其质量 m_2(g)。

四、实验数据处理

(1) 按下式计算出石子的表观密度 ρ_0（精确至 10kg/m^3）：

$$\rho_0 = \frac{m_0}{m_0 + m_2 - m_1} \times \rho_w$$

式中 ρ_0——石子的表观密度 (kg/m^3)；

m_0——烘干后试样的质量 (g)；

m_1——试样、水、广口瓶和玻璃片的总质量 (g)；

m_2——水、广口瓶和玻璃片的总质量 (g)；

ρ_w——水的密度，取 10^3kg/m^3。

(2) 以两次实验测定值的算术平均值作为实验结果。两次实验测定值之差应小于 20kg/m^3，否则应重新取样进行实验。

2.2.3 堆积密度与空隙实验（砂、石子）

※内容提要

堆积密度是指粉状或粒状材料，在堆积状态下单位体积的质量。测定散粒材料的堆积密度时，材料的质量是指填充在一定容器内的材料质量，其堆积体积是指所用容器的体积，因此，材料的堆积体积包含了颗粒之间的空隙，根据材料的堆积密度和表观密度可以计算其空隙率。在土木工程中，计算材料的用量、构件的自重、配料比率以及确定材料的堆放空间时，经常用到密度、表观密度和堆积密度等数据。

※实验指导

Ⅰ 砂的堆积密度与空隙率实验

一、实验目的

根据实验得到砂子的堆积密度和空隙率，从而评价砂子的质量。

二、实验设备与试样

【参考视频】

(1)标准漏斗。

(2)容积1L的金属圆桶，壁厚2mm，内径与净高为108mm和109mm。

(3)托盘天平，称重5kg，感量1g。

(4)烘箱、搪瓷盘等。

(5)称取10kg砂样，放在(105±5)℃烘箱中烘干至恒量，冷却至室温备用。

三、实验内容与步骤

(1)取5kg左右的烘干砂样两份，分别进行实验。

(2)称出圆桶的质量G_1(g)。

(3)将砂样装入标准漏斗中。将圆桶置于标准漏斗下，打开漏斗的活动闸门，使砂样从离圆桶上口50mm的高度处自由落体注入圆桶中，直至砂样装满圆桶并超出桶口时为止。

(4)将圆桶顶部多余的砂样，用直尺沿桶中心线向两侧方向轻轻刮平(注意不得振动或移动圆桶)，然后称其质量G_2(g)。

四、实验数据处理

(1)按下式计算细骨料的干堆积表观密度$\gamma_{干}$(计算至0.01g/cm^3)：

$$\gamma_{干}=\frac{G_2-G_1}{V}$$

式中　V——圆桶的容积(cm^3)。

(2)按下式计算空隙率P_0(计算至1%)：

$$P_0=\left(1-\frac{\gamma_{干}}{\rho_{干}\times 1000}\right)\times 100\%$$

式中　$\rho_{干}$——视密度。

(3)以两次测定值的算术平均值作为实验结果，并评定该试样的表观密度、堆积密度与孔隙率是否满足标准规定。

Ⅱ 石子的堆积密度与空隙率实验

一、实验目的

测试石子的堆积密度与空隙率，为判断其质量是否合格提供依据。

二、实验设备与试样

(1)台秤(量程100kg，感量100g)、烘箱、平口铁锹等。

(2)容量筒，容积为10L(d_{max}为25mm)、20L(d_{max}为31.5mm或40mm)或30L(d_{max}为63mm或80mm)。

(3)石子试样。

三、实验内容与步骤

(1)用四分法缩取石子试样，视不同最大粒径称取 40kg、80kg 或 120kg 试样摊在清洁的地面上风干或烘干，拌匀后备用。

(2)装料与称量。取试样一份，用平口铁锹铲起石子试样，使之自然落入容量筒内，此时锹口距筒口的距离应为 50mm 左右。装满容量筒后，除去高出筒口表面的颗粒，并以合适的颗粒填入凹陷部分，使表面凸起部分和凹陷部分的体积大致相等，然后称出试样与容量筒的总质量 m_2(kg)。

(3)容量筒容积校正。将容量筒装满(20±5)℃的饮用水后，用玻璃片沿筒口滑移，使其紧贴水面，擦干筒外壁水分后称量玻璃片、水与容量筒的总质量 m_2'，则容量筒的容积为

$$V_0=\frac{m_2'-m_1'}{\rho_w}$$

式中 V_0——容量筒的容积(m^3)；

m_2'——容量筒、玻璃片和水的总质量(kg)；

m_1'——容量筒和玻璃片的总质量(kg)；

ρ_w——水的密度，取 $10^3kg/m^3$。

四、实验数据处理

(1)按下式计算出石子的堆积密度 ρ_0'(精确至 $10kg/m^3$)：

$$\rho_0'=\frac{m_2-m_1}{V_0}$$

式中 m_2——试样与容量筒的总质量(kg)；

m_1——容量筒的质量(kg)。

(2)按下式计算石子的空隙率(精确至 1%)：

$$P_0'=\left(1-\frac{\rho_0'}{\rho_0}\right)\times100\%$$

式中 ρ_0——石子的表观密度(kg/m^3)。

(3)取两次实验测定值的算术平均值作为实验结果，并评定该石子试样的表观密度、堆积密度与空隙率是否满足标准规定。

2.2.4 岩石的单轴抗压强度实验*

※内容提要

岩石的抗压强度是反应岩石力学性质的主要指标之一，它在岩体工程分类、建筑材料选择及工程岩体稳定性评价计算中都是必不可少的指标。实验研究表明，岩石的抗压强度受一系列因素的影响与控制，主要包括两个方面：一是岩石本身的因素，如矿物组成、结构构造及含水状态等；二是实验条件，如试件形状、大小、高径比及加工精度、加荷速率等。

单轴抗压强度实验是测定规则形状岩石试件单轴抗压强度的方法，主要用于岩石的强度分级和岩性描述。本方法采用测定饱和状态下的岩石立方体(或圆柱体)试件的抗压强度来评

定岩石强度(包括碎石或卵石的原始岩石强度)。在某些情况下，试件含水状态还可根据需要，选择天然状态、烘干状态、饱和状态或冻融循环后状态。

※实验指导

一、实验目的

通过石料单轴抗压强度实验，了解岩石的特性。

二、实验设备与试样

(1)压力实验机。

(2)烘箱、冷冻箱、干燥器、游标卡尺、角尺。

(3)钻孔机、切割机、磨石机等岩石试件加工设备。

(4)岩石试样。

三、实验内容与步骤

(1)试件制备。

① 单轴抗压强度实验每组试样为 6 个，可以采用立方体或圆柱体试件。一般情况下，建筑地基的岩石实验采用直径为(50±2)mm、高径比为 2∶1 的圆柱体作为标准试件，桥梁工程用的石料实验采用边长为(70±2)mm 的立方体作为标准试件，路面工程用的石料实验采用圆柱体或立方体试件均可，且直径或边长和高均为(50±2)mm。

② 对有显著层理的岩石，分别沿平行和垂直于层理方向各取试件 6 个。

③ 试件上、下端面应平行和磨平，端面的平面度公差应小于 0.05mm，端面对于试件轴线的垂直度偏差不应超过 0.25°。

(2)用游标卡尺量取试件尺寸(精确至 0.1mm)，对立方体试件在顶面和底面上各量取其边长，以各个面上相互平行的两个边长的算术平均值计算其承压面积；对于圆柱体试件在顶面和底面分别测量两个相互正交的直径，并以其各自的算术平均值分别计算底面和顶面的面积，取顶面和底面面积的算术平均值作为计算抗压强度所用的截面积。

(3)试件的含水状态分天然状态、烘干状态、饱和状态、冻融循环状态。烘干状态即将试件置于烘箱内，对于不含结晶水的岩石，应在 105～110℃恒温下烘至恒重，一般为 12～24h，对于含结晶水的岩石，应在(60±5)℃恒温下烘至恒重，一般为 24～48h；烘干后将样品置于干燥器中冷却至室温，并立即进行抗压实验。饱和状态即将试样置于真空干燥器中，注入洁净水，水面高出试件顶面 20mm，开动抽气机，抽气时真空压力需达 100kPa，保持此真空状态直至无气泡发生时为止(不少于 4h)；经真空抽气的试件应放置在原容器中，在大气压力下静置 4h，取出试件，用湿毛巾擦去表面水分，立即进行抗压实验。

(4)将试件置于压力机的承压板中央，对正上下承压板，不得偏心。以 0.5～1.0MPa/s 的速率进行加荷，直至破坏。记录破坏荷载，以 N 为单位，精确至 1%。

四、实验数据处理

(1)岩石的抗压强度和软化系数分别为

$$R=\frac{P}{A},\qquad K_{\mathrm{p}}=\frac{R_{\mathrm{w}}}{R_{\mathrm{d}}}$$

式中 R ——岩石的单轴抗压强度(MPa)；

P ——试件破坏时的荷载(N)；

A——试件的承压面积(mm^2);

K_p——软化系数;

R_w——岩石饱和状态下的单轴抗压强度(MPa);

R_d——岩石烘干状态下的单轴抗压强度(MPa)。

(2)单轴抗压强度实验以 6 个试件的算术平均值为最终结果;有显著层理的岩石,分别计算垂直和平行于层理方向的试件强度,不同含水状态的试件应分别计算试件强度。计算值精确至 0.1MPa。

(3)软化系数计算值精确至 0.01。

2.2.5 石子的压碎指标值实验*

※内容提要

粗集料的抗破碎能力是石料力学性质的一项指标。集料压碎值用于衡量石料在逐渐增加的荷载下抵抗压碎的能力,该值是集料在规定的实验条件下,测得的被压碎碎屑的质量与试样总质量之比,以百分数表示。

※实验指导

一、实验目的

通过测定粗集料抵抗压碎的能力,间接地推测其强度,以鉴定粗集料的品质。

二、实验设备与试样

(1)石料压碎值实验装置。

(2)电子天平,称量 2~3kg,感量不大于 1g。

(3)标准方孔筛,13.2mm、9.5mm、2.36mm 筛孔各一个。

(4)压力机,应能在 10min 内达到 400kN。

(5)圆柱形金属筒,内径 112.0mm,高 179.4mm,容积 1767cm^3。

(6)石子试样。

三、实验内容与步骤

(1)采用风干石料,用 13.2mm 和 9.5mm 标准筛过筛,取 9.5~13.5mm 的试样三组,各 3000g。

(2)确定试样质量:将试样分 3 次(每次数量大体相同)均匀装入金属筒中,每次均将试样表面整平,用金属棒的半球面端从石料表面上均匀捣实 25 次。最后用金属棒作为直刮刀将表面仔细整平。称取量筒中试样质量 m_0。以相同质量的试样进行压碎值的平行实验。

(3)将要求质量的试样分 3 次(每次数量大体相同)均匀装入试模中,每次均将试样表面整平,用金属棒的半球面端从石料表面上均匀捣实 25 次。最后用金属棒将表面仔细整平。粗集料在试筒内的深度为 100mm。

(4)将装有试样的石料压碎值实验装置放在压力机上。注意压碎值实验装置的压头应摆平,勿斜挤试模侧壁。

(5)开动压力机,均匀地施加荷载,在 10min 左右的时间内达到总荷载 400kN,稳压 5s,然后卸载。

(6) 将石料压碎值实验装置从压力机上取下，倒出试样，用 2.36mm 标准筛过筛。可分几次筛分，均需筛到 1min 内无明显筛出物为止。称取通过 2.36mm 筛孔的全部细料质量 m_1，准确至 1g。

四、实验数据处理

(1) 粗集料压碎值按下式计算(精确至 0.1%)：

$$Q_a = \frac{m_1}{m_0} \times 100$$

式中 Q_a——粗集料压碎值(%)；

m_1——实验前试样质量(g)；

m_0——实验后通过 2.36mm 筛孔的细料质量(g)。

(2) 以三组试样所得 Q_a 的算术平均值作为压碎值的测定值。

2.2.6 粗集料洛杉矶式磨耗实验*

※内容提要

粗集料的洛杉矶式磨耗损失是集料使用性能的重要指标，尤其对于沥青混合料和基层集料，它与沥青路面的抗车辙能力、耐磨性、耐久性密切相关。一般该磨耗损失小的集料，集料坚硬，耐磨、耐久性好，而软弱颗粒含量多、风化严重的石料经过此项磨耗实验，粉碎严重，这个指标很难通过。同一条件下，粗集料质量减少得越多，则磨耗损失越大，耐磨性越差。

※实验指导

一、实验目的

通过洛杉矶式磨耗实验，更清楚地认识在标准条件下粗集料抵抗摩擦和撞击的能力。

二、实验设备与试样

(1) 洛杉矶式磨耗实验机，如图 2.3 所示。

(2) 台秤，感量 5g。

(3) 标准方孔套筛。

(4) 烘箱。

(5) 其他配套工具。

(6) 粗集料试样。

图 2.3 洛杉矶式磨耗实验机

三、实验内容与步骤

(1) 将不同规格的集料用水冲洗干净，置于烘箱中烘干至恒重。

(2) 对所使用的集料，根据实际情况按表 2.2 选择最接近的粒级类别，确定相应的实验条件，按规定的粒级组成备料、筛分。其中水泥混凝土用集料宜采用 A 级粒度；沥青路面及各种基层、底基层的粗集料，表中的 16mm 筛孔也可用 13.2mm 筛孔代替。对非规格材料，应根据材料的实际粒度，从表中选择最接近的粒级类别及实验条件。

表 2.2　粗集料洛杉矶式磨耗实验条件

粒度类别	粒级组成/mm	试样质量/g	试样总质量/g	钢球数量/个	钢球总质量/g	回转次数/转	适用的粗集料	
							规格	公称粒径/mm
A	26.5～37.5 19.0～26.5 16.0～19.0 9.5～16.0	1250±25 1250±25 1250±10 1250±10	5000±10	12	5000±25	500	—	—
B	19.0～26.5 16.0～19.0	2500±10 2500±10	5000±10	11	5000±25	500	S6 S7 S8	15～30 10～30 10～25
C	9.5～16.0 4.75～9.5	2500±10 2500±10	5000±10	8	5000±25	500	S9 S10 S11 S12	10～20 10～15 5～15 5～10
D	2.36～4.75	5000±10	5000±10	6	2500±15	500	S13 S14	3～10 3～5
E	63～75 53～63 37.5～53	2500±50 2500±50 5000±50	10000±100	12	5000±25	1000	S1 S2	40～75 40～60
F	37.5～53 26.5～37.5	5000±50 5000±25	10000±75	12	5000±25	1000	S3 S4	30～60 25～50
G	26.5～37.5 19～26.5	5000±25 5000±25	10000±50	12	5000±25	1000	S5	20～40

(3) 分级称量(准确至 5g)，称取总质量 m_1，装入磨耗机圆筒中。

(4) 选择钢球，使钢球的数量及总质量符合表 2.2 中的规定；将钢球加入钢筒中，盖好筒盖，紧固密封。

(5) 设定要求的回转次数，开动磨耗机，以 30～33r/min 的转速转动至要求的回转次数为止。

(6) 取出钢球，将经过磨耗后的试样从投料口倒入接收的容器中。用 1.7mm 的方孔筛过筛，筛去试样中被撞击磨碎的细屑。用水冲洗干净留在筛上的碎石，将其置于(105±5)℃烘箱中烘干至恒重(通常不少于 4h)，准确称量其质量 m_2。

四、实验数据处理

(1) 按下式计算粗集料的洛杉矶式磨耗损失(精确至 0.1%)：

$$Q = \frac{m_1 - m_2}{m_1} \times 100\%$$

式中　Q——洛杉矶式磨耗损失(%)；

m_1——装入圆筒中试样质量(g)；

m_2——实验后在 1.7mm 筛上冲洗烘干的试样质量(g)。

(2) 粗集料的磨耗损失以两次平行实验结果的算术平均值作为测定值。两次实验的差值应不大于 2%，否则须重新实验。

2.3 水泥实验

本节实验依据如下：

(1)《通用硅酸盐水泥》国家标准第 2 号修改单(GB 175—2007/XG2—2015)；

(2)《水泥细度检验方法 筛析法》(GB/T 1345—2005)；

(3)《水泥标准稠度用水量、凝结时间、安定性检验方法》(GB/T 1346—2011)；

(4)《水泥比表面积测定方法 勃氏法》(GB/T 8074—2008)；

(5)《水泥胶砂流动度测定方法》(GB/T 2419—2005)；

(6)《水泥胶砂强度检验方法(ISO 法)》(GB/T 17671—1999)。

2.3.1 水泥细度实验*

※内容提要

水泥细度是评定水泥质量的依据之一，常用实验方法有比表面积法和筛析法，以下主要介绍筛析法。

※实验指导

一、实验目的

根据国家标准检验、评定水泥细度是否合格。

二、实验设备与试样

(1) 负压筛由圆形筛框和筛网组成，选标准筛孔径为 0.08mm 的铜网筛，筛框有效直径为 150mm，高 50mm。

(2) 负压筛析仪由筛座、负压筛、负压源及收尘器组成，如图 2.4 所示。

(3) 感量为 0.1g 的电子天平或物理天平。

(4) 水泥样品。

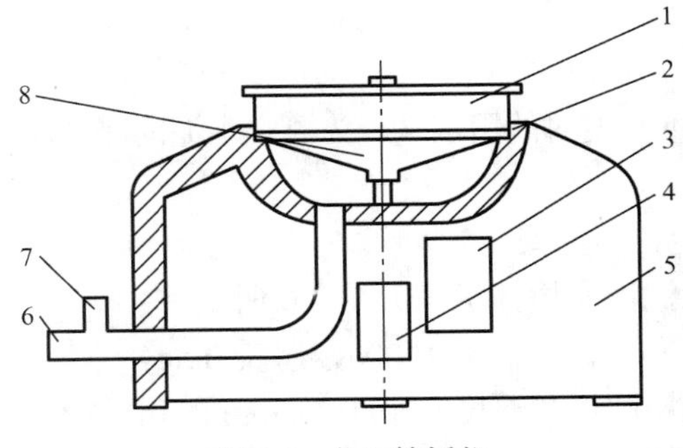

图 2.4 负压筛析仪

1—0.45mm 方孔筛；2—橡胶垫圈；3—控制板；4—微电机；
5—壳体；6—抽气口(接收尘器)；7—风门(调节负压)；8—喷气嘴

三、实验内容与步骤

(1)负压筛析法：

① 筛析前把负压筛放在筛座上，盖上筛盖，接通电源，调节负压为4000～6000Pa；

② 称取试样25g，放进负压筛中，盖上筛盖，放在筛座上；

③ 启动负压筛析仪连续筛析2min，轻轻地敲打盖上附着的试样，停机后用天平称量筛余物。

(2)手工筛析法：称取试样并精确到0.01g，倒入筛内并加盖，一只手执筛往复摇动，另一只手轻轻拍打，拍打速度为120次/min，每40次后向同一方向转动60°，使试样均匀分布在筛网上，直到通过的试样量不超过0.3g/min为止，然后称取筛余量。

四、实验数据处理

(1)负压筛析法水泥试样筛余百分数按下式计算(精确至0.1%)：

$$F=\frac{R}{W}\times 100\%$$

式中 F——水泥试样的筛余百分数；

R——水泥筛余物的质量(g)；

W——水泥试样的质量(g)。

(2)手工筛析法实验结果同样按上式计算(精确至0.1%)。

(3)将实验测试结果与相应标准要求进行对比，满足标准要求时，可判断该水泥试样细度合格，否则为不合格。筛析法有负压筛析法、水筛析法和干筛析法，在检验中，当其他方法与负压筛析法相矛盾时，以负压筛析法为准。

2.3.2 水泥标准稠度用水量实验

※内容提要

水泥标准稠度用水量，以水泥净浆达到规定稀稠程度时的用水量占水泥用量的百分数表示。水泥浆的稀稠，对水泥的凝结时间、体积安定性等技术性质影响很大，为了对相关实验结果进行分析比较，必须在相同稠度下进行实验。所以对水泥标准稠度用水量的测定，是水泥凝结时间、体积安定性实验的基础。

※实验指导

一、实验目的

测定水泥净浆达到标准稠度时的用水量，为测定水泥的凝结时间和体积安定性做好准备。

二、实验设备与试样

(1)水泥标准稠度测定仪，如图2.5所示。

【参考视频】

(2)水泥净浆搅拌机，如图2.6所示。

(3)天平，称量大于1000g，感量0.5g。

(4)金属圆模和厚度不小于2.5mm的玻璃板。

(5)量筒(刻度0.1mL，精度1%)、停表、拌和铲等。

(6)水泥试样及水。

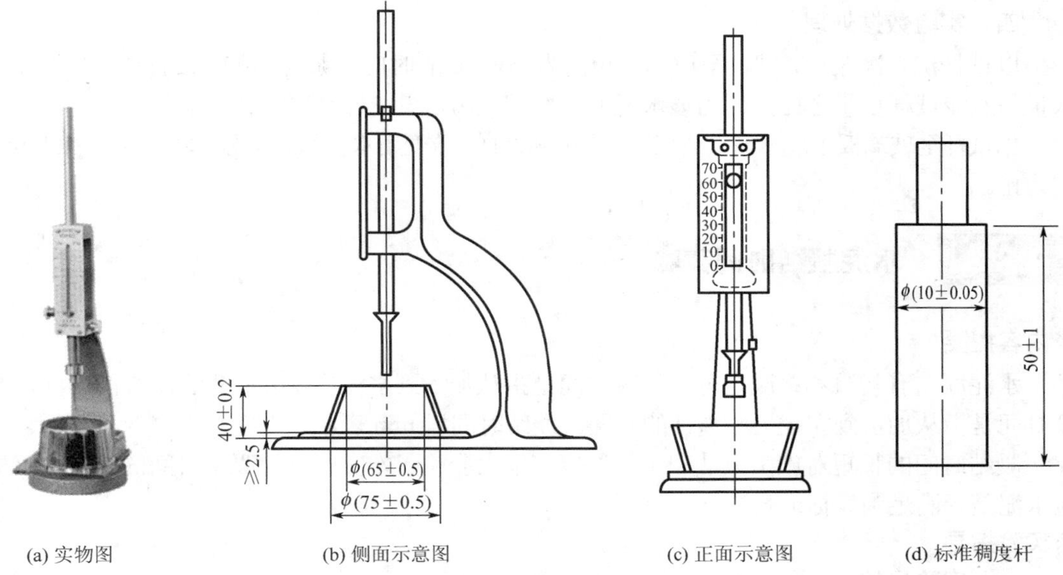

(a) 实物图　(b) 侧面示意图　(c) 正面示意图　(d) 标准稠度杆

图 2.5　水泥标准稠度测定仪(单位：mm)

图 2.6　水泥净浆搅拌机

三、实验内容与步骤

(1) 实验前需进行仪器检查。稠度仪金属圆棒应能自由滑动，将金属圆模及玻璃底板一起放在稠度仪上，调整滑动圆棒上的指针，使试杆接触玻璃板时，指针对准标尺零点。

(2) 按经验初步确定加水量。

(3) 净浆拌和。先用湿布擦拭搅拌机叶片和搅拌锅，并立即将量好的拌和水倒入锅中，然后在 5～10s 内，小心将称好的水泥倒入水中(防止水和水泥溅出)。将搅拌锅放在搅拌机座上，升至搅拌位置，启动搅拌机，低速搅拌 120s、停机 15s，此时应用小刀将叶片及锅壁上的水泥浆刮入锅中，然后高速搅拌 120s，停机。

(4) 取出搅拌锅，立即将拌和好的试杆一次装入垫有玻璃板的圆模内，用小刀插捣、振动数次，排除气泡，刮去多余净浆。抹平表面后，迅速将圆模及玻璃板一起放在稠度仪上。轻轻放下试杆，使试杆与净浆表面中心恰好接触，拧紧止动螺钉。1～2s 后突然放松螺钉，试杆垂直自由沉入净浆中，在试杆停止下沉(或下沉时间为 30s)时，拧紧止动螺钉。自滑动圆棒指针上读取试杆至玻璃板的距离，并做记录。整个操作应在搅拌后 1.5min 内完成。

四、实验数据处理

以试杆沉入净浆后，试杆至玻璃的距离为(6±1) mm 时的净浆为标准稠度净浆。其拌和加水量与水泥试样质量之比，即为该水泥的标准稠度用水量 P(计算至 0.1%)。

如试杆至玻璃板距离不在上述范围，需另称试样、改变用水量重新实验，直至达到(6±1) mm 时为止。

2.3.3 水泥凝结时间实验

※内容提要

水泥凝结有初凝和终凝之分。初凝时间是指从加水到水泥净浆开始失去塑性的时间，终凝时间是指从加水到完全失去塑性的时间。凝结时间以 min 表示。

凝结时间的长短对施工方法和工程进度有很大影响。本实验进行凝结时间的测定，以检验水泥是否满足国家标准。

※实验指导

一、实验目的

测定水泥的凝结时间，以判定水泥的质量。

二、实验设备与试样

(1) 凝结时间测定仪，将标准稠度中滑棒下端装测定初凝用的试针，或装测定终凝用的试针，如图 2.7 所示。

(2) 湿气养护箱、计时装置等。

(3) 标准稠度水泥浆。

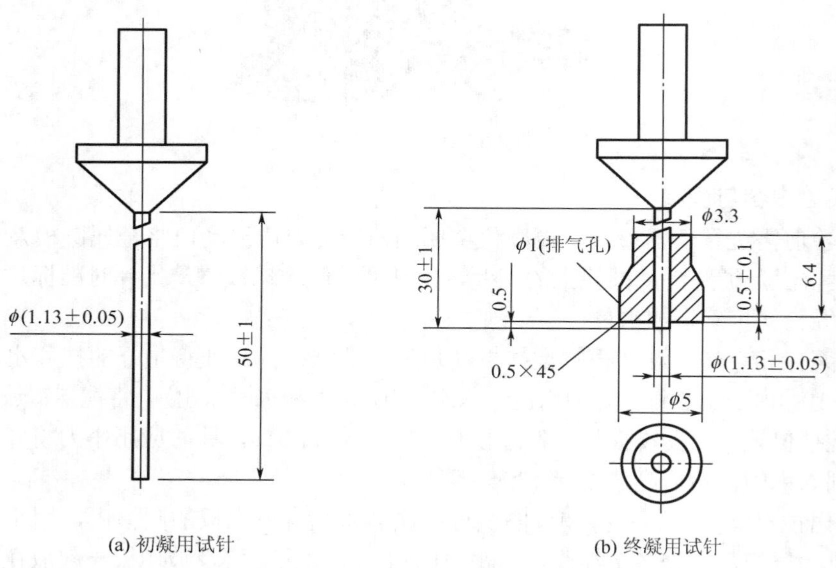

(a) 初凝用试针　　(b) 终凝用试针

图 2.7　凝结时间测试用针(单位：mm)

三、实验内容与步骤

(1) 测定前，将金属圆模和玻璃板一起放到凝结时间测定仪上(在圆模内侧及玻璃板上稍稍涂上一薄层机油)，调整圆棒上的指针，使初凝试针接触玻璃板时，指针对准标尺零点(或标尺最大刻度)。

(2) 按“标准稠度用水量实验”的方法拌制标准稠度净浆。记录水泥加水的时刻作为凝结时间的起始时刻。

(3) 将拌制好的标准稠度净浆，立即一次装入金属圆模，振动数次后刮平，然后放入湿气养护箱内。

(4) 初凝时间测定。从湿气养护箱中取出盛有净浆的圆模试件，置于初凝试针下，使初凝试针与净浆表面刚好接触，拧紧螺钉。1～2s 后突然放松螺钉，试针垂直自由沉入净浆试体中。试针停止沉入试体(或下沉时间为 30s)时，观测指针读数。

第一次(一般自加水 30min 后)测试时，应轻轻挟持金属圆棒，使其徐徐下降，以防止试针撞弯。但到达初凝时，必须以试针自由沉入试体的结果为准；临近初凝时，每隔 5min 测试一次；到达初凝状态时应立即复测一次，且两次结果必须相同。

测试过程中，圆模试体应不受振动，每次测试不得让试针落入原针孔内，且试针贯入试体的位置至少要距圆模内壁 10mm。每次测试完毕，需将盛有净浆的圆模试体放回养护箱，并将试针擦净。

在完成初凝时间测定后，立即将试模连同浆体以平移的方法从玻璃板上取下，翻转 180°，底面朝上放在玻璃板上，再放入湿气养护箱内养护，以供测定最终凝结时间。

(5) 终凝时间测定。从湿气养护箱中取出试模，置于终凝试针下，使终凝试针针尖与净浆表面刚好接触，拧紧螺钉。1～2s 后突然放松螺钉，让试针垂直自由沉入净浆试体中，在试针停止沉入试体(或下沉时间为 30s)时，提起金属圆棒，观察试样表面痕迹。

临近终凝时间时，每隔 15min 测试一次；到达终凝状态时应立即复测一次，且两次结果必须相同。

四、实验数据处理

(1) 当初凝试针沉入净浆，其针尖降至与玻璃底板的距离为(4±1)mm 时，水泥净浆即达到初凝状态。自水泥完全加入水中至达到初凝状态所经历的时间，为该水泥的初凝时间。

(2) 当终凝试针沉入净浆的深度为 0.5mm 时(即环形附件开始不能在试体上留下痕迹时)，即为水泥净浆达到终凝状态。自水泥完全加入水中至达到终凝状态所经历的时间，为该水泥的终凝时间。

2.3.4 水泥体积安定性实验

※内容提要

水泥体积安定性是指水泥在凝结硬化过程中体积变化的均匀性。水泥中如果含有较多的游离氧化钙、氧化镁或三氧化硫，就能使体积发生不均匀变化，这样的水泥称为安定性不合格。

根据 GB/T 1346—2011 的规定，检验游离氧化钙危害性的方法，可以用雷氏法(标准法)或饼法，有争议时以雷氏法为准。雷氏法是用装有水泥净浆的雷氏夹煮沸后的膨胀值来评定其安定性，饼法是以试饼煮沸后的外形变化来评定其安定性。

※实验指导

一、实验目的

检验水泥浆体在硬化时体积变化的均匀性，以判定水泥的品质。

二、实验设备与试样

(1)沸煮箱，箅板与箱底受热部位的距离不得小于20mm。

(2)雷氏夹，如图2.8所示。

(3)雷氏夹膨胀值测量仪，如图2.9所示。

(4)其他仪器设备与“水泥标准稠度用水量实验”相同。

(5)标准稠度水泥浆。

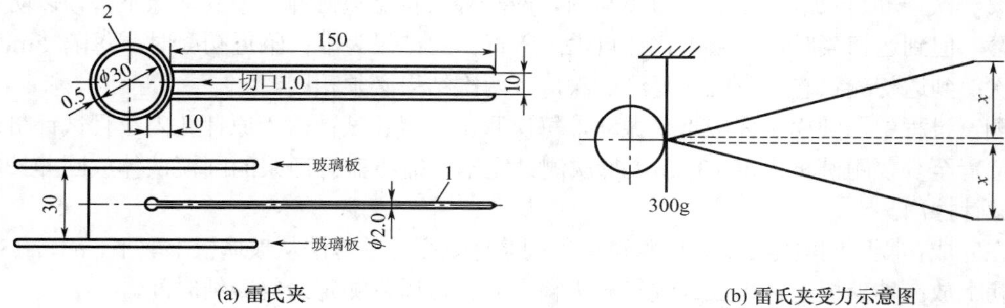

图2.8　雷氏夹示意图(单位：mm)

1—指针；2—环模

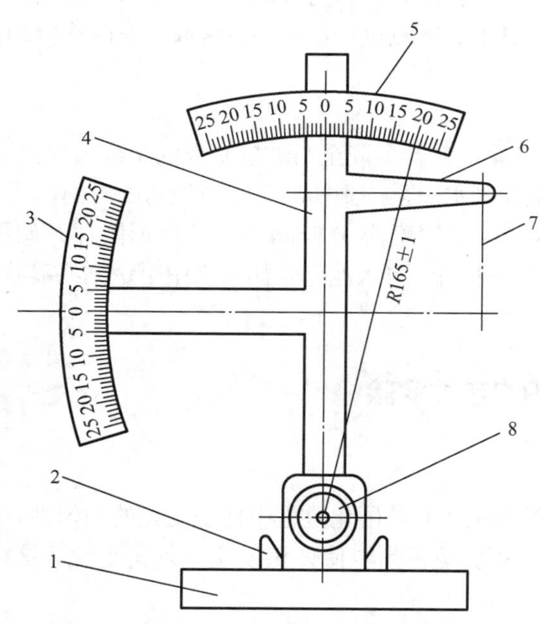

图2.9　雷氏夹膨胀值测量仪示意图

1—底座；2—模子座；3—测弹性值标尺；4—立柱；

5—测膨胀值标尺；6—悬臂；7—悬丝；8—弹簧顶扭

三、实验内容与步骤

(1) 雷氏法实验。

① 将雷氏夹置于专用玻璃板上，与水泥浆接触的表面均涂上一薄层机油，每个试样成型两个试件。

② 将拌制好的标准稠度净浆装满雷氏夹圆环，一只手轻扶雷氏夹，另一只手用约 10mm 宽的小刀插倒 15 次左右，然后抹平，顶面盖一涂有薄层机油的玻璃板(玻璃上配重块的质量约 75～80g)，立即将上、下盖有玻璃板的雷氏夹移到养护箱内，养护(24±2) h。

③ 在沸煮前，用雷氏夹膨胀值测定仪测量试件指针尖端间的距离 A，精确到 0.5mm。

④ 将试件放在沸煮箱内水中的箅板上，然后在(30±5) min 内加热至沸腾，并恒沸(180±5) min。在整个沸煮过程中，应使水面高出试件，且不能中途加水。

(2) 饼法实验。

① 从拌制好的标准稠度净浆中取出 150g，分成两等份，用手团成球形，放在涂少许机油的玻璃板上，轻轻振动玻璃板，使水泥浆球扩展成试饼。

② 用湿布擦过的小刀，从试饼的四周边缘向中心轻抹，试饼随着修抹略做转动，即可做成直径 70～80mm、中心厚约 10mm、边缘渐薄、表面光滑的试饼。

【参考视频】

③ 立即将制好的试饼，连同玻璃放入湿气养护箱内养护(24±2) h。

④ 将养护好的试饼从玻璃板上取下。首先检查试饼是否完整，如已龟裂、翘曲甚至崩溃，要检查原因，确证无外因时，即可判定该水泥已属安定性不合格(不必再沸煮)。若试饼无缺陷，将试饼放在沸煮箱内水中的箅板上，然后在(30±5) min 内加热至沸腾，并恒沸(180±5) min。

四、实验数据处理

(1) 煮毕，将热水放掉，打开箱盖，使箱体冷却至室温。

(2) 对于雷氏法实验，取出煮后雷氏夹试件，测量试件指针针尖的距离 C，精确至 0.5mm，然后计算雷氏夹膨胀值 $C–A$。当两个试件煮后膨胀值 $C–A$ 的平均值不大于 5.0mm 时，即认为该水泥的安定性合格，大于 5.0mm 时即认为该水泥安定性不合格。当两个试件的 $C–A$ 值相差超过 4.0mm 时，应用同一样品重做一次实验。若再如此，即认为该水泥安定性不合格。

(3) 对于饼法实验，取出煮后试饼，若出现龟裂、翘曲甚至崩溃的任一情况，可判定水泥的安定性为不合格。经肉眼观察未发现裂纹，用直尺检查没有弯曲，即判定水泥的安定性合格。当两个试饼的判断结果有矛盾时，该水泥的安定性为不合格。

2.3.5 水泥胶砂流动度实验*

※内容提要

水泥胶砂流动度是对水泥胶砂流动性的一种量度，在一定加水量下，该值取决于水泥的需水性。流动度用水泥胶砂在流动桌上扩展的平均直径(mm)表示。

※实验指导

一、实验目的

通过检验不同配比胶砂流动的扩展度，评价砂浆的流动性能。

二、实验设备与试样

(1) 水泥胶砂流动度测定仪(简称跳桌)，如图 2.10 所示。

(2) 刚性试模、捣棒、卡尺、小刀、天平等。

(3) 砂浆。

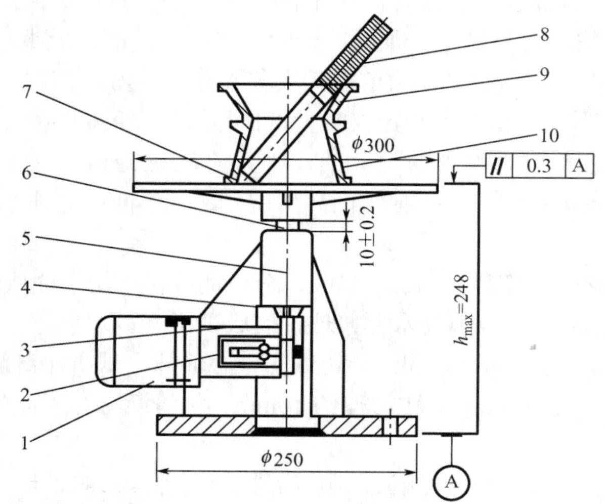

图 2.10　水泥胶砂流动度测定仪(单位：mm)

1—电机；2—接近开关；3—凸轮；4—滑轮；5—机架；

6—推杆；7—圆盘桌面；8—捣棒；9—模套；10—截锥圆模

三、实验内容与步骤

(1) 流动度测试前的准备：

① 在实验前应接通跳桌电源，让跳桌先进行空转，以检验其各部位工作是否正常；

② 对待测新拌胶砂试样进行准备；

③ 在准备胶砂试样的同时，用潮湿棉布擦拭跳桌台面、试模内壁、捣棒以及与胶砂接触的用具，然后将试模放在跳桌台面中央并用潮湿棉布覆盖。

(2) 装料：将待测新拌胶砂试样分两层迅速装入试模，第一层装至截锥圆模高度的约 2/3 处，用小刀在相互垂直的两个方向各划 5 次，用捣棒由边缘至中心均匀捣压 15 次，随后装第二层胶砂，装至高出截锥圆模约 20mm，用小刀在相互垂直的两个方向各划 5 次，再用捣棒由边缘至中心均匀捣压 10 次。捣压力量应恰好使胶砂充满截锥圆模。捣压深度，第一层捣至胶砂高度的 1/2 处，第二层捣至不超过已捣实底层的表面。装胶砂和捣压时，用手扶稳试模，不要使其移动。捣压完毕，取下模套，用小刀由中间向边缘分两次将高出截锥圆模的胶砂刮去并抹平，擦去落在桌面上的胶砂。

(3) 将截锥圆模垂直向上轻轻提起，立刻启动跳桌，使其每秒钟约跳动一次，在 (25 ± 1) s 内完成 25 次跳动。

四、实验数据处理

跳动完毕，采用卡尺测量胶砂底面相互垂直的两个方向的直径，计算平均值后取整数，以 mm 为单位表示，即为该水泥胶砂的流动度。水泥胶砂流动度实验，从胶砂拌和开始到测量扩展直径结束，应在 6min 内完成。

结合实验结果和相关国标规定，对水泥胶砂流动度进行评价。

2.3.6 水泥胶砂成型与强度实验

※内容提要

该实验方法适用于普通水泥、普通硅酸盐水泥、矿渣硅酸盐水泥、火山灰质硅酸盐水泥、粉煤灰硅酸盐水泥、复合硅酸盐水泥、砌筑水泥等的胶砂强度实验。

※实验指导

一、实验目的

水泥胶砂成型实验是为测定水泥强度，判定水泥强度等级的而做的前期准备工作。水泥胶砂强度反映了水泥硬化到一定龄期后胶结能力的大小，为确定水泥强度等级的依据，是水泥主要质量指标之一。

二、实验设备与试样

【参考视频】

(1)行星式胶砂搅拌机。

(2)胶砂试模。

(3)胶砂振实台。

(4)刮平直尺。

(5)抗折实验机。

(6)抗压实验机。

(7)抗压夹具等。

(8)胶砂制备材料：

① 水泥，(450±2)g；

② 中国 ISO 标准砂，(1350±5)g；

③ 拌和水，(225±5)mL。

主要仪器设备如图 2.11 所示。

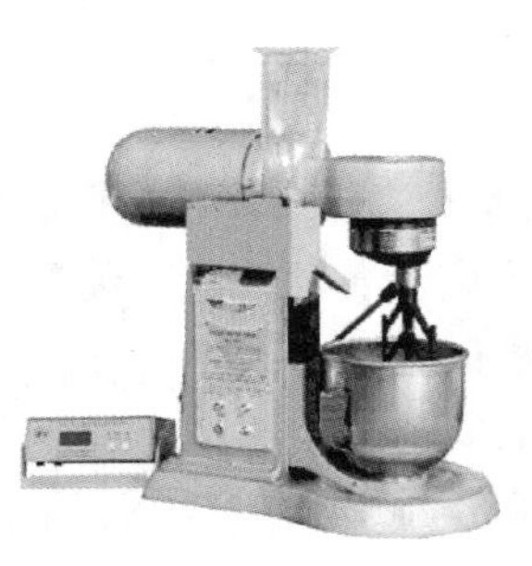

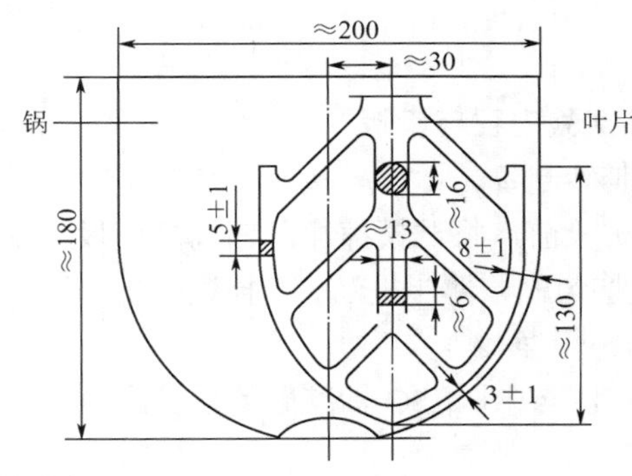

(a) 胶砂搅拌机

图 2.11 主要仪器设备(单位：mm)

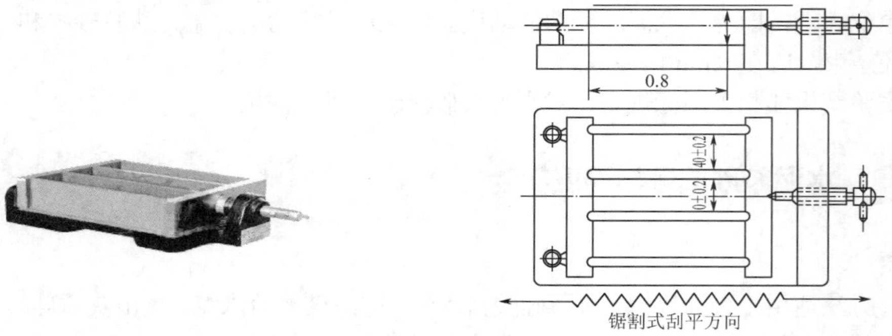

(b) 胶砂试模

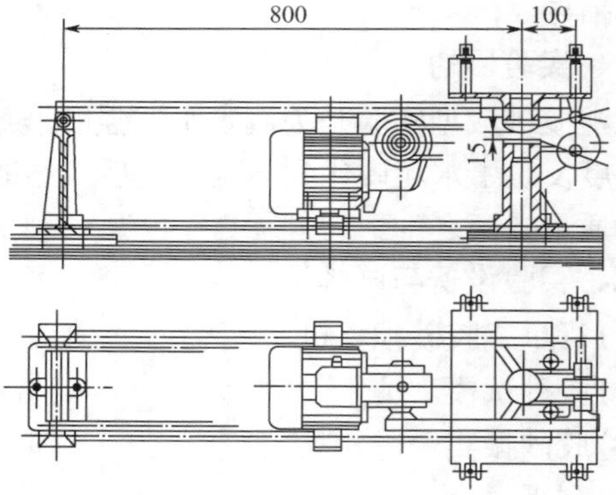

(c) 胶砂振实台

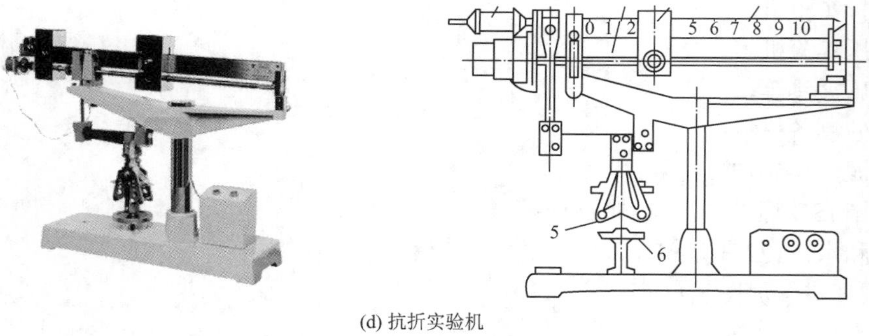

(d) 抗折实验机

图 2.11　主要仪器设备(单位：mm)(续)

三、实验内容与步骤

(1) 胶砂制备。

① 实验前，将试模擦净，四周的模板与底座的接触面上应涂黄油，紧密装配，防止漏浆。内壁均匀刷一薄层机油。搅拌锅、叶片和下料漏斗等用湿布擦干净(更换水泥品种时，也需用湿布擦干净)。

② 水泥与中国 ISO 标准砂的质量比为 1∶3，水灰比为 0.5。一锅胶砂成型三条试件的材料用量。

③ 先将量好的水加入锅内，再加入称好的水泥，把锅放在固定架上，上升至固定位置。立即启动机器，低速搅拌 30s 后，在第二个 30s 开始的同时均匀加入标准砂。标准砂全部加完 30s 后，把机器转至高速再拌 30s。接着停拌 90s，在刚停的 15s 内用橡皮刮具将叶片和锅壁上的胶砂刮至

拌和锅中间。最后高速搅拌 60s。各个搅拌阶段的时间误差应在±1s 以内，总搅拌时间为 4min。

(2) 试件成型(用振实台成型)。

① 胶砂制备后立即进行成型。把空试模和模套固定在振实台上，用勺子将胶砂分两层装入试模。装第一层时，每个槽内约放 300g 胶砂，用大播料器垂直加在模套顶部，沿每个模槽来回一次将料层播平，接着振实 60 次；再装入第二层胶砂，用小播料器播平，再振实 60 次。

② 振实完毕后，移走模套，取下试模，用刮平直尺以近似 90° 的角度，架在试模的一端，沿试模长度方向以横向锯割动作向另一端移动，一次刮去高出试模的多余胶砂。最后用同一刮尺，以近乎水平角度将试模表面抹平。

③ 在试模上做标记或加字条，标明试件编号和试件相对于振实台的位置。

(3) 试件养护。

① 脱模前的处理和养护。成型后立即将做好标记的试模放入雾室或湿气养护箱的水平架子上养护，养护室试模不应重叠。养护到规定的脱模时间取出试模，用防水墨汁或颜料笔对试件进行编号和做其他标记。两个龄期以上的试件，在编号时应将同一试模中的三条试件分在两个以上的龄期。

② 脱模。脱模应非常小心，以防损伤试件，脱模时可用塑料锤、橡皮榔头或专门的脱模器。对 24h 的试件，应在强度实验前 20min 内脱模，并用湿布覆盖至实验；对于 24h 以上龄期的试件，应在成型后 20～24h 之间脱模。硬化较慢的水泥允许延期脱模，但在实验报告中应予说明。

③ 水中养护。将做好标记的试件立即水平或竖直放在(20±1)℃水中养护，水平放置时刮平面应朝上。养护期间，试件间隔和试件上表面的水深不得小于 5mm，且不允许全部更换养护水。每个养护池(或容器)内只能养护同类型的水泥试件。

④ 试件龄期。试件龄期从水泥加水搅拌时开始，算至强度测定所经历的时间。不同龄期的试件，必须相应地在 24h±15min、48h±30min、72h±45min、7d±2h、28d±3h、大于 28d±8h 的时间内进行强度实验。到龄期的试件应在强度实验前 15min 从水中取出，抹去试件表面的沉积物，并用湿布覆盖至实验开始。

(4) 试块抗折实验。

① 将抗折实验机夹具的圆柱表面清理干净，并调整杠杆处于平衡状态。

② 用湿布擦去试件表面的水分和砂粒，将试件放入夹具内，使试件成型时的侧面与夹具的圆柱接触。调整夹具，使杠杆在试件折断时尽可能接近平衡位置。

【参考视频】

③ 以一定的速度进行加荷，直到试件被折断，记录破坏荷载 $P_{折}$ (N) 或抗折强度 $f_{折}$ (MPa)。

④ 保持半截试体(断块)处于潮湿状态，直至抗压实验开始。

(5) 试块抗压实验。

① 将抗折实验后的六块断块，立即在其侧面上进行抗压实验。抗压实验需用抗压夹具，使试件受压面积为 40mm×40mm。实验前，应将试件受压面积与抗压夹具清理干净，试件的底面紧靠夹具上的定位销，断块露出上压板外的部分应不少于 10mm。

② 在整个加荷过程中，夹具应位于压力机承压板中心，以一定的速率均匀加荷直至破坏，记录破坏荷载 $P_{压}$ (kN)。

四、实验数据处理

(1) 抗折实验结果处理。

① 按下式计算每条试件的抗折强度 $f_{折}$ (计算至 0.1MPa)：

$$f_{折}=\frac{3P_{折}L}{2bh^2}=0.00234P_{折}$$

② 对每组试件的抗折强度，以三条棱柱体试件抗折强度测定值的算术平均值作为实验结果；当三个测定值中仅有一个超出平均值的±10%时，应剔除这个结果，再以其余两个测定值的平均值作为实验结果；如果三个测定值中有两个超出平均值的±10%时，则该组结果作废。

(2) 抗压实验结果处理。

① 按下式计算每块试件的抗压强度 $f_{压}$（计算至 0.1MPa）：

$$f_{压}=\frac{P_{压}}{A}=0.625P_{压}$$

② 每组试件的抗压强度，以三条棱柱体得到的六个抗压强度测定值的算术平均值作为实验结果；若六个测定值中有一个超出六个平均值的±10%时，应剔除这个值，而以剩下的五个平均值作为实验结果；如果五个测定值中再有超过它们平均值的±10%者，则此组结果作废；若六个测定值中有两个超出六个平均值的±10%时，则此组结果作废。

根据上述的抗折、抗压强度的实验结果，按相应的水泥标准确定该水泥强度等级。

2.4 混凝土实验

本节实验依据如下：

(1)《普通混凝土拌合物性能实验方法标准》(GB/T 50080—2016)；

(2)《普通混凝土配合比设计规程》(JGJ55—2011)；

(3)《回弹法检测混凝土抗压强度技术规程》(JGJ/T 23—2011)；

(4)《普通混凝土力学性能实验方法标准》(GB/T 50081—2002)；

(5)《混凝土强度检验评定标准》(GB/T 50107—2010)；

(6)《普通混凝土长期性能和耐久性能实验方法标准》(GB/T 50082—2009)。

2.4.1 混凝土拌合物拌制与成型的一般规定

1. 拌制混凝土拌合物的一般规定及拌制方法

1) 一般规定

(1) 在混凝土实验室内拌和混凝土时，室内温度应保持为 (20 ± 5) ℃，所拌制的混合物应避免阳光直射。

(2) 拌和混凝土所用的各种材料的温度应与室温相同。

(3) 使用材料应一次备齐，并翻拌均匀。水泥如有结块，需用筛孔为 0.9mm 的筛子将结块筛除。

(4) 拌和混凝土用的各种用具 (搅拌机、钢板和铁铲等)，应事先清洗干净并保持表面润湿。

(5)材料的用量以质量计。称量的精度要求：骨料为±0.5%，水及水泥(及掺合料)和外加剂为±0.3%。

(6)砂石骨料用量以饱和面干状态为准(或以干燥状态为准)。

(7)从加水完毕时算起，混凝土拌合物的拌制及所有拌合物性能实验在30min内完成。

2)拌制方法

(1)人工拌和：人工拌和在钢板上进行，一般用于拌制数量较少的混凝土。将称好的砂、胶凝材料(水泥和掺合料预先拌均匀)按顺序倒在钢板上，用铁铲翻拌至颜色均匀，再放入称好的粗骨料与其拌和，至少翻拌三次，然后堆成锥形。

在锥形中间扒成凹坑，加入拌和用水(外加剂一般先溶于水)，小心拌和，至少翻拌六次。每翻拌一次后，用铁铲将全部混凝土拌合物铲切一遍。拌和时间从加水完毕时算起，应在10min内完成(一般要求：当拌合物体积在30L以下时，在4～5min内完成；当体积在30～50L时，在5～9min内完成)。

(2)机械拌和：机械拌和用混凝土搅拌机(容量50～100L，转速18～22r/min)进行，一次拌和量不宜少于搅拌机容量的20%，也不宜大于搅拌机容量的80%。拌和前，应预拌少量同种混凝土拌合物(或与所拌混凝土水灰比相同的砂浆)，使搅拌机内壁挂浆。挂浆多余的拌合物倒在拌和钢板上，使钢板也沾有一层砂浆。

将称好的粗骨料、胶凝材料、砂和水(外加剂一般先溶于水中)依次加入搅拌机内，立即启动搅拌机，拌和2～3min。将拌好的混凝土拌合物倒在钢板上，刮出黏附在搅拌机内的拌合物，再人工翻拌两三次，使之均匀。

2．混凝土试件成型与养护方法的一般规定

(1)试模要求拼装牢固，不漏浆，振捣时不变形。边长误差不超过边长的1/150，角度误差不超过0.5°，平整度误差不超过边长的0.05%。使用前应在拼装好的试模内壁刷一薄层矿物油。

(2)如混凝土拌合物的骨料最大粒径超过试模最小边长的1/3时，应将大骨料用湿筛法剔除，并做记录。

(3)试件的成型捣实。当混凝土拌合物坍落度大于90mm时，宜采用人工捣实。每层装料厚度不应大于100mm，用弹头捣棒由边缘到中心，按螺旋方向均匀进行插捣。每100cm^{2}面积上插捣次数不少于12次(以捣实为准)。插捣底层时，捣棒插捣到底；插捣上层时，捣棒要插入下层20～30mm。当混凝土拌合物坍落度不大于90mm时，宜采用振动台振实[室温(20±2)℃、相对湿度95%以上]，此时装料可一次装满试模，装料时应用抹刀沿试模内壁略加插捣，并使混凝土拌合物高出试模，振至表面泛浆为止(一般振动时间约30s)。

(4)试件成型后，在混凝土初凝前1～2h，需进行抹面，要求沿模口抹平。

(5)成型后的带模试件宜用湿布或塑料薄膜覆盖表面，并在(20±5)℃的室内静置24～48h，然后拆模并编号。

(6)采用标准养护的试件，拆模后立即送入标准养护室［室温(20±2)℃、相对湿度95%以上］中养护，在标准养护室内试件应放在架上，试件之间保持10～20mm的距离，并应避免用水直接冲淋试件。

(7)当无标准养护室时，混凝土试件可在温度为(20±2)℃的不流动水中养护，水的pH不应小于7。

(8)对于与构件同条件养护的试件，成型后应覆盖表面，试件的拆模时间应与构件的拆

模时间相同。同条件养护的试件拆模后仍需同条件养护。每一龄期力学性能实验的试件个数，除特殊规定外，一般以三个试件为一组。

2.4.2 混凝土拌合物和易性实验

※内容提要

混凝土拌合物和易性实验的目的，是检验混凝土拌合物是否满足施工所要求的流动性、黏聚性和保水性。混凝土拌合物和易性实验常用的方法，有坍落度、维勃稠度(工作度)和扩散度实验。这里主要介绍坍落度法。

【参考视频】

※实验指导

一、实验目的

实验用于检验混凝土拌合物是否满足施工要求。坍落度实验是以标准截圆锥形混凝土拌合物在自重作用下的坍陷值，来确定拌合物的流动性，并根据实验过程中的感触和观察，判断其黏聚性和保水性的好坏。

二、实验设备与试样

(1)坍落度筒。用 2～3mm 厚的铁皮制成，筒内壁光滑，筒的上下面相互平行，并垂直于轴线，上口直径 100mm，下口直径 200mm，高 300mm，筒外壁上部焊有两只手柄，下部焊有两片踏脚板，如图 2.12 所示。

(2)弹头捣棒。为直径 16mm、长 650mm 的钢棒，一端为弹头。

(3)300mm 钢尺两把、40mm 孔径筛、装料漏斗、镘刀、小铁铲、温度计等。

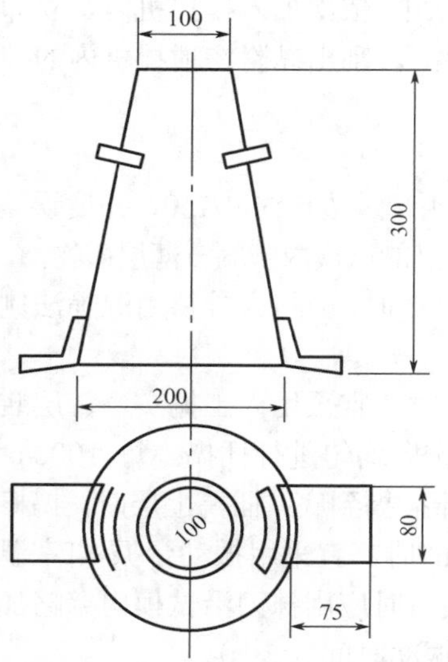

图 2.12 坍落度筒(单位：mm)

三、实验内容与步骤

(1)润湿坍落度筒的内壁及拌和钢板的表面。将筒放在钢板上，用双脚踏紧踏脚板。

(2)将拌好的混凝土拌合物用小铁铲通过装料漏斗分三层装入筒内，每层体积大致相等(底层厚约 70mm，中层厚约 90mm)，装入的试样必须均匀并具有代表性。

(3)每装一层，用弹头捣棒在筒内全部面积上，由边缘到中心，按螺旋方向均匀插捣 25 次(底层插捣到底，中、顶层应插到下一层表面以下 10～20mm)。

(4)顶层插捣时，如混凝土沉落到低于筒口，应随时添加(也不可添加过多，使砂浆溢出)。捣完后，取下装料漏斗，用镘刀将混凝土拌合物沿筒口抹平，并清除筒外周围的混凝土。

(5)在 5～10s 内将坍落度筒徐徐垂直、平稳地提起，不得歪斜。将坍落度筒轻放于试样旁边，当试样不再继续坍落时，用钢尺量出坍落度筒高度与试样顶部中心点之差，即为坍落度值，准至 1mm。

(6)整个坍落度实验应连续进行，并在 2～3min 内完成。

(7)提起坍落度筒后，若混凝土试体发生崩坍或剪坏，应取试样其余部分再做实验。如第二次实验仍出现上述现象，则表示该混凝土黏聚性及保水性不良，应予记录备查。黏聚性及保水性不良的混凝土，所测得的坍落度不能作为混凝土拌合物和易性的评定指标。

四、实验数据处理

(1)混凝土拌合物的坍落度以 mm 计，取整数。

(2)测量坍落度的同时，应目测混凝土拌合物的下列性质。

① 棍度。根据坍落度实验时插捣混凝土的难易程度，分为上、中、下三级。“上”表示容易插捣，“中”表示插捣时稍有阻滞感觉，“下”表示很难插捣。

② 黏聚性。用捣棒在已坍落的混凝土锥体一侧轻打，如锥体渐渐下沉，表示黏聚性良好；如锥体突然倒塌、部分崩裂或发生石子离析，即表示黏聚性不好。

③ 含砂情况。根据用镘刀抹平的难易程度，分为多、中、少三级。“多”为用镘刀抹混凝土拌合物表面时，抹 1～2 次就可使混凝土表面平整无蜂窝；“中”为抹 4～5 次可使混凝土表面平整无蜂窝；“少”为抹面困难，抹 8～9 次后混凝土表面仍不能消除蜂窝。

④ 析水情况。根据水分从混凝土拌合物中析出的情况，分多量、少量、无三级。“多量”表示在坍落度实验插捣时及提起坍落度筒后，有很多水分从底部析出；“少量”表示有少量水分析出；“无”表示没有明显的析水现象。

2.4.3 混凝土拌合物表观密度实验

※内容提要

混凝土拌合物的表观密度是混凝土的重要指标之一，并为混凝土配合比计算提供依据。当已知所用材料的密度和视密度时，还可由此推算出混凝土拌合物的含气量。

【参考视频】

※实验指导

一、实验目的

为混凝土配合比计算提供依据，推算混凝土拌合物的含气量。

二、实验设备与试样

(1)容量桶。金属制圆桶，桶壁应有足够的刚度，顶面平整，内壁光滑。对骨料最大粒径不大于 40mm 的混凝土拌合物，采用容积不小于 5L 的容量桶，其内径与净高均为(186±2)mm；当骨料最大粒径为 80mm 时，采用 15L 的容量桶，其内径、净高均为 267mm；当骨料最大粒径为 150mm 时，采用 80L 容量桶，其内径、净高均为 467mm。

(2)磅秤。称量范围应与容量桶大小相适应，可选用称量 50～250kg、分度值 50～100g 的磅秤。

(3)台秤。称量 10kg，分度值 5g。

(4)弹头捣棒、厚玻璃板等。

(5)湿混凝土拌合物。

三、实验内容与步骤

(1)用湿布把容量桶内外擦干净，称出桶的质量 G_1(kg)，精确至 50g。

(2)装料并捣实，其方法应根据拌合物的稠度而定：坍落度不大于 70mm 的混凝土，用振动台振实为宜；坍落度大于 70mm 的混凝土，用捣棒捣实为宜。

(3)采用振动台振实时，应一次将混凝土拌合物装入容量桶内，并高出桶口，装料时可用捣棒稍加插捣，振动过程中如混凝土沉落到低于桶口，则应随时添加，振动至表面出浆为止。

(4)采用捣棒捣实时，应分层装料，每层混凝土的厚度不超过 150mm，用捣棒在桶内由边缘到中心，沿螺旋方向均匀进行插捣。底层插捣到底，上层则应插到下一层表面以下 10～20mm。每层的插捣次数按容量桶的容积分为：5L 的 15 次，15L 的 35 次，80L 的 72 次。

(5)沿桶口刮除多余的拌合物，抹平表面，将容量桶外部擦净，称出混凝土加容量桶的总质量 G_2(kg)，精确至 50g。

四、实验数据处理

(1)按下式计算混凝土拌合物的实测表观密度 γ（计算至 10kg/m^3）

$$\gamma = \frac{G_2 - G_1}{V} \times 1000$$

式中 G_1——容量桶的质量(kg)；

G_2——容量桶加混凝土拌合物的总质量(kg)；

V——容量桶的容积(L)。

(2)按下式计算混凝土拌合物的含气量 A(%)：

$$A = \frac{\gamma_0 - \gamma}{\gamma_0} \times 100\%$$

$$\gamma_0 = \frac{C+S+G+W+P}{\frac{C}{\rho_C}+\frac{S}{\rho_S}+\frac{G}{\rho_G}+\frac{W}{\rho_W}+\frac{P}{\rho_P}}$$

式中 γ——混凝土拌合物的实测表观密度(kg/m^3)；

γ_0——混凝土拌合物不含气时的理论表观密度(kg/m^3)；

W、C、P、S、G——分别为拌合物中水、水泥、掺和料、砂、石的质量(kg)；

ρ_W、ρ_C、ρ_P、ρ_S、ρ_G——分别为水、水泥、掺和料的密度和砂、石的视密度(kg/m^3)。

2.4.4 回弹法测定混凝土强度

※内容提要

混凝土非破损实验又称无损检验，目的是在不破坏混凝土试件的前提下，直接而快速地测定混凝土强度，检查混凝土内部缺陷的位置和大小，判断混凝土结构物遭受破坏的程度等，并可对同一试件进行多次反复实验。这些优点是破损实验方法无法比拟的，因此越来越受到普遍重视和应用。

以检测混凝土强度为目的的常用无损检验方法，有回弹法、超声波法、回弹-超声综合法及射线法、谐振法等。本节主要介绍回弹法。

※实验指导

一、实验目的

本实验利用回弹法对以下情况的混凝土进行强度检测。

(1)标准养护试块缺失或强度达不到设计要求。

(2)没有混凝土同条件养护试块或者没有混凝土结构实体强度的证明数据。

(3)对结构实体强度有怀疑的情况。

强度等级为 10.0～60.0MPa、自然养护龄期在 14～1000d 内的普通混凝土，均可以采用回弹法进行混凝土强度测试。

二、实验原理与方法

回弹法的原理，是回弹仪中的重锤以一定冲击动能撞击顶在混凝土表面的冲击杆后，测出重锤被反弹回来的距离，以回弹值作为与强度相关的指标，来推定混凝土强度的一种方法。回弹能量的大小取决于被测混凝土表面的弹性变形性质、混凝土表面硬度，并与抗压强度间存在相关性。混凝土强度越低，则其表面强度越低、塑性变形越大、吸收冲击能越多、回弹能量越小。故可采用实验方法，建立回弹值与混凝土强度间的相关曲线或公式。根据建立的相关曲线或公式，可按所测出回弹值来反推混凝土强度。

三、实验设备与试样

(1) 回弹仪，应满足国家标准的规定，如图 2.13 所示。

(2) 混凝土结构构件。

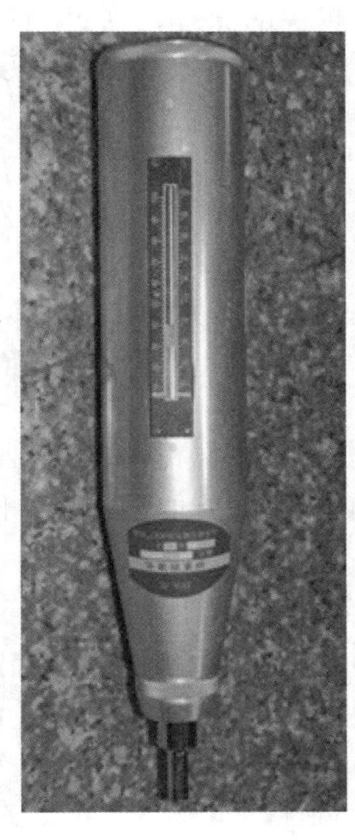

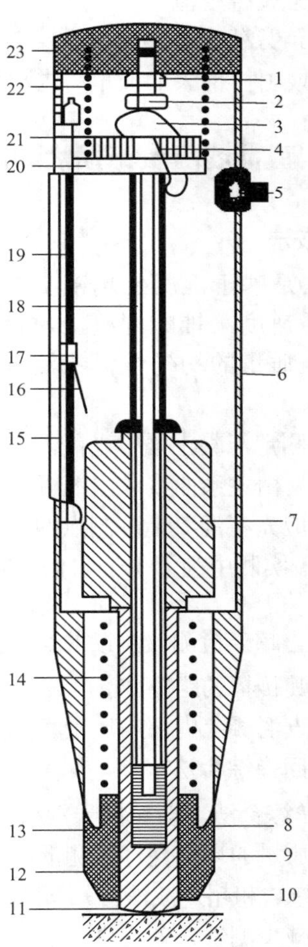

图 2.13 回弹仪

1—紧固螺母；2—调零螺钉；3—挂钩；4—挂钩销子；5—按钮；6—机壳；7—弹击锤；8—拉簧座；9—卡环；10—密封毡圈；11—弹击杆；12—盖帽；13—缓冲压簧；14—弹击拉簧；15—刻度尺；16—指针片；17—指针块；18—中心导杆；19—指针轴；20—导向法兰；21—挂钩压簧；22—压簧；23—尾盖

四、实验内容与步骤

(1)回弹仪率定。

(2)对结构(或构件)测区进行划分。

(3)对检测面做平整处理并完成测点的分布。

(4)进行回弹值及碳化深度测量等。

五、实验数据处理

(1)对测区回弹值及碳化深度进行统计计算。

(2)计算测区混凝土强度换算值(当无地区测强相关曲线或专用测强曲线时，可参照统一测强曲线，由回弹值及碳化深度求得测区混凝土强度，有条件时可在对应测区位置钻取芯样，对测区混凝土强度进行修正)。

(3)计算结构(或构件)混凝土的平均强度(精确至0.1MPa)、标准差(精确至0.1MPa)、最小测区强度及强度推定值。

由于回弹值只代表混凝土表面层20～30mm的质量，因此采用回弹法测强的前提是要求混凝土结构(或构件)的表面质量与内部质量基本一致。

2.4.5 其他混凝土无损检测法简介

1．超声波法

超声波法是基于混凝土越密实传播超声波速度越快的原理，通过测量超声波在混凝土中的传播速度来推断混凝土质量的方法。它不仅用于测定混凝土强度，还普遍用于检查混凝土质量的均匀性，探测混凝土结构中内部缺陷的位置、大小及裂缝的宽度和深度等。

用超声波测定混凝土强度之前，应先建立强度与超声波速的关系曲线(或公式)，然后根据测得的声速，由关系曲线求出混凝土强度值。

实验时，应先将混凝土各测点的表面磨平，并除去污物，使发射和接收换能器均能紧贴于混凝土表面。实测中为了保证它们之间的良好接触，均需在测点部位用耦合剂(凡士林或黄油)耦合。

由于混凝土超声检测仪测读的是声波在混凝土中的传播时间(精确度为$0.1\mu s$)，因此还必须准确测量其传播的距离。超声波法与回弹法相比，不仅能较好地反映混凝土的表层质量，且能更好地检查混凝土内部的质量和缺陷。

2．超声-回弹综合法

超声-回弹综合法，即对同一混凝土同时测试超声波波速和回弹值，以确定混凝土强度和检查混凝土质量的均匀性，探测混凝土结构中内部缺陷的位置、大小及裂缝的宽度和深度等。由前述回弹法和超声波法可知，采用超声-回弹综合法测试混凝土强度，可起到取长补短的作用，从而减少测试误差，进一步提高测试结果的准确性。

超声-回弹综合法与前述方法基本类同，即先建立综合法测强公式或绘制出标准等强曲线，然后根据实测的声速和回弹值，推定出结构或构件混凝土的强度。

2.4.6 混凝土立方体抗压强度实验

※内容提要

本实验采用立方体试件，以同一龄期者为一组，每组至少包含三个同时制作并同样养护的混凝土试件。

※实验指导

一、实验目的

学会混凝土抗压强度试件的制作及测定方法，用以检验混凝土强度，确定、校核混凝土配合比，并为控制混凝土施工质量提供依据。

二、实验设备与试样

(1) 压力实验机，如图2.14所示。

图2.14 TYE2000E型压力实验机

(2) 钢制垫板，尺寸应比试件承压面稍大，平整度误差不大于边长的0.02%。

(3) 养护成型到一定龄期的试块。

三、实验内容与步骤

(1) 试件到达实验龄期时，从养护室取出，并尽快实验。实验前需用湿布覆盖试件，防止试件内部的温、湿度发生显著变化。

(2) 测试前将试件擦拭干净，检查外观，测量尺寸，精确至1mm，并据此计算承压面积(当实测尺寸与公称尺寸之差不超过1mm时，可按公称尺寸计算承压面积)。试件承压面的不平度要求不超过边长的0.05%，承压面与相邻面的不垂直度偏差不大于1°。当试件有严重缺陷时，应废弃。

(3) 将试件放在实验机下压板的正中央，上下压板与试件间宜加垫板，承压面与试件成型时的顶面(捣实方向)垂直。开动实验机，当上垫板与上压板行将接触时，如有明显偏斜，应调整球座，使试件均匀受压。

(4) 以0.3～0.5MPa/s的加荷速度，连续而均匀地(不得冲击地)加载。当试件接近破坏而开始迅速变形时，停止调整实验机油门，直至试件破坏。记录破坏荷载P(N)。

四、实验数据处理

(1) 按下式计算混凝土立方体抗压强度f_{cc}(精确至0.1MPa)：

$$f_{cc}=P/A$$

式中 P——破坏荷载(N)；

A——试件承压面积(mm^2)。

(2) 以三个试件测量值的算术平均值作为该组试件的实验结果。当三个测量值的最大值或最小值之一与中间值的差超过中间值的15%时，取中间值；如两个测量值与中间值之差超过中间值的15%，则此组实验结果无效。

(3) 混凝土抗压强度以边长150mm的立方体试件为标准，其他尺寸试件的实验结果均应乘以换算系数折算成标准值。对边长为100mm、300mm和450mm的立方体试件，实验结果应分别乘以抗压强度折算系数0.95、1.15和1.36。

2.4.7 混凝土劈裂抗拉强度实验

※内容提要

混凝土的劈裂抗拉实验是在立方体试件的两个相对的表面素线上作用均匀分布的压力，使在荷载所作用的竖向平面内产生均匀分布的拉伸应力，当拉伸应力达到混凝土极限抗拉强度时，试件将被劈裂破坏，从而可以测出混凝土的劈裂抗拉强度。

※实验指导

一、实验目的

测定混凝土的抗拉强度，为控制混凝土施工质量提供依据。

二、实验设备与试样

(1) 压力实验机，如图 2.15 所示。

(2) 劈裂夹具。

(3) 养护成型到一定龄期的试块。

图 2.15　TYE600E 型压力实验机

三、实验内容与步骤

(1) 试件养护至规定龄期从养护室取出后，应尽快进行实验。实验前，应用湿布覆盖试件。

(2) 测试前将试件擦拭干净，检查外观，测量尺寸(要求同混凝土抗压强度实验)。劈裂实验宜采用劈裂垫条定位架，或在试件成型时的顶面和底面中轴线处划出相互平行的直线，以准确定出劈裂面的位置。

(3) 将试件及钢垫条安放在压力机上下承压板的正中央。

(4) 劈裂实验应以 0.04～0.06MPa/s 的加荷速度，连续而均匀地(不得冲击地)加载。当试件接近破坏而开始迅速变形时，停止调整实验机油门，直至试件破坏。记录破坏荷载 P(N)。

四、实验数据处理

(1) 按下式计算劈裂抗拉强度 f_{ts} (计算精确至 0.01MPa)：

$$f_{ts}=2P/(\pi A)=0.637P/A$$

式中　P——破坏荷载(N)；

　　A——试件劈裂面面积(mm^2)。

(2) 以三个试件测值的算术平均值作为该组试件的实验结果。对异常测值的处理与抗压强度实验相同。

(3) 劈裂抗拉强度实验以 150mm 边长的立方体试件作为标准试件。当采用 100mm 边长非标准的立方体试件时，劈裂抗拉强度值应乘以尺寸折算系数 0.85，且骨料的最大粒径不大于 20mm。

2.4.8 混凝土抗折强度实验*

※内容提要

略。

※实验指导

一、实验目的

测定混凝土的抗折性能，作为确定混凝土强度等级和调整配合比的依据。

二、实验设备与试样

(1) 压力实验机或万能实验机，其测量精度为 ± 1%，实验时由试件最大荷载选择量程，使试件破坏时的荷载为全量程的 20%～80%。

(2) 其他设备：钢垫板、试模、标准养护箱(室)、振动台、捣棒、小铁铲、金属直尺、锉刀等。

(3) 试件制备：采用 150mm×150mm×550mm 的棱柱体标准试件，制作和养护方法同混凝土抗压强度试件。

三、实验内容与步骤

(1) 从养护室将混凝土试件取出，将试件表面擦干。

(2) 按图 2.16 所示安装试件，安装尺寸偏差不得大于 1mm。试件的承压面应为试件的侧面(非成型面)。支座及承压面与圆柱的接触面应平稳、均匀，否则应垫平。

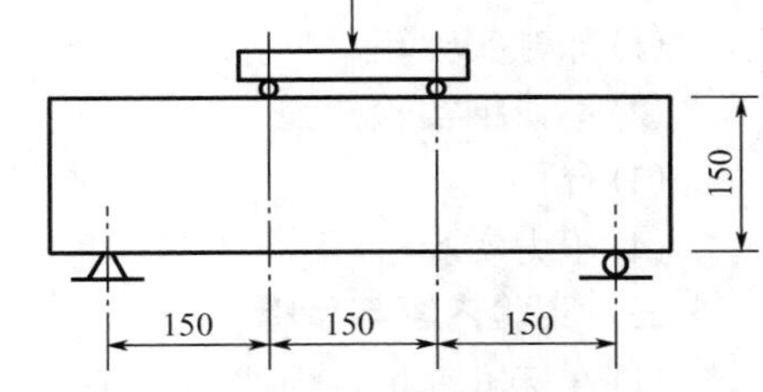

图 2.16　混凝土抗折强度实验(单位：mm)

(3) 启动压力实验机，施加荷载应连续、均匀。当混凝土强度等级低于 C30 时，以 0.02～0.05 MPa/s 的速度连续而均匀地加荷；当混凝土强度等级不低于 C30 时，以 0.05～0.08MPa/s 的速度连续而均匀地加荷。当试件接近破坏时，应停止调整油门，直至试件破坏，记下破坏荷载。

(4) 记录试件破坏荷载的压力实验机示值，及试件下边缘断裂位置。

四、实验数据处理

按下式计算抗折强度 f_i (精确到 0.1MPa)：

$$f_i = \frac{Fl}{bh^2}$$

式中　F——极限破坏荷载(N)；

l——支座间跨距(mm)；

h——试件的截面高度(mm)；

b——试件的截面宽度(mm)。

以三个试件抗折强度测定值的算术平均值作为该组试件的抗折强度实验结果，异常数据的取舍与抗压强度相同。三个试件中若有一个试件的折断面位于其两个集中荷载之外，则混凝土抗折强度值按另外两个试件的抗折强度测定值计算。当采用 100mm×100mm×400mm 的非标准试件时，应乘以 0.85 的尺寸换算系数。

2.4.9　混凝土耐久性实验*

※内容提要

混凝土抵抗环境介质作用并长期保持其良好的使用性能和外观完整性，从而维持混凝土结构的安全、正常使用的能力称为耐久性。简单地说，混凝土材料的耐久性指标，一般包括抗渗性、抗冻性、抗侵蚀性、混凝土的碳化、碱骨料反应等方面。混凝土的耐久性是否符合预期要求，需要通过耐久性实验来检验。本节主要介绍混凝土的抗冻、抗渗、碳化、钢筋锈蚀检测的实验方法。

※实验指导

Ⅰ　混凝土抗冻实验(慢冻法)

一、实验目的与原理

本实验用测得的最大冻融循环次数来划分混凝土的抗冻性能等级。通过对混凝土进行数次的冻融循环后，对比冻融前后的抗压强度和质量，用抗压强度损失率和质量损失率来确定混凝土的抗冻标号。

二、实验设备与试样

(1)冻融实验箱。

(2)不锈钢实验架。

(3)台秤。

(4)压力实验机。

三、实验内容与步骤

(1)在标准养护室内或同条件下养护的冻融实验的试件，应在养护龄期为 24d 时提前将试件从养护地点取出，随后应将试件放在(20±2)℃的水中浸泡，浸泡时水面应高出试件顶面 20～30mm，在水中浸泡的时间应为 14d，试件应在 28d 龄期时开始进行冻融实验。始终在水中养护的冻融实验的试件，当试件养护龄期达到 28d 时，可直接进行后续实验。

(2)当试件养护龄期达到 28d 时应及时取出冻融实验的试件，用湿布擦除表面水分后应对外观尺寸进行测量，并分别编号、称重，然后按编号置入试件架内，且试件架与试件的接触面积不宜超过试件底面的 1/5。试件与箱体内壁之间应至少留有 20mm 的空隙。试件架中各试件之间应至少保持 30mm 的空隙。

(3)冷冻时间应在冻融箱内温度降至−18℃时开始计算。每次从装完试件到温度降至−18℃所需的时间应在 1.5～2.0h。冻融箱内温度在冷冻时应保持在−20～−18℃。

(4)每次冻融循环中，试件的冷冻时间不应小于 4h。

(5)冷冻结束后，应立即加入温度为 18～20℃的水，使试件转入融化状态，加水时间不应超过 10min。控制系统应确保在 30min 内水温不低于 10℃，且在 30min 后水温能保持在 18～20℃。冻融箱内的水面应至少高出试件表面 20mm。融化时间不应小于 4h。融化完毕视为该次冻融循环结束，可进入下一次冻融循环。

(6)每 25 次循环宜对冻融试件进行一次外观检查。当出现严重破坏时，应立即进行称重。当一组试件的平均质量损失率超过 5%时，可停止其冻融循环实验。

(7)试件在达到规定的冻融循环次数后，试件应称重并进行外观检查，应详细记录试件表面破损、裂缝及边角缺损情况。当试件表面破损严重时，应先用高强石膏找平，然后应进行抗压强度实验。

(8)当冻融循环因故中断且试件处于冷冻状态时，试件应继续保持冷冻状态，直至恢复冻融实验为止。当试件处在融化状态下因故中断时，中断时间不应超过两个冻融循环的时间。在整个实验过程中，超过两个冻融循环时间的中断故障次数不得超过两次。当部分试件由于失效破坏或者停止实验被取出时，应用空白试件填充空位。

(9)对比试件应继续保持原有的养护条件，直到完成冻融循环后，与冻融实验的试件同时进行抗压强度实验。

(10)当冻融循环出现下列三种情况之一时，可停止实验：

① 已达到规定的循环次数；

② 抗压强度损失率已达到25%；

③ 质量损失率已达到5%。

四、实验数据处理

(1)强度损失率应按下式进行计算：

$$\Delta f_c = (f_{c0} - f_{cn}) / f_{c0} \times 100$$

式中 Δf_c——n次冻融循环后的混凝土抗压强度损失率(%)，精确至0.1；

f_{c0}——对比用的一组混凝土试件的抗压强度测定值(MPa)，精确至0.1MPa；

f_{cn}——经n次冻融循环后的一组混凝土试件抗压强度测定值(MPa)，精确至0.1MPa。

(2) f_{c0}和f_{cn}应以三个试件抗压强度实验结果的算术平均值作为测定值。当三个试件抗压强度最大值或最小值与中间值之差超过中间值的15%时，应剔除此值，再取其余两值的算术平均值作为测定值；当最大值和最小值均超过中间值的15%时，应取中间值作为测定值。

(3)单个试件的质量损失率应按下式计算：

$$\Delta W_{ni} = (W_{0i} - W_{ni}) / W_{0i} \times 100$$

式中 ΔW_{ni}——n次冻融循环后第i个混凝土试件的质量损失率(%)，精确至0.01；

W_{0i}——冻融循环前第i个混凝土试件的质量(g)；

W_{ni}——n次冻融循环后第i个混凝土试件的质量(g)。

(4)一组试件的平均质量损失率按下式计算：

$$\Delta W_n = \frac{\sum_{i=1}^{3} \Delta W_{ni}}{3} \times 100$$

式中 ΔW_n——n次冻融循环后一组混凝土试件的平均质量损失率(%)，精确至0.1。

(5)每组试件的平均质量损失率应以三个试件的质量损失率实验结果的算术平均值作为测定值。当某个实验结果出现负值时，应取0，再取三个试件的算术平均值；当三个值中的最大值或最小值与中间值之差超过1%时，应剔除此值，再取其余两值的算术平均值作为测定值；当最大值和最小值均超过中间值的1%时，应取中间值作为测定值。

(6)抗冻标号应以抗压强度损失率不超过25%或者质量损失率不超过5%时的最大冻融循环次数确定。

Ⅱ 混凝土抗水渗透实验(逐级加压法)

一、实验目的与原理

通过逐级施加水压力来测定混凝土的抗水渗透性能，以确定混凝土的抗渗等级。方法为用水泵对整个系统输压，并通过压力控制器控制加压压力的大小来实现压力水由下向上渗透压装在试模中的试件，从而测定试件抗渗性能和计算其抗渗标号。

二、实验设备与试样

(1) 自动调压混凝土抗渗仪。

(2) 混凝土抗渗试样。

三、实验内容与步骤

(1) 首先按照规定的方法进行试件的制作和养护。以六个试件为一组。

(2) 试件拆模后，应以钢丝刷刷去两端面的水泥浆膜，并立即将试件送入标准养护室进行养护。

(3) 抗渗实验的龄期宜为 28d。应在达到实验龄期的前一天，从养护室取出试件，并擦拭干净。待试件表面晾干后，用适当的方法把试件密封。

(4) 试件准备好之后，启动抗渗仪，并开通六个试位下的阀门，使水从六个孔中渗出，水应充满试位坑。在关闭六个试位下的阀门后，应将密封好的试件安装在抗渗仪上。

(5) 实验时，水压应从 0.1MPa 开始，以后每隔 8h 增加 0.1MPa 水压，并应随时观察试件端面的渗水情况。当六个试件中有三个试件表面出现渗水时，或加至规定压力(设计抗渗等级)在 8h 内六个试件中表面渗水试件少于三个时，可停止实验，并记下此时的水压力。在实验过程中，当发现水从试件周边渗出时，应重新进行密封。

四、实验数据处理

混凝土的抗渗等级，应以每组六个试件中有三个试件未出现渗水时的最大水压力乘以 10 来确定，计算公式为

$$P = 10H - 1$$

式中　P——混凝土抗渗等级；

H——六个试件中有三个试件渗水时的水压力(MPa)。

Ⅲ　混凝土碳化实验

一、实验目的

测定在一定浓度的二氧化碳气体介质中混凝土试件的碳化程度。

二、实验设备与试样

(1) 设备。

① 碳化箱。

② 气体分析仪。

③ 二氧化碳供气装置。

(2) 试件准备。

① 本方法宜采用棱柱体混凝土试件，以三块为一组。棱柱体的长宽比不宜小于 3。

② 无棱柱体试件时，也可用立方体试件，其数量应相应增加。

③ 试件宜在 28d 龄期进行碳化实验，掺有掺合料的混凝土可以根据其特性决定碳化前的养护龄期。碳化实验的试件宜采用标准养护，试件应在实验前 2d 从标准养护室取出，然后应在 60℃下烘 48h。

④ 经烘干处理后的试件，除应留下一个或相对的两个侧面外，其余表面应采用加热的石蜡予以密封。然后应在暴露侧面上沿长度方向用铅笔以 10mm 间距画出平行线，作为预定碳化深度的测量点。

三、实验内容与步骤

(1)首先将经过处理的试件放入碳化箱内的支架上。各试件之间的间距不应小于50mm。

(2)试件放入碳化箱后，应将碳化箱密封。密封可采用机械办法或油封，但不得采用水封。开动箱内气体对流装置，徐徐充入二氧化碳，并测定箱内的二氧化碳浓度。应逐步调节二氧化碳的流量，使箱内的二氧化碳浓度保持在(20±3)%。在整个实验期间应采取去湿措施，使箱内的相对湿度控制在(70±5)%，温度控制在(20±2)℃的范围内。

(3)碳化实验开始后，应每隔一定时期对箱内的二氧化碳浓度、温度及湿度做一次测定。宜在前2d每隔2h测定一次，以后每隔4h测定一次。实验中应根据所测得的二氧化碳浓度、温度及湿度随时调节这些参数，去湿用的硅胶应经常更换。也可采用其他更有效的去湿方法。

(4)应在碳化到了3d、7d、14d、28d时，分别取出试件，破型测定其碳化深度。棱柱体试件应通过在压力实验机上的劈裂法或者用杆锯法从一端开始破型。每次切除的厚度应为试件宽度的一半，切后应用石蜡将破型后试件的切断面封好，再放入箱内继续碳化，直到下一个实验期。当采用立方体试件时，应在试件中部劈开，立方体试件应只做一次检验，劈开测试碳化深度后不得再重复使用。

(5)随后应将切除所得的试件部分刷去断面上残存的粉末，然后喷上(或滴上)浓度为1%的酚酞酒精溶液(酒精溶液含20%的蒸馏水)。约经过30s后，应按原先标划的每10mm一个测量点用钢板尺测出各点碳化深度。当测点处的碳化分界线上刚好嵌有粗骨料颗粒时，可取该颗粒两侧处碳化深度的算术平均值作为该点的深度值。碳化深度测量应精确至0.5mm。

四、实验数据处理

(1)混凝土在各实验龄期时的平均碳化深度按下式计算：

$$d_t=\frac{1}{n}\sum_{i=1}^{n}d_i$$

式中 d_t——试件碳化t天后的平均碳化深度(mm)，精确至0.1mm；

d_i——各测点的碳化深度(mm)；

n——测点总数。

(2)每组应在二氧化碳浓度为(20±3)%、温度为(20±2)℃、湿度为(70±5)%的条件下，以三个试件碳化28d的碳化深度算术平均值作为该组混凝土试件碳化测定值。

(3)碳化结果处理时，宜绘制碳化时间与碳化深度的关系曲线。

Ⅳ 混凝土中钢筋锈蚀实验

一、实验目的与原理

测定在给定条件下混凝土中钢筋的锈蚀程度。

混凝土中钢筋的锈蚀是一种金属铁氧化的电化学过程，钢筋锈蚀时钢筋形成局部电池，而在钢筋周围形成电位差。测量混凝土表面相对于钢筋的电位或测量表面的电位梯度，根据钢筋锈蚀产生的电位大小或形成的电位梯度大小，可判断钢筋是否锈蚀或锈蚀的程度。

二、实验设备与试样

(1)混凝土碳化实验设备(包括碳化箱、供气装置及气体分析仪)。

(2)钢筋定位板(宜采用木质五合板或薄木板等材料制作，尺寸为100mm×100mm，板上应钻有穿插钢筋的圆孔)。

(3)称量设备(量程为1kg，感量为0.001g)。

三、实验内容与步骤

(1) 钢筋锈蚀实验的试件应先进行碳化，碳化应在 28d 龄期时开始。碳化应在二氧化碳浓度为(20±3)%、温度为(20±2)℃、湿度为(70±5)%的条件下进行，碳化时间为 28d。对于有特殊要求的混凝土中钢筋锈蚀实验，碳化时间可再延长 14d 或 28d。

(2) 试件碳化处理后应立即移入标准养护室放置。在养护室中，相邻试件间的距离不应小于 50mm，并应避免试件直接淋水。应在潮湿条件下存放 56d 后将试件取出，然后破型，破型时不得损伤钢筋。应先测出碳化深度，然后进行锈蚀程度的测定。

(3) 试件破型后，应取出试件中的钢筋，并刮去钢筋上黏附的混凝土。用 12%的盐酸溶液对钢筋进行酸洗，经清水漂净后，再用石灰水中和，最后应以清水冲洗干净。将钢筋擦干后在干燥器中至少存放 4h，然后对每根钢筋称重(精确至 0.001g)，并计算钢筋锈蚀失重率。酸洗钢筋时，应在洗液中放入两根尺寸相同的同类无锈钢筋作为基准校正。

四、实验数据处理

(1) 钢筋锈蚀失重率按下式计算：

$$L_{\mathrm{w}}=\frac{w_0-w-\dfrac{(w_{01}-w_1)+(w_{02}-w_2)}{2}}{w_0}\times 100$$

式中 L_{w}——钢筋锈蚀失重率(%)，精确至 0.01；

w_0——钢筋未锈前的质量(g)；

w——锈蚀钢筋经过酸洗处理后的质量(g)；

w_{01}、w_{02}——分别为基准校正用的两根钢筋的初始质量(g)；

w_1、w_2——分别为基准校正用的两根钢筋酸洗后的质量(g)。

(2) 每组应取三个混凝土试件中钢筋锈蚀失重率的平均值，作为该组混凝土试件中钢筋锈蚀失重率的测定值。

2.5 建筑砂浆实验

本节实验依据如下：

(1)《建筑砂浆基本性能实验方法标准》(JGJ/T 70—2009)；

(2)《砌筑砂浆配合比设计规程》(JGJ/T 98—2010)。

2.5.1 砂浆拌合物的实验室拌制

【参考视频】

※内容提要

砂浆是建筑上砌砖使用的黏结物质，由一定比例的砂子和胶结材料(水泥、石灰膏、黏土等)加水拌和而成，也叫灰浆。常用的有水泥砂浆、混合砂浆(或叫水泥石灰砂浆)、石灰砂浆和黏土砂浆。

本节以水泥砂浆为例，介绍砂浆的实验室拌制。拌制砂浆一般需要符合下列规定。

(1)拌制砂浆所用的原材料应符合质量标准，并要求提前运入实验室内，拌和时实验室温度应保持在(20±5)℃。

(2)水泥如有结块，应用0.9mm筛过筛，充分混合均匀；砂应用5mm筛过筛。

(3)拌制砂浆时，材料应称重计量。称量精度：水泥、外加剂等为±0.5%，砂、石灰膏等为±1%。

(4)拌制前应将搅拌机、拌和铁板、拌铲、抹刀等工具表面用水润湿，拌和铁板上不得存积水。

※实验指导

一、实验目的

制备砂浆拌合物，为测试砂浆稠度、分层度以及制作强度检测试块做准备。

二、实验设备与试样

(1)砂浆搅拌机(采用人工拌和时不用)。

(2)拌和铁板，约1.5m×2m，厚度约3mm。

(3)磅秤，称量50kg，感量50g。

(4)台秤，称量10kg，感量5g。

(5)拌铲、抹刀、量筒、盛器等。

(6)黄砂、水泥、水等。

三、实验内容与步骤

(1)人工拌和方法。

① 将称量好的砂子倒在拌板上，然后加入水泥，用拌铲拌和至混合物颜色均匀为止。

② 将混合物堆成堆，在中间做一凹槽，将称好的石灰膏(或黏土膏)倒入凹槽中(若为水泥砂浆，则将称好的水的一半倒入凸槽中)，再加入适量的水将石灰膏(或黏土膏)调稀，然后与灰、砂混合物共同拌和。用量筒逐次加水并拌和，直至拌合物色泽一致，和易性凭经验调整至符合要求。水泥砂浆每翻拌一次，需用铲将全部砂浆压切一次，一般需拌和3～5min(从加水完毕时算起)。

(2)机械拌和方法。

① 先拌适量砂浆(与正式拌和的砂浆配合比相同)，使搅拌机内壁黏附一薄层水泥砂浆，使正式拌和时的砂浆配合比成分准确。

② 分别称出各项材料用量，先将砂、水泥装入搅拌机内。

③ 开动搅拌机，将水徐徐加入(混合砂浆需将石灰膏或黏土膏用水稀释至浆状随水加入)，搅拌约3min(搅拌的砂浆量不宜少于搅拌机容量的20%，搅拌时间不宜少于2min)。

④ 将砂浆拌合物倒入拌和铁板上，用拌铲翻拌约两次，使之均匀。

四、实验数据处理

参见2.5.2～2.5.4节。

2.5.2 砂浆稠度实验

※内容提要

砂浆稠度对施工的难易程度有重要影响，该值以标准圆锥体在规定时间内沉入砂浆拌合物的深度表示，以mm计。

【参考视频】

※实验指导

一、实验目的

通过砂浆稠度值的测定，判定砂浆工作性的好坏。

二、实验设备与试样

(1)砂浆稠度测定仪，由试锥、容器和支座三部分组成，如图 2.17 所示。试锥高度为145mm，锥底直径为75mm，试锥连同滑杆的质量为(300±2)g；盛砂浆容器高为180mm，上口内径为150mm；支座分底座、支架及稠度显示盘三个部分。

(2)捣棒(直径10mm、长350mm、一端呈半球形的钢棒)、秒表等。

(3)砂浆拌合物。

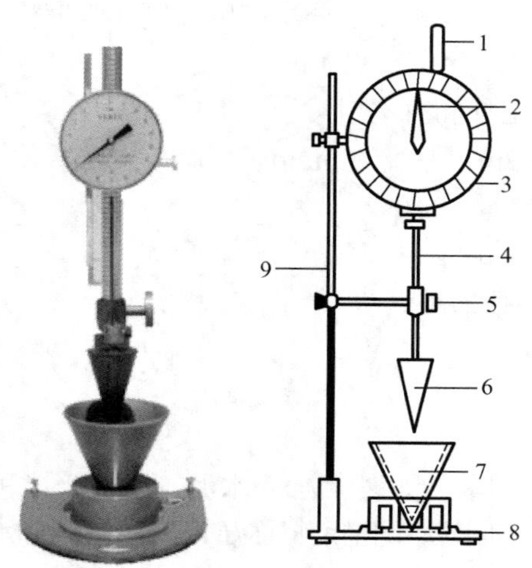

图 2.17 砂浆稠度测定仪

1—齿条测杆；2—指针；3—刻度盘；4—滑杆；5—制动螺钉；
6—试锥；7—盛浆容器；8—底座；9—支架

三、实验内容与步骤

(1)将盛浆容器和试锥表面用湿布擦干净，检查滑杆并使其能自由滑动。

(2)将砂浆拌合物一次装入容器，使砂浆表面低于容器口约10mm，用捣棒自容器中心向边缘插捣25次，然后轻轻地将容器摇动或敲击五六下，使砂浆表面平整。随后将容器置于砂浆稠度测定仪的底座上。

(3)放松试锥滑杆的制动螺钉，使试锥尖端与砂浆表面刚接触；拧紧制动螺钉，使齿条侧杆下端刚接触滑杆上端，并将指针对准刻度盘零点。

(4)突然松开制动螺钉，并启动秒表计时，使试锥自由沉入砂浆，待10s后立即固定制动螺钉。将齿条侧杆下端接触滑杆上端，从刻度盘上读出下沉深度(精确至1mm)，此即为砂浆的稠度值。

(5)圆锥形容器内的砂浆，只允许测定一次稠度，重复测定时，应重新取样。

四、实验数据处理

取两次实验结果的算术平均值作为砂浆稠度的测定结果(精确至 1mm)。若两次实验值之差大于20mm，则应另取砂浆搅拌后重新测定。

2.5.3 砂浆分层度实验

※内容提要

略。

※实验指导

一、实验目的

分层度实验是用于测定砂浆拌合物在运输、停放、使用过程中的离析、泌水等内部组分的稳定性。

二、实验设备与试样

(1) 分层度筒，由金属制成，内径为150mm，上节无底高度为200mm，下节有底净高为100mm，由连接螺栓在两侧连接，上、下节连接处设有橡胶垫圈，如图2.18所示。

(2) 水泥胶砂振动台。

(3) 砂浆稠度仪、木锤等。

(4) 砂浆拌合物。

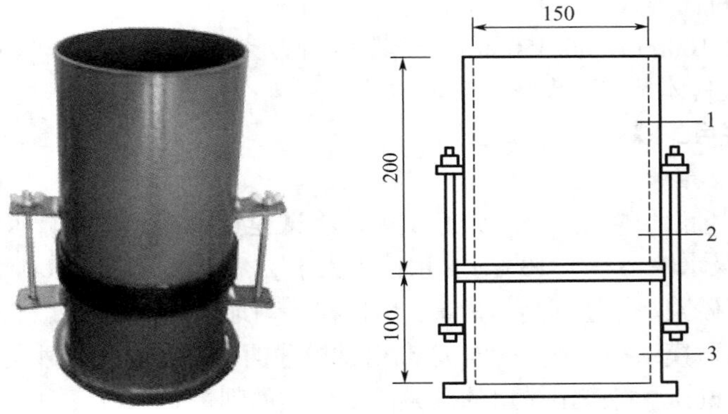

图2.18 分层度筒(单位：mm)

1—无底圆筒；2—连接螺栓；3—有底圆筒

三、实验内容与步骤

(1) 将砂浆拌合物按砂浆稠度实验方法测定其稠度。

(2) 将砂浆拌合物一次装入分层度筒内，用木锤在分层度筒四周距离大致相等的四个不同地方轻击一两下，如砂浆沉落到分层度筒口以下，应随时添加，然后刮去多余的砂浆，并用抹刀抹平。

(3) 静置30min后，去掉上节200mm砂浆，剩余的100mm砂浆倒出放在拌和锅内拌2min，再按稠度实验方法测定其稠度。前后测得的稠度之差，即为该砂浆的分层度值(mm)。

(4) 也可采用快速法测定砂浆分层度。此时将分层度筒预先固定在水泥胶砂振动台上，按上述步骤(2)将砂浆拌合物一次装入分层度筒内，振动20s，以取代标准方法的静置30min；再按步骤(3)测定分层度值。有争议时，以标准方法为准。

四、实验数据处理

取两次实验结果的算术平均值作为砂浆分层度值，精确至1mm。两次实验结果之差大于10mm时，应重做实验。

2.5.4 砂浆强度实验

※内容提要

砂浆的强度用强度等级来表示，该值是以边长为70.7mm的立方体试块，在标准养护条件［温度(20±2)℃、相对湿度为90%以上］下，用标准实验方法测得28d龄期的抗压强度值(单位为MPa)来确定。砌筑砂浆按抗压强度，划分为M20、M15、M10、M7.5、M5、M2.5六个强度等级。

※实验指导

一、实验目的

通过测试砂浆的抗压强度，指导砂浆的配合比设计并对砂浆的强度等级进行分类。

二、实验设备与试样

(1)内壁边长为70.7mm的立方体金属试模，分为有底及无底两种。

(2)压力实验机，要求与混凝土抗压强度实验相同。

(3)捣棒(直径100mm、长350mm、一端呈半圆形钢筋)、刮刀等。

(4)砂浆试块(具体见实验步骤中的表述)。

三、实验内容与步骤

(1)试件制作及养护。

① 用于吸水基底的砂浆，采用无底试模，将试模置于铺有一层吸水性较好的湿纸的普通黏土砖上(砖的吸水性不小于10%、含水性不大于2%)，试模内壁涂刷薄层机油或脱模剂。向试模内一次注满砂浆，并使其高出模口，用捣棒均匀地由外向里按螺旋方向插捣25次，然后在四侧用刮刀沿试模壁插数次，砂浆应高出试模顶面6～8mm。当砂浆表面开始出现麻斑状态时(约15～30min)，将高出模口的砂浆沿试模顶面削去并抹平表面。

用于不吸水基底的砂浆，采用有底试模。砂浆分两层装入试模，每层厚约40mm，用捣棒每层均匀插捣12次，沿试模壁用抹刀插数次，砂浆应高出试模顶面6～8mm。1～2h内用刮刀刮掉多余的砂浆，并抹平表面。

② 试件应在(20±5)℃温度环境下停置(24±2)h，当气温较低时，可适当延长时间，但不应超过48h。然后进行编号、拆模，并在标准养护条件下，继续养护至28d，进行试压。

标准养护条件是：水泥混合砂浆温度为(20±3)℃，相对湿度60%～80%；水泥砂浆和微沫砂浆温度为(20±3)℃，相对湿度90%以上；养护期间，试件彼此间隔不小于10mm。

当无标准养护条件时，可采用自然养护，其条件是：水泥混合砂浆应放在正温度、相对湿度为60%～80%的养护箱或不通风的室内；水泥砂浆和微沫砂浆应为正温度并保持试块表面湿润的状态(如湿砂堆中)。养护期间必须做好温度记录。有争议时，以标准养护条件为准。

(2)实验步骤。

① 试件从养护地点取出后，应尽快进行实验，以免试件内部的温、湿度发生显著变化。先将试件擦干净，测量尺寸，并检查其外观。尺寸测量精确至1mm，并据此计算试件的承压面积(若实测尺寸与公称尺寸不超过1mm，可按公称尺寸进行计算)。

② 将试件置于压力机的下承压板上，试件的承压面应与成型时的顶面垂直，试件中心应与下承压板中心对准。

③ 开动压力机，当上承压板与试件接近时，调整球座，使接触面均衡受压。加荷应均匀而连续，加荷速度以0.5～1.5kN/s为宜(砂浆强度不大于5MPa时，宜取下限，大于5MPa时取上限)。当试件接近破坏而开始迅速变形时，停止调整压力机油门，直至试件破坏。记录破坏荷载F。

四、实验数据处理

(1) 单个试件的抗压强度按下式计算(精确至0.1MPa)：

$$f_{m,cu}=\frac{F}{A}$$

式中　$f_{m,cu}$——砂浆立方体抗压强度(MPa)；

F——立方体破坏荷载(N)；

A——试件承压面积(mm^2)。

(2) 每组试件为六个，取六个试件测量值的算术平均值作为该组试件的抗压强度值，精确至0.1MPa(对人工砂浆，一般以三个试件为一组，取三个试件测量值的算术平均值作为实验结果)。当六个试件的最大值或最小值与平均值之差超过20%时，以中间四个试件的平均值作为该组试件的抗压强度值。

2.6 砌墙砖抗压强度实验

本节实验依据如下：

(1)《砌墙砖实验方法》(GB/T 2542—2012)；

(2)《砌墙砖检验规则》[JC 466—1992(1996)]。

※内容提要

本节以烧结普通砖为例，介绍其抗压强度测试方法。

※实验指导

一、实验目的

通过实验，熟悉砖的抗压强度实验方法，确定烧结普通砖的强度等级。

二、实验设备与试样

(1) 实验设备。

① 材料实验机，示值误差不大于±1%，其下加压板应为球绞支座，预期最大破坏荷载应在量程的20%～80%之间。

② 抗压试件制备平台，必须平整水平，可用金属或其他材料制作。

③ 水平尺，规格为250～300mm。

④ 钢直尺，分度值为1mm。

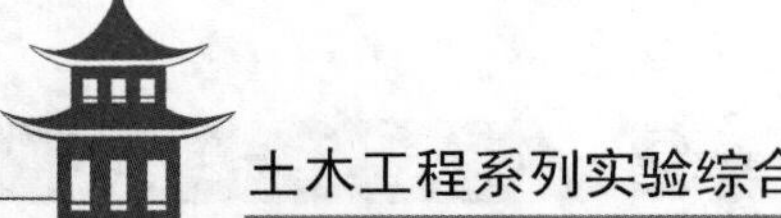

(2)制样。

① 将砖样切断或锯成两个半截砖，断开的半截砖长不得小于100mm，如图2.19(a)所示。如果不足100mm，应另取备用试样补足。

② 在试样制备平台上，将已断开的半截砖放入室温的净水中浸 10～20min 后取出，并以断口相反方向叠放，两者中间用厚度不超过 5mm 的水泥净浆黏结。水泥净浆采用强度等级为 32.5MPa 的普通硅酸盐水泥调制，要求稠度适宜。上下两面用厚度不超过 3mm 的同种水泥净浆抹平。制成的试件上下两面须互相平行，并垂直于侧面，如图2.19(b)所示。

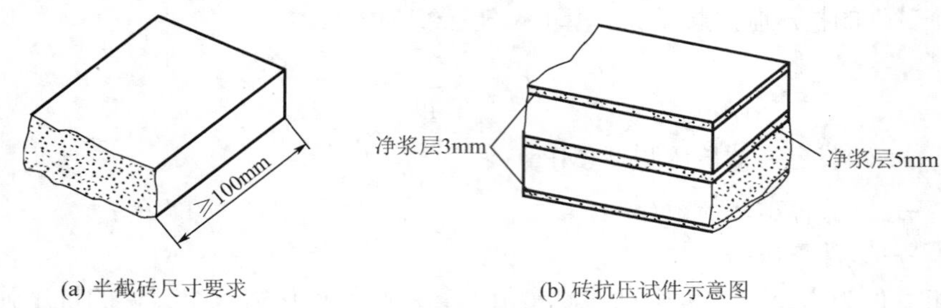

(a) 半截砖尺寸要求　　(b) 砖抗压试件示意图

图 2.19　制样要求

三、实验内容与步骤

(1)测量每个试件连接面或受压面的长、宽尺寸各两个，分别取其平均值，精确至1mm。

(2)分别将10块试件平放在加压板的中央，垂直于受压面加荷，加荷时应均匀平稳，不得发生冲击或振动。加荷速度为(5±0.5)kN/s，直至试件破坏为止。分别记录其最大破坏荷载 F_i(单位为N)。

四、实验数据处理

(1)按照下式分别计算10块砖的抗压强度值(精确至0.1MPa)：

$$f_i = \frac{F_i}{L_i B_i}$$

式中　f_i——第 i 块砖的抗压强度值(MPa)；

F_i——第 i 块砖的最大破坏荷载(N)；

L_i——第 i 块砖的受压面(连接面)的长度(mm)；

B_i——第 i 块砖的受压面(连接面)的宽度(mm)。

(2)按以下公式计算10块砖的强度变异系数、抗压强度的平均值和标准值：

$$\delta = \frac{S}{\overline{f}}$$

$$\overline{f} = \frac{1}{10}\sum_{i=1}^{10} f_i$$

$$S = \sqrt{\frac{1}{9}\sum (f_i - \overline{f})^2}$$

式中　δ——砖强度变异系数，精确至0.01MPa;

$\overline{f}$——10 块砖抗压强度的平均值，精确至 0.1MPa；

S——10 块砖抗压强度的标准差，精确至 0.01MPa；

f_i——第 i 块砖的抗压强度值(i=1～10)，精确至 0.1MPa。

(3) 强度等级评定。

① 平均值-标准值方法评定。当变异系数 $\delta \leqslant 0.21$ 时，按实际测定的砖抗压强度平均值和强度标准值，根据国家标准中强度等级规定的指标来评定砖的强度等级。

样本量 n=10 时的强度标准值按下式计算：

$$f_{\mathrm{K}}=\overline{f}-1.8S$$

式中　f_{K}——10 块砖抗压强度的标准值，精确至 0.1MPa。

② 平均值-最小值方法评定。当变异系数 $\delta >0.21$ 时，按抗压强度平均值、单块最小值评定砖的强度等级。单块抗压强度最小值精确至 0.1MPa。

2.7 沥青及沥青混合料实验*

本节实验依据如下：

(1)《沥青软化点测定法 环球法》(GB/T 4507—2014)；

(2)《沥青针入度测定法》(GB/T 4509—2010)；

(3)《沥青延度测定法》(GB/T 4508—2010)。

2.7.1 沥青

※内容提要

沥青是一种有机胶凝材料，是由一些复杂的高分子碳氢化合物及非金属(氧、氮、硫等)衍生物所组成的混合物，常温下呈褐色或黑褐色的固体、半固体或黏稠液体状态，不溶于水而溶于二硫化碳、四氯化碳、苯及其他有机溶剂。沥青可分为地沥青和焦油沥青两大类，地沥青是天然沥青和石油沥青的总称，焦油沥青俗称柏油。通常按用途又将石油沥青分成建筑石油沥青、道路石油沥青和普通石油沥青三种，由于沥青具有良好的黏结性、塑性、感温性及安全性，并能抵抗大气的风化作用，故主要用于道路路面及建筑防水等。本节着重介绍沥青软化点、针入度、延度、溶解度、薄膜加热、闪点与燃点、标准黏度、微粒离子电荷、破乳速度等实验方法。

※实验指导

Ⅰ　沥青软化点实验(环球法)

一、实验目的

软化点反映了石油沥青的温度稳定性，是评定沥青牌号的依据之一。

二、实验设备与试样

(1) 软化点测定仪，如图 2.20 所示。

(2) 钢球，直径 9.5mm，质量(3.50±0.05) g。

(3) 沥青样品。

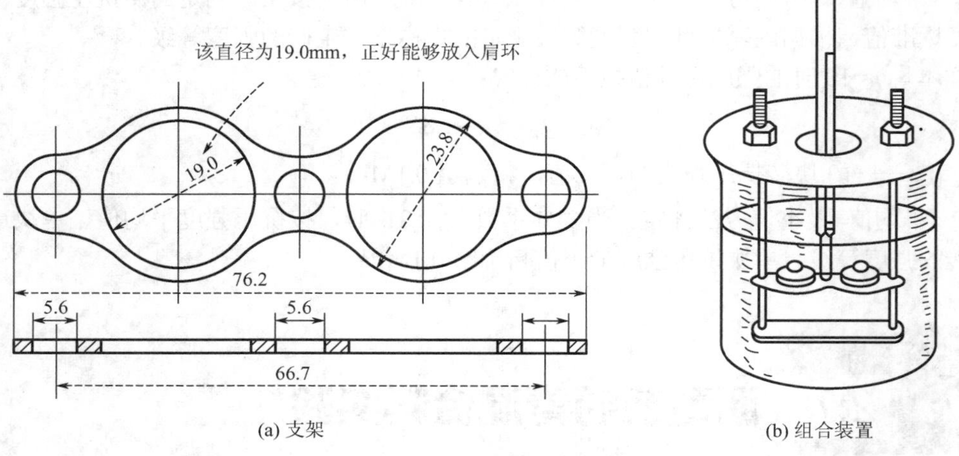

图 2.20　软化点测定仪(单位：mm)

三、实验内容与步骤

(1) 试样的制备。

① 样品的加热时间在不影响样品性质和在保证样品充分流动的基础上应尽量短，石油沥青、改性沥青、天然沥青以及乳化沥青残留物加热温度不应超过预计沥青软化点 110℃，煤焦油沥青样品加热温度不应超过煤焦油沥青预计软化点 55℃。

② 将软化点测定仪中的试样环置于涂有隔离剂(甘油和滑石粉以质量比 2∶1 调制而成)的玻璃上，向每个环中倒入略过量的沥青试样，让试件在室温下至少冷却 30min。

③ 当试样冷却后，用稍加热的小刀干净地刮去多余的沥青，使得每一个圆片饱满且和环的顶部齐平。

(2) 选取适合的加热介质。

① 软化点低于 80℃的沥青选用蒸馏水作为加热介质，起始加热介质温度应为(5±1) ℃。

② 软化点在 80～157℃的沥青选用甘油作为加热介质，起始加热介质温度应为(30±1) ℃。

(3) 软化点测定。

① 将装有试样的试样环放置在软化点测定仪的支架中层板的圆孔中，套上定位环，然后将整个环架放入烧杯中，并将钢球放在定位环中间的试样中央。

② 往烧杯中注入加热介质至深度标记，加热介质温度应为第(2)条规定的起始温度，并保持该温度 15min。

③ 将钢球放在定位环中间的试样中央，立即开始加热，并同时开动电磁振动搅拌器使水微微振荡。在加热过程中，应记录每分钟上升的温度值，从第 3min 起，如温度上升速度超过(5±0.5) ℃/min，则实验应重做。

④ 试样受热软化逐渐下坠，当钢球下坠至与下层底板表面接触时，立即读取温度，准确至0.5℃。

⑤ 从开始倒试样时起至完成实验的时间不得超过240min。

四、实验数据处理

(1)同一试样平行实验两次，当两次测定值的差值符合重复性实验允许误差要求时，取其平均值作为软化点实验结果，准确至0.5℃。

(2)当试样软化点小于80℃时，重复性实验的允许误差为1℃，再现性实验的允许误差为4℃；当试样软化点大于或等于80℃时，重复性实验的允许误差为2℃，再现性实验的允许误差为8℃。

Ⅱ 沥青针入度实验

一、实验目的

针入度反映了石油沥青的黏滞性，是评定牌号的主要依据。

二、实验设备与试样

(1)针入度仪，标准针总质量为(100±0.05)g，如图2.21所示。

(2)标准针，经淬火的规定尺寸的不锈钢针。

(3)试样皿，金属制，平底管状，内径为55 mm，深35mm。

(4)恒温水浴，容量不小于10L，能保持温度在实验温度的±0.1℃范围内，水中应备有一个带孔的支架，位于水面下不小于100mm，距浴底不少于50mm处。

(5)秒表，刻度不大于0.1s。

(6)温度计，刻度范围0～50℃，分度为0.1℃。

(7)沥青样品。

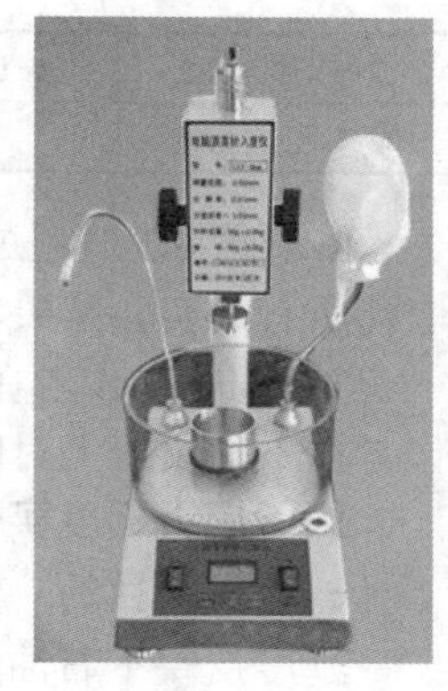

图2.21 针入度仪

三、实验内容与步骤

(1)试样的制备。

① 样品的加热时间在不影响样品性质和在保证样品充分流动的基础上应尽量短，石油沥青加热温度不应超过预计沥青软化点90℃，煤焦油沥青样品加热温度不应超过预计软化点60℃。加热、搅拌过程中避免试样中进入气泡。

② 将试样皿置于涂有隔离剂(甘油和滑石粉以质量比2∶1调制而成)的玻璃上，将试样倒入试样皿中，试样深度应至少是预计锥入深度的120%。每次实验都要倒至少三个样品，如果样品足够，浇注的样品要达到试样皿边缘。

③ 将试样皿松松地盖住以防灰尘落入，在15～30℃的室温下冷却1～1.5h。冷却结束后将试样皿放入测试温度下的水浴中，水面应没过试样表面10mm以上。在规定的实验温度下恒温1～1.5h。

(2)针入度的测定。

① 调节针入度仪的水平，检测针连杆和导轨，确保上面没有水和其他物质。如果测试针入度超过350mm，应选择长针，否则应用标准针；用三氯乙烯或其他溶剂将针擦干净，并用干净的布擦干，然后按实验条件选择附加砝码，将针插入针连杆中固定。

② 缓缓放下针连杆，使针尖刚刚接触到试样的表面，可以用放置在合适位置的光源观察针头位置，使针尖与水中针头的投影刚刚接触为止，将位移计复位为零。

③ 开始实验，按下释放键，计时与标准针落下贯入试样同时开始，至 5s 时自动停止。读取位移计的读数，精确至 0.1mm。

(3) 同一试样平行实验至少三次，各测试点之间及与试样皿边缘的距离不应小于 10mm。每次实验应换一根干净标准针，或将标准针取下用蘸有三氯乙烯的布擦拭干净。

(4) 当针入度超过 200mm 时，至少用三支标准针，每次实验后将针留在试样中，直至三次平行实验完成后，才能将标准针取出。

四、实验数据处理

(1) 以三次测定的针入度的平均值作为实验结果，结果取整数。三次测定的针入度值相差不应大于表 2.3 中的数值。

表 2.3　针入度最大差值

针入度/mm	0～49	50～149	150～249	250～349	350～500
最大差值/mm	2	4	6	8	20

(2) 如果误差超过上述范围，利用第二个样品重复实验；如果结果再次超过允许值，则取消所有的实验结果，重新制样进行实验。

(3) 同一操作者在同一台仪器对同一样品测得的两次结果不应超过平均值的 4%，不同操作者在不同仪器上对同一样品测得的两次结果不应超过平均值的 11%。

Ⅲ　沥青延度实验

一、实验目的

延度反映了石油沥青的塑性，是评定牌号的依据之一。

二、实验设备与试样

(1) 延度仪，为一带标尺的长方形容器，内装有移动速度为 (5±0.5) cm/min 的拉伸滑板，如图 2.22 (a) 所示。

(2) 试模，其形状尺寸如图 2.22 (b) 所示。

(3) 温度计，刻度范围 0～50℃，分度为 0.1℃。

(4) 瓷皿或金属皿。

(5) 沥青样品。

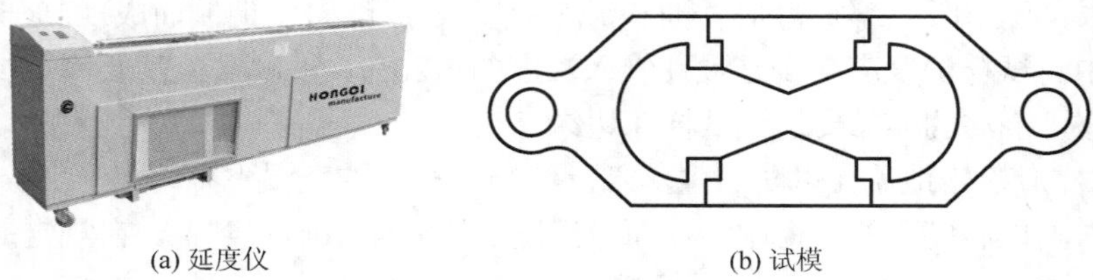

(a) 延度仪　　(b) 试模

图 2.22　部分实验设备

三、实验内容与步骤

(1) 试样的制备。

① 将 8 字试模置于涂有隔离剂(甘油和滑石粉以质量比 2∶1 调制而成)的玻璃上，并在试模内侧涂上隔离剂，以防沥青沾在模具上。

② 小心加热样品，充分搅拌以防止局部过热，直至样品容易倒出。石油沥青加热温度不超过预计软化点 90℃。倒样入模时使试样呈细流状，自模的一端至另一端往返倒入，使试样略高于模具。

③ 将试样在空气中冷却 2h，然后用热刮刀刮除高出试模的沥青，使沥青面与试模面齐平。沥青的刮法应自试模的中间刮向两端，且表面应刮得平滑。将试模连同底板再放入规定实验温度的水槽中保温 1.5h。

(2) 延度的测定。

① 将试模从玻璃板上取下，将试模两端的孔分别套在滑板及槽端固定板的金属柱上，并取下测模。水面距试件表面应不小于 25mm。

② 开动延度仪，注意观测试样的延伸情况。在实验过程中水温应始终保持在实验温度规定范围内，且仪器不得有振动，水面不得有晃动。当水槽采用循环水时，应暂时中断循环，停止水流动。

③ 在实验过程中，当发现沥青细丝浮于水面或沉入槽底时，应在水中加入酒精或食盐，调制水的密度至与试样相近后重新实验。

④ 试件拉断时，读取指针所指标尺上的读数，以 cm 为单位。在正常情况下，试件延伸时应成锥尖状，拉断时实际断面接近于零。如不能得到这种结果，则应在结果中注明。

四、实验数据处理

(1) 同一样品，每次不少于三个平行实验，如果三个测定结果均大于 100cm，实验结果可以记作"＞100cm"；三个测定结果中，当有一个以上的测定值小于 100cm 时，若最大值或最小值与平均值之差满足重复性实验要求，则取三个测定结果的平均值的整数作为延度实验结果；若最大值或最小值与平均值之差不符合重复性实验要求时，实验应重新进行。

(2) 当实验结果小于 100cm 时，重复性实验的允许误差为平均值的 20%，再现性实验的允许误差为平均值的 30%。

2.7.2 沥青混合料

※内容提要

沥青混合料是一种最常用的路面结构材料，作为复合材料，主要由沥青、粗骨料、细骨料、矿粉组成，有的还加入聚合物和木纤维素。由这些不同质量和数量的材料可混合形成不同的结构，并具有不同的力学性质，方法是利用沥青加热后的可塑性使混合料搅拌均匀并易于压实，再利用沥青冷却后的胶结性使混合料成为具有一定稳定性的整体。

沥青混合料按材料组成及结构，分为连续级配、间断级配；按矿料级配组成及空隙率大小，分为密集配、半开级配、开级配；按公称最大粒径的大小，可分为特粗式(公称最大粒径＞31.5mm)、粗粒式(公称最大粒径≥26.5mm)、中粒式(公称最大粒径 16mm 或 19mm)、细粒式(公称最大粒径 9.5mm 或 13.2mm)、砂粒式(公称最大粒径＜9.5mm)；按制造工艺，分为热拌沥青混合料、冷拌沥青混合料、再生沥青混合料等。

沥青混合料的基本技术性能，有高温稳定性、低温抗裂性、耐久性及抗滑性。常以各种实验来测定这些性能。本节着重介绍沥青含量实验、马歇尔实验、密度实验、饱水率实验和车辙实验等方法。

※实验指导

Ⅰ 沥青混合料中沥青含量实验(离心分离法)

一、实验目的与原理

沥青混合料中的沥青含量，是表示沥青混合料中沥青质量占总质量的百分率。而另一常用表示法——油石比，则表示沥青混合料中沥青质量占沥青混合料中矿料总质量的百分率。规程对于沥青混合料规定了四种沥青含量测定方法，即射线法、离心分离法、回流式抽提仪法及脂肪抽提器法。本小节介绍的是最常用的离心分离法。

离心分离法测定沥青混合料中的沥青含量，是先用溶剂将沥青混合料中的沥青溶解，再通过离心分离的方法把已溶解的沥青与矿料分离开来，从而测定沥青含量。本方法适用于热拌热铺沥青混合料路面施工时的沥青含量检测，以评定沥青混合料质量。

二、实验设备与试样

(1)离心抽提仪，带圆环形滤纸。

(2)感量不大于 0.01g、1mg 的电子天平各一台。

(3)烘箱、马弗炉、砂浴。

(4)工业用三氯乙烯、碳酸铵饱和溶液。

(5)1000mL 量筒，回收瓶。

(6)沥青混合料样品。

三、实验内容与步骤

(1)取样及制备要求。

① 如果试样是热料，应放在金属盘中适当拌和，待沥青混合料温度冷却到100℃以下备用。

② 如果试样是冷料，应放在金属盘中，置于烘箱中适当加热成松散状后取样，但不得用锤击，以防集料破碎。

③ 如果试样是湿料，应先用电风扇将样品完全吹干，再烘热取样。

④ 用装料盆称取 1000～1500g 的沥青混合料试样 m_a(粗、中、细粒式分别取上中下限)，准确至 0.1g。

(2)操作步骤。

① 将称取好的试样放入离心抽提仪中的容器内，粘在装料盆上的沥青应用三氯乙烯溶剂洗入容器，注入三氯乙烯溶剂将试样浸没，浸泡 30min，期间用玻璃棒适当搅拌混合料，使沥青充分溶解，玻璃棒上如有黏附物，应在容器中洗净。

② 称量洁净干燥的圆环形滤纸质量 m_0，准确至 0.01g。

③ 将滤纸填在容器边缘，加盖紧固，在分离器滤液出口处放上回收瓶，上口应注意密封，防止流出液成雾状散失。

④ 开启离心抽提仪，使转速逐渐增加到 3000r/min，待沥青溶液流出停止后停机。

⑤ 从上盖的中孔中加入三氯乙烯溶剂，每次量大体相当，稍停 3～5min，重复上述操作，如此数次，直至流出的抽提液呈清澈的淡黄色为止。

⑥ 卸下上盖，取下圆环形滤纸，在通风橱或室内空气中蒸发干燥，然后放入(105±5)℃的烘箱中烘干，称取其质量 m_1，其增重部分 $m_2[=(m_1-m_0)]$为矿粉的一部分。

⑦ 将容器中的集料仔细取出，在通风橱或室内空气中适当蒸发后放入(105±5)℃的烘箱中烘干(一般需 4h)，然后放入大干燥器中冷却至室温，称取集料质量 m_3。

⑧ 用燃烧法测定漏入滤液中的矿粉，方法如下。

a. 将回收瓶中的沥青抽提溶液全部倒入量筒，其总量 V_a 准确定量至 mL。

b. 充分搅匀抽提液，吸取 10mL(记为 V_b)放入坩埚中，在砂浴上适当加热使抽提液试样变成暗黑色后，置于 500～600℃的马弗炉中烧成残渣，取出坩埚冷却。

c. 向坩埚中按每 1g 残渣 5mL 的比例注入碳酸铵饱和溶液，静置 1h，放入(105±5)℃的烘箱中烘干；然后取出在干燥器中冷却，称取残渣质量 m_4，准确至 1mg。

四、实验数据处理

(1)沥青混合料中矿料的总质量按下式计算：

$$m_a = m_2 + m_3 + m_5$$

式中 m_a——沥青混合料中矿料的总质量(g)；

m_2——圆环形滤纸实验前后的增重(g)；

m_3——容器中留下的集料质量(g)；

m_5——漏入抽滤液中的矿粉质量(g)。

当采用燃烧法时有

$$m_5 = m_4 \times \frac{V_a}{V_b}$$

式中 m_4——坩埚中燃烧干燥的残渣质量(g)；

V_a——抽提液的总量(mL)；

V_b——吸出的燃烧干燥的抽提液数量(mL)。

(2)沥青混合料的沥青含量和油石比分别按下式计算：

$$P_b = \frac{m - m_a}{m}, \quad P_a = \frac{m - m_a}{m_a}$$

式中 P_b——沥青混合料的沥青含量(%)；

m——沥青混合料的总质量(g)；

m_a——沥青混合料中矿料的总质量(g)；

P_a——沥青混合料的油石比(%)。

(3)同一沥青混合料试样至少做两次平行实验，取其平均值作为实验结果。两次实验值之差应不大于 0.3%；当大于 0.3%但不大于 0.5%时，应补做平行实验一次，并以三次实验值的平均值作为实验结果，三次实验的最大值与最小值之差不得大于 0.5%。

Ⅱ 沥青混合料马歇尔实验

一、实验目的与原理

马歇尔稳定度实验是沥青混合料所有实验中最重要的一个实验方法，该实验所确定的稳定度和流值两个指标也是反映沥青混合料性能的最主要的参数，按实验时浸水条件的不同，分为标准马歇尔实验、浸水马歇尔实验和真空饱水马歇尔实验。稳定度是指规定条件下试件所能承受的最大荷载，流值是指试件至最大荷载时所产生的变形。

沥青混合料马歇尔稳定度实验是将沥青混合料制成直径 101.6mm、高 63.5mm 的圆柱形试件，在稳定度仪上测定其稳定度和流值，以这两项指标来表示其高温时的稳定性和抗变形能力。

二、实验设备与试样

(1)标准马歇尔击实仪、试模、底座、套筒、脱模器。

(2)恒温水浴，精度 1℃，深度不小于 150mm。

(3)马歇尔实验仪，最大荷载不小于 25kN，精度 0.1 kN，加荷速度能保持(50±5)mm/min，钢球直径 16mm，上下压头曲率半径为 50.8mm。

(4)烘箱。

(5)天平，感量不大于 0.1g。

(6)沥青混合料样品。

三、实验内容与步骤

(1)标准试件的制作(击实法)。

① 方法与数量要求：当混合料中集料的公称最大粒径不大于 26.5mm 时，可直接用来制作试件，一组试件的数量通常为四个；当混合料中集料的公称最大粒径等于 31.5mm 时，宜将大于 26.5mm 的部分筛除后使用，一组仍为四个，也可直接制作试件，但一组试件的数量增加为六个；当混合料中集料的公称最大粒径大于 31.5mm 时，必须将大于 26.5mm 的部分筛除后使用，一组仍为四个。

② 试件制作。

a. 沥青混合料的拌和与击实控制温度见表 2.4，针入度小、稠度大的沥青取高限，针入度大、稠度小的沥青取低限，一般取中值。将沥青混合料加热至表 2.4 要求的温度范围，试模、底座、套筒涂油加热至 100℃备用。

表 2.4　沥青混合料拌和与击实控制温度　　单位：℃

沥青种类	拌和温度	击实温度
石油沥青	130～160	120～150
煤沥青	90～120	80～110
改性沥青	160～175	140～170

b. 均匀称取 1200g 试样，垫上滤纸从四个方向装入试模，用插刀周边插捣 15 次，中间 10 次。插捣后将沥青混合料表面整平成凸圆弧面，检查沥青混合料中心温度。

c. 当沥青混合料中心温度符合要求后，将试模连同底座一起移至击实台上固定，表面垫上滤纸，插入击实锤，开启击实仪单面击实 75 次，击完后，换另一面也击实 75 次。

d. 击实结束后，立即用镊子取掉上下面的滤纸，用卡尺量取试件表面离试模上口的高度并由此算出试件高度，当高度不符合(63.5±1.3)mm 时，该试件作废，并按下式调整沥青混合料的用量，两侧高度差大于 2mm 时须作废重做：

$$G=\left(\frac{H}{H_{\mathrm{i}}}\right)\times G_{\mathrm{i}}$$

式中　G——调整后沥青混合料质量(g)；

G_{i}——原用沥青混合料质量(g)；

H——试件要求高度 63.5mm；

H_{i}——原试件高度(mm)。

e. 卸去套筒和底座，将带模试件横向放置冷却至室温(不少于12h)后，用脱模器脱出试件，置于干燥洁净处备用。

(2)操作步骤。

① 测量试件的高度，剔除不符合要求的试件。

② 将恒温水浴调到规定的温度，对于石油沥青混合料或烘箱养生过的乳化沥青混合料为(60±1)℃，对于煤沥青混合料为(33.8±1)℃，对于空气养生的乳化沥青或液体沥青混合料为(25±1)℃。

③ 将试件置于已达规定温度的恒温水浴中保温30～40min，试件之间应有间隔，试件离底板不小于5cm，并应低于水面。

④ 将马歇尔实验仪的上下压头放入水浴或烘箱中达到同样温度。取出擦拭干净内壁。导棒上加少量黄油。

⑤ 将试件取出置于下压头上，盖上上压头，立即移至加载设备上。如上压头与钢球为分离式时，还应在上压头球座上放妥钢球，并对准测力装置的压头。

⑥ 将位移传感器插入上压头边缘插孔中与下压头上表面接触，开启已调整好零点的自动马歇尔实验仪，实验仪将自动按(50±5)mm/min的速度加荷，并自动记录荷载-变形曲线及读取马歇尔稳定度和流值，最大荷载值即为该试件的马歇尔稳定度值MS(kN)，最大荷载值时所对应的变形即为流值FL(mm)。

⑦ 从恒温水浴中取出试件到测出最大荷载值的时间不得超过30s。

⑧ 浸水马歇尔实验方法与标准马歇尔实验方法唯一不同之处，是试件在已达规定温度的恒温水浴中的保温时间为48h。

⑨ 真空饱水马歇尔实验方法：试件先放入真空干燥器中，关闭进水胶管，开动真空泵，使干燥器的真空度达到98.3kPa(730mmHg)以上，维持15min，打开进水胶管，靠负压进入冷水流，使试件全部浸入水中，浸水15min后恢复常压，取出试件再放入已达规定温度的恒温水浴中保温48h，其余同标准法。

四、实验数据处理

(1)直接读记马歇尔稳定度和流值数据，并打印出荷载-变形曲线及马歇尔稳定度和流值数据作为原始记录。稳定度MS以kN计，准确至0.01kN；流值FL以mm计，准确至0.1mm。

(2)试件的马歇尔模数按下式计算：

$$T=\frac{\mathrm{MS}}{\mathrm{FL}}$$

式中 T——马歇尔模数(kN/mm)。

(3)试件的浸水残留稳定度按下式计算：

$$\mathrm{MS}_0=\frac{\mathrm{MS}_1}{\mathrm{MS}}\times 100$$

式中 MS_0——试件的浸水残留稳定度(%)；

MS_1——试件的浸水48h稳定度(kN)。

(4)试件的真空饱水残留稳定度按下式计算：

$$MS_0' = \frac{MS_2}{MS} \times 100$$

式中　MS_0'——试件的真空饱水残留稳定度(%)；

MS_2——试件真空饱水后浸水 48h 稳定度(kN)。

(5)当一组测定值中某个测定值与平均值之差大于标准差的 K 倍时，该测定值应予舍去，并以其余测定值的平均值作为实验结果。当试件数目分别为 3、4、5、6 时，则 K 值分别为 1.15、1.46、1.67、1.82。

Ⅲ　沥青混合料密度实验(蜡封法)

一、实验目的与原理

密度是单位体积内物质的质量。沥青混合料密度测定分为两种情况：一是马歇尔试件的密度测定；二是沥青混合料路面钻芯芯样密度测定。规程对于各种沥青混合料规定了四种密度测定方法，即表干法、水中重法、蜡封法及体积法。下面介绍最常用也是适用性最广的蜡封法。

蜡封法是将被测试件用蜡封起来再测定其密度的一种方法。蜡封法特别适合测定吸水率大于 2%的沥青混合料试件的毛体积相对密度和毛体积密度，其他大部分沥青混合料也可用本法测定。利用毛体积相对密度可以计算出沥青混合料试件空隙率等其他多项体积指标。

二、实验设备与试样

(1)浸水力学天平，量程 5000g，感量不大于 0.5g；或量程 1000～2000g，感量不大于 0.1g，有测量水中重的挂钩、网篮、悬吊装置、溢流水箱。

(2)石蜡。

(3)冰箱、电炉、秒表。

(4)电风扇、铁块、滑石粉、温度计等。

(5)沥青混合料样品。

三、实验内容与步骤

(1)去除试件表面的浮粒，称取沥青混合料干燥试件的空气中质量 m_a，当试件为钻芯法取得的非干燥试件时，应用电风扇吹干 12h 以上至恒重作为其空气中质量，不得用烘干法。

(2)将试件置于冰箱中，在 4～5℃下冷却不少于 30min。

(3)将石蜡在电炉上熔化，并稳定在其熔点以上 5～6℃。

(4)从冰箱中迅速取出试件立即浸入石蜡液中，至全部表面被石蜡封住后迅速取出试件，在常温下放置 30min，称取蜡封试件的空气中质量 m_p。

(5)挂上网篮，浸入溢流水箱中，调节水位，将天平调零。将蜡封试件放入网篮浸水约 1min(无溢流功能的水箱要注意使试件浸水前后水位基本一致)，读取水中质量 m_c。

(6)如果试件在测定密度后还需要做其他实验，为便于除去石蜡，可事先在干燥试件表面涂一薄层滑石粉，称取涂滑石粉后的试件质量 m_s，然后再蜡封测定。

(7)用蜡封法测定时，石蜡对水的相对密度测定按下列步骤进行：取一小铁块，称取空气中质量 m_g，再称取铁块的水中质量 m_g'；待重物干燥后，按上述试件蜡封的步骤将铁块蜡封后，测定其空气中质量 m_d 和水中质量 m_d'。

四、实验数据处理

(1) 按下式计算石蜡对水的相对密度：

$$\gamma_p = \frac{m_d - m_g}{(m_d - m_g) - (m_d' - m_g')}$$

式中 γ_p——在 25℃温度条件下石蜡对水的相对密度(无量纲)；

m_g——重物在空气中的质量(g)；

m_g'——重物在水中的质量(g)；

m_d——蜡封后重物在空气中的质量(g)；

m_d'——蜡封后重物在水中的质量(g)。

(2) 按下式计算试件的毛体积相对密度(取三位小数)：

$$\gamma_f = \frac{m_a}{(m_p - m_c) - (m_p - m_a) / \gamma_p}$$

式中 γ_f——由蜡封法测定的试件毛体积相对密度(无量纲)；

m_a——试件在空气中的质量(g)；

m_p——蜡封试件在空气中的质量(g)；

m_c——蜡封试件在水中的质量(g)。

(3) 试件表面涂滑石粉时按下式计算试件的毛体积相对密度：

$$\gamma_f = \frac{m_a}{(m_p - m_c) - \left[(m_p - m_s) / \gamma_p + (m_s - m_a) / \gamma_s\right]}$$

式中 m_s——试件涂滑石粉后在空气中的质量(g)；

γ_s——滑石粉对水的相对密度。

(4) 按下式计算试件的毛体积密度：

$$\rho_f = \gamma_f \times \rho_w$$

式中 ρ_f——蜡封法测定的试件毛体积密度(g/cm^3)；

ρ_w——常温水的密度，取 $1g/cm^3$。

(5) 按下式计算试件的空隙率(取一位小数)：

$$VV = \left(1 - \frac{\gamma_f}{\gamma_t}\right) \times 100$$

式中 VV——试件的空隙率(%)；

γ_f——试件的毛体积相对密度；

γ_t——试件的理论最大相对密度，当实测困难时，可通过后面的方法计算得到。

(6) 计算试件的理论最大相对密度或理论最大密度，取三位小数。

① 当已知试件的油石比时，试件的理论最大相对密度按下式计算：

$$\gamma_t = (100 + P_a) / (P_1/\gamma_1 + P_2/\gamma_2 + \cdots + P_n/\gamma_n + P_a/\gamma_a)$$

式中 P_a——油石比(%)；

γ_a——沥青的相对密度，按25℃的同等条件；

$P_1 \sim P_n$——各种矿料占矿料总质量的百分率(%)；

$\gamma_1 \sim \gamma_n$——各种矿料对水的相对密度。

② 当已知试件的沥青含量时，试件的理论最大相对密度按下式计算：

$$\gamma_t = 100/(P_1'/\gamma_1 + P_2'/\gamma_2 + \cdots + P_n'/\gamma_n + P_b/\gamma_a)$$

式中 P_b——沥青含量(%)；

$P_1' \sim P_n'$——各种矿料占混合料总质量的百分率(%)。

而试件的理论最大密度按下式计算：

$$\rho_t = \gamma_t \times \rho_w$$

(7) 试件中沥青的体积百分率按下式计算(取一位小数)：

$$VA = P_b \times \gamma_f / \gamma_a$$

(8) 试件中矿料间隙率按以下公式计算(取一位小数)：

当采用计算理论最大相对密度时，公式为

$$VMA = VA + VV$$

当采用实测理论最大相对密度时，公式为

$$VMA = (1 - P_s \times \gamma_f / \gamma_{sb}) \times 100$$

式中 P_s——沥青混合料中总矿料所占百分率(%)；

γ_{sb}——全部矿料对水的平均相对密度，计算公式为

$$\gamma_{sb} = 100/(P_1/\gamma_1 + P_2/\gamma_2 + \cdots + P_n/\gamma_n)$$

(9) 试件的沥青饱和度按下式计算(取一位小数)：

$$VFA = VA/(VA + VV) \times 100$$

(10) 试件中粗集料骨架间隙率按下式计算(取一位小数)：

$$VCA_{mix} = (1 - P_{ca} \times \gamma_f / \gamma_{ca}) \times 100$$

式中 VCA_{mix}——沥青混合料中粗集料骨架之外的体积(通常指小于4.75mm粒径的集料、矿粉、沥青及空隙)占总体积的比例(%)；

P_{ca}——沥青混合料中粗集料的比例，$P_{ca} = P_s \times PA_{4.75}$，为矿料中4.75mm筛上的筛余量(%)；

γ_{ca}——矿料中所有粗集料部分对水的合成毛体积密度，其计算公式为

$$\gamma_{ca} = (P_{1c} + \cdots + P_{nc})/(P_{1c}/\gamma_1 + \cdots + P_{nc}/\gamma_n)$$

Ⅳ 沥青混合料饱水率实验

一、实验目的

测定沥青混合料的饱水率，可用于沥青拌和时的混合料质量控制、旧路调查及路面压实沥青混合料的质量评定。

二、实验设备与试样

(1) 真空干燥箱，可保持真空度97.3～98.7kPa，且可以容纳装试件的水槽。

(2) 电子天平，最大称量在3kg以下，感量不大于0.1g。

(3) 水槽，边长或直径不小于200mm，高100mm。

(4) 毛巾、秒表、金属盘、电吹风等。

(5) 沥青混合料样品。

三、实验内容与步骤

(1) 按马歇尔实验标准击实法成型试样，如采用现场路面钻孔芯样，应将其清理干净后用电吹风吹干。

(2) 称取试件在空气中的质量m_a。

(3) 将试件放入常温水槽中，水浸没试件，并将装有试件的水槽置于真空干燥箱中。

(4) 启动真空泵，使真空干燥箱保持在97.3～98.7kPa的真空度下15min。

(5) 打开放气阀门，使真空干燥箱恢复到常压状态，并使试件在水中继续放置30min。

(6) 取出水槽，从水中拿出试件，迅速用拧干的湿毛巾轻轻拭去试件表面多余的水分后，称取真空饱和后的表干试件质量 m_f。毛巾不可拧得太干，以防擦拭试件时吸走试件内部的水分。

四、实验数据处理

(1) 沥青混合料试件的饱水率按下式计算：

$$S_W = \frac{m_f - m_a}{m_a} \times 100$$

式中 S_W——试件的饱水率(%)；

m_a——干燥试件的空气中质量(g)；

m_f——真空饱水后试件的空气中表干质量(g)。

(2) 一种试样至少平行实验三个试件，取其平均值作为实验结果。

第3章 土力学实验

3.1 土样和试样制备

3.1.1 本节概述

土样和试样的制备，是完成土工实验极其重要的环节。如果送到实验室的土样不符合要求，没有代表性，那么，任何精密的仪器和审慎的操作都将毫无意义。本节主要用于统一土样和试样的制备程序和方法，以提高实验资料的可比性。

本节适用于扰动土样的预备程序、扰动或原状土样的制备程序。扰动土样的制备，包括风干、碾散、过筛、匀土、分样和贮存等预备程序以及制备试样程序，视实际情况，可按击实实验规程中标准击实方法制样，对中小型填方工程则可按击样法或压样法制样。一般情况下，当试样的总厚度不大于50mm时，可采用压样法。原状土的开土、土样描述及试样制备强调了对土样质量的鉴别，为保证实验结果的可靠性，质量不符合要求的原状土样不能做力学性质实验。

制备好的试样在实验前多需进行饱和，根据土样的渗透性采用浸水(毛细管)饱和法和真空饱和法。一般在渗透系数大于10^{-4}cm/s时，采用浸水饱和法；小于10^{-4}cm/s时，采用真空饱和法。渗透系数可以预估，不一定实测。浸水饱和费时很多，可考虑使用高水头或负压的方法，以减少饱和时间。在三轴压缩实验中，列有反压力饱和及二氧化碳饱和方法。

3.1.2 土样和试样制备程序

1．扰动土样的制备程序

(1)对细粒土扰动土样进行土样描述，如颜色、土类、气味及夹杂物等；如有需要，应将扰动土样充分拌匀，取代表性土样进行含水率测定。

(2) 将块状扰动土放在橡皮板上用木碾或粉碎机碾散，但切勿压碎颗粒；如含水率较大不能碾散时，应风干至可碾散时为止。

(3) 根据实验所需土样数量，将碾散后的土样过筛。物理性实验如液限、塑限、缩限等实验，需过0.5mm筛；常规水理及力学实验土样，需过2mm筛；击实实验土样的最大粒径，必须满足击实实验采用不同击实筒时土样中最大颗粒粒径的要求。按规定过标准筛后，取出足够数量的代表性试样，分别装入容器内，贴上标签。标签上应注明工程名称、土样编号、过筛孔径、用途、制备日期和人员等，以备各项实验之用。若系含有大量粗砂及少量细粒土(泥砂或黏土)的松散土样，应加水润湿松散后，用四分法取出代表性试样；若系净砂，则可用匀土器取代表性试样。

(4) 为配制一定含水率的试样，取过2mm筛的足够实验用的风干土1～5kg，按公式计算所需的加水量；将所取土样平铺于不吸水的盘内，用喷雾设备喷洒预计的加水量，并充分拌和，然后装入容器内盖紧，润湿一昼夜备用(砂类土浸润时间可酌量缩短)。

(5) 测定湿润土样不同位置的含水率(至少两个以上)，要求差值满足含水率测定的允许平行差值。

(6) 对不同土层的土样制备混合试样时，应根据各土层厚度，按比例计算相应质量配合，然后按本方法第(1)～(4)步进行扰动土的制备工序。

(7) 无凝聚性的松散砂土、砂砾及砾石等按本方法(3)制备土样，然后取具有代表性足够实验用的土样做颗粒分析使用，其余过5mm筛，筛上及筛下土样分别贮存，供做比重及最大、最小孔隙比等实验用。取一部分过2mm筛的土样备力学性质实验之用。

(8) 如砂砾土有部分黏土黏附在砾石上，可用毛刷仔细刷尽捏碎过筛，或先用水浸泡，然后用2mm筛将浸泡过的土样在筛上冲洗，取筛上及筛下具有代表性试样做颗粒分析用。

(9) 将过筛土样或冲洗下来的土浆风干至碾散为止，再按本方法第(1)～(4)步操作。

2．扰动土样制备的计算

(1) 按下式计算干土质量：

$$m_s = \frac{m}{1+0.01w_h}$$

式中　m_s——干土质量(g)；

m——风干土质量(或天然土质量)(g)；

w_h——风干含水率(或天然含水率)(%)。

(2) 按下式计算制备土样所需加水量：

$$m_w = \frac{m}{1+0.01w_h} \times 0.01(w-w_h)$$

式中　m_w——土样所需加水量(g)；

m——达风干含水率时的土样质量(g)；

w_h——风干含水率(%)；

w——土样所要求的含水率(%)。

(3) 按下式计算制备扰动土样所需总土质量：

$$m = (1+0.01w_h)\rho_d V$$

式中 m——制备土样所需总土质量(g)；

ρ_d——制备土样所要求的干密度(g/cm^3)；

V——计算出的击实土样或压模土样体积(cm^3)；

w_h——风干含水率(%)。

(4) 按下式计算制备扰动土样应增加的水量：

$$\Delta m_w = 0.01(w - w_h)\rho_d V$$

式中 Δm_w——制备扰动土样应增加的水量(cm^3)；

其余符号含义同前。

3．扰动土样试件的制备程序

根据工程要求，应将扰动土制备成所需的试件进行水理、物理力学等实验之用。根据试件高度要求可分别选用击实法和压样法，高度小的采用单层击实法，高度大的采用压样法。

1) 击实法

(1) 根据工程要求，选用相应的夯击功进行击实。

(2) 按试件所要求的干质量、含水率，按扰动土样的制备程序制备湿土样，并称取制备好的湿土样质量，准确至 0.1g。

(3) 将实验用的切土环刀内壁涂一薄层凡士林，刀口向下，放在试件上，用切土刀将试件削成略大于环刀直径的土柱。然后将环刀垂直向下压，边压边削，至土样伸出环刀上部为止，削平环刀两端，擦净环刀外壁，称环土总质量，准确至 0.1g，并测定环刀两端所削下土样的含水率。

(4) 试件制备应尽量迅速，以免水分蒸发。

(5) 试件制备的数量视实验需要而定，一般应多制备 1～2 组备用，同一组试件或平行试件的密度、含水率与制备标准之差值，应分别在±0.1g/cm^3或 2%范围之内。

2) 压样法

(1) 按击实法第(2)条的规定，将湿土倒入压模内，拂平土样表面，以静压力将土压至一定高度，用推土器将土样推出。

(2) 按击实法第(3)～(5)条的规定进行操作。

4．原状土试件的制备程序

(1) 按土样上下层次小心开启原状土包装皮，将土样取出放正，整平两端。在环刀内壁涂一薄层凡士林，刀口向下，放在土样上，无特殊要求时，切土方向应与天然土层层面垂直。

(2) 将环刀垂直向下压，边压边削，至土样伸出环刀上部为止，削平环刀两端，擦净环刀外壁，称环土总质量，准确至 0.1g，并测定环刀两端所削下土样的含水率。切取试件时试件与环刀要密合，否则应重取。

(3) 切削过程中，应细心观察并记录试件的层次、气味、颜色，有无杂质，土质是否均匀，有无裂缝等。

(4) 如连续切取数个试件，应使含水率不发生变化。

(5) 视试件本身及工程要求，决定试件是否进行饱和；如不立即进行实验或饱和时，则将试件暂存于保湿器内。

(6) 切取试件后，剩余的原状土样用蜡纸包好置于保湿器内，以备补做实验之用。切削的余土做物理性质实验。平行实验或同一组试件密度差值不大于±0.1g/cm^3，含水率差值不大于2%。

(7)冻土制备原状土样时，应保持原土样温度，保持土样的结构和含水率不变。

3.1.3 试件饱和

※内容提要

略。

※实验指导

一、实验目的

土的孔隙逐渐被水填充的过程，称为饱和。孔隙被水充满时的土，称为饱和土。可根据土的性质合理选择饱和方法。砂类土可直接在仪器内浸水饱和；较易透水的黏性土(渗透系数大于 10^{-4}cm/s)，采用毛细管饱和法较为方便，也可采用浸水饱和法；不易透水的黏性土(渗透系数小于 10^{-4}cm/s)，采用真空饱和法。

通常毛细管饱和法以及浸水饱和法的饱和度只能达到80%～85%，真空饱和法的饱和度可达97%左右。如土的结构性较弱，抽气可能发生扰动，则不宜采用真空饱和法。

二、实验设备与试样

(1)毛细管饱和法设备。

① 饱和器，如图3.1～图3.3所示。

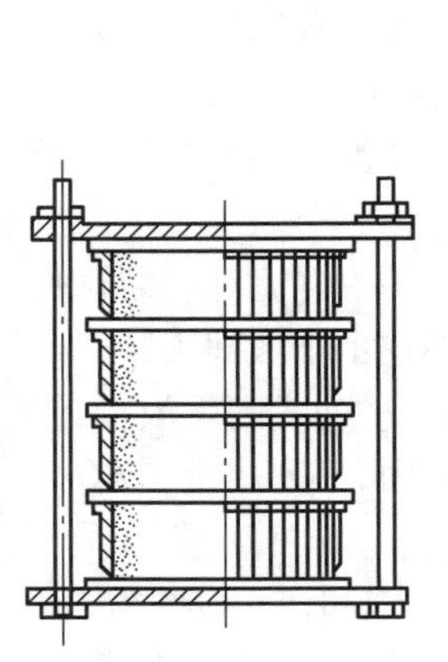

图3.1 重叠式饱和器

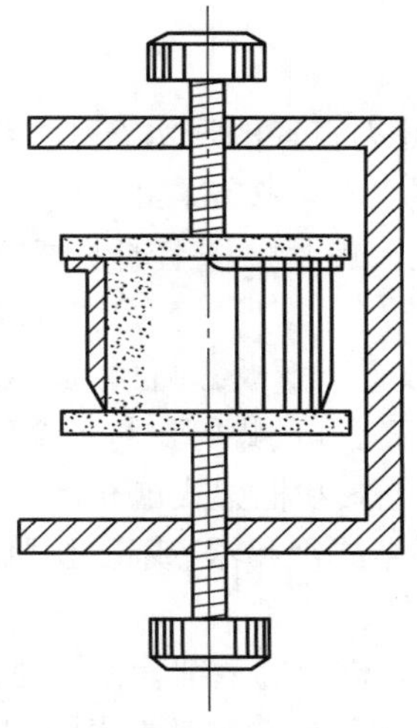

图3.2 框架式饱和器

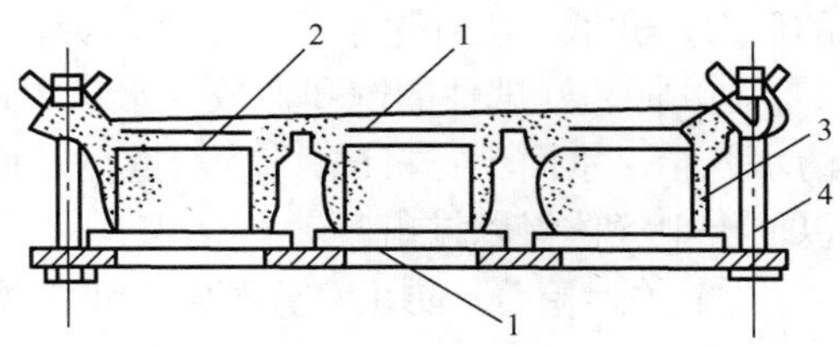

图3.3 平列式饱和器

1—夹板；2—透水石；3—环刀；4—拉杆

② 水箱，带盖。

③ 天平，感量0.1g。

(2)真空饱和法设备。

① 真空饱和法整体装置如图3.4所示。

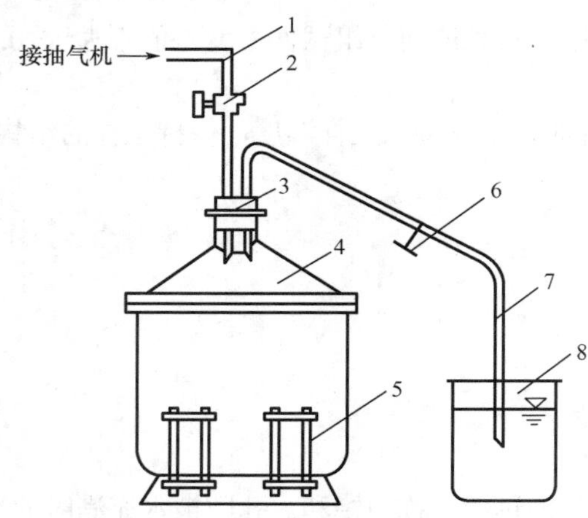

图 3.4　真空饱和法装置

1—排气管；2—二通阀；3—橡皮塞；4—真空缸；
5—饱和器；6—管夹；7—引水管；8—水缸

② 饱和器，尺寸形式见图 3.1～图 3.3。

③ 真空缸，金属或玻璃制。

④ 抽气机。

⑤ 真空测压表。

⑥ 天平、硬橡皮管、橡皮塞、管夹、二路活塞、水缸、凡士林等。

三、实验内容与步骤

(1) 毛细管饱和法。

① 在重叠式饱和器下正中放置稍大于环刀直径的透水石和滤纸，将装有试件的环刀放在滤纸上，试件上面再放一张滤纸和一块透水石。按这样的顺序重复，由下向上重叠至适当高度，将饱和器上板放在最上部透水石上，旋紧拉杆上端的螺钉，将各个环刀在上下板间夹紧。

② 如用平列式饱和器时，则将透水石放置于下板各圆孔上，并顺序放置滤纸、装试件的环刀、滤纸、上部透水石及上板，旋紧拉杆上端的螺钉，将各个环刀在上下板间夹紧。

③ 将装好试件的饱和器放入水箱中(重叠式和框架式饱和器放倒，平列式则平放)，注清水入箱，水面不宜将试件淹没(重叠式和框架式饱和器)或超过试件顶面(平列式饱和器)，以便土中气体得以排出。

④ 关上箱盖，防止水分蒸发，静置数日，借土的毛细管作用使试件饱和，一般约需 3d。

⑤ 取出饱和器，松开螺钉，取出环刀，擦干外壁，吸去表面积水，取下试件上下滤纸，称环土总质量，准确至 0.1g，并计算饱和度。

⑥ 如饱和度小于 95%时，应将环刀装入饱和器，浸入水内，重新延长饱和时间。

(2) 真空饱和法。

① 按毛细管饱和法第①～②步将试件装入饱和器。

② 将装好试件的饱和器放入真空缸内，盖口涂一薄层凡士林，以防漏气。

③ 关管夹，开阀门，开动抽气机，抽除缸内及土中气体；当真空压力表达到–101.325kPa

(一个负大气压力值)后，稍微开启管夹，使清水从引水管徐徐注入真空缸内。在注水过程中应调节管夹，使真空压力表上的数值基本上保持不变。

④ 待饱和器完全淹没水中后，即停止抽气，将引水管自水缸中提出，令空气进入真空缸内，静待一定时间，借大气压力使试件饱和。

⑤ 取出试件称质量，准确至0.lg，计算饱和度。

四、实验数据处理

按下式计算饱和度：

$$S_r=\frac{(\rho-\rho_d)G_s}{e\rho_d} \quad 或 S_r=\frac{wG_s}{e}$$

式中 S_r——饱和度(%)，计算至0.01；

ρ——土饱和后的密度(g/cm^3)；

ρ_d——土的干密度(g/cm^3)；

e——土的孔隙比；

G_s——土粒比重；

w——饱和后土的含水率(%)。

3.2 含水率实验

3.2.1 本节概述

土的含水率实验是土的三大物理性实验指标(比重、密度、含水率)之一。含水率是试样在105～110℃温度下烘至恒量时所失去的水质量和恒量后干土质量的比值，以百分率表示，在国际上也有一些国家用“含水比”一词，是换算土的六个基本物理性计算指标和评价土类的重要依据之一。

土中的水分为结晶水、结合水和自由水。结晶水是存在于矿物晶体内部或参与矿物构造的水，这部分水只有在高温(150～240℃，甚至400℃)下才能从土颗粒矿物中析出，因此可以把它看作矿物本身的一部分。结合水是紧密附着在土颗粒表面的薄层水膜，依靠水化学静电引力(库仑力和范德华力)吸附在土粒表面，它对细粒土的工程性质有很大的影响。结合水可划分为强结合水和弱结合水。强结合水靠近土颗粒表面，密度为2g/cm^3，能够抗剪切，体现出固体特征；弱结合水远离土颗粒表面，是强结合水与自由水的过渡型水，因此密度为1～2g/cm^3。土颗粒表面结合水的总量及其变化，取决于矿物的亲水性、土粒的分散程度和土粒的带电离子等。由于表面结合水的存在，使细小颗粒(特别是黏粒)被水膜隔开，而使土粒之间不能直接接触，有一定距离，于是两个土粒之间的结合水将受到两个土颗粒的共同引力作用，在土粒间表现出一定的连接强度，这就是一般黏性土具有黏性与塑性的物理本质。自由水是存在于土颗粒孔隙中的水，可分为毛细水和重力水。毛细水是由于土中存在大小不同的孔隙，当土粒间的孔隙形成细小的不同通道时，由于水的表面张力作用，在土中引起了毛细现象，微管道中的水被称为毛细水。重力水是重力作用下在土中移动的自由水，具有一般液态水的共性，其在土中的运动规律可用达西定律表述。影响土的物理、力学性质的主要是弱结合水和自由水，因此测定土的含水率时，主要是测定这两部分水的含量，而不包括结晶水和强结合水。实验研究表明，弱结合水和自由水在105～110℃下就可从土体中析出，强结合水则要在105～150℃下才可以从土体中析出。

3.2.2 烘干法

※内容提要

含水率实验的烘干法应用广泛，是测定含水率的通用标准方法，精度高，实验简便，结果稳定。

※实验指导

一、实验目的

本实验用于测定黏质土、粉质土、砂类土、砂砾石、有机质土和冻土土类的含水率。

二、实验设备与试样

(1) 烘箱，可采用能控制恒温的电热烘箱或温度能保持为105～110℃的其他能源烘箱。

(2) 天平，称量200g，感量0.01g，及称量1000g，感量0.1g。

(3) 干燥器、称量盒［为简化计算手续，可将盒质量定期(3～6个月)调整为恒质量值］等。

(4) 实验用土样，按前述说明准备。

三、实验内容与步骤

(1) 取具有代表性试样，细粒土15～30g，砂类土、有机质土为50g，砂砾石为1～2kg，放入称量盒内，立即盖好盒盖，称取其质量。称量时，可在天平一端放上与该称量盒等质量的砝码，移动天平游码，平衡后称量结果减去称量盒质量即为湿土质量。

(2) 揭开盒盖，将试样和盒放入烘箱内，在温度105～110℃恒温下烘干(对于大多数土，通常烘干16～24h就足够，但某些土或试样数量过多或试样很潮湿，可能需要烘更长的时间。烘干的时间也与烘箱内试样的总质量、烘箱的尺寸及其通风系统的效率有关)。烘干时间对细粒土不得少于8h，对砂类土不得少于6h。对含有机质超过5%的土或含石膏的土，应将温度控制在60～70℃的恒温下，干燥12～15h为好。

(3) 将烘干后的试样和盒取出，放入干燥器内冷却(一般只需0.5～1h即可；如铝盒的盖密闭，而且试样在称量前放置时间较短，可以不需要放在干燥器中冷却)。冷却后盖好盒盖，称取其质量，准确至0.01g。

四、实验数据处理

按下式计算含水率：

$$w = \frac{m - m_s}{m_s} \times 100$$

式中 w——含水率(%)，计算至0.1；

m——湿土质量(g)；

m_s——干土质量(g)。

3.2.3 酒精燃烧法

※内容提要

酒精燃烧法可测定土的含水率，其温度不符合105～110℃的标准要求，但酒精倒入试样燃烧开始时即气化，酒精的气体部分构成火焰的焰心，火焰与土样一般保持2～3cm的距离，实际上土样承受的温度仅为70～80℃，待火焰即将熄灭的几秒才与土面接触，致使土的温度上升至200～220℃。由于高温燃烧时间较短，土样基本上受到适宜的温度。根据经验得知，测得的结果与烘干法误差不大。

当采用酒精燃烧法测定土的含水率时，应特别注意酒精存放的安全。在使用中应分层次分装酒精，如首先将桶装酒精分装在500～1000mL的大瓶中，使用时再将大瓶中的酒精分装在100mL以下的小瓶中，从小瓶中将酒精倒入土样，点燃酒精燃烧湿土。再次将酒精倒入土样前，必须确定土样中的火焰已经熄灭，否则将可能造成严重事故。在野外实验确定土样中火焰熄灭的方法，是将手从远处慢慢移向燃烧土样的坩埚上部，体会是否有高温燃烧的感觉，如果没有燃烧火焰，则手可以盖在坩埚上，如果有燃烧火焰，则手将有烧灼感，应立刻从坩埚上部移开，反复测试，直至火焰确定熄灭。应当注意的是，白天燃烧酒精，当燃烧的火焰较小时，人的肉眼很难观察到，此时应特别注意安全。在现场使用酒精燃烧法时，应做好实验操作安全预案。

※实验指导

一、实验目的

本实验用于快速简易地测定细粒土(含有机质的土除外)的含水率。

二、实验设备与试样

(1)称量盒(定期调整为恒质量)。

(2)天平，感量0.01g。

(3)酒精，纯度要求达95%以上。

(4)滴管、火柴、调土刀等。

(5)细粒土适量，分为黏质土、砂类土。

三、实验内容与步骤

(1)取代表性试样(黏质土 5～10g，砂类土 20～30g)，放入称量盒内，称湿土质量 m，准确至0.01g。

(2)用滴管将酒精注入放有试样的称量盒中，直至盒中出现自由液面为止。为使酒精在试样中充分混合均匀，可将盒底在桌面上轻轻敲击。

(3)点燃盒中酒精，燃至火焰熄灭。

(4)将试样冷却数分钟，按本实验第(3)～(4)步再重新燃烧两次。

(5)待第三次火焰熄灭后，盖好盒盖，立即称干土质量 m_s，准确至0.01g。

四、实验数据处理

按下式计算含水率：

$$w = \frac{m - m_s}{m_s} \times 100$$

式中　w——细粒土的含水率(%)，计算至 0.1；

m——湿土质量(g)；

m_s——干土质量(g)。

3.3　密度实验

3.3.1　本节概述

土的密度实验是土的三大物理性实验指标(比重、密度、含水率)之一。用它结合含水率和土的比重可以换算土的干密度、饱和密度、浮密度、孔隙比、孔隙率、饱和度六个物理性计算指标。无论是室内实验还是野外勘察以及施工质量控制，均要测定土的密度指标。有关计算公式如下。

(1)土的湿密度 ρ：

$$\rho = \frac{m}{V}$$

式中　ρ——土的湿密度(g/cm^3)；

m——湿土总质量(g)；

V——土的总体积(cm^3)。

通常在无特殊说明的情况下，所说土的密度就是指土的湿密度。因此，土的密度不是土粒的密度，土粒的密度也不是土粒的比重(土的比重)，土粒的密度在数值上与土粒的比重相同，但两者的物理含义不同，密度是有量纲的量，而比重是无量纲的量。

(2)土的干密度 ρ_d：

$$\rho_d = \frac{m_s}{V}$$

式中　ρ_d——土的干密度(g/cm^3)；

m_s——干土(土颗粒)质量(g)；

V——土的总体积(cm^3)。

(3)土的饱和密度 ρ_m：

$$\rho_m = \frac{m_s + V_v \rho_w}{V}$$

式中　ρ_m——土的饱和密度(g/cm^3)；

m_s——干土（土颗粒）质量（g）；

V_v——土体空隙的体积（cm^3）；

ρ_w——水的密度（g/cm^3）；

V——土的总体积（cm^3）。

（4）土的浮密度 ρ'：

$$\rho' = \frac{m_s - V_s\rho_w}{V}$$

式中　ρ'——土的浮密度（g/cm^3）；

m_s——干土（土颗粒）质量（g）；

V_s——土颗粒的体积（cm^3）；

ρ_w——水的密度（g/cm^3）；

V——土的总体积（cm^3）。

上述各密度之间的关系：$\rho_m > \rho > \rho_d > \rho'$。

（5）土的三相体中各相质量、体积之间的关系：

$$m = m_s + m_w \quad （其中 m_a = 0）$$

$$V = V_s + V_v \quad （其中 V_v = V_w + V_a）$$

式中　m——湿土总质量（g）；

m_s——干土（土颗粒）质量（g）；

m_w——土中水的质量（g）；

m_a——土中气相（气体）的质量（g）；

V——土的总体积（cm^3）；

V_s——土颗粒的体积（cm^3）；

V_v——土体空隙的体积（cm^3）；

V_w——土中水的体积（cm^3）；

V_a——土中气相（气体）的体积（cm^3）。

（6）孔隙比 e：

$$e = \frac{V_v}{V_s}$$

式中　e——土体的孔隙比；

V_v——土体空隙的体积（cm^3）；

V_s——土颗粒的体积（cm^3）。

（7）孔隙率 n：

$$n = \frac{V_v}{V} \quad 或 n = \frac{e}{1+e}$$

反之

$$e = \frac{n}{1-n}$$

式中　n——土体的孔隙率；

V_v——土体空隙的体积(cm³)；

V——土的总体积(cm³)；

e——土体的孔隙比。

(8)饱和度 S_r：

$$S_r = \frac{V_w}{V_v} \times 100$$

式中　S_r——土体的饱和度(%)；

V_v——土体空隙的体积(cm³)；

V_w——土中水的体积(cm³)。

(9)土粒的密度 ρ_s：

$$\rho_s = \frac{m_s}{v_s}$$

式中　ρ_s——土粒的密度(g/cm³)；

m_s——干土(土颗粒)质量(g)；

V_s——土颗粒的体积(cm³)。

3.3.2　环刀法

※内容提要

环刀法是测量原状土密度和现场压实密度的传统方法。采用环刀取样的方法有四种，即土柱压入法、直接压入法、落锤打入法和手锤打入法。一般来讲，为了防止土样扰动，采用土柱压入法最好，因此本实验推荐的也是土柱压入法。但在现场将黏土切一个土柱费时费力，压下环刀时还可能左右摆动，故实用上并不理想。同时规定选用的环刀壁较薄，而且环刀下面具有向外壁倾斜的刃口，对土样的扰动影响较小，所以在工地上推荐黏性土用直接压入法。如果土质坚硬，可用落锤打入法或手锤打入法。直接压入法压入速度比较均匀；落锤打入法入土速度不均匀，而且有振动作用；手锤打入法除具有落锤打入法的缺点外，用力还容易偏斜。湿砂土(不含砂粒)的砂柱易于切取，但压入打入时容易产生较大的扰动，故建议采用土柱压入法取样。根据工程实际操作经验，此法误差不超过 2%，而且操作也很方便。

※实验指导

一、实验目的

本实验采用土柱压入法，适用于细粒土，用于测量其干、湿密度。

二、实验设备与试样

(1)环刀，内径 6～8cm，高 2～5.4cm，壁厚 1.5～2.2mm。

(2)天平，感量 0.1g。

(3)修土刀、钢丝锯、凡士林等。

(4)细粒土样品。

在室内做密度实验，考虑到与剪切、固结等项实验所用环刀相配合，规定室内环刀容积为 60～150cm^3。施工现场检查填土压实密度时，由于每层土压实度上下不均匀，为提高实验结果的精度，可增大环刀容积，一般采用的环刀容积为 200～500cm^3。

三、实验内容与步骤

(1) 按工程需要取原状土或制备所需状态的扰动土样，整平两端，环刀内壁涂一薄层凡士林，刀口向下放在土样上。

(2) 用修土刀或钢丝锯将土样上部削成略大于环刀直径的土柱，然后将环刀垂直下压，边压边削，至土样伸出环刀上部为止。削去两端余土，使土样与环刀口面齐平，并用剩余土样测定含水率。

(3) 擦净环刀外壁，称环刀与土合质量 m_1，准确至 0.1g。

四、实验数据处理

按以下公式计算湿密度及干密度：

$$\rho = \frac{m_1 - m_2}{V}, \qquad \rho_d = \frac{\rho}{1 + 0.01w}$$

式中 ρ——湿密度(g/cm^3)，计算至 0.01；

m_1——环刀与土合质量(g)；

m_2——环刀质量(g)；

V——环刀体积(cm^3)；

ρ_d——干密度(g/cm^3)，计算至 0.01；

w——土的含水率(%)。

3.3.3 蜡封法

※内容提要

蜡封法是测定密度的一种方法。密度实验中使用的石蜡，以 55 号石蜡为宜，其密度以实测为准，如无条件实测，可采用其密度的近似值 0.92g/cm^3 进行计算。测定石蜡的密度，应根据“阿基米德原理”，采用静水力学天平称量法或采用 500～1000mL 广口瓶比重法进行。封蜡时，为避免易碎裂土的扰动和蜡封试样内气泡的产生，规定采用一次徐徐浸蜡方法。

※实验指导

一、实验目的

本实验方法适用于易破裂土和形态不规则的坚硬土，用于测定其干、湿密度。

二、实验设备与试样

(1) 天平，感量 0.01g。

(2) 烧杯、细线、石蜡、针、削土刀等。

(3) 实验用土。

三、实验内容与步骤

(1) 用削土刀切取体积大于 30cm^3 的试件，削除试件表面的松、浮土以及尖锐棱角，在天平上称量，准确至 0.01g。取代表性土样进行含水率测定。

(2) 将石蜡加热至刚过熔点，用细线系住试件浸入石蜡中，使试件表面覆盖一薄层严密的石蜡。若试件蜡膜上有气泡，需用热针刺破气泡，再用石蜡填充针孔，涂平孔口。

(3)待冷却后，将蜡封试件在天平上称量，准确至0.01g。

(4)用细线将蜡封试件置于天平一端，使其浸浮在盛有蒸馏水的烧杯中，注意试件不要接触烧杯壁，称蜡封试件的水下质量，准确至0.01g，并测量蒸馏水的温度。

(5)将蜡封试件从水中取出，擦干石蜡表面水分，在空气中称其质量，将其与步骤(3)中所称质量相比。若质量增加，表示水分进入试件中；若浸入水分质量超过0.03g，实验应重做。

四、实验数据处理

按以下公式计算湿密度及干密度：

$$\rho=\frac{m}{\dfrac{m_1-m_2}{\rho_{wt}}-\dfrac{m_1-m}{\rho_n}},\qquad \rho_d=\frac{\rho}{1+0.01w}$$

式中 ρ——土的湿密度(g/cm^3)，计算至0.01；

ρ_d——土的干密度(g/cm^3)，计算至0.01；

m——试件质量(g)；

m_1——蜡封试件质量(g)；

m_2——蜡封试件水中质量(g)；

ρ_{wt}——蒸馏水在t℃时的密度(g/cm^3)，准确至0.001；

ρ_n——石蜡密度(g/cm^3)，应事先实测，准确至0.01g/cm^3，一般可采用0.92g/cm^3；

w——土的含水率(%)。

3.4 比重实验

3.4.1 本节概述

土的比重是土的三大基本物理性实验指标(比重、密度、含水率)之一，是换算土的六个基本物理性计算指标和评价土类的重要依据，是一无量纲量。

各类科技词典中，多取物理学上的定义来解释比重这个词，即物体的重量与其体积之比。《现代科学技术词典》将材料的比重定义为：材料的密度和其一标准材料密度之比，这一定义更具有科学性和一般性。实际上，国外书刊上已直接用材料比重来定义土的比重了。鉴于以上情况，并考虑到我国法定计量单位中有关“比重”概念给土工实验一些基本公式和计算造成不便的现实，我们仍沿袭使用“比重”这个无量纲名词，作为土工实验中的专用名词来对待(在其他科技领域，已逐渐废弃“比重”这个物理量，代之以“相对密度”或“体积质量”等称谓)。但它有明确的定义：土粒比重是土粒在温度105～110℃下烘至恒量时的质量与同体积4℃时纯水质量的比值。这样既照顾了习惯用法，又有明确的科学定义，符合法定计量的有关规定。

由此有如下土粒比重 G_s 的表达式：

$$G_s = \frac{m_s}{V_s \rho_{w4℃}}$$

式中 G_s——土粒的比重；

m_s——土粒的质量(g)；

V_s——土粒的体积(cm^3)；

$\rho_{w4℃}$——水在4℃时的密度(g/cm^3)。

通常所说土的比重，就是指土粒的比重。比重的测定，应根据土的粒径大小选择比重瓶法、浮称法或虹吸筒法。需要说明的是，天然土常为粗、细颗粒混合而成，对全粒径土体就需要采用联合测定的方法，即分别采用比重瓶法和浮称法(或虹吸筒法等)测定比重，然后再求其加权平均值。在确定采用何种比重实验方法时，应考虑在不影响结果精度的原则下，尽量一次测定。

3.4.2 比重瓶法

※内容提要

比重瓶是一个能精确测定玻璃或金属容器体积的设备，它通过简单的称重可测得液体的密度和容积所定义的体积。应用比重瓶的已知容积，可测定粉末、液体、微粒的密度。

※实验指导

一、实验目的

本实验法适用于粒径小于5mm的土，用于测定其比重。

二、实验设备与试样

(1) 比重瓶，容量100(或50)mL。实验前需按以下步骤对比重瓶进行校正。

① 将比重瓶洗净、烘干，称比重瓶质量，准确至0.001g。

② 将煮沸后冷却的纯水注入比重瓶。对长颈比重瓶注水至刻度处，对短颈比重瓶应注满纯水，塞紧瓶塞，多余水分自瓶塞毛细管中溢出。调节恒温水槽至5℃或10℃，然后将比重瓶放入恒温水槽内，直至瓶内水温稳定。取出比重瓶，擦干外壁，称瓶、水总质量，准确至0.001g。

③ 以5℃级差，调节恒温水槽的水温，逐级测定不同温度下的比重瓶、水总质量，至达到本地区最高自然气温为止。每级温度均应进行两次平行测定，两次测定的差值不得大于0.002g，取两次测值的平均值。绘制温度与瓶、水总质量的关系曲线。

(2) 天平，称量200g，感量0.001g。

(3) 恒温水槽，灵敏度±1℃。

(4) 砂浴。

(5) 真空抽气设备。

(6) 温度计，刻度为0～50℃，分度值为0.5℃。

(7) 其他如烘箱、蒸馏水、中性液体(如煤油)、孔径2mm及5mm筛、漏斗、滴管等。

(8) 实验用土。

三、实验内容与步骤

(1)将比重瓶烘干，将15g烘干土装入100mL比重瓶内(若用50mL比重瓶，装烘干土约12g)，称量。

(2)为排除土中空气，将已装有干土的比重瓶，注蒸馏水至瓶的一半处，摇动比重瓶，土样浸泡20h以上，再将瓶在砂浴中煮沸，煮沸时间自悬液沸腾时算起，砂及低液限黏土应不少于30min，高液限黏土应不少于1h，使土粒分散。注意沸腾后调节砂浴温度，不使土液溢出瓶外。

(3)如系长颈比重瓶，用滴管调整液面恰至刻度处(以弯月面下缘为准)，擦干瓶外及瓶内壁刻度以上部分的水，称瓶、水、土总质量；如系短颈比重瓶，将纯水注满，使多余水分自瓶塞毛细管中溢出，将瓶外水分擦干后，称瓶、水、土总质量。称量后立即测出瓶内水的温度，准确至0.5℃。

(4)根据测得的温度，从已绘制的温度与瓶、水总质量关系曲线中查得瓶、水总质量。如比重瓶体积事先未经温度校正，则立即倾去悬液，洗净比重瓶，注入事先煮沸过且与实验时同温度的蒸馏水至同一体积刻度处，短颈比重瓶则注水至满，按本实验步骤(3)调整液面后，将瓶外水分擦干，称瓶、水总质量。

(5)如系砂土，煮沸时砂粒易跳出，允许用真空抽气法代替煮沸法排除土中空气，其余步骤与本实验第(3)～(4)步相同。

(6)对含有某一定量的可溶盐、不亲性胶体或有机质的土，必须用中性液体(如煤油)测定，并用真空抽气法排除土中气体。真空压力表读数宜为100kPa，抽气时间1～2h(直至悬液内无气泡为止)，其余步骤同本实验第(3)～(4)步。

(7)本实验称量应准确至0.001g。

四、实验数据处理

(1)用蒸馏水测定时，按下式计算比重：

$$G_s = \frac{m_s}{m_1 + m_s - m_2} \times G_{wt}$$

式中 G_s——土的比重，计算至0.001；

m_s——干土质量(g)；

m_1——瓶、水总质量(g)；

m_2——瓶、水、土总质量(g)；

G_{wt}——t℃时蒸馏水的比重(水的比重可查物理手册)，准确至0.001。

(2)用中性液体测定时，按下式计算比重：

$$G_s = \frac{m_s}{m_1' + m_s - m_2'} \times G_{kt}$$

式中 G_s——土的比重，计算至0.001；

m_1'——瓶、中性液体总质量(g)；

m_2'——瓶、土、中性液体总质量(g)；

G_{kt}——t℃时中性液体比重(应实测)，准确至0.001。

3.4.3 浮称法

※内容提要

比重实验的浮称法建立在当前衡量技术高速发展的基础上。大称量、高精度、低感量天平的迅猛发展，使该实验方法成为现实。

※实验指导

一、实验目的

测定土颗粒的比重。

二、实验设备与试样

(1) 静水力学天平(或物理天平)，称量1000g以上，感量0.001g；应附有孔径小于5mm的金属网篮，其直径为10～15cm，高为10～20cm；有适合网篮沉入的盛水容器。如图3.5所示为浮力仪设备。

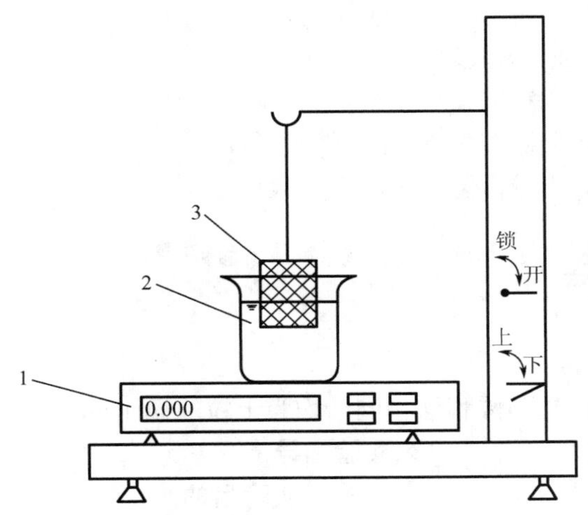

图3.5 浮力仪设备

1—电子天平；2—盛水容器；3—盛粗粒土的金属网篮

(2) 烘箱、温度计、孔径5mm及20mm筛等。

(3) 实验用土颗粒，为粒径大于或等于5mm的土，且其中粒径大于或等于20mm的土质量应小于总土含量的10%。

三、实验内容与步骤

(1) 取代表性试样500～1000g，彻底冲洗，直至颗粒表面无尘土和其他污物。

(2) 将试样浸在水中一昼夜取出，立即放入金属网篮，缓缓浸没于水中，并在水中摇晃，至无气泡逸出时为止。

(3) 称金属网篮和试样在水中的总质量。

(4) 取出试样烘干，称量。

(5) 称金属网篮在水中质量，并立即测量容器内水的温度，准确至0.5℃。

四、实验数据处理

(1)按下式计算土粒比重：

$$G_s=\frac{m_s}{m_s-(m_2'-m_1')}\times G_{wt}$$

式中 G_s——土粒比重，计算至0.001；

m_1'——金属网篮在水中的质量(g)；

m_2'——试样和金属网篮在水中的总质量(g)；

m_s——干土质量(g)；

G_{wt}——t℃时水的比重，准确至0.001。

(2)按下式计算土料平均比重：

$$G_s=\frac{1}{\frac{P_1}{G_{s1}}+\frac{P_2}{G_{s2}}}$$

式中 G_s——土料平均比重，计算至0.01；

G_{s1}——大于5mm土粒的比重；

G_{s2}——小于5mm土粒的比重；

P_1——大于5mm土粒占总质量的百分数(%)；

P_2——小于5mm土粒占总质量的百分数(%)。

3.4.4 虹吸筒法

※内容提要

本实验方法测得的比重与浮称法相同，均为土粒的视比重。

※实验指导

一、实验目的

测定土颗粒的比重。

二、实验设备与试样

(1)虹吸筒，如图3.6所示。

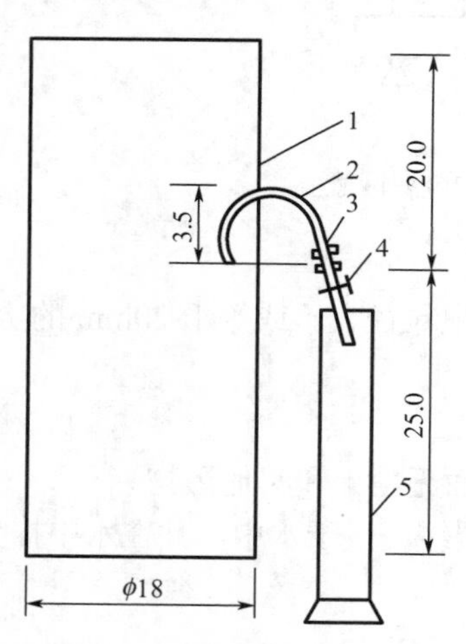

图3.6 虹吸筒(单位：cm)
1—虹吸筒；2—虹吸管；3—橡皮管；4—管夹；5—量筒

(2)台秤，称量10kg，感量1g。

(3)量筒，容积大于2000mL。

(4)烘箱、温度计、孔径5mm及20mm筛等。

(5)实验用土颗粒，为粒径大于或等于5mm的土，且其中粒径大于或等于20mm土的含量不少于总土质量的10%。

三、实验内容与步骤

(1)取代表性试样1000～7000g，彻底冲洗，直至颗粒表面无尘土和其他污物。

(2)再将试样浸在水中一昼夜取出，晾干(或用布擦干)，称量。

(3) 注清水入虹吸筒，至管口有水溢出时停止注水。待管不再有水流出后，关闭管夹，将试样缓缓放入筒中，边放边搅，至无气泡逸出时为止，搅动时勿使水溅出筒外。称量筒质量。

(4) 待虹吸筒中水面平静后，开管夹，让试样排开的水通过虹吸管流入筒中。

(5) 称量筒与水质量后，测量筒内水的温度，准确至 0.5℃。

(6) 取出虹吸筒内试样，烘干，称量。

(7) 本实验称量准确至 1g。

四、实验数据处理

(1) 按下式计算比重：

$$G_s = \frac{m_s}{(m_1 - m_0) - (m - m_s)} \times G_{wt}$$

式中 G_s——土粒比重，计算至 0.01；

m_s——干土质量(g)；

G_{wt}——t℃时水的比重，准确至 0.001；

m——晾干试样质量(g)；

m_1——量筒加水总质量(g)；

m_0——量筒质量(g)。

(2) 按下式计算土料平均比重：

$$G_s = \frac{1}{\dfrac{P_1}{G_{s1}} + \dfrac{P_2}{G_{s2}}}$$

式中 G_s——土料平均比重，计算至 0.01；

G_{s1}——大于 5mm 土粒的比重；

G_{s2}——小于 5mm 土粒的比重；

P_1——大于 5mm 土粒占总质量的百分数(%)；

P_2——小于 5mm 土粒占总质量的百分数(%)。

3.5 颗粒分析实验

3.5.1 本节概述

土是各种颗粒粒径的集合体，由固体、液体和气体三部分组成(称为三相系)。固体部分即为土颗粒，主要由矿物颗粒和有机质组成。土粒的矿物成分主要决定于母岩的成分及其所经受的风化(物理风化、化学风化和生物风化)作用。无黏性颗粒主要是由化学稳定的(如石英)

或强度较小的原生矿物(如白云母、长石)所组成。黏粒主要是由次生矿物组成，较大的黏粒主要成分为高岭石类矿物，较细的黏粒主要成分为蒙脱石、伊利石和高岭石等类矿物。

土中包含着各种大小和形状不同的颗粒，都属于土的颗粒组成部分。在工程上将各种几何尺寸相近、工程性质相似的土颗粒划分为若干组，称为粒组。所谓土的颗粒组成(或机械组成)，就是土中各种粒组的相对含量，称为土的颗粒级配，通常用某一粒组占总土质量的百分数(或小于某一粒径土质量占总土质量的百分数)表示。确定土的粒组的相对含量的方法，称为颗粒分析实验。

在工程实践中，最常用的颗粒分析实验有两大类：一是机械分析法，如筛析法；二是物理分析法，如密度计法、移液管法等。前者适用于分析粒径大于0.075mm且不大于60mm的土颗粒，后者适用于分析粒径小于0.075mm的土颗粒。若土中粗细颗粒兼有，则联合采用筛析法及密度计法或移液管法。

土的颗粒大小与土的物理力学性质有着一定的关系。根据土的颗粒组成进行分类，可以概略地判定其透水性、可塑性、收缩、膨胀等物理力学性质。但是它还不能完全反映土的各种复杂性质，特别是对于黏性土，其矿物成分、颗粒形状以及胶体含量等都是影响土的物理力学性质的主要因素，同时颗粒分析结果本身在很大程度上取决于试样制备方法和实验方法等因素，所以对于黏性土来说，按塑性指数分类往往比按颗粒组成来分类更为恰当。

3.5.2 筛分法

※内容提要

砂土及砂性土，由于其颗粒大小不同，风干含水率也不同，因而在不同程度上影响了过筛效率。按道理，颗粒分析时应采用烘干试样，但考虑到烘干试样在分析过程中仍不免吸收空气中的水分，同时采用风干试样其含水率对各粒组的含量影响较小，而且可以省略求含水率及换算干土重之烦琐，因此对砂土而言，多采用风干试样进行实验。

※实验指导

一、实验目的

分析粒径大于0.075mm的土颗粒组成。对于粒径大于60mm的土样，本实验方法不适用。

二、实验设备与试样

(1)仪器设备。

① 标准筛：粗筛(圆孔)孔径为60mm、40mm、20mm、10mm、5mm、2mm，细筛孔径为2.0mm、1.0mm、0.5mm、0.25mm、0.075mm。

② 天平：称量5000g，感量5g；称量1000g，感量1g；称量200g，感量0.2g。

③ 摇筛机。

④ 其他如烘箱、筛刷、烧杯、木碾、研钵及杵等。

(2)试样。从风干、松散的土样中，用四分法按照下列规定取出具有代表性的试样：

① 小于2mm颗粒的土100～300g；

② 最大粒径小于10mm的土300～900g；

③ 最大粒径小于20mm的土1000～2000g；

④ 最大粒径小于40mm的土2000～4000g；

⑤ 最大粒径大于 40mm 的土 4000g 以上。

三、实验内容与步骤

(1) 对于无凝聚性的土。

① 按规定称取试样，将试样分批过 2mm 筛。

② 将大于 2mm 的试样按从大到小的次序，通过大于 2mm 的各级粗筛。将留在筛上的土分别称量。

③ 2mm 筛下的土如数量过多，可用四分法缩分至 100～800g。将试样按从大到小的次序通过小于 2mm 的各级细筛。可用摇筛机进行振摇，振摇时间一般为 10～15min。

④ 由最大孔径的筛开始，顺序将各筛取下，在白纸上用手轻叩摇晃，至每分钟筛下数量不大于该级筛余质量的 1%为止。漏下的土粒应全部放入下一级筛内，并将留在各筛上的土样用软毛刷刷净，分别称量。

⑤ 筛后各级筛上和筛底土总质量与筛前试样质量之差，不应大于 1%。

⑥ 如 2mm 筛下的土不超过试样总质量的 10%，可省略细筛分析；如 2mm 筛上的土不超过试样总质量的 10%，可省略粗筛分析。

(2) 对于含有黏土粒的砂砾土。

① 将土样放在橡皮板上，用木碾将黏结的土团充分碾散，拌匀、烘干、称量。如土样过多时，用四分法称取代表性土样。

② 将试样置于盛有清水的瓷盆中，浸泡并搅拌，使粗细颗粒分散。

③ 将浸润后的混合液过 2mm 筛，边冲洗边过筛，直至筛上仅留大于 2mm 以上的土粒为止。然后将筛上洗净的砂砾风干称量，按以上方法进行粗筛分析。

④ 通过 2mm 筛下的混合液存放在盆中，待稍沉淀，将上部悬液过 0.075mm 洗筛，用带橡皮头的玻璃棒研磨盆内浆液，再加清水、搅拌、研磨、静置、过筛，反复进行，直至盆内悬液澄清。最后，将全部土粒倒在 0.075mm 筛上，用水冲洗，直到筛上仅留大于 0.075mm 净砂为止。

⑤ 将大于 0.075mm 的净砂烘干称量，并进行细筛分析。

⑥ 将大于 2mm 的颗粒及 2～0.075mm 的颗粒质量从原称量的总质量中减去，即为小于 0.075mm 颗粒的质量。

⑦ 如果小于 0.075mm 颗粒的质量超过总土质量的 10%，有必要时，将这部分土烘干、取样，另做密度计或移液管分析。

四、实验数据处理

(1) 按下式计算小于某粒径颗粒质量百分数：

$$X=\frac{A}{B}\times 100$$

式中 X——小于某粒径颗粒的质量百分数(%)，计算至 0.01；

A——小于某粒径的颗粒质量(g)；

B——试样的总质量(g)。

(2) 当小于 2mm 的颗粒如用四分法缩分取样时，按下式计算试样中小于某粒径的颗粒质量占总土质量的百分数：

$$X = \frac{a}{b} \times p \times 100$$

式中 X——小于某粒径颗粒的质量百分数(%)，计算至 0.01；

a——通过 2mm 筛的试样中小于某粒径的颗粒质量(g)；

b——通过 2mm 筛的土样中所取试样的质量(g)；

p——粒径小于 2mm 的颗粒质量百分数(%)。

(3)在半对数坐标纸上，以小于某粒径的颗粒质量百分数为纵坐标，以粒径(mm)为横坐标，绘制颗粒大小级配曲线，求出各粒组的颗粒质量百分数，以整数(%)表示。

(4)必要时按下式计算不均匀系数：

$$C_u = \frac{d_{60}}{d_{10}}$$

式中 C_u——不均匀系数，计算至 0.1 且含两位以上有效数字；

d_{60}——限制粒径，即土中小于该粒径的颗粒质量为 60%的粒径(mm)；

d_{10}——有效粒径，即土中小于该粒径的颗粒质量为 10%的粒径(mm)。

3.5.3 密度计法

※内容提要

密度计法也称比重计法。密度计分为甲种和乙种，甲种密度计读数表示 1000mL 悬液中的干土重，乙种密度计读数表示悬液比重。两种密度计的制造原理和使用方法基本相同，但在刻度时所采用的悬液温度标准不同(20℃/20℃，20℃/4℃)，因此在密度计校准及土量百分比的计算公式中有严格的区别，如不加以注意会造成错误。国家标准采用 20℃/20℃。由于密度计制造不一定规范，造成浮泡体积和刻度不准确，加之密度计的刻度是以纯水作为标准的，当悬液加入分散剂后，其比重增大，故需要在使用前对刻度、弯月面、土粒沉降距离、温度、分散计等的影响进行校验。

※实验指导

一、实验目的

本实验方法适用于分析粒径小于 0.075mm 的细粒土。

二、实验设备与试样

(1)仪器设备。

① 密度计。

a. 甲种密度计：刻度单位以 20℃时每 1000mL 悬液内所含土质量的克数表示，刻度为 –5～50，最小分度值为 0.5。

b. 乙种密度计：刻度单位以 20℃时悬液的比重表示，刻度为 0.995～1.020，最小分度值为 0.0002。

② 量筒：容积为 1000mL，内径为 60mm，高度为(350±10)mm，刻度为 0～1000mL。

③ 细筛：孔径为 2mm、0.5mm、0.25mm；洗筛孔径为 0.075mm。

④ 天平：称量 100g，感量 0.1g；称量 100g(或 200g)，感量 0.01g。

⑤ 温度计：测量范围0～50℃，精度0.5℃。

⑥ 洗筛漏斗：上口直径略大于洗筛直径，下口直径略小于量筒直径。

⑦ 煮沸设备：电热板或电砂浴。

⑧ 搅拌器：底板直径50mm，孔径约3mm。

⑨ 其他：离心机、烘箱、三角烧瓶(500mL)、烧杯(400mL)、蒸发皿、研钵、木碾、称量铝盒、秒表等。

(2) 试剂：浓度25%氨水、氢氧化钠(NaOH)、草酸钠($Na_2C_2O_4$)、六偏磷酸钠[$(NaPO_3)_6$]、焦磷酸钠($Na_4P_4P_2O_7 \cdot 10H_2O$)等；如须进行洗盐手续，应有10%盐酸、5%氯化钡、10%硝酸、5%硝酸银及6%过氧化氢等。

(3) 试样：密度计分析土样应采用风干土。土样充分碾散，通过2mm筛(土样风干可在烘箱内以不超过50℃鼓风干燥)。

求出土样的风干含水率，并按下式计算试样干质量为30g时所需的风干土质量(准确至0.01g)：

$$m = m_s(1 + 0.01w)$$

式中 m——风干土质量(g)，计算至0.01；

m_s——密度计分析所需干土质量(g)；

w——风干土的含水率(%)。

(4) 密度计校正。

① 密度计刻度及弯月面校正按《标准玻璃浮计检定规程》(JJG 86—2011)进行；密度计土粒沉降距离校正按《公路土工实验规程》(JTG E40—2007)进行。

② 温度校正：当密度计的刻制温度是20℃，而悬液温度不等于20℃时，应进行较正，校正值查表3.1。

表3.1 温度校正值

悬液温度 t/℃	甲种密度计温度校正值 m_t	乙种密度计温度校正值 m_t'	悬液温度 t/℃	甲种密度计温度校正值 m_t	乙种密度计温度校正值 m_t'
10.0	–2.0	–0.0012	20.2	0.0	+0.0000
10.5	–1.9	–0.0012	20.5	+0.1	+0.0001
11.0	–1.9	–0.0012	21.0	+0.3	+0.0002
11.5	–1.8	–0.0011	21.5	+0.5	+0.0003
12.0	–1.8	–0.0011	22.0	+0.6	+0.0004
12.5	–1.7	–0.0010	22.5	+0.8	+0.0005
13.0	–1.6	–0.0010	23.0	+0.9	+0.0006
13.5	–1.5	–0.0009	23.5	+1.1	+0.0007
14.0	–1.4	–0.0009	24.0	+1.3	+0.0008
14.5	–1.3	–0.0008	24.5	+1.5	+0.0009
15.0	–1.2	–0.0008	25.0	+1.7	+0.0010
15.5	–1.1	–0.0007	25.5	+1.9	+0.0011
16.0	–1.0	–0.0006	26.0	+2.1	+0.0013
16.5	–0.9	–0.0006	26.5	+2.2	+0.0014
17.0	–0.8	–0.0005	27.0	+2.5	+0.0015

（续）

悬液温度 t/℃	甲种密度计温度校正值 m_t	乙种密度计温度校正值 m'_t	悬液温度 t/℃	甲种密度计温度校正值 m_t	乙种密度计温度校正值 m'_t
17.5	−0.7	−0.0004	27.5	+2.6	+0.0016
18.0	−0.5	−0.0003	28.0	+2.9	+0.0018
18.5	−0.4	−0.0003	28.5	+3.1	+0.0019
19.0	−0.3	−0.0002	29.0	+3.3	+0.0021
19.5	−0.1	−0.0001	29.5	+3.5	+0.0022
20.0	−0.0	−0.0000	30.0	+3.7	+0.0023

③ 土粒比重校正：密度计刻度应以土粒比重 2.65 为准。当试样的土粒比重不等于 2.65 时，应进行土粒比重校正，校正值查表 3.2。

表 3.2　土粒比重校正值

土粒比重	甲种密度计 C_G	乙种密度计 C'_G	土粒比重	甲种密度计 C_G	乙种密度计 C'_G
2.50	1.038	1.666	2.70	0.989	1.588
2.52	1.032	1.658	2.72	0.985	1.581
2.54	1.027	1.649	2.74	0.981	1.575
2.56	1.022	1.641	2.76	0.977	1.568
2.58	1.017	1.632	2.78	0.973	1.562
2.60	1.012	1.625	2.80	0.969	1.556
2.62	1.007	1.617	2.82	0.965	1.549
2.64	1.002	1.609	2.84	0.961	1.543
2.66	0.998	1.603	2.86	0.958	1.538
2.68	0.993	1.595	2.88	0.954	1.532

④ 分散剂校正：密度计刻度系以纯水为准，当悬液中加入分散剂时，相对密度增大，故须加以校正。

注：纯水入量筒，然后加分散剂，使量筒溶液达 1000mL。用搅拌器在量筒内沿整个深度上下搅拌均匀，恒温至 20℃。然后将密度计放入溶液中，测记密度计读数。此时密度计读数与 20℃时纯水中读数之差，即为分散剂校正值。

(5) 土样分散处理：土样的分散处理采用分散剂。对于使用各种分散剂均不能分散的土样(如盐渍土等)，须进行洗盐。

对于一般易分散的土，用 25%氨水作为分散剂，其用量为 30g 土样中加氨水 1mL。

对于用氨水不能分散的土样，可根据土样的 pH，分别采用下列分散剂。

① 酸性土(pH＜6.5)，30g 土样加 0.5mol/L 氢氧化钠 20mL。溶液配制方法：称取 20g NaOH(化学纯)，加蒸馏水溶解后，定容至 1000mL，摇匀。

② 中性土(pH=6.5～7.5)，30g 土样加 0.25mol/L 草酸钠 18mL。溶液配制方法：称取 33.5g $Na_2C_2O_4$(化学纯)，加蒸馏水溶解后，定容至 1000mL，摇匀。

③ 碱性土(pH＞7.5)，30g 土样加 0.083mol/L 六偏磷酸钠 15mL。溶液配制方法：称取 51g $(NaPO_3)_6$(化学纯)，加蒸馏水溶解后，定容至 1000mL，摇匀。

④ 若土的 pH＞8，用六偏磷酸钠分散效果不好或不能分散时，则 30g 土样加 0.125mol/L

焦磷酸钠 14mL。溶液配制方法：称取 55.8g $Na_4P_4P_2O_7 \cdot 10H_2O$(化学纯)，加蒸馏水溶解后，定容至 1000mL，摇匀。

对于强分散剂(如焦磷酸钠)仍不能分散的土，可用阳离子交换树脂(粒径大于 2mm 的)100g 放入土样中一起浸泡，不断摇荡约 2h，再过 2mm 筛，将阳离子交换树脂分开，然后加入 0.083mol/L 六偏磷酸 15mL。

对于可能含有水溶盐，采用以上方法均不能分散的土样，要进行水溶盐检验。其方法是：取均匀试样约 3g，放入烧杯内，注入 4～6mL 蒸馏水，用带橡皮头的玻璃棒研散，再加 25mL 蒸馏水，煮沸 5～10min，经漏斗注入 30mL 的试管中，塞住管口，放在试管架上静置一昼夜。若发现管中悬液有凝聚现象(在沉淀物上部呈松散絮绒状)，则说明试样中含有足以使悬液中土粒成团下降的水溶盐，要进行洗盐。

(6)洗盐(过滤法)。

① 将分散用的试样放入调土皿内，注入少量蒸馏水，拌和均匀。将滤纸微湿后紧贴于漏斗上，然后将调土皿中土浆迅速倒入漏斗中，并注入热蒸馏水冲洗过滤。附于皿上的土粒要全部洗入漏斗。若发现滤液混浊，须重新过滤。

② 应经常使漏斗内的液面保持高出土面约 5mm。每次加水后，须用表面皿盖住。

③ 为了检查水溶盐是否已洗干净，可用两个试管各取刚滤下的滤液 3～5mL，一管中加入数滴 10%盐酸及 5%氯化钡，另一管加入数滴 10%硝酸及 5%硝酸盐。若发现任一管中有白色沉淀时，说明土中的水溶盐仍未洗净，应继续清洗，直至检查时试管中不再发现白色沉淀时为止。将漏斗上的土样细心洗下，风干取样。

三、实验内容与步骤

(1)将称好的风干土样倒入三角烧瓶中，注入蒸馏水 200mL，浸泡一夜。按前述规定加入分散剂。

(2)将三角烧瓶稍加摇荡后，放在电热器上煮沸 40min(若用氨水分散时，要用冷凝管装置；若用阳离子交换树脂时，则不需煮沸)。

(3)将煮沸后冷却的悬液倒入烧杯中，静置 1min。将上部悬液通过 0.075mm 筛，注入 1000mL 量筒中。杯中沉土用带橡皮头的玻璃棒细心研磨。加水入杯中，搅拌后静置 1min，再将上部悬液通过 0.075mm 筛，倒入量筒。反复进行，直至静置 1min 后，上部悬液澄清为止。最后将全部土粒倒入筛内，用水冲洗至仅有大于 0.075mm 净砂为止。注意量筒内的悬液总量不要超过 1000mL。

(4)将留在筛上的砂粒洗入皿中，风干称量，并计算各粒组颗粒质量占总土质量的百分数。

(5)向量筒中注入蒸馏水，使悬液恰为 1000mL(如用氨水作分散剂时，这时应再加入 25%氨水 0.5mL，其数量包括在 1000mL 内)。

(6)用搅拌器在量筒内沿整个悬液深度上下搅拌 1min，往返约 30 次，使悬液均匀分布。

(7)取出搅拌器，同时开动秒表。测记 0.5min、1min、5min、15min、30min、60min、120min、240min 及 1440min 的密度计读数，直至小于某粒径的土重百分数小于 10%为止。每次读数前 10～20s 将密度计小心放入量筒至约接近估计读数的深度。读数以后，取出密度计(0.5min 及 1min 读数除外)，小心放入盛有清水的量筒中。每次读数后均须测记悬液温度，准确至 0.5℃。

(8)如一次做一批土样(20 个)，可先做完每个量筒的 0.5min 及 1min 读数，再按以上步骤将每个土样悬液重新依次搅拌一次，然后分别测记各规定时间的读数，同时在每次读数后测记悬液的温度。

(9) 密度计读数均以弯月面上缘为准。甲种密度计应准确至 1，估读至 0.1；乙种密度计应准确至 0.001，估读至 0.0001。为方便读数，采用间读法，即 0.001 读作 1，而 0.0001 读作 0.1。这样既便于读数，又便于计算。

四、实验数据处理

(1) 小于某粒径的试样质量占试样总质量的百分比按以下公式计算：

① 对甲种密度计为

$$X=\frac{100}{m_{\mathrm{s}}}C_{\mathrm{G}}(R_{\mathrm{m}}+m_{t}+n-C_{\mathrm{D}})$$

$$C_{\mathrm{G}}=\frac{\rho_{\mathrm{s}}}{\rho_{\mathrm{s}}-\rho_{\mathrm{w20}}}\times\frac{2.65-\rho_{\mathrm{w20}}}{2.65}$$

式中　X——小于某粒径的土质量百分数(%)，计算至 0.1；

m_{s}——试样质量(干土质量)(g)；

C_{G}——土粒比重校正值，查表 3.2；

ρ_{s}——土粒密度(g/cm^3)；

ρ_{w20}——20℃时水的密度(g/cm^3)；

m_t——温度校正值，查表 3.1；

n——刻度及弯月面校正值；

C_{D}——分散剂校正值；

R_{m}——甲种密度计读数。

② 对乙种密度计为

$$X=\frac{100V}{m_{\mathrm{s}}}C'_{\mathrm{G}}\left[(R'_{\mathrm{m}}-1)+m'_{t}+n'-C'_{\mathrm{D}}\right]\rho_{\mathrm{w20}}$$

$$C'_{\mathrm{G}}=\frac{\rho_{\mathrm{s}}}{\rho_{\mathrm{s}}-\rho_{\mathrm{w20}}}$$

式中　X——小于某粒径的土质量百分数(%)，计算至 0.1；

V——悬液体积，1000mL；

m_{s}——试样质量(干土质量)(g)；

C'_{G}——土粒比重校正值，查表 3.2；

ρ_{s}——土粒密度(g/cm^3)；

n'——刻度及弯月面校正值；

C'_{D}——分散剂校正值；

R'_{m}——乙种密度计读数；

ρ_{w20}——20℃时水的密度(g/cm^3)；

m'_t——温度校正值，查表 3.1。

(2) 土粒直径按下式计算：

$$d=\sqrt{\frac{1800\times10^4\eta}{(G_s-G_{wt})\rho_{w4}g}\times\frac{L}{t}}$$

式中 d——土粒直径(mm)，计算至 0.0001 且含两位有效数字；

η——水的动力黏度系数(参见“渗透实验”)，10^{-6}kPa · s；

ρ_{w4}——4℃时水的密度(g/cm³)；

G_s——土粒比重；

G_{wt}——温度 t℃时水的比重；

L——某一时间 t 内的土粒沉降距离(cm)；

g——重力加速度，981cm/s²；

t——沉降时间(s)。

为了简化计算，上式可写成：

$$d=K\sqrt{\frac{L}{t}}$$

式中 K——粒径计算系数，$K=\sqrt{\frac{1800\times10^4\eta}{(G_s-G_{wt})\rho_{w4}g}}$，与悬液温度和土粒比重有关。

(3) 以小于某粒径的颗粒百分数为纵坐标，以粒径(mm)为横坐标，在半对数纸上绘制粒径分配曲线。求出各粒组的颗粒质量百分数，并且不大于 d_{10} 的数据点至少有一个。

如系与筛分法联合分析，应将两段曲线绘成一平滑曲线。

3.5.4 移液管法

※内容提要

移液管法是根据各种粒径在一定时间内下沉距离的关系来计算吸取悬液的时间和距离，国家标准用固定颗粒和吸取深度来计算时间。

※实验指导

一、实验目的

本实验分析粒径小于 0.075mm 细粒土的组成。

二、实验设备与试样

(1) 分析天平，感量 0.001g。

(2) 移液管，为土的颗粒分析特制的 25mL 移液管，管端侧面开有四个小孔，如图 3.7 所示。

(3) 恒温水槽，高度应高于量筒。

(4) 1000mL 量筒、50mL 小烧杯(高型)等，其他与密度计分析相同。

(5) 细粒土试样。

三、实验内容与步骤

(1) 取代表性试样，黏质土为 10～15g，砂类土为 20g，按密度计法第(1)～(5)步制取悬液。

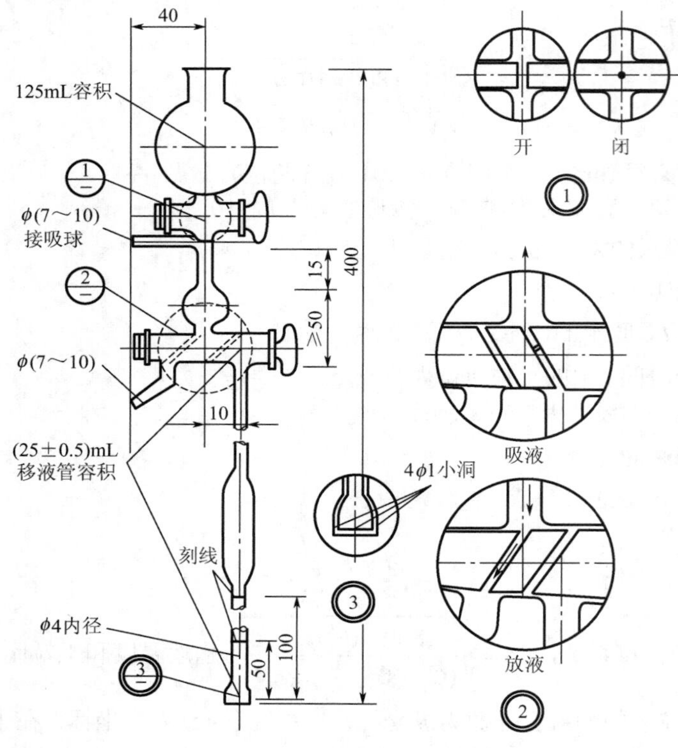

图 3.7　移液管(单位：mm)

(2)将盛土样悬液的量筒放入恒温水槽，使悬液恒温至适当温度。实验中悬液温度变化不得大于±0.5℃。按下式计算粒径小于 0.05mm、0.01mm、0.005mm 和其他所需粒径下沉一定深度所需的静置时间：

$$t=\frac{L}{\frac{2}{9}\times10^{-4}\times g\times r^{2}\times\frac{\rho_{s}-\rho_{wt}}{\eta}}$$

式中　t——某粒径土粒下沉一定深度所需的静置时间(s)，计算至 0.01；

g——重力加速度，981cm/s^2；

r——土粒半径(cm，原以 mm 表示的粒径在这里须化为 cm)；

ρ_s——土粒密度(g/cm^3)；

ρ_{wt}——t℃时水的密度(g/cm^3)；

η——纯水的动力黏度系数，10^{-6}kPa·s；

L——移液管浸入悬液深度，10cm。

(3)准备好 50mL 小烧杯，称量，准确至 0.001g。

(4)准备好移液管，图 3.7 中的活塞①应放在关闭位置上，活塞②应放在与移液管及吸球相通的位置上。

(5)用搅拌器将悬液上下搅拌各约 30 次，时间为 1min，使悬液分布均匀。停止搅拌，立即开动秒表。

(6) 根据各粒径的静置时间提前约 10s，将移液管放入悬液中，浸入深度为 10cm，靠连接自来水管所产生的负压或用吸球来吸取悬液。

(7) 吸入悬液，至略多于 25mL，旋转活塞②180°，使与放液管相通，再将多余悬液从放液口放出。

(8) 将移液管下口放入已称量的小烧杯中，再旋转活塞②180°，使与移液管相通。同时用吸球将悬液(25mL)全部注入小烧杯内。在移液管上口预先倒入蒸馏水，此时开活塞①，使水流入移液管中，再将这部分水连同管内剩余颗粒冲入小烧杯内。

(9) 将烧杯内悬液浓缩至半干，放入烘箱内在 105～110℃温度下烘至恒量。称量小烧杯连同干土的质量，准确至 0.001g。

四、实验数据处理

土中小于某粒径的颗粒含量百分数按下式计算：

$$X=\frac{A\times 1000}{25\times B}\times 100$$

或

$$X=\frac{C}{B}\times 100\text{，}\quad C=\frac{A\times 1000}{25}$$

式中　X——小于某粒径的颗粒含量百分数(%)，计算至 0.1；

A——25mL 悬液中小于某粒径的颗粒烘干质量(g)；

B——试样总质量(g)；

C——1000mL 悬液中小于某粒径的颗粒总质量(g)。

如系与筛分法联合分析，应将两段曲线绘成一平滑曲线。

3.6 界限含水率实验

3.6.1 本节概述

当黏性土中含水率发生变化时，土的状态就随之改变。如土的含水率由少变多，土体便从固态转变为半固态、塑态以致成为液态，土的体积随之变大。反之当土的含水率由多变少，土的物理状态将出现相反的变化，体积就会缩小。这种状态的变化反映了土粒与水相互作用的结果，也表明含水率变化对于黏性土的物理力学性质的影响。1911 年瑞典科学家阿太堡(Atterberg)将土从液限过渡到固态的过程划分为五个阶段，规定了各个界限的含水率，称为阿太堡限度。

一定状态的黏性土表现出一定的物理力学性质。黏性土在某一含水率下所具有的状态，称为稠度状态。所谓土的稠度状态就是土的软硬状态，工程中常以坚硬、可塑或流塑等术语加以描述。描述这些稠度状态的界限的含水率，称为稠度界限含水率，简称界限含水率。土

的液性界限、塑性界限和收缩界限，分别简称液限、塑限和缩限。应当注意的是，界限含水率的概念是基于土体的结构已被破坏的含义基础之上的。

3.6.2 液塑限联合测定法

※内容提要

界限含水率实验的液塑限联合测定法应用广泛，是测定界限含水率的通用标准方法。

※实验指导

一、实验目的

本实验联合测定土的液限和塑限，用于划分土类、计算天然稠度和塑性指数，供工程设计和施工使用。

二、实验设备与试样

(1) 圆锥仪，锥质量为 100g 或 76g，锥角为 30°，读数显示形式宜采用光电式、数码式、游标式、百分表式。

(2) 盛土杯，直径 50mm，深度 40～50mm。

(3) 天平，称量 200g，感量 0.01g。

(4) 其他如筛(孔径 0.5mm)、调土刀、调土皿、称量盒、研钵(附带橡皮头的研杵或橡皮板、木棒)、干燥器、吸管、凡士林等。

(5) 实验用粒径不大于 0.5mm、有机质含量不大于试样总质量 5%的土。

三、实验内容与步骤

(1) 取有代表性的天然含水率或风干土样进行实验。如土中含大于 0.5mm 的土粒或杂物时，应将风干土样用带橡皮头的研杵研碎或用木棒在橡皮板上压碎，过 0.5mm 的筛。

取 0.5mm 筛下的代表性土样 200g，分开放入三个盛土皿中，加不同数量的蒸馏水，土样的含水率分别控制在液限(a 点)、略大于塑限(c 点)和二者的中间状态(b 点)。用调土刀调匀，盖上湿布，放置 18h 以上。测定 a 点的锥入深度，对于 100g 锥应为(20±0.2) mm，对于 76g 锥应为 17mm；测定 c 点的锥入深度，对于 100g 锥应控制在 5mm 以下，对于 76g 锥应控制在 2mm 以下。对于砂类土，用 100g 锥测定 c 点的锥入深度可大于 5mm，用 76g 锥测定 c 点的锥入深度可大于 2mm。

(2) 将制备的土样充分搅拌均匀，分层装入盛土杯，用力压密，使空气逸出。对于较干的土样，应先充分搓揉，用调土刀反复压实。试杯装满后，刮成与杯边齐平。

(3) 当用游标式或百分表式液限塑限联合测定仪实验时，调平仪器，提起锥杆(此时游标或百分表读数为零)，锥头上涂少许凡士林。

(4) 将装好土样的试杯放在联合测定仪的升降座上，转动升降旋钮，待锥尖与土样表面刚好接触时停止升降，扭动锥下降旋钮，同时开动秒表，经 5s 时松开旋钮，锥体停止下落，此时游标读数即为锥入深度 h_1。

(5) 改变锥尖与土接触位置(锥尖两次锥入位置距离不小于 1cm)，重复本实验第(3)～(4)步，得到锥入深度 h_2。h_1、h_2 允许平行误差为 0.5mm，否则应重做，取 h_1、h_2 的平均值作为该点的锥入深度 h。

(6) 去掉锥尖入土处的凡士林，取 10g 以上的土样两个，分别装入称量盒内称取质量(准确至 0.01g)，测定其含水率 w_1、w_2(计算到 0.1%)。计算含水率平均值 w。

(7) 重复本实验第(2)～(6)步，对其他两个含水率土样进行实验，测其锥入深度和含水率。

(8) 用光电式或数码式液限塑限联合测定仪测定时，接通电源，调平机身，打开开关，提上锥体(此时刻度或数码显示应为零)。将装好土样的试杯放在升降座上，转动升降旋钮，试杯徐徐上升，土样表面和锥尖刚好接触，指示灯亮，停止转动旋钮，锥体立刻自行下沉，5s 时自动停止下落，读数窗上或数码管上显示键入深度。实验完毕，按动复位按钮，锥体复位，读数显示为零。

四、实验数据处理

(1) 在双对数坐标上，以含水率 w 为横坐标，以锥入深度 h 为纵坐标，测绘 a、b、c 三点含水率的 h–w 图。连此三点，应呈一条直线。如三点不在同一直线上，要通过 a 点与 b、c 两点连成两条直线，根据液限(a 点含水率)在 h_P–w_L 图上查得 h_P，以此 h_P 再在 h–w 的 ab 及 ac 两直线上求出相应的两个含水率。当两个含水率的差值小于 2%时，以该两点含水率的平均值与 a 点连成一直线；当两个含水率的差值不小于 2%时，应重做实验。

(2) 液限的确定方法。

① 若采用 76g 锥做液限实验，则在 h–w 图上，查得纵坐标入土深度 h=17mm 所对应的横坐标的含水率 w，即为该土样的液限 w_L。

② 若采用 100g 锥做液限实验，则在 h–w 图上，查得纵坐标入土深度 h=20mm 所对应的横坐标的含水率 w，即为该土样的液限 w_L。

(3) 塑限的确定方法。

① 若采用 76g 锥做液限实验，则通过 76g 锥入土深度 h 与含水率 w 的关系曲线，查得锥入土深度为 2mm 所对应的含水率，即为该土样的塑限 w_P。

② 若采用 100g 锥做液限实验，则通过液限 w_L 与塑限时入土深度 h_P 的关系曲线(图 3.8)，查得 h_P，再由 h–w 图求出入土深度为 h_P 时所对应的含水率，即为该土样的塑限 w_P。查 h_P–w_L 关系图时，须先通过简易鉴别法及筛分法(见土的工程分类及筛分法)把砂类土与细粒土区别开来，再按这两种土分别采用相应的 h_P–w_L 关系曲线；对于细粒土，用双曲线确定 h_P 值；对于砂类土，则用多项式曲线确定 h_P 值。

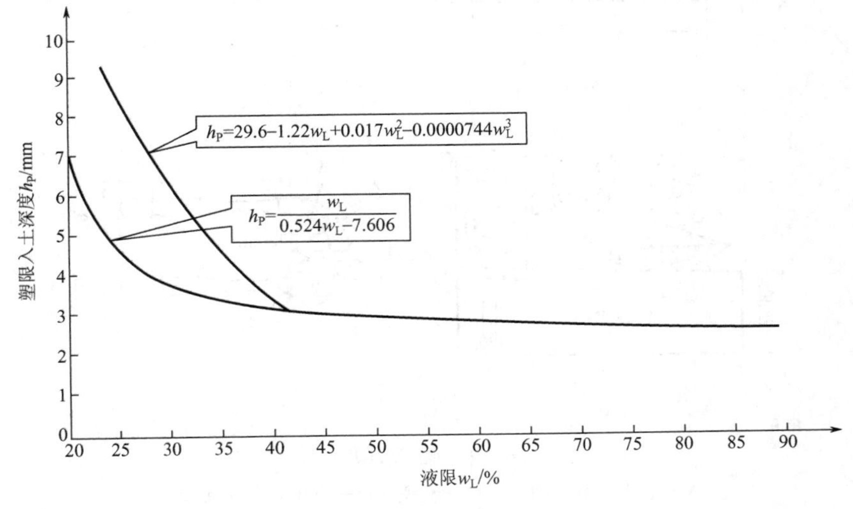

图 3.8　h_P–w_L 关系曲线

若采用 100g 锥做液限实验，则当 a 点的锥入深度在(20±0.2)mm 范围内时，应在 ac 线上查得入土深度为 20mm 处相对应的含水率，此为液限 w_L。再用此液限在 h_P–w_L 关系曲线上找出与之相对应的塑限入土深度 h_p'，然后到 h–w 图 ac 直线上查得 h_p' 相对应的含水率，此为塑限 w_P。

3.6.3 液限蝶式仪法

※内容提要

国内采用蝶式仪测定液限的单位极少，而美国、日本以及欧洲国家均采用蝶式仪测定液限。虽然各国都以采用卡式蝶式仪为标准，但仪器规格仍有差别。现有的比较实验资料表明：碟的质量、槽刀形式及基座材料的弹性对成果影响较大。我国采用的是国际上应用较广的 ASTM 标准的液限仪及 A 型槽刀。

※实验指导

一、实验目的

本实验按碟式液限仪法测定土的液限。

二、实验设备与试样

(1)碟式液限仪，由土碟和支架组成专用仪器，并有专用划刀，如图 3.9 所示，底座应为硬橡胶制成。

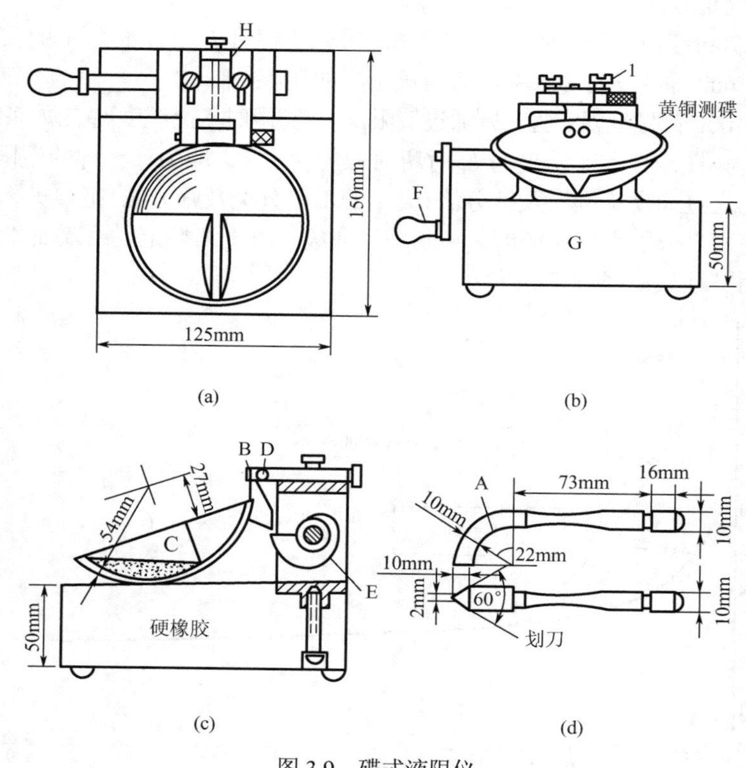

图 3.9 碟式液限仪

A—划刀；B—销子；C—土碟；D—支架；E—蜗轮；

F—摇柄；G—底座；H—调整板；I—螺钉

(2)天平，称量200g，分度值0.01g。

(3)烘箱、干燥缸、铝盒、调土刀、筛(孔0.5mm)等。

(4)粒径小于0.5mm及有机质含量不大于试样总质量5%的实验用土。

三、实验内容与步骤

(1)取过0.5mm筛的土样(天然含水率的土样或风干土样均可)约100g，放在调土皿中，按需要加纯水，用调土刀反复拌匀。

(2)取一部分试样，平铺于土碟的前半部，如图3.10(a)所示。铺土时应防止试样中混入气泡。用调土刀将试样面修平，使最厚处为10mm，多余试样放回调土皿中。以蜗形轮为中心，用划刀自后至前沿土碟中央将试样划成槽缝清晰的两半，如图3.10(b)所示。为避免槽缝边扯裂或试样在土碟中滑动，允许从前至后、再从后至前多划几次，将槽逐步加深，以代替一次划槽，最后一次从后至前的划槽能明显地接触碟底。但应尽量减少划槽的次数。

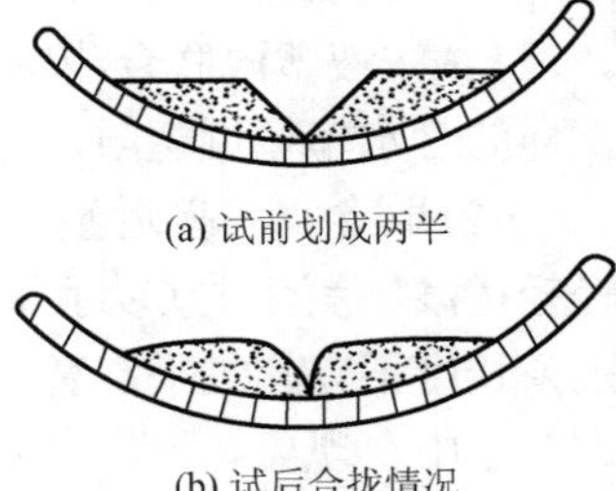

图3.10　划槽及合拢状态

(3)以2r/s的速率转动摇柄F，使土碟反复起落，坠击于底座G上，直至试样两边在槽底的合拢长度为13mm为止；记录击数，并在槽的两边采取试样10g左右，测定其含水率。

(4)将土碟中的剩余试样移至调土皿中，再加水彻底拌和均匀，按第(1)～(3)步的规定至少再做两次实验。这两次土的稠度应使合拢长度为13mm时所需击数在15～35次之间(25次以上及以下各一次)。然后测定各击次下试样的相应含水率。

四、实验数据处理

(1)按下式计算各击次下合拢时试样的相应含水率：

$$w_n=\left(\frac{m_n}{m_s}-1\right)\times 100$$

式中　w_n——n击下试样的含水率(%)，计算至0.01；

m_n——n击下试样的质量(g)；

m_s——试样的干土质量(g)。

(2)根据实验结果，以含水率为纵坐标，以击次的对数为横坐标，绘制相关曲线。查得曲线上击数25次所对应的含水率，即为该试样的液限。

3.6.4 塑限滚搓法

※内容提要

塑限实验长期以来采用滚搓法。该法虽存在许多缺点，如标准不易掌握、人为因素较大、测值比较分散、所得成果的再现性和可比性较差等。但由于其物理概念明确，且实验人员已在实践中积累了许多经验，因而国际上仍有很多国家采用此法测定土的塑限。

※实验指导

一、实验目的

本实验按滚搓法测定土的塑限。

二、实验设备与试样

(1)毛玻璃板，尺寸宜为200mm×300mm。

(2)天平，感量0.01g。

(3)烘箱、干燥器、称量盒、调土皿、直径3mm的铁丝等。

(4)粒径小于0.5mm以及有机质含量不大于试样总质量5%的土。

三、实验内容与步骤

(1)按液塑限联合测定法实验步骤(1)制备试样，一般取土样约50g备用。为在实验前使试样的含水率接近塑限，可将试样在手中捏揉至不粘手为止，或放在空气中稍微晾干。

(2)取含水率接近塑限的试样一小块，先用手搓成椭圆形，然后再用手掌在毛玻璃板上轻轻搓滚。搓滚时须以手掌均匀施压力于土条上，不得将土条在玻璃板上进行无压力的滚动。土条长度不宜超过手掌宽度，并在滚搓时不应从手掌下任一边脱出。土条在任何情况下不允许产生中空现象。

(3)继续搓滚土条，直至土条直径达3mm时产生裂缝并开始断裂为止。若土条搓成3mm时仍未产生裂缝及断裂，表示这时试样的含水率高于塑限，应将其重新捏成一团，重新搓滚；如土条直径大于3mm时即行断裂，表示试样含水率小于塑限，应弃去，重新取土加适量水调匀后再搓，直至合格。若土条在任何含水率下始终搓不到3mm即开始断裂，则可认为该土无塑性。

(4)收集3～5g合格的断裂土条，放入称量盒内，随即盖紧盒盖，测定其含水率。

四、实验数据处理

按下式计算塑限：

$$w_{\mathrm{P}}=\left(\frac{m_1}{m_2}-1\right)\times 100$$

式中 w_{P}——塑限(%)，计算至0.1；

m_1——湿土质量(g)；

m_2——干土质量(g)。

3.7 相对密度实验

3.7.1 本节概述

砂土的紧密程度对于公路路基和地基的稳定性具有重要意义，直接影响到砂土的工程性质。砂土越密实，其抗剪强度就越大、压缩变形就越小，因而承载能力也就越高。

砂土的紧密程度不能仅以它的孔隙比大小来衡量。颗粒大小、形状以及均匀系数不同的两种砂土，即使孔隙比完全相同，但其紧密程度仍可能有很大的差别。因此应该根据砂土孔隙比与极限孔隙比的相对关系来表示，即当孔隙比接近于最小孔隙比时，砂土处于紧密状态；反之，当孔隙比接近于最大孔隙比时，则砂土处于疏松状态。为此，通常用相对密度指标来表示。

相对密度是无凝聚性粗粒土紧密程度的指标，对于土作为材料的建筑物的地基稳定性，特别是在抗震稳定性方面，具有重要的意义。相对密度等于其最大孔隙比与天然孔隙比之差和最大孔隙比与最小孔隙比之差的比值(与一般材料对于水的"相对密度"或"相对体积密度"不是一个概念)，该指标能够合理地反映砂土的紧密情况，在一定程度上反映了砂土的物理力学性质，因此通常用作砂土紧密程度的分类(表 3.3)及确定砂土填筑密度的依据。

表 3.3　砂土按相对密度的分类

土类	疏松	中密	紧密
相对密度 D_r	$1< D_r \leqslant 0.33$	$0.33< D_r \leqslant 0.67$	$0.67< D_r \leqslant 1.00$

3.7.2 最小干密度(最大孔隙比)实验

※内容提要

测定砂的最大孔隙比即最小干密度的方法，常见的有漏斗法和量筒慢速倒转法。对比实验结果表明，几种方法所得结果相差不大，但各种方法本身尚存在不同的问题。漏斗法是用小的管径来控制砂样，使其均匀缓慢地落入量筒，以达到很疏松的堆积。但由于受漏斗管径的限制，有些粗颗粒受到阻塞；加大管径又不易控制砂样的慢慢流出，故一般只适用于较小颗粒的砂样。量筒慢速倒转法由于颗粒下落较慢，粗颗粒下落较快，容易产生粗细颗粒分层现象。采用量筒慢速倒转法虽然存在一些缺点，但能达到较松的密度，测得最大孔隙比。

※实验指导

一、实验目的

求取无凝聚性土的最大孔隙比，用于计算相对密度，以了解该土在自然状态下或经压实后的松紧情况和土粒结构的稳定性。

二、实验设备与试样

(1) 量筒，容积为 500mL 及 1000mL 两种，后者内径应大于 60mm。

(2) 长颈漏斗，颈管内径约 12mm，颈口磨平，如图 3.11 所示。

(3) 锥形塞，直径约 15mm 的圆锥体镶于铁杆上，如图 3.11 所示。

(4) 砂面拂平器，如图 3.11 所示。

(5) 电动最小孔隙比仪，如无此种仪器，可用下列第(6)～(8)的设备。

(6) 金属容器，有以下两种：

① 容积 250mL，内径 50mm，高度 127mm；

② 容积 1000mL，内径 100mm，高度 127mm。

(7) 振动仪，如图 3.12 所示。

(8) 击锤，锤重 1.25kg，高度 150mm，锤座直径 50mm，如图 3.13 所示。

(9) 台秤，感量 1g。

(10) 颗粒直径小于 5mm 的土，且粒径 2～5mm 的试样质量不大于试样总质量的 15%。

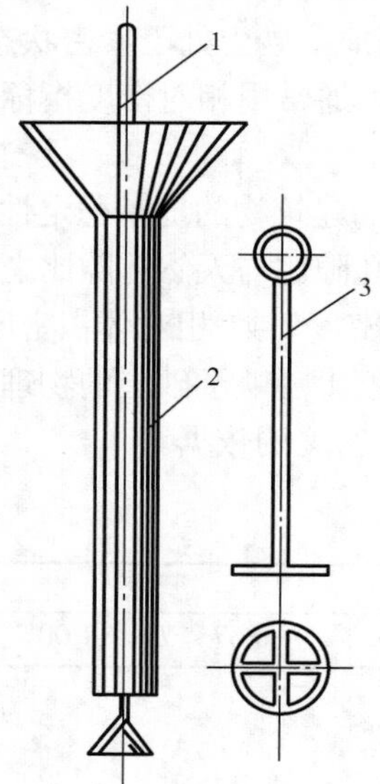

图 3.11　长颈漏斗

1—锥形塞；2—长颈漏斗；3—拂平器

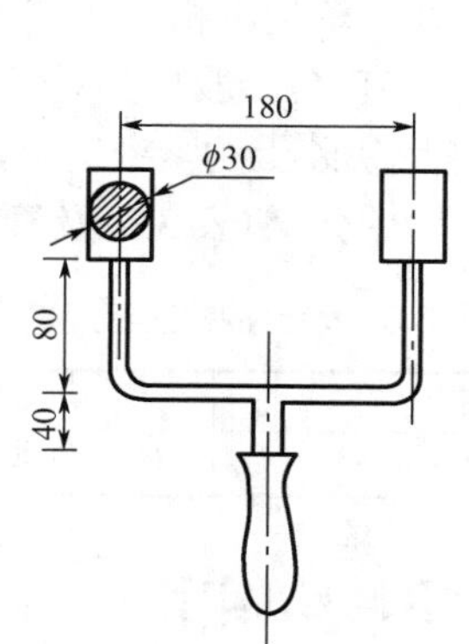

图 3.12　振动仪(单位：mm)

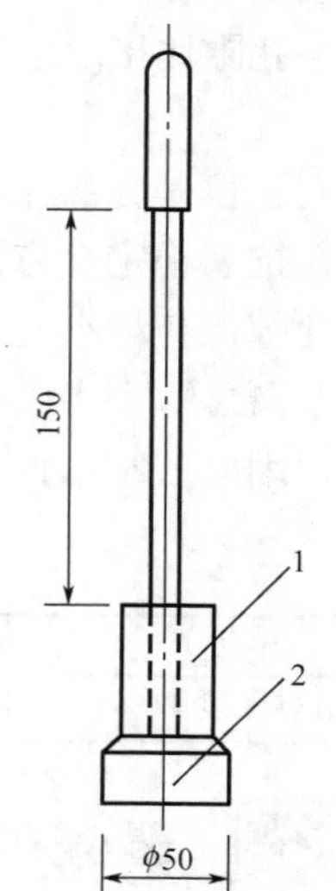

图 3.13　击锤(单位：mm)

1—击锤；2—锤座

三、实验内容与步骤

(1) 取代表性试样约 1.5kg，充分风干(或烘干)，用手搓揉或用圆木插在橡皮板上碾散，并拌和均匀。

(2) 将锥形塞杆自漏斗下口穿入，并向上提起，使锥体堵住漏斗管口，一并放入容积 1000mL 量筒中，使其下端与量筒底相接。

(3) 称取试样 700g，准确至 1g，均匀倒入漏斗中，将漏斗与塞杆同时提高，移动塞杆使锥体略离开管口，管口应经常保持高出砂面 1～2cm，使试样缓慢且均匀分布地落入量筒中。

(4) 试样全部落入量筒后取出漏斗与锥形塞，用砂面拂平器将砂面拂平，勿使量筒振动，然后测读砂样体积，估读至 5mL。

(5) 以手掌或橡皮塞堵住量筒口，将量筒倒转，缓慢地转动量筒内的试样，并回到原来位置，如此重复几次，记下体积的最大值，估读至 5mL。

(6) 取上述两种方法测得的较大体积值，计算最大孔隙比。

四、实验数据处理

(1) 按下式计算最小干密度：

$$\rho_{\mathrm{d,min}} = \frac{m}{V_{\max}}$$

式中　$\rho_{\mathrm{d,min}}$——最小干密度(g/cm^3)，计算至 0.01；

m——试样质量(g)；

$V_{\max}$——试样最大体积(cm^3)。

(2) 按下式计算最大孔隙比：

$$e_{\max} = \frac{\rho_{\mathrm{w}} G_{\mathrm{s}}}{\rho_{\mathrm{d,min}}} - 1$$

式中 e_{max}——最大孔隙比，计算至0.01；

ρ_w——水的密度，取$1.0g/cm^3$；

G_s——土粒比重；

$\rho_{d,min}$——最小干密度(g/cm^3)。

(3)按下式计算相对密度：

$$D_r = \frac{e_{max} - e_0}{e_{max} - e_{min}} \quad 或 D_r = \frac{(\rho_d - \rho_{d,min})\rho_{d,max}}{(\rho_{d,max} - \rho_{d,min})\rho_d}$$

式中 D_r——相对密度，计算至0.01；

$\rho_{d,min}$——最小干密度(g/cm^3)；

$\rho_{d,max}$——最大干密度(g/cm^3)；

e_0——天然孔隙比或填土的相应孔隙比；

e_{max}——最大孔隙比；

e_{min}——最小孔隙比；

ρ_d——天然干密度或填土的相应干密度(g/cm^3)。

3.7.3 最大干密度(最小孔隙比)实验

※内容提要

测定砂的最小孔隙比即最大干密度的方法，常见的有锤击法、振动法和锤击与振动联合法。锤击法主要适用于略具黏性的砂土，与击实实验的作用相同。振动法是一种较好的方法，因能产生不同的惯性力而引起密度的增加，所以美国ASTM将其列为标准实验方法。锤击与振动联合使用的方法，兼有振动与锤击的优点，对比实验结果表明，振动锤击法比振动台法测得的最大干密度大。因此，本实验以振动锤击法作为测定最大干密度的标准方法。

※实验指导

一、实验目的

求取无凝聚性土的最小孔隙比，用于计算相对密度，以了解该土在自然状态下或经压实后的松紧情况和土粒结构的稳定性。

二、实验设备与试样

同3.7.2节。

三、实验内容与步骤

(1)取代表性试样约4kg，充分风干(或烘干)，用手搓揉或用圆木插在橡皮板上碾散，并拌和均匀。

(2)分三次倒入容器进行振击，先取上述试样 600～800g(其数量应使振击后的体积略大于容器容积的1/3)倒入$1000cm^3$容器内，用振动仪以150～200次/min的速度敲打容器两侧，并在同一时间内，用击锤于试样表面锤击30～60次/min，直至砂样体积不变为止(一般需时5～10min)。敲打时，要用足够的力量使试样处于振动状态；振击时，粗砂可用较少击数，细砂应用较多击数。

(3)如用电动最小孔隙比实验仪，当试样同上法装入容器后，开动电动机，进行振击实验。

(4)按第(2)步进行后两次加土的振动和锤击；第三次加土时，应先在容器口上安装套环。

(5)最后一次振毕，取下套环，用修土刀齐容器顶面削去多余试样，称量，准确至 1g，计算其最小孔隙比。

四、实验数据处理

(1)按下式计算最大干密度：

$$\rho_{d,max}=\frac{m}{V_{min}}$$

式中 $\rho_{d,max}$——最大干密度(g/cm^3)，计算至 0.01；

m——试样质量(g)；

V_{min}——试样最小体积(cm^3)。

(2)按下式计算最小孔隙比：

$$e_{min}=\frac{\rho_w G_s}{\rho_{d,max}}-1$$

式中 e_{min}——最小孔隙比，计算至 0.01；

G_s——土粒比重；

$\rho_{d,max}$——最大干密度(g/cm^3)。

(3)按下式计算相对密度：

$$D_r=\frac{e_{max}-e_0}{e_{max}-e_{min}} \quad 或 D_r=\frac{(\rho_d-\rho_{d,min})\rho_{d,max}}{(\rho_{d,max}-\rho_{d,min})\rho_d}$$

式中 D_r——相对密度，计算至 0.01；

$\rho_{d,min}$——最小干密度(g/cm^3)；

$\rho_{d,max}$——最大干密度(g/cm^3)；

e_0——天然孔隙比或填土的相应孔隙比；

e_{max}——最大孔隙比；

e_{min}——最小孔隙比；

ρ_d——天然干密度或填土的相应干密度(g/cm^3)。

3.8 击实实验

3.8.1 本节概述

击实是指对土瞬时地重复施加一定的机械功，使土体变密。在击实过程中，由于击实功系瞬时作用于土体，土体内的气体部分被排出，而所含的水量则基本不变。

3.8.2 击实实验

※内容提要

击实实验是用锤击实土样，以了解土的压实特性的一种方法。这个方法用不同的击实功分别锤击不同含水率的土样，并测定相应的干容重，从而求得最大干容重、最优含水率，为填土工程的设计、施工提供依据。击实实验可分标准击实法和单层击实法两种。

※实验指导

一、实验目的

本实验分轻型击实和重型击实，适用于细粒土。轻型击实实验(内径 100mm 试筒)适用于粒径不大于 20mm 的土，重型击实实验(内径 152mm 试筒)适用于粒径不大于 40mm 的土。

当土中最大颗粒粒径大于或等于 40mm，并且大于或等于 40mm 颗粒粒径的质量含量大于 5%时，应使用大尺寸试筒进行击实实验，或按公式进行最大干密度校正。大尺寸试筒要求其最小尺寸大于土样中最大颗粒粒径的 5 倍以上，并且击实实验的分层厚度应大于土样中最大颗粒粒径的 3 倍以上。单位体积击实功控制在 2677.2～2687.0kJ/m^3 范围内。

当细粒土中的粗粒土总含量大于 40%或粒径大于 0.005mm 颗粒的含量大于土总质量的 70%(即 d_{30}≤0.005mm)时，还应做粗粒土最大干密度实验，其结果与重型击实实验结果比较，最大干密度取两种实验结果的最大值。

二、实验设备与试样

(1)标准击实仪，如图 3.14 和图 3.15 所示。击实实验方法和相应设备的主要参数应符合表 3.4 的规定。

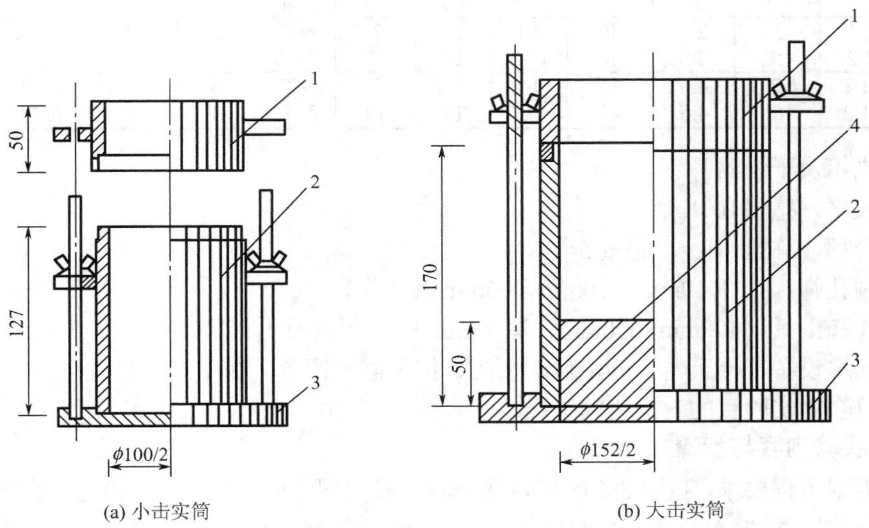

(a) 小击实筒　　(b) 大击实筒

图 3.14　击实筒(单位：mm)

1—套筒；2—击实筒；3—底板；4—垫板

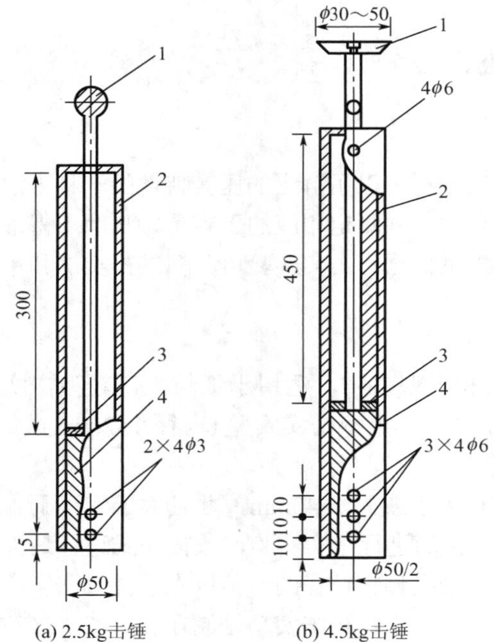

(a) 2.5kg击锤　　(b) 4.5kg击锤

图 3.15　击锤和导杆(单位：mm)

1—提手；2—导筒；3—硬橡皮垫；4—击锤

表 3.4　击实实验方法种类

实验方法	类别	锤底直径/cm	锤质量/kg	落高/cm	试筒尺寸		试样尺寸		层数	每层击数	击实功/(kJ/m³)	最大粒径/mm
					内径/cm	高/cm	高度/cm	体积/cm³				
轻型	I-1	5	2.5	30	10	12.7	12.7	997	3	27	598.2	20
	I-2	5	2.5	30	15.2	17	12	2177	3	59	598.2	40
重型	II-1	5	4.5	45	10	12.7	12.7	997	5	27	2687.0	20
	II-2	5	4.5	45	15.2	17	12	2177	3	98	2677.2	40

(2) 烘箱及干燥器。

(3) 天平，感量 0.01g。

(4) 台秤，称量 10kg，感量 5g。

(5) 圆孔筛，孔径 40mm、20mm 和 5mm 各 1 个。

(6) 拌和工具，400mm×600mm、深 70mm 的金属盘及土铲。

(7) 喷水设备、碾土器、盛土盘、量筒、推土器、铝盒、修土刀、平直尺等。

(8) 符合“实验目的”描述的土样。

三、实验内容与步骤

(1) 根据工程要求，按表 3.4 的规定选择轻型或重型实验方法。本实验可分别采用不同的方法准备试样，根据土的性质(含易击碎风化石数量多少、含水率高低)，按表 3.5 的规定选用干土法或湿土法。

① 干土法(土不重复使用)：按四分法至少准备五个试样，分别加入不同水分(按 2%～3%含水率递增)，拌匀后闷料一夜备用。

表 3.5 试料用量

使用方法	类别	试筒内径/cm	最大粒径/mm	试料用量/kg
干土法，试样不重复使用	b	10	20	至少五个试样，每个 3
		15.2	40	至少五个试样，每个 6
湿土法，试样不重复使用	c	10	20	至少五个试样，每个 3
		15.2	40	至少五个试样，每个 6

② 湿土法(土不重复使用)：对于高含水率土，可省略过筛步骤，用手拣除大于 40mm 的粗石子即可。保持天然含水率的第一个土样，可立即用于击实实验。其余几个试样，将土分成小土块，分别风干，使含水率按 2%～3%递减。

(2)将击实筒放在坚硬的地面上，在筒壁上抹一薄层凡士林，并在筒底(小试筒)或垫块(大试筒)上放置蜡纸或塑料薄膜。取制备好的土样分 3～5 次倒入筒内。小筒按三层法时，每次 800～900g(其量应使击实后的试样等于或略高于筒高的 1/3)；按五层法时，每次 400～500g(其量应使击实后的土样等于或略高于筒高的 1/5)。对于大试筒，先将垫块放入筒内底板上，按三层法，每层需试样 1700g 左右。整平表面，并稍加压紧，然后按规定的击数进行第一层土的击实，击实时击锤应自由垂直落下，锤迹必须均匀分布于土样面，第一层击实完后，将试样层面“拉毛”然后再装入套筒。重复上述方法进行其余各层土的击实。小试筒击实后，试样不应高出筒顶面 5mm；大试筒击实后，试样不应高出筒顶面 6mm。

(3)用修土刀沿套筒内壁削刮，使试样与套筒脱离。扭动并取下套筒，齐筒顶细心削平试样，拆除底板，擦净筒外壁，称量，准确至 1g。

(4)用推土器推出筒内试样，从试样中心处取样测其含水率，计算至 0.1%。测定含水率所用试样，按表 3.6 的规定取样(取出有代表性的土样)。两个试样含水率的精度应符合规定。

表 3.6 测定含水率用试样的量

最大粒径/mm	试样质量/g	个数
<5	15～20	2
约 5	约 50	1
约 20	约 250	1
约 40	约 500	1

(5)对于干土法(土不重复使用)和湿土法(土不重复使用)，将试样搓散，然后按第(1)步的方法进行洒水、拌和，每次约增加 2%～3%的含水率，其中有两个大于和两个小于最佳含水率，所需加水量按下式计算：

$$m_w = \frac{m_i}{1+0.01w_i} \times 0.01(w - w_i)$$

式中 m_w——所需的加水量(g)；

m_i——含水率 w_i 时土样的质量(g)；

w_i——土样原有含水率(%)；

w——要求达到的含水率(%)。

按上述步骤进行其他含水率试样的击实实验。

四、实验数据处理

(1) 按下式计算击实后各点的干密度：

$$\rho_d = \frac{\rho}{1+0.01w}$$

式中 ρ_d——干密度(g/cm^3)，计算至 0.01；

ρ——湿密度(g/cm^3)；

w——含水率(%)。

(2) 以干密度为纵坐标，含水率为横坐标，绘制干密度与含水率的关系曲线，曲线上峰值点的纵、横坐标分别为最大干密度和最佳含水率。如曲线不能绘出明显的峰值点，应进行补点或重做。

(3) 按下式计算饱和曲线的饱和含水率，并绘制饱和含水率与干密度的关系曲线图：

$$w_{max} = \left[\frac{G_s\rho_w(1+w)-\rho}{G_s\rho}\right]\times 100 \quad 或\ w_{max} = \left(\frac{\rho_w}{\rho_d} - \frac{1}{G_s}\right)\times 100$$

式中 w_{max}——饱和含水率(%)，计算至 0.01；

ρ——试样的湿密度(g/cm^3)；

ρ_w——水在 4℃时的密度(g/cm^3)；

ρ_d——试样的干密度(g/cm^3)；

G_s——试样土粒比重，对于粗粒土，则为土中粗细颗粒的混合比重；

w——试样的含水率(%)。

(4) 当试样中有大于 40mm 的颗粒时，应先取出大于 40mm 的颗粒，并求得其百分率 p，把小于 40mm 部分做击实实验，按相应公式分别对实验所得的最大干密度和最佳含水率进行校正(适用于大于 40mm 颗粒的含量小于 30%时)。

① 最大干密度按下式校正：

$$\rho'_{dm} = \frac{1}{\dfrac{1-0.01p}{\rho_{dm}} + \dfrac{0.01p}{\rho_w G'_s}}$$

式中 ρ'_{dm}——校正后的最大干密度(g/cm^3)，计算至 0.0l;

ρ_{dm}——用粒径小于 40mm 的土样实验所得的最大干密度(g/cm^3)；

p——试料中粒径大于 40mm 颗粒的百分率(%)；

G'_s——粒径大于 40mm 颗粒的毛体积比重，计算至 0.01。

② 最佳含水率按下式校正：

$$w'_0 = w_0(1-0.01p) + 0.01pw_2$$

式中 w'_0——校正后的最佳含水率(%)，计算至 0.01；

w_0——用粒径小于 40mm 的土样实验所得的最佳含水率(%)；

p——同前；

w_2——粒径大于 40mm 颗粒的吸水量(%)。

3.9 渗透实验

3.9.1 本节概述

渗透是液体在多孔介质中运动的现象，表达这一现象的定量指标是渗透系数。土的渗透性是由于土颗粒骨架之间存在连通的孔隙结构，构成了水的运移通道，土中自由水在重力作用下，通过土颗粒骨架的孔隙运动，而使土体所具有的一种水力学特性，是土力学和土体工程所涉及研究的三大问题(强度问题、稳定问题和渗透问题)之一。土中孔隙水的运动和孔隙水压力的变化，常常是影响土的各种力学性质及控制各种土工建筑物设计与施工的重要因素。

土样渗透系数的测定，应根据其渗透性的大小来选用常水头法或变水头法。因两种方法的测试原理不同，故效果有异。对弱透水性的土样，用常水头法不能准确地量测出水量；而对强透水性的土样，用变水头法由于水头下降过快，也无法得到满意的结果。在一般情况下，常水头法适用于渗透系数 k 大于 10^{-4}cm/s 的土，变水头法适用于渗透系数 k 为 10^{-4}～10^{-7}cm/s 的土。

3.9.2 常水头实验

※内容提要

常水头实验法就是在整个实验过程中保持水头为一常数，从而水头差也为常数。

※实验指导

一、实验目的

本实验用常水头法测定土样的渗透系数。实验用水应采用实际作用于土的天然水。如有困难，允许用蒸馏水或经过滤的清水，但实验前必须用抽气法或煮沸法脱气。实验时水温宜高于实验室温度 3～4℃。

二、实验设备与试样

(1) 常水头渗透仪(70 型渗透仪)：如图 3.16 所示，其中有封底圆筒，高 40cm，内径 10cm；金属孔板距筒底 6cm；有三个测压孔，测压孔中心间距 10cm，与筒边连接处有铜丝网；玻璃测压管内径为 0.6cm，用橡皮管与测压孔相连。

(2) 木锤、秒表、天平等。

(3) 砂类土和含少量砾石的无凝聚性土。

三、实验内容与步骤

(1) 按图 3.16 所示将仪器装好，接通调节管和供水管，使水流到仪器底部，水位略高于金属孔板，关止水夹。

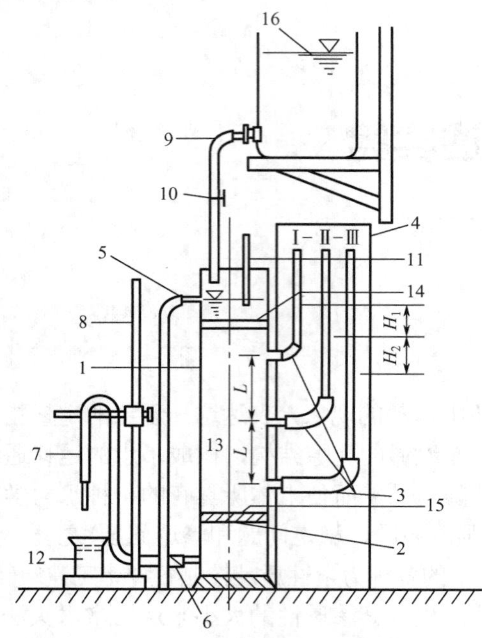

图 3.16 常水头渗透仪装置

1—金属圆筒；2—金属孔板；3—测压孔；4—测压管；5—溢水孔；6—渗水孔；7—调节管；8—滑动支架；9—供水管；10—止水夹；11—温度计；12—量杯；13—试样；14—砾石层；15—铜丝网；16—供水瓶

(2) 取具有代表性土样 3～4kg，称量，准确至 1.0g，并测其风干含水率。

(3) 将土样分层装入仪器，每层厚 2～3cm，用木锤轻轻击实到一定厚度，以控制孔隙比。如土样含黏粒比较多，应在金属孔板上加铺约 2cm 厚的粗砂作为缓冲层，以防细粒被水冲走。

(4) 每层试样装好后，慢慢开启止水夹，水由筒底向上渗入，使试样逐渐饱和。水面不得高出试样顶面。当水与试样顶面齐平时，关闭止水夹。饱和时水流不可太急，以免冲动试样。

(5) 如此分层装入试样、饱和，至高出测压孔 3～4cm 为止，量出试样顶面至筒顶高度，计算试样高度，称剩余土质量，准确至 0.1g，计算装入试样总质量。在试样上面铺 1～2cm 砾石作缓冲层，放水，至水面高出砾石层 2cm 左右时，关闭止水夹。

(6) 将供水管和调节管分开，将供水管置入圆筒内，开启止水夹，使水由圆筒上部注入，至水面与溢水孔齐平为止。

(7) 静置数分钟，检查各测压管水位是否与溢水孔齐平，如不齐平，说明仪器有集气或漏气，需挤压测压管上的橡皮管，或用吸球在测压管上部将集气吸出，调至水位齐平为止。

(8) 降低调节管的管口位置，水即渗过试样，经调节管流出。此时调节止水夹，使进入筒内的水量多于渗出水量，溢水孔始终有余水流出，以保持筒中水面不变。

(9) 测压管水位稳定后，测记水位，计算水位差。

(10) 开动秒表，同时用量筒接取一定时间的渗透水量，并重复一次。接水时，调节管出水口不浸入水中。

(11) 测记进水和出水处水温，取其平均值。

(12) 降低调节管管口至试样中部及下部 1/3 高度处，改变水力坡降 H/L，重复第(8)～(11)步进行测定。

四、实验数据处理

(1)按以下公式计算干密度及孔隙比：

$$\rho_d = \frac{m_s}{Ah}, \qquad e = \frac{G_s}{\rho_d} - 1$$

式中 ρ_d——干密度(g/cm^3)，计算至0.01；

e——试样孔隙比，计算至0.01；

m_s——试样干质量(g)，$m_s = \dfrac{m}{1 + w_h}$；

m——风干试样总质量(g)；

w_h——风干含水率(%)；

A——试样断面积(cm^2)；

h——试样高度(cm)；

G_s——土粒比重。

(2)按下式计算渗透系数：

$$k_t = \frac{QL}{AHt}$$

式中 k_t——水温t℃时试样的渗透系数(cm/s)，计算至三位有效数字；

Q——时间t内的渗透水量(cm^3)；

L——两测压孔中心之间的试样高度(等于测压孔中心间距)，10cm；

H——平均水位差(cm)，$H = \dfrac{H_1 + H_2}{2}$；

t——时间(s)。

其他符号同上。

(3)标准温度下的渗透系数按下式计算：

$$k_{20} = k_t \frac{\eta_t}{\eta_{20}}$$

式中 k_{20}——标准水温(20℃)时试样的渗透系数(cm/s)，计算至三位有效数字；

η_t——t℃时水的动力黏度系数(kPa·s)；

η_{20}——20℃时水的动力黏度系数(kPa·s)；

η_t / η_{20}——黏度系数比，见表3.7。

表3.7 水的动力黏度系数及黏度系数比

温度 t/℃	动力黏度系数 η_t / (10^{-6}kPa·s)	$\dfrac{\eta_t}{\eta_{20}}$	温度 t/℃	动力黏度系数 η_t / (10^{-6}kPa·s)	$\dfrac{\eta_t}{\eta_{20}}$
10.0	1.310	1.297	12.5	1.223	1.211
10.5	1.292	1.279	13.0	0.206	1.194
11.0	1.274	1.261	13.5	1.190	1.178
11.5	1.256	1.243	14.0	1.175	1.163
12.0	1.239	1.227	14.5	1.160	1.148

（续）

温度 t/℃	动力黏度系数 η_t / (10^{-6}kPa·s)	$\frac{\eta_t}{\eta_{20}}$	温度 t/℃	动力黏度系数 η_t / (10^{-6}kPa·s)	$\frac{\eta_t}{\eta_{20}}$
15.0	1.144	1.133	22.5	0.952	0.943
15.5	1.130	1.119	23.0	0.941	0.932
16.0	1.155	1.104	23.5	0.930	0.921
16.5	1.101	1.090	24.0	0.920	0.910
17.0	1.088	1.077	24.5	0.909	0.900
17.5	1.074	1.066	25.0	0.899	0.890
18.0	1.061	1.050	25.5	0.889	0.880
18.5	1.048	1.038	26.0	0.879	0.870
19.0	0.035	1.025	26.5	0.869	0.861
19.5	0.022	1.012	27.0	0.860	0.851
20.0	0.010	1.000	27.5	0.850	0.842
20.5	0.998	0.988	28.0	0.841	0.833
21.0	0.986	0.976	28.5	0.832	0.824
21.5	0.974	0.964	29.0	0.823	0.815
22.0	0.963	0.953	29.5	0.814	0.806

3.9.3 变水头实验

※内容提要

变水头实验法就是实验过程中水头差一直随时间而变化。

※实验指导

一、实验目的

本实验用变水头法测定土样的渗透系数。所采用的蒸馏水，应在实验前用抽气法或煮沸法进行脱气。实验时的水温，宜高于室温 3～4℃。

二、实验设备与试样

(1) 渗透容器：如图 3.17 所示，由环刀、透水石、套环、上盖和下盖组成。环刀内径 61.8mm，高 40mm；透水石的渗透系数应大于 10^{-3}cm/s。

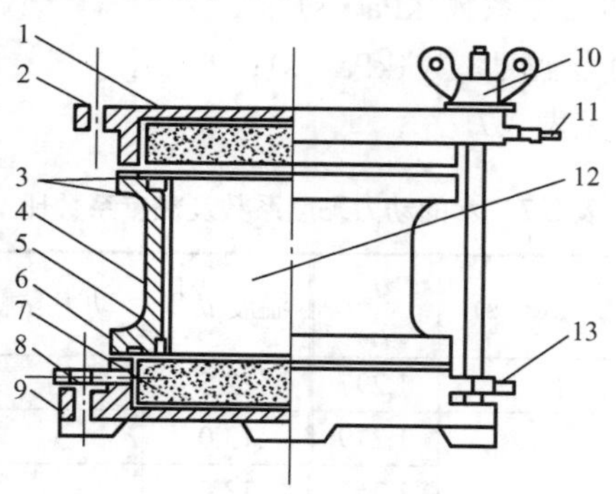

图 3.17 渗透容器

1—上盖；2，7—透水石；3，6—橡皮圈；4—环刀；5—盛土筒；
8—排气孔；9—下盖；10—固定螺杆；11—出水孔；12—试样；13—进水孔

(2) 变水头装置：由温度计（分度值0.2℃）、渗透容器、变水头管、供水瓶、进水管等组成，如图3.18所示。变水头管的内径应均匀，管径不大于1cm，管外壁应有最小分度为1.0mm的刻度，长度宜为2m左右。

(3) 其他如切土器、温度计、削土刀、秒表、钢丝锯、凡士林等。

(4) 试样制备：应按规定进行，并应测定试样的含水率和密度。实验采用细粒土，用原状土试样实验时，可根据需要用环刀垂直或平行于土样层面切取；用扰动土样实验时，可按击实法制备试样，两者均须进行充水饱和。

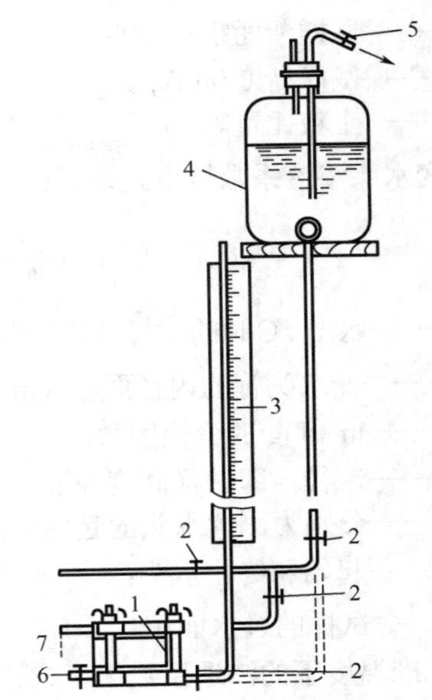

图3.18　变水头渗透装置

1—渗透容器；2—进水管夹；3—变水头管；4—供水瓶；5—接水源管；6—排气水管；7—出水管

三、实验内容与步骤

(1) 将装有试样的环刀装入渗透容器，用螺母旋紧，要求密封至不漏水、不漏气。对不易透水的试样，进行抽气饱和；对饱和试样和较易透水的试样，直接用变水头装置的水头进行饱和。

(2) 将渗透容器的进水口与变水头管连接，利用供水瓶中的纯水向进水管注满水，并渗入渗透容器，开排气阀，排除渗透容器底部的空气，直至溢出水中无气泡，关排水阀，放平渗透容器，关进水管夹。

(3) 向进水头管注纯水，使水升至预定高度，水头高度根据试样结构的疏松程度确定，一般不应大于2m，待水位稳定后切断水源，开进水管夹，使水通过试样。当出水口有水溢出时开始测记变水头管中起始水头高度和起始时间，按预定时间间隔测记水头和时间的变化，并测记出水口的温度，准确至0.2℃。

(4) 将变水头管中的水位变换高度，待水位稳定后再测记水头和时间变化，重复实验5～6次。当按不同开始水头测定的渗透系数在允许差值范围内时，结束实验。

四、实验数据处理

(1) 按以下公式计算干密度及孔隙比：

$$\rho_d = \frac{m_s}{Ah}, \qquad e = \frac{G_s}{\rho_d} - 1$$

式中　ρ_d——干密度(g/cm^3)，计算至0.01；

e——试样孔隙比，计算至0.01；

m_s——试样干质量(g)，$m_s = \dfrac{m}{1+w_h}$；

m——风干试样总质量(g)；

w_h——风干含水率(%)；

A——试样断面积(cm^2)；

h——试样高度(cm)；

G_s——土粒比重。

(2)变水头渗透系数按下式计算：

$$k_t = 2.3 \times \frac{aL}{A(t_2 - t_1)} \lg \frac{H_1}{H_2}$$

式中 k_t——水温 t℃时的试样渗透系数(cm/s)，计算至三位有效数字；

a——变水头管的内径面积(cm^2)；

2.3——ln 和 lg 的变换因数；

L——渗径，即试样高度(cm)；

t_1、t_2——分别为测读水头的起始和终止时间(s)；

H_1、H_2——起始和终止水头；

A——试样的过水面积。

(3)标准温度下的渗透系数按下式计算：

$$k_{20} = k_t \frac{\eta_t}{\eta_{20}}$$

式中 k_{20}——标准水温(20℃)时试样的渗透系数(cm/s)，计算至三位有效数字；

η_t——t℃时水的动力黏度系数(kPa·s)；

η_{20}——20℃时水的动力黏度系数(kPa·s)；

η_t / η_{20}——黏度系数比，见表 3.7。

3.10 固结实验

3.10.1 本节概述

固结实验(Consolidation Test)以太沙基的单向固结理论为基础。因此，土体固结是指饱和土体在侧限条件下，垂直单向受力作用后，随着时间的延续，土中超静孔隙水压力逐渐消散，有效应力(土颗粒骨架传递的力)逐渐增长，土体积产生压缩变形的过程。土体固结稳定表示土中超静孔隙水压力已充分消散，土体所受的所有荷载已全部由土体颗粒骨架来承受(即土体所受应力与土体的有效应力相等)。对于非饱和土，由于是三相体，土体中含有气体，用本实验方法无法测得土体中的孔隙气压力，故规定可用该实验中的方法测定压缩指标，但不得用于测定固结系数。

固结实验是研究土体一维变形特性的测试方法，是测定土体在压力作用下的压缩特性，所得的各项指标用以判断土的压缩性和计算土工建筑物与地基的沉降。固结实验成果一般整理成 e–p 曲线或 e–lg$p$ 曲线，以便计算土的压缩系数、压缩指数、回弹指数、先期固结压力、压缩模量以及原状土的先期固结压力等。对于饱和土体，通过固结实验可以绘制变形与时间的关系曲线，从而计算整理出固结系数指标等。

3.10.2 标准固结实验

※内容提要

单轴固结仪法的固结实验也称增量分级加荷法，是国内外常用的标准方法。该法规定标准加荷时间为 24h 一级，加荷率为 1(即每级压力为前级压力的一倍)。

※实验指导

一、实验目的

本实验测定土的单位沉降量、压缩系数、压缩模量、压缩指数、回弹指数、固结系数，以及原状土的先期固结压力等。

本实验方法适用于饱和的黏质土。当只进行压缩时，允许用非饱和土。

二、实验设备与试样

(1) 仪器设备。

① 固结仪，如图 3.19 所示，试样面积 30cm^2 和 50cm^2，高 2cm。

② 环刀，直径为 61.8mm 和 79.8mm，高度为 20mm。环刀应具有一定的刚度，内壁应保持较高的光洁度，宜涂一薄层硅脂或聚四氟乙烯。

③ 透水石，由氧化铝或不受土腐蚀的金属材料组成，其透水系数应大于试样的渗透系数。用固定式容器时，顶部透水石直径小于环刀内径 0.2～0.5mm；当用浮环式容器时，上下部透水石直径相等。

④ 变形量测设备，量程 10mm、最小分度为 0.01mm 的百分表或零级位移传感器。

⑤ 其他如天平、秒表、烘箱、钢丝锯、刮土刀、铝盒等。

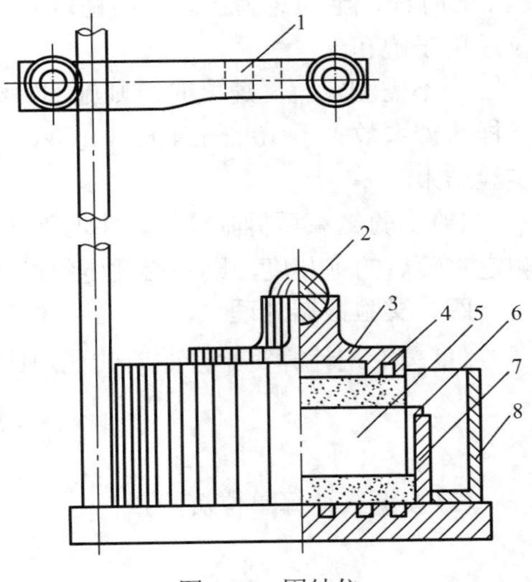

图 3.19 固结仪

1—量表架；2—钢珠；3—加压上盖；4—透水石；5—试样；6—环刀；7—护环；8—水槽

(2) 试样。

① 根据工程需要切取原状土样或制备所需湿度密度的扰动土样。切取原状土样时，应使试样在实验时的受压情况与天然土层受荷方向一致。

② 用钢丝锯将土样修成略大于环刀直径的土柱。然后用手轻轻将环刀垂直下压，边压边修，直至环刀装满土样为止。再用刮刀修平两端，同时注意刮平试样时，不得用刮刀往复涂抹土面。在切削过程中，应细心观察试样并记录其层次、颜色和有无杂质等。

③ 擦净环刀外壁，称环刀与土总质量，准确至 0.1g，并取环刀两面修下的土样测定含水率。试样需要饱和时，应进行抽气饱和。

三、实验内容与步骤

(1) 在切好土样的环刀外壁涂一薄层凡士林，然后将刀口向下放入护环内。

(2) 将底板放入容器内，底板上放透水石、滤纸，借助提环螺钉将土样环刀及护环放入容器中，土样上面覆滤纸、透水石，然后放下加压导环和传压活塞，使各部密切接触，保持平稳。

(3) 将压缩容器置于加压框架正中，密合传压活塞及横梁，预加 1.0kPa 压力，使固结仪各部分紧密接触，装好百分表，并调整读数至零。

(4) 去掉预压荷载，立即加第一级荷载。加砝码时应避免冲击和摇晃，在加上砝码的同时，立即开动秒表。荷载等级一般规定为 50kPa、100kPa、200kPa、300kPa 和 400kPa。有时根据土的软硬程度，第一级荷载可考虑用 25kPa。

(5) 如系饱和试样，则在施加第一级荷载后，立即向容器中注水至满；如系非饱和试样，须以湿棉纱围住上下透水面四周，避免水分蒸发。

(6) 如需确定原状土的先期固结压力时，荷载率宜小于 1，可采用 0.5 或 0.25 倍，最后一级荷载应大于 1000kPa，使 *e*–lg*p* 曲线下端出现直线段。

(7) 如需测定沉降速率、固结系数等指标，一般按 0s、15s、1min、2min、4min、6min、9min、12min、16min、20min、25min、35min、45min、60min、90min、2h、4h、10h、23h、24h 的时程，至稳定为止。固结稳定的标准是最后 1h 变形量不超过 0.01mm。测定沉降速率仅适用于饱和土。

当不需测定沉降速度时，则施加每级压力后 24h，测记试样高度变化作为稳定标准。当试样渗透系数大于 10^{-5}cm/s 时，允许以主固结完成作为相对稳定标准。按此步骤逐级加压至实验结束。

(8) 实验结束后拆除仪器，小心取出完整土样，称其质量，并测定其终结含水率(如不需测定实验后的饱和度，则不必测定终结含水率)，并将仪器洗干净。

四、实验数据处理

(1) 按下式计算实验开始时的孔隙比：

$$e_0 = \frac{\rho_s(1+0.01w_0)}{\rho_0} - 1$$

(2) 按下式计算单位沉降量：

$$S_i = \frac{\sum \Delta h_i}{h_0} \times 1000$$

(3) 按下式计算各级荷载下变形稳定后的孔隙比 e_i：

$$e_i = e_0 - (1+e_0) \times \frac{S_i}{1000}$$

(4) 按下式计算某一荷载范围的压缩系数 a_v：

$$a_v = \frac{e_i - e_{i+1}}{p_{i+1} - p_i} = \frac{(S_{i+1} - S_i)(1+e_0)/1000}{p_{i+1} - p_i}$$

(5) 按下式计算某一荷载范围内的压缩模量 E_s 和体积压缩系数 m_v：

$$E_s = \frac{p_{i+1} - p_i}{(S_{i+1} - S_i)/1000}$$

$$m_{\mathrm{v}}=\frac{1}{E_{\mathrm{s}}}=\frac{a_{\mathrm{v}}}{1+e_0}$$

式中 E_{s}——压缩模量(kPa)，计算至0.01；

m_{v}——体积压缩系数(kPa^{-1})，计算至0.01；

a_{v}——压缩系数(kPa^{-1})，计算至0.01；

e_0——实验开始时试样的孔隙比，计算至0.01；

ρ_{s}——土粒密度($\mathrm{g/cm^3}$)，(数值上等于土粒比重)；

w_0——实验开始时试样的含水率(%)；

ρ_0——实验开始时试样的密度($\mathrm{g/cm^3}$)；

S_i——某一级荷载下的单位沉降量(mm/m)，计算至0.1；

$\sum\Delta h_i$——某一级荷载下的总变形量(mm)，等于该荷载下百分表读数(即试样和仪器的变形量减去该荷载下的仪器变形量)；

h_0——试样起始时的高度(mm)；

e_i——某一级荷载下压缩稳定后的孔隙比，计算至0.01；

p_i——某一级荷载值(kPa)。

(6) 以单位沉降量S_i或孔隙比e为纵坐标，以荷载p为横坐标，作单位沉降量或孔隙比与荷载的关系曲线。

(7) 按下式计算压缩指数C_{c}或回弹指数C_{s}：

$$C_{\mathrm{c}}\text{（或}C_{\mathrm{s}}\text{）}=\frac{e_i-e_{i+1}}{\lg p_{i+1}-\lg p_i}$$

(8) 按下述方法求固结系数C_{v}。

① 求某一荷载下固结度为90%的时间t_{90}。以百分数表读数d (mm)为纵坐标，时间(min)平方根$\sqrt{t}$为横坐标，作$d-\sqrt{t}$曲线，如图3.20所示；延长$d-\sqrt{t}$曲线开始段的直线，交纵坐标轴于d_{s}(理论零点)；过d_{s}作另一直线，令其横坐标为前一直线横坐标的1.15倍，则后一直线与$d-\sqrt{t}$曲线交点所对应的时间的平方，即为固结度达90%所需的时间t_{90}。C_{v}按下式计算：

$$C_{\mathrm{v}}=\frac{0.848\overline{h}^2}{t_{90}}$$

$$\overline{h}=\frac{h_1+h_2}{4}$$

式中 C_{v}——固结系数($\mathrm{cm^2/s}$)，计算至三位有效数字；

$\overline{h}$——计算至0.01，其等于某一荷载下试样初始高度h_1与终了高度h_2的平均值之半。

② 求某一荷载下固结度为68%的时间t_{68}。以百分表读数d(mm)为纵坐标，以时间(min)的常用对数$\lg t$为横坐标，在半对数纸上作$d-\lg t$曲线，如图3.21所示。在曲线开始部分选择任意时间t_1，查到相应的百分表读数d_1，又在$t_2=\frac{t_1}{4}$处查得另一相应的百分表读数d_2，

$2d_2 - d_1$之值为d_{s1}。依此，另在曲线开始部分以同法求得d_{s2}、d_{s3}、d_{s4}等，取其平均值，得理论零点d_s；通过d_s作一水平线，然后向上延长曲线中的直线段，则两直线交点的横坐标乘以 10 即得t_{68}。进而可得

$$C_v = \frac{0.380\bar{h}^2}{t_{68}}$$

式中　C_v——固结系数(cm²/s)，计算至三位有效数字；

其余符号含义同前。

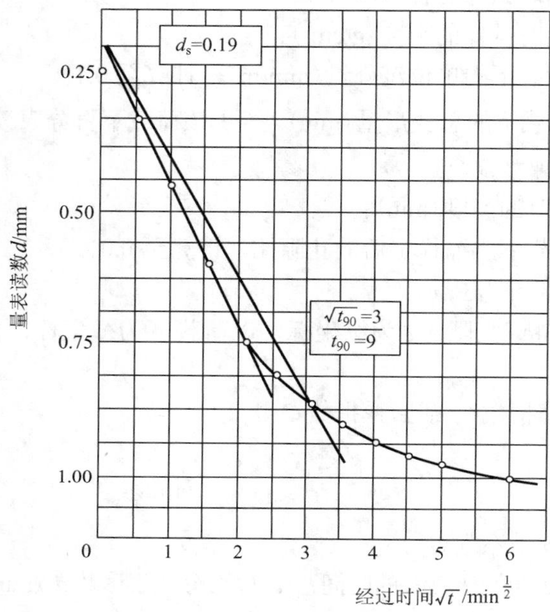

图 3.20　用时间平方根法求 t_{90}

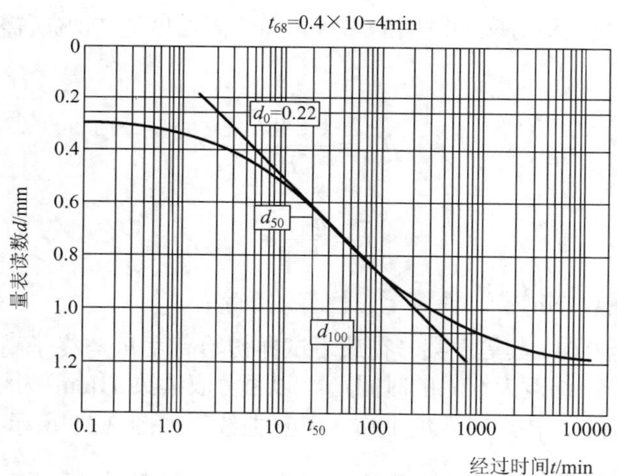

图 3.21　用时间对数坡度法求 t_{68}

③ 求某一荷载下固结度为50%的时间t_{50}。同上法求得理论零点d_s后，延长$d-\lg t$曲线的中部直线段，和通过曲线尾部数点作一切线的交点即为理论终点d_{100}，由此可得

$$d_{50}=\frac{d_0+d_{100}}{2}$$

对应于d_{50}的时间，即为固结度等于50%的时间t_{50}。从而有

$$C_v=\frac{0.197\bar{h}^2}{t_{50}}$$

式中　C_v——固结系数(cm^2/s)，计算至三位有效数字。

(9) 按下述方法确定原状土的先期固结压力p_c：作$e-\lg p$曲线，如图3.22所示，在曲线上首先找出最小曲率半径R_{min}的圆心点O，通过O点作水平线OA、切线OB及AOB的分角线OD，OD与曲线的直线段C的延长线交于E点，则对应于E点的压力值，即为先期固结压力p_c。

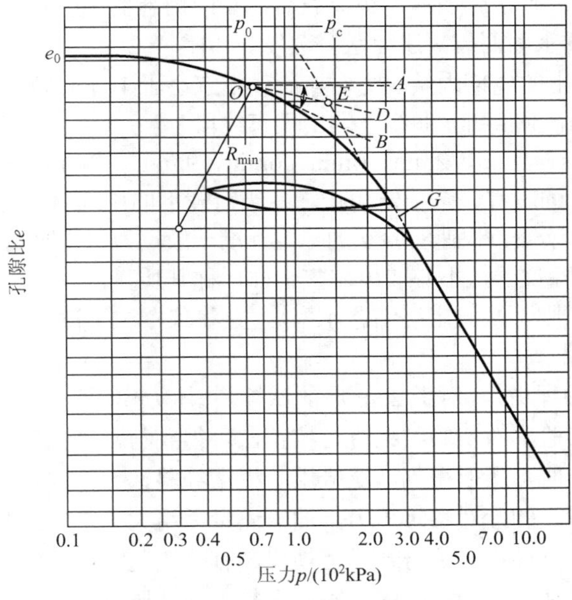

图3.22　用$e-\lg p$曲线求先期固结压力

3.10.3 快速固结实验

※内容提要

快速实验法的要求是，每级荷载下固结1h，最后一级荷载固结24h，以两者变形之比作为校正系数来校正变形量。

※实验指导

一、实验目的

本实验采用快速方法确定饱和黏质土的各项土性指标，是一种近似实验方法。快速实验

法由于没有理论依据，只有对透水性较大的地基土，或当建筑物对地基变形要求不高，不需要估算沉降发展过程的工程，才可采用。

二、实验设备与试样

同 3.10.2 节。

三、实验内容与步骤

(1) 在切好土样的环刀外壁涂一薄层凡士林，然后将刀口向下放入护环内。

(2) 将底板放入容器内，底板上放透水石、滤纸，借助提环螺钉将土样环刀及护环放入容器中，土样上面覆滤纸、透水石，然后放下加压导环和传压活塞，使各部密切接触，保持平稳。

(3) 将压缩容器置于加压框架正中，密合传压活塞及横梁，预加 1.0kPa 压力，使固结仪各部分紧密接触，装好百分表，并调整读数至零。

(4) 去掉预压荷载，立即加第一级荷载。加砝码时应避免冲击和摇晃，在加上砝码的同时，立即开动秒表。荷载等级一般规定为 50kPa、100kPa、200kPa、300kPa 和 400kPa。有时根据土的软硬程度，第一级荷载可考虑用 25kPa。

(5) 如系饱和试样，则在施加第一级荷载后，立即向容器中注水至满；如系非饱和试样，须以湿棉纱围住上下透水面四周，避免水分蒸发。

(6) 如需确定原状土的先期固结压力时，荷载率宜小于 1，可采用 0.5 或 0.25 倍，最后一级荷载应大于 1000kPa，使 e–lg$p$ 曲线下端出现直线段。

(7) 一般按 0s、15s、1min、2min、4min、6min、9min、12min、16min、20min、25min、35min、45min、60min 的时程，至稳定为止。各级荷载下的压缩时间规定为 1h，最后一级荷载下读取稳定沉降时的读数。快速实验法的稳定标准一般定为每小时的变形不大于 0.005mm。

(8) 实验结束后拆除仪器，小心取出完整土样，称其质量，并测定其终结含水率(如不需测定实验后的饱和度，则不必测定终结含水率)，并将仪器洗干净。

四、实验数据处理

快速实验法成立的理由是，对于 2cm 厚的试样，在压力作用下 1h 的固结度一般可达 90% 以上，按此速率进行实验，对实验结果进行校正，可得到与常规固结实验近似的结果。快速实验法可以缩短实验历时，所以得到广泛应用。根据经验认为：快速实验法测得的变形量小于常规法测得的变形量，因此对各级压力下的压缩量需用大于 1 的系数进行校正。但在实践经验中发现，某些扰动试样不一定符合以上规律，有时快速实验法的压缩量大于常规法，实际压缩量的大小并不单纯取决于时间的长短，而与土的性质有关。需要修正时，根据最后一级荷载下稳定变形量与 1h 变形量的比值分别乘以前各级荷载下 1h 的变形量，即可得到修正后的各级荷载下的变形量。按下式计算各级荷载下试样校正后的总变形量：

$$\sum \Delta h_i = (h_i)_{\mathrm{t}} \frac{(h_n)_{\mathrm{T}}}{(h_n)_{\mathrm{t}}} = K(h_i)_{\mathrm{t}}$$

式中 $\sum \Delta h_i$ ——某一荷载下校正后的总变形量(mm)；

$(h_i)_{\mathrm{t}}$ ——同一荷载下压缩 1h 的总变形量减去该荷载下的仪器变形量(mm)；

$(h_n)_{\mathrm{t}}$ ——最后一级荷载下压缩 1h 的总变形量减去该荷载下的仪器变形量(mm)；

$(h_n)_{\mathrm{T}}$ ——最后一级荷载下达到稳定标准的总变形量减去该荷载下的仪器变形量(mm)；

K ——大于 1 的校正系数，$K = \dfrac{(h_n)_{\mathrm{T}}}{(h_n)_{\mathrm{t}}}$。

3.11 直接剪切实验

3.11.1 本节概述

直接剪切实验的理论依据来自于库仑定律，是库仑在 1776 年通过一系列砂土的摩擦实验总结出的土的抗剪强度规律，如图 3.23 所示。其表达式为

$$\tau_f = \sigma \tan\varphi$$

式中 τ_f——土的抗剪强度(N/cm^2)；

σ——作用在剪切面上的法向应力(N/cm^2)；

φ——内摩擦角(°)，为土的抗剪强度指标之一。

后来又提出了黏性土的以下抗剪强度表达式：

$$\tau_f = c + \sigma \tan\varphi$$

式中 c——凝聚力(N/cm^2)，为土的抗剪强度指标之一；对于无黏性土，c=0。

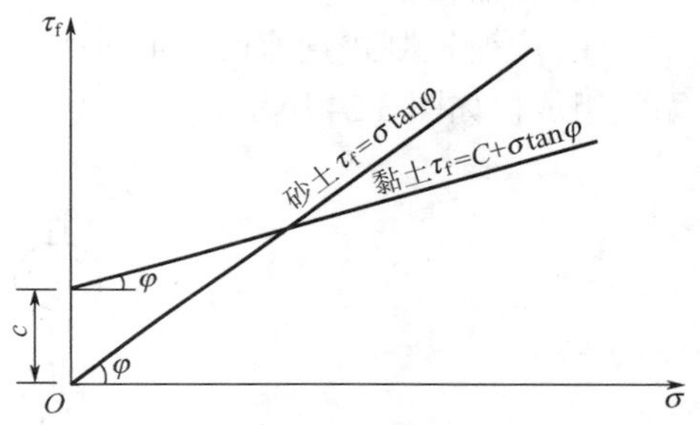

图 3.23　抗剪强度与法向应力的关系

直接剪切实验所用仪器结构简单，操作方便，以往实验室常用该实验测定土的抗剪强度指标。土的直接剪切实验分为两个阶段。第一阶段是固结阶段，在此阶段中分为两种情况：一是土样不需要固结(即不让土中孔隙压力消散，或使土中孔隙压力来不及消散)；二是土样需要固结(即让土中孔隙压力充分消散，或使土中孔隙压力完全消散)。第二阶段是剪切阶段，在此阶段中也分为两种情况：一是在剪切过程中土样不需要固结(即在剪切过程中不让土中孔隙压力消散，或使土中孔隙压力来不及消散)，称为快剪；二是在剪切过程中土样需要固结(即在剪切过程中让土样中的孔隙压力充分消散，或使土中孔隙压力完全消散)，称为慢剪。这样土的直接剪切实验根据工程应用的不同需要，分为三种实验方法，即慢剪实验、固结快剪实验和快剪实验。

直接剪切仪的最大缺点是不能有效地控制排水条件，剪切面积随剪切位移的增加而减小，因而它的使用受到一定的限制。如对于渗透性较大的土，进行快剪实验时，所得的总应力强度指标偏大，因而目前在国外很多国家仅用直剪仪进行慢剪实验。但国内很多单位仍旧采用直剪仪测定强度指标。为此应当引起注意的是，对渗透系数大于 10^{-6}cm/s 的土不宜做快剪实验，应采用三轴不固结不排水实验测定其总强度指标。

3.11.2 黏质土的直剪实验

※内容提要

黏质土的直接剪切实验根据工程应用的不同需要，分为三种实验方法——慢剪实验、固结快剪实验和快剪实验。土的慢剪实验是在实验的第一固结阶段土样需要固结稳定，在第二

剪切阶段土样在剪切的过程中也需要固结稳定；慢剪实验是在试样上施加垂直压力及水平剪切力的过程中均匀地使试样排水固结。土的固结快剪实验是在实验的第一固结阶段土样需要固结稳定，而在第二剪切阶段土样在剪切的过程中不需要固结；固结快剪实验是在试样上施加垂直压力，待排水稳定后施加水平剪切力进行剪切。土的快剪实验是在实验的第一固结阶段土样不需要固结，在第二剪切阶段土样在剪切的过程中也不需要固结；快剪实验是在试样上施加垂直压力后，立即施加水平剪切力进行剪切。

※实验指导

一、实验目的

分别用三种实验方法测定黏质土的抗剪强度指标，其中固结快剪实验和快剪实验适用于渗透系数小于 10^{-6}cm/s 的黏质土。

二、实验设备与试样

(1) 仪器设备。

① 应变控制式直剪仪，由剪切盒、垂直加荷设备、剪切传动装置、测力计和位移量测系统组成，如图 3.24 所示。

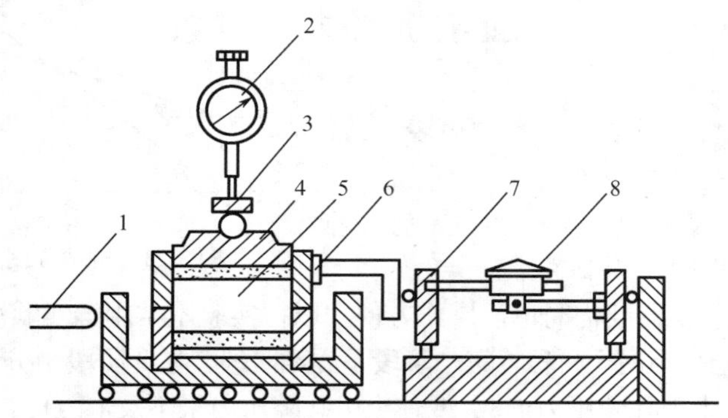

图 3.24　应变控制式直剪仪结构示意图

1—推动座；2—垂直位移百分表；3—垂直加荷框架；4—活塞；5—试样；6—剪切盒；7—测力计；8—测力百分表

② 环刀，内径 61.8mm，高 20mm。

③ 位移量测设备，采用百分表或传感器，百分表量程为 10mm，分度值为 0.01mm，传感器的精度应为零级。

(2) 试样制备。

① 原状土试样制备。

a. 每组试样制备不得少于四个。

b. 按土样上下层次小心开启原状土包装皮，将土样取出放正，整平两端。在环刀内壁涂一薄层凡士林，刀口向下，放在土样上。无特殊要求时，切土方向应与天然土层层面垂直。

c. 用切土刀将试件削成略大于环刀直径的土柱。然后将环刀垂直向下压，边压边削，至土样伸出环刀上部为止，削平环刀两端，擦净环刀外壁，称环土总质量，准确至 0.1g，并测定环刀两端所削下土样的含水率。试件与环刀要密合，否则应重取。

切削过程中，应细心观察并记录试件的层次、气味、颜色，有无杂质，土质是否均匀，有无裂缝等。如连续切取数个试件，应使含水率不发生变化。视试件本身及工程要求，决定试件是否进行饱和，如不立即进行实验或饱和时，应将试件暂存于保湿器内。

切取试件后，剩余的原状土样用蜡纸包好置于保湿器内，以备补做实验之用。切削的余土做物理性实验。平行实验或同一组试件密度差值不大于±0.1g/cm^3，含水率差值不大于 2%。

② 细粒土扰动土样的制备程序。

a. 将扰动土样进行土样描述，如颜色、土类、气味及夹杂物等。如有需要，将扰动土样充分拌匀，取代表性土样进行含水率测定。

b. 将块状扰动土放在橡皮板上用木碾或粉碎机碾散，但切勿压碎颗粒。如含水率较大不能碾散时，应风干至可碾散时为止。

c. 根据实验所需土样数量，将碾散后的土样过筛。物理性实验如液限、塑限、缩限等实验，需过 0.5mm 筛；常规水理及力学实验土样，需过 2mm 筛；击实实验土样的最大粒径，必须满足击实实验采用不同击实筒实验时土样中最大颗粒粒径的要求。按规定过标准筛后，取出足够数量的代表性试样，然后分别装入容器内，贴以标签。标签上应注明工程名称、土样编号、过筛孔径、用途、制备日期和人员等，以备各项实验之用。若系含有多量粗砂及少量细粒土(泥砂或黏土)的松散土样，应加水润湿松散后，用四分法取出代表性试样；若系净砂，则可用匀土器取代表性试样。

d. 为配制一定含水率的试样，取过 2mm 筛的足够实验用的风干土 1～5kg，按下式计算制备土样所需的加水量：

$$m_w = \frac{m}{1+0.01w_h} \times 0.01(w - w_h)$$

式中 m_w——土样所需加水量(g)；

m——风干含水率时的土样质量(g)；

w_h——风干含水率(%)；

w——土样所要求的含水率(%)。

将所取土样平铺于不吸水的盘内，用喷雾设备喷洒预计的加水量，并充分拌和；然后装入容器内盖紧，润湿一昼夜备用(砂类土浸润时间可酌量缩短)。

e. 测定湿润土样不同位置的含水率(至少两个以上)，要求差值满足含水率测定的允许平行差值。

f. 对不同土层的土样制备混合试样时，应根据各土层厚度，按比例计算相应质量配合，然后按 a～d 步骤完成扰动土的制备工序。

(3) 试样饱和：土的孔隙逐渐被水填充的过程称为饱和；孔隙被水充满时的土，称为饱和土。

根据土的性质，决定饱和方法：对较易透水的黏性土，即渗透系数大于 10^{-4}cm/s 时，采用毛细管饱和法较为方便，也可采用浸水饱和法；对不易透水的黏性土，即渗透系数小于 10^{-4}cm/s 时，采用真空饱和法，但如土的结构性较弱，抽气可能发生扰动时，不宜采用。

三、实验内容与步骤

(1)黏质土的慢剪实验。

① 对准剪切容器上下盒，插入固定销，在下盒内放透水石和滤纸，将带有试样的环刀刃向上，对准剪盒口，在试样上放滤纸和透水石，将试样小心地推入剪切盒内。

② 移动传动装置，使上盒前端钢珠刚好与测力计接触，依次加上传压板、加压框架，安装垂直位移量测装置，测记初始读数。

③ 根据工程实际和土的软硬程度施加各级垂直压力，然后向盒内注水；当试样为非饱和试样时，应在加压板周围包以湿棉花。

④ 施加垂直压力，每 1h 测记垂直变形一次。试样固结稳定时的垂直变形值为：黏质土垂直变形每 1h 不大于 0.005mm。

⑤ 拔去固定销，以小于 0.02mm/min 的速度进行剪切，并每隔一定时间测记测力计百分表读数，直至剪损。

⑥ 试样剪损时间可按下式估算：

$$t_f = 50t_{50}$$

式中 t_f——达到剪损所经历的时间(min)；

t_{50}——固结度达到 50%所需的时间(min)。

⑦ 当测力计百分表读数不变或后退时，继续剪切至剪切位移为 4mm 时停止，记下破坏值。当剪切过程中测力计百分表无峰值时，剪切至剪切位移达 6mm 时停止。

⑧ 剪切结束，吸去盒内积水，退掉剪切力和垂直压力，移动压力框架，取出试样，测定其含水率。

(2)黏质土的固结快剪实验。

① 固结快剪实验的剪切速度为 0.8mm/min，在 3～5min 内剪损。应每隔一定时间测记测力计百分表读数，直至剪损。

② 其余步骤同黏质土的慢剪实验。

(3)黏质土的快剪实验。

① 按黏质土慢剪实验第①～③步的方法安装试样。

② 施加垂直压力，拔出固定销立即开动秒表，以 0.8mm/min 的剪切速度进行实验。

③ 当测力计百分表读数不变或后退时，继续剪切至剪切位移为 4mm 时停止，记下破坏值。当剪切过程中测力计百分表无峰值时，剪切至剪切位移达 6mm 时停止。

④ 剪切结束，吸去盒内积水，退掉剪切力和垂直压力，移动压力框架，取出试样，测定其含水率。

四、实验数据处理

(1)剪切位移按下式计算：

$$\Delta l = 20n - R$$

式中 Δl——剪切位移(0.01mm)，计算至 0.1；

n——手轮转数；

R——百分表读数。

(2) 剪应力按下式计算：

$$\tau = CR$$

式中 τ——剪应力(kPa)，计算至 0.1；

C——测力计校正系数(kPa/0.01mm)。

(3) 以剪应力τ为纵坐标，剪切位移Δl为横坐标，绘制$\tau-\Delta l$的关系曲线。

(4) 以垂直压力p为横坐标，抗剪强度S为纵坐标，将每一试样的抗剪强度点绘在坐标纸上，并连成一直线。此直线的倾角为摩擦角φ，纵坐标上的截距为凝聚力c。

3.11.3 砂类土的直剪实验

※内容提要

砂类土的最大特点是土中孔隙压力极易消散，因此本实验的两个主要阶段过程与黏质土的慢剪实验略有相似。若进行快剪实验，则总应力强度指标偏大。

※实验指导

一、实验目的

本实验测定抗剪强度指标，适用于砂类土。

二、实验设备与试样

(1) 仪器设备：同 3.11.2 节。

(2) 试样制备：按照砂类土扰动土样的制备程序进行。

① 取过 2mm 筛的风干砂 1200g。

② 将扰动土样进行土样描述，如颜色、土类、气味及夹杂物等。如有需要，将扰动土样充分拌匀，取代表性土样进行含水率测定。

③ 将块状扰动土放在橡皮板上用木碾或粉碎机碾散，但切勿压碎颗粒；如含水率较大不能碾散时，应风干至可碾散时为止。

④ 根据实验所需土样数量，将碾散后的土样过筛。物理性实验如液限、塑限、缩限等实验，需过 0.5mm 筛；常规水理及力学实验土样，需过 2mm 筛；击实实验土样的最大粒径，必须满足击实实验采用不同击实筒实验时土样中最大颗粒粒径的要求。按规定过标准筛后，取出足够数量的代表性试样，然后分别装入容器内，贴以标签。标签上应注明工程名称、土样编号、过筛孔径、用途、制备日期和人员等，以备各项实验之用。若系含有多量粗砂及少量细粒土(泥砂或黏土)的松散土样，应加水润湿松散后，用四分法取出代表性试样；若系净砂，则可用匀土器取代表性试样。

⑤ 为配制一定含水率的试样，取过 2mm 筛的足够实验用的风干土 1～5kg，按公式计算所需的加水量；然后将所取土样平铺于不吸水的盘内，用喷雾设备喷洒预计的加水量，并充分拌和；然后装入容器内盖紧，润湿一昼夜备用(砂类土浸润时间可酌量缩短)。

⑥ 测定湿润土样不同位置的含水率(至少两个以上)，要求差值满足含水率测定的允许平行差值。

⑦ 对不同土层的土样制备混合试样时，应根据各土层厚度，按比例计算相应质量配合，然后按①～④的步骤进行扰动土的制备工序。

⑧ 根据预定的试样干密度称取每个试样的风干砂质量，准确至 0.1g。每个试样的质量按下式计算：

$$m = V\rho_d$$

式中 V——试样体积(cm^3)；

ρ_d——规定的干密度(g/cm^3)；

m——每一试件所需风干砂的质量(g)。

(3)试样饱和：砂类土可直接在仪器内浸水饱和。

三、实验内容与步骤

(1)对准剪切容器上下盒，插入固定销，放入透水石。

(2)将试样倒入剪切容器内，放上硬木块，用手轻轻敲打，使试样达到预定干密度，取出硬木块，拂平砂面。

(3)拔去固定销，进行剪切实验。剪切速度为 0.8mm/min，在 3～5min 内剪损。每隔一定时间测记测力计百分表读数，直至剪损。

(4)试样剪损时间可按下式估算：

$$t_f = 50t_{50}$$

式中 t_f——达到剪损所经历的时间(min)；

t_{50}——固结度达到 50%所需的时间(min)。

(5)当测力计百分表读数不变或后退时，继续剪切至剪切位移为 4mm 时停止，记下破坏值。当剪切过程中测力计百分表无峰值时，剪切至剪切位移达 6mm 时停止。

(6)剪切结束，吸去盒内积水，退掉剪切力和垂直压力，移动压力框架，取出试样，测定其含水率。

(7)实验结束后，顺次卸除垂直压力、加压框架、钢珠、传压板，清除试样并擦洗干净，以备下次应用。

四、实验数据处理

(1)剪切位移按下式计算：

$$\Delta l = 20n - R$$

式中 Δl——剪切位移(0.01mm)，计算至 0.1；

n——手轮转数；

R——百分表读数。

(2)剪应力按下式计算：

$$\tau = CR$$

式中 τ——剪应力(kPa)，计算至 0.1；

C——测力计校正系数(kPa/0.01mm)。

(3)如欲求砂类土在每一干密度下的抗剪强度，则以抗剪强度为纵坐标，垂直压力为横坐标，绘制在一定干密度下的抗剪强度与垂直压力的关系曲线。

(4)如欲求砂类土在某一垂直压力下的抗剪强度，则以干密度为横坐标，抗剪强度为纵坐标，绘制一定垂直压力下的抗剪强度与干密度的关系曲线。

3.12 三轴压缩实验*

3.12.1 本节概述

三轴压缩实验是测定土的抗剪强度的一种方法。土的抗剪强度是土体抵抗剪切破坏的极限能力。测定土的抗剪强度比较简单的方法是采用直接剪力仪进行实验，这种仪器操作简单，但存在许多缺点，其中最主要的缺点就是无法控制试样的排水条件，因而它的应用范围极为狭小。而三轴压缩仪（又称三轴剪力仪）能够严格控制试样排水条件，此外还有以下优点。

(1) 试样所受到的应力情况为已知。

(2) 可以测定试样内的孔隙压力和体积变化。

(3) 还可测定土的静止侧压力系数和非饱和土的固结系数等。

因此三轴压缩仪已成为目前最基本和较完善的土工实验仪器。

根据排水条件不同，三轴压缩实验可分为不固结不排水实验（UU）、固结不排水实验（CU）以及固结排水实验（CD），以适用于不同工程条件下进行的抗剪强度指标测定。

三轴压缩实验的目的，是根据莫尔-库仑破坏准则测定土的抗剪强度参数：凝聚力和内摩擦角。一般认为土体的破坏条件用莫尔-库仑（Mohr-Coulomb）破坏准则表示比较符合实际情况，根据该准则，土体在各项主应力的作用下，作用在某一应力面上的剪应力（τ）与法向应力（σ）之比达到某一比值（即土的内摩擦角正切值 $\tan\varphi$）时，土体就将沿该面发生剪切破坏，而与作用的各项主应力大小无关，如图 3.25 所示。常规三轴压缩实验是取 3～4 个圆柱体试样，分别在其四周施加不同的恒定周围压力（即小主应力）σ_3，随后逐渐增加轴向压力（即大主应力）σ_1 直至破坏为止。按破坏时的大主应力与小主应力分别绘制莫尔圆，莫尔圆的切线就是剪应力与法向应力的关系曲线，通常以近似的直线表示，其倾角为 φ，在纵坐标轴上的截距为 c，如图 3.25 所示。莫尔-库仑破坏准则的表达式为

$$\frac{1}{2}(\sigma_1-\sigma_3)_{\mathrm{f}}=c\cos\varphi+\frac{1}{2}(\sigma_1+\sigma_3)_{\mathrm{f}}\sin\varphi$$

式中 σ_1、σ_3——大、小主应力（kPa）；

c——土的凝聚力（kPa）；

φ——土的内摩擦角（°）。

上式经整理后，即可得到：

$$\sigma_{1\mathrm{f}}=\sigma_{3\mathrm{f}}\tan^2(45^\circ+\varphi/2)+2c\tan(45^\circ+\varphi/2)$$

或

$$\sigma_{3\mathrm{f}}=\sigma_{1\mathrm{f}}\tan^2(45^\circ-\varphi/2)+2c\tan(45^\circ-\varphi/2)$$

以上公式表明，若c、φ一定，而仅知σ_1和σ_3中的一个，尚不能确定该点是否达到破坏。当σ_3保持不变时，只有σ_1增加到某一定值，莫尔应力圆与强度线相切，该点才处于极限平衡状态；或者当σ_1保持不变时，只有σ_3减小到某一定值，莫尔应力圆与强度线相切，该点才处于极限平衡状态。由此可知，同一种土可以在不同σ_3（或σ_1）下达到剪破状态。如果对同一种土的一组试样，分别在不同σ_3下做剪切实验，那么它们必定在不同σ_1下达到剪破状态，于是就可得到一组极限应力圆，作它们的包线，即得上述抗剪强度包线。实验表明，强度包线为一曲线，但在一定的应力范围内通常可用直线(即库仑公式)近似表示。

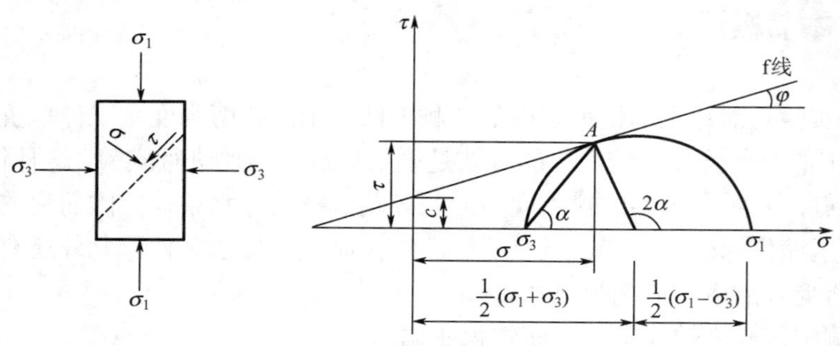

图 3.25　三轴实验中剪应力与法向应力的关系

剪应力τ与法向应力σ的关系用库仑公式表示为

$$\tau = c + \sigma\tan\varphi$$

式中，τ、σ分别为作用在破坏面上的剪应力与法向应力，它们与大主应力σ_1、小主应力σ_3及破坏面与大主应力面的倾角α具有如下关系：

$$\sigma = \frac{1}{2}(\sigma_1 + \sigma_3) + \frac{1}{2}(\sigma_1 - \sigma_3)\cos 2\alpha$$

$$\tau = \frac{1}{2}(\sigma_1 - \sigma_3)\sin 2\alpha$$

其中，$\alpha = 45^\circ + \frac{1}{2}\varphi$。

图 3.25 中的A点表示土体中一点剪切极限破坏面上的应力状态，即剪切面上的剪应力为τ，法向应力为σ，剪切面与大主应力面的夹角为α。该点所具有的抗剪强度指标，凝聚力为c，内摩擦角为φ。图中 f 线称为抗剪强度包络线，简称强度包线。

土体由固体颗粒及其孔隙内的水(或水和气体)所组成，土体受荷载后，其中剪应力为固体颗粒骨架所承受，而任何面上的法向应力为固体颗粒骨架和孔隙水或气体所承受，即

$$\sigma' = \sigma - u$$

式中　σ'——有效应力；

　　　u——孔隙压力。

土的抗剪强度主要取决于有效应力的大小，则有效抗剪强度τ'可表示为

$$\tau' = c' + (\sigma - u)\tan\varphi' = c' + \sigma'\tan\varphi'$$

式中　c'——有效凝聚力；

　　　φ'——有效内摩擦角。

三轴压缩实验适用于测定黏性土和砂性土的总抗剪强度参数和有效抗剪强度参数。

三轴压缩实验与直接剪切实验相比具有能控制试样排水条件、受力状态明确、可以控制大小主应力、剪切面不固定、能够准确地测定土的孔隙压力及体积变化等诸多优点，因此得到了广泛的发展，并使抗剪强度的研究获得了很大的进展。然而常规三轴压缩实验也存在一定的缺点，如主应力方向固定不变、实验是在轴对称情况下进行等，这与工程实际情况有所不同，为此目前已发展出平面应变仪、真三轴仪、扭转三轴仪等，能更准确地专项测定土的抗剪强度以及研究土的应力应变关系。

3.12.2 不固结不排水实验

※内容提要

不固结不排水(UU)实验通常用 3～4 个圆柱形试样，分别在不同恒定周围压力(即小主应力σ_3)下，施加轴向压力[即主应力差($\sigma_1-\sigma_3$)]进行剪切，直至破坏，在整个过程中不允许试样排水。

※实验指导

一、实验目的

本实验测定细粒土和砂类土的总抗剪强度参数c_u、φ_u，采用不固结不排水(UU)实验，在施加周围压力和增加轴向压力直至破坏过程中均不允许试样排水。

二、实验设备与试样

(1)仪器设备。

① 三轴压缩仪，为应变控制式，如图 3.26 所示，由周围压力系统、反压力系统、孔隙水压力量测系统和主机组成。

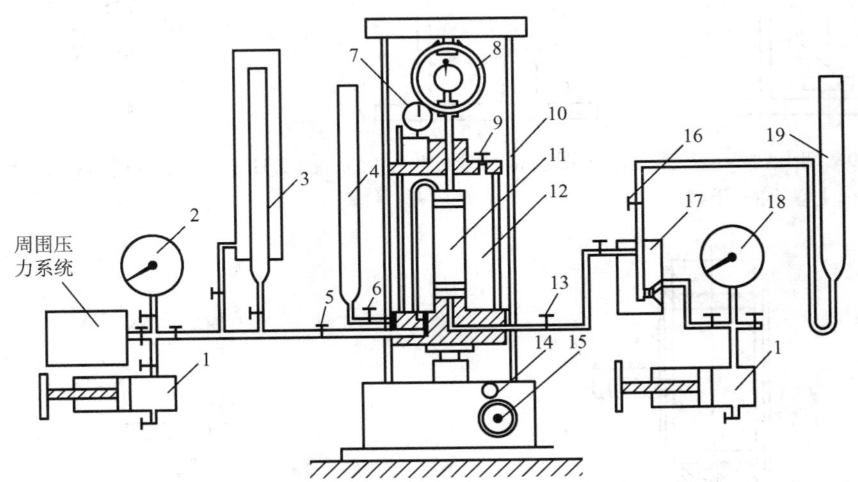

图 3.26 应变控制式三轴压缩仪结构示意图

1—调压筒；2—周围压力表；3—体变管；4—排水管；5—周围压力阀；6—排水阀；7—变形量表；8—量力环；9—排气孔；10—轴向加压设备；11—试样；12—压力室；13—孔隙压力阀；14—离合器；15—手轮；16—量管阀；17—零位指示器；18—孔隙压力表；19—量管

② 附属设备，包括击实器、饱和器、切土器、分样器、切土盘、承膜筒和对开圆模，应符合下列图样要求：

a. 击实器(图 3.27)和饱和器(图 3.28)；

b. 切土盘(图 3.29)、切土器(图 3.30)和原状土分样器(图 3.31)；

c. 承膜筒(图 3.32)及对开圆模(图 3.33)。

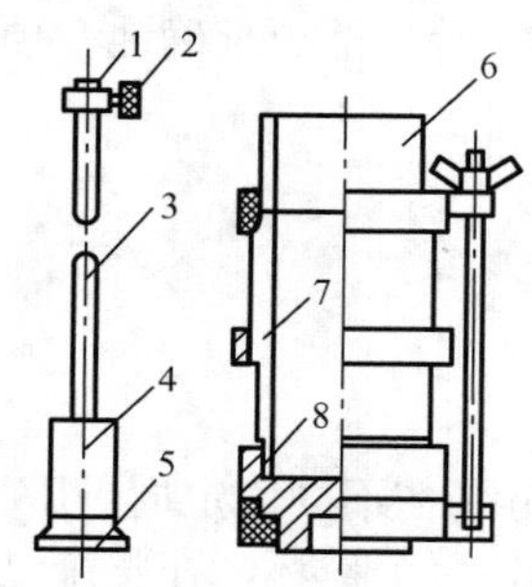

图 3.27　击实器

1—套环；2—定位螺钉；3—导杆；4—击锤；5—底板；6—套筒；7—饱和器；8—底板

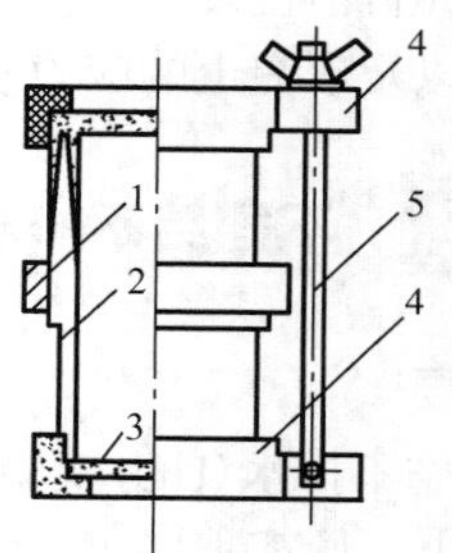

图 3.28　饱和器

1—紧箍；2—土样筒；3—透水石；4—夹板；5—拉杆

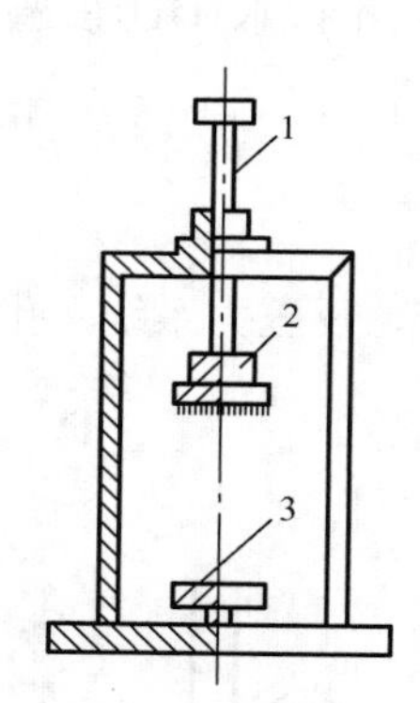

图 3.29　切土盘

1—转轴；2—上盘；3—下盘

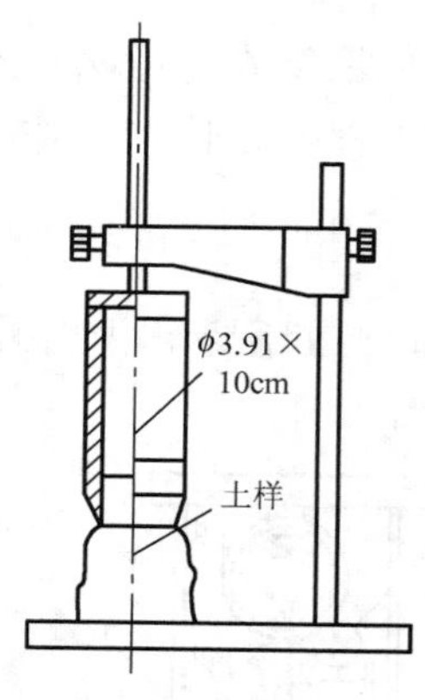

图 3.30　切土器

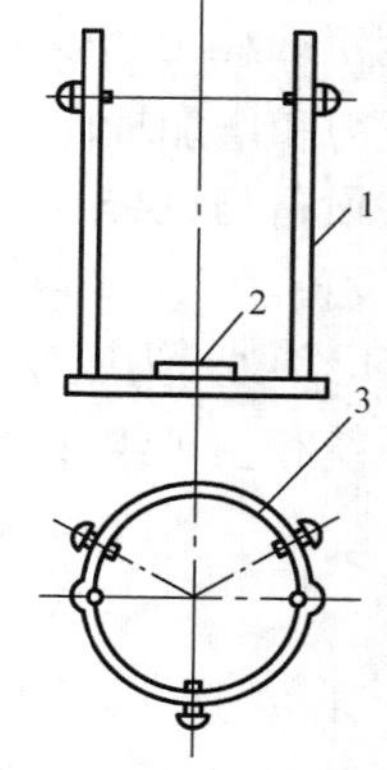

图 3.31　原状土分样器(适用于软黏土)

1—滑杆；2—底座；3—钢丝架

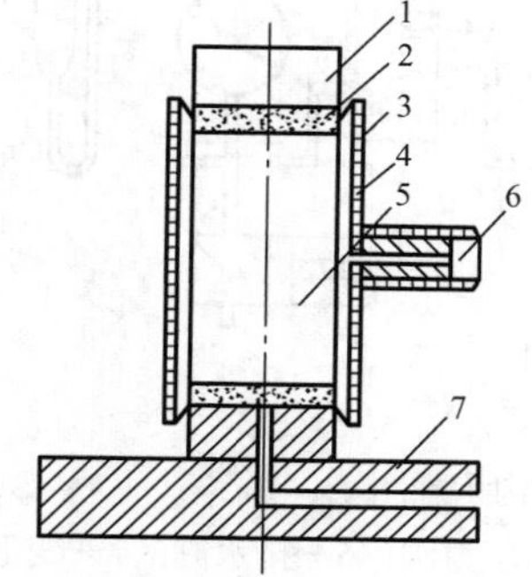

图 3.32　承膜筒(橡皮膜借承膜筒套在试样外)

1—上帽；2—透水石；3—橡皮膜；4—承膜筒身；5—试样；6—吸气孔；7—三轴仪底座

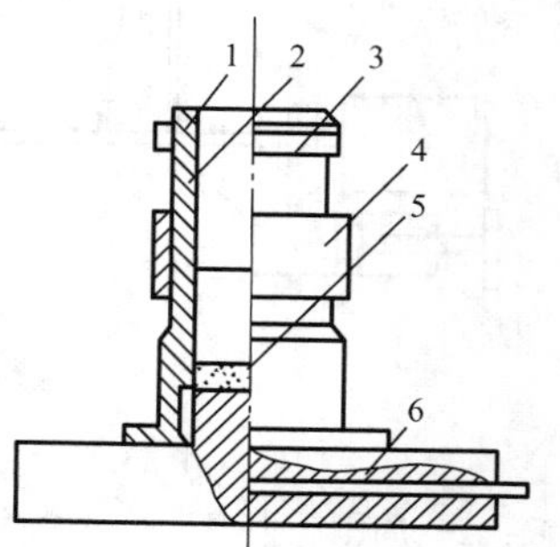

图 3.33　对开圆膜(制备饱和的砂样)

1—橡皮膜；2—制样圆模(两片组成)；3—橡皮圈；4—圆箍；5—透水石；6—仪器底座

③ 百分表，量程3cm或1cm，分度值0.01mm。

④ 天平，分别为称量200g、感量0.01g，称量1000g、感量0.1g。

⑤ 橡皮膜，应具有弹性，厚度应小于橡皮膜直径的1/100，不得有漏气孔。

(2) 仪器检查。

① 周围压力的测量精度为全量程的1%，测读分值为5kPa。

② 孔隙水压力系统内的气泡应完全排除，可用纯水施加压力，使气泡上升至试样顶部沿底座溢出。测量系统的体积因数应小于$1.5\times10^{-5}cm^3/kPa$。

③ 管路应畅通，活塞应能滑动，各连接处应无漏气。

④ 橡胶膜在使用前应仔细检查，方法是在膜内充气，扎紧两端，然后在水下检查有无漏气。

(3) 试样制备。

① 本实验需3～4个试样，分别在不同周围压力下进行实验。

② 试样尺寸：最小直径为35mm，最大直径为101mm，试样高度宜为试样直径的2～2.5倍，试样的最大粒径应符合表3.8的规定。对于有裂缝、软弱面和构造面的试样，试样直径宜大于60mm。

表3.8 试样的土粒最大粒径 单位：mm

试样直径ϕ	允许最大粒径
$\phi<100$	试样直径的1/10
$\phi\geqslant100$	试样直径的1/5

③ 原状土试样的制备：根据土样的软硬程度，分别用切土盘和切土器按第②条的规定切成圆柱形试样，试样两端应平整，并垂直于试样轴。当试样侧面或端部有小石子或凹坑时，允许用削下的余土修整。试样切削时应避免扰动，并取余土测定试样的含水率。

④ 扰动土试样制备：根据预定的干密度和含水率，按下述方法备样后，在击实器内分层击实，粉质土宜为3～5层，黏质土宜为5～8层，各层土样数量相等，各层接触面应刨毛。

a. 将扰动土样进行土样描述，如颜色、土类、气味及夹杂物等。如有需要，将扰动土样充分拌匀，取代表性土样进行含水率测定。

b. 将块状扰动土放在橡皮板上用木碾或粉碎机碾散，但切勿压碎颗粒。如含水率较大不能碾散时，应风干至可碾散时为止。

c. 根据实验所需土样数量，将碾散后的土样过筛。物理性实验如液限、塑限、缩限等实验，需过0.5mm筛；常规水理及力学实验土样，需过2mm筛；击实实验土样的最大粒径，必须满足击实实验采用不同击实筒实验时土样中最大颗粒粒径的要求。按规定过标准筛后，取出足够数量的代表性试样，然后分别装入容器内，贴以标签。标签上应注明工程名称、土样编号、过筛孔径、用途、制备日期和人员等，以备各项实验之用。若系含有多量粗砂及少量细粒土(泥砂或黏土)的松散土样，应加水润湿松散后，用四分法取出代表性试样。若系净砂，则可用匀土器取代表性试样。

d. 为配制一定含水率的试样，取过2mm筛的足够实验用的风干土1～5kg，按下式计算所需的加水量：

$$m_{\mathrm{w}}=\frac{m}{1+0.01w_{\mathrm{h}}}\times 0.01(w-w_{\mathrm{h}})$$

式中 m_{w}——土样所需加水量(g)；

m——风干含水率时的土样质量(g)；

w_{h}——风干含水率(%)；

w——土样所要求的含水率(%)。

将所取土样平铺于不吸水的盘内，用喷雾设备喷洒预计的加水量，并充分拌和；然后装入容器内盖紧，润湿一昼夜备用(砂类土浸润时间可酌量缩短)。

e. 测定湿润土样不同位置的含水率(至少两个以上)，要求差值满足含水率测定的允许平行差值。

f. 对不同土层的土样制备混合试样时，应根据各土层厚度，按比例计算相应质量配合，然后按 a～d 的步骤完成扰动土的制备工序。

⑤ 对于砂类土，应先在压力室底座上依次放上不透水板、橡皮膜和对开圆膜。将砂料填入对开圆膜内，分三层按预定干密度击实。当制备饱和试样时，在对开圆膜内注入纯水至 1/3 高度，将煮沸的砂料分三层填入，达到预定高度。放上不透水板、试样帽，扎紧橡皮膜。对试样内部施加 5kPa 负压力，使试样能站立，拆除对开膜。

⑥ 对制备好的试样，量测其直径和高度。试样的平均直径 D_0 按下式计算：

$$D_0=\frac{D_1+2D_2+D_3}{4}$$

式中 D_1、D_2、D_3——分别为试样上、中、下部位的直径。

(4) 试样饱和：饱和的方法有抽气饱和、浸水饱和、水头饱和及反压饱和，应根据不同土类和要求饱和度而选用不同的方法。通常对黏性土采用抽气饱和，粉土采用浸水饱和，砂性土采用水头饱和，渗透系数小于 10^{-7}cm/s 的老黏土采用反压饱和等。

① 抽气饱和：同 3.1.3 节真空饱和法。

② 水头饱和：将试样装于压力室内，施加 20kPa 周围压力。水头高出试样顶部 1m，使纯水从底部进入试样，从试样顶部溢出，直至流入水量和溢出水量相等为止。当需要提高试样的饱和度时，宜在水头饱和前，从底部将二氧化碳气体通入试样，置换孔隙中的空气，再进行水头饱和。

③ 反压力饱和：试样要求完全饱和时，应对试样施加反压力。反压力系统与周围压力相同，但应用双层体变管代替排水量管。试样装好后，调节孔隙水压力等于 101.325kPa(大气压力)，关闭孔隙水压力阀、反压力阀、体变管阀，测记体变管读数。开周围压力阀，对试样施加 10～20kPa 的周围压力，开孔隙压力阀，待孔隙压力变化稳定后测记读数。关孔隙压力阀。开体变管阀和反压力阀，同时施加周围压力和反压力，每级增量 30kPa，缓慢打开孔隙压力阀，检查孔隙水压力增量，待孔隙水压力稳定后测记孔隙水压力和体变管读数，再施加下一级周围压力和反压力。每施加一级压力都测定孔隙水压力。当孔隙水压力增量与周围压力增量之比 $\Delta u/\Delta\sigma_3>0.98$ 时，即认为试样达到饱和。

三、实验内容与步骤

(1) 试样安装。

① 在压力室底座上依次放上不透水板、试样及试样帽，将橡皮膜套在试样外，并将橡皮膜两端与底座上的试样帽分别扎紧。

② 装上压力室罩，向压力室内注满纯水，关排气阀，压力室内不应有残留气泡。并将活塞对准测力计和试样顶部。

③ 关排水阀，开周围压力阀，施加周围压力，周围压力值应与工程实际荷载相适应，最大两级周围压力应与最大实际荷载大致相等。

④ 转动手轮，使试样帽与活塞及测力计接触，装上变形百分表，将测力计和变形百分表读数调至零位。

(2) 试样剪切。

① 剪切应变速率宜为每分钟0.5%～1%。

② 开动马达，接上离合器，开始剪切。试样每产生0.3%～0.4%的轴向应变，测记一次测力计读数和轴向应变。当轴向应变大于3%时，每隔0.7%～0.8%的应变值测记一次读数。

③ 当测力计读数出现峰值时，剪切应继续进行至超过5%的轴向应变为止。当测力计读数无峰值时，剪切应进行到轴向应变为15%～20%。

④ 实验结束后，先关闭周围压力阀，关闭马达，拨开离合器，倒转手轮，然后打开排气孔，排除受压室内的水，拆除试样。描述试样破坏形状，称取试样质量并测定其含水率。

四、实验数据处理

(1) 轴向应变按下式计算：

$$\varepsilon_1 = \frac{\Delta h_i}{h_0}$$

式中 ε_1——轴向应变值(%)；

Δh_i——剪切过程中的高度变化(mm)；

h_0——试样起始高度(mm)。

(2) 试样面积的校正按下式计算：

$$A_a = \frac{A_0}{1-\varepsilon_1}$$

式中 A_a——试样的校正断面积(cm^2)；

A_0——试样的初始断面积(cm^2)。

(3) 主应力差按下式计算：

$$\sigma_1 - \sigma_3 = \frac{CR}{A_a} \times 10$$

式中 σ_1——大主应力(kPa)；

σ_3——小主应力(kPa)；

C——测力计校正系数(N/0.01mm)；

R——测力计读数(0.01mm)。

(4) 轴向应变与主应力差的关系曲线应在直角坐标纸上绘制。以($\sigma_1 - \sigma_3$)的峰值为破坏点，无峰值时，取15%轴向应变时的主应力差值作为破坏点。以法向应力为横坐标，剪应力为纵坐标，在横坐标上以$\frac{\sigma_{1f}+\sigma_{3f}}{2}$为圆心、以$\frac{\sigma_{1f}-\sigma_{3f}}{2}$为半径(f代表破坏)，在$\tau-\sigma$应力平面图上绘制破损应力圆，并绘制不同周围压力下破损应力圆的包线。求出不排水强度参数。

3.12.3 固结不排水实验

※内容提要

固结不排水实验中测定孔隙水压力可求得土的有效强度指标，以便进行土体稳定的有效应力分析。实验中同时能测得总应力强度指标。

※实验指导

一、实验目的

本实验测定黏质土和砂类土的总抗剪强度参数 c_{cu}、φ_{cu} 或有效抗剪强度参数 c'、φ' 及孔隙压力系数。采用固结不排水(CU)实验方法，使试样先在某一周围压力作用下排水固结，然后在保持不排水的情况下增加轴向压力直至破坏。

二、实验设备与试样

同 3.12.2 节。

三、实验内容与步骤

(1) 试样安装。

① 开孔隙水压力阀和排水阀，对孔隙水压力系统及压力室底座充气排水后，关孔隙水压力阀和排水阀。压力室底座上依次放上透水板、滤纸、试样及试样帽。试样周围贴浸湿的滤纸条，套上橡皮膜，将橡皮膜下端与底座扎紧。从试样底部充水，排除试样与橡皮膜之间的气泡，并将橡皮膜上部与试样帽扎紧。降低排水管，使管内水面位于试样中心以下 20～40cm，吸除余水，关排水阀。需要测定应力应变时，应在试样与透水板之间放置中间夹有硅脂的两层圆形橡皮膜，膜中间应留直径为 1cm 的圆孔排水。

② 安装压力室罩，充水，关排气阀，压力室内不应有残留气泡，并将活塞对准测力计和试样顶部。提高排水管，使管内水面与试样高度的中心齐平，测记排水面读数。

③ 开孔隙水压力阀，使孔隙水压力值等于大气压力，关闭孔隙水压力阀。

④ 关排水阀，开周围压力阀，施加周围压力，周围压力值应与工程实际荷载相适应，最大一级周围压力应与最大实际荷载大致相等。

⑤ 转动手轮，使试样帽与活塞及测力计接触，装上变形百分表，将测力计和变形百分表读数调至零位。

⑥ 调整轴向压力、轴向应变和孔隙水压力为零点，并记下体积变化量管的读数。当需施加反压力时，按本实验反压力饱和步骤施加。

(2) 试样排水固结。

① 开孔隙水压力阀，测定孔隙水压力。开排水阀。当需要测定排水过程时，按 0s、15s、1min、2min、4min、6min、9min、12min、16min、20min、25min、35min、45min、60min、90min、2h、4h、10h、23h、24h 的时程，测记排水管水面及孔隙水压力值，直至孔隙水压力消散 95%以上。固结稳定的标准是最后 1h 变形量不超过 0.01mm。固结完成后，关排水阀，测记排水管读数和孔隙水压力读数。

② 微调压力机升降台，使活塞与试样接触，此时轴向变形百分表的变化值为试样固结时的高度变化。

(3) 试样剪切。

① 将轴向测力计、轴向变形百分表和孔隙水压力读数均调整至零。

② 选择剪切应变速率，进行剪切。黏质土每分钟应变为0.05%～0.1%，粉质土每分钟应变为0.1%～0.5%。

③ 轴向压力、孔隙水压力和轴向变形，按下述方法测记。

a. 开动马达，接上离合器，开始剪切。试样每产生0.3%～0.4%的轴向应变，测记一次测力计读数和轴向应变。当轴向应变大于3%时，每隔0.7%～0.8%的应变值测记一次读数。

b. 当测力计读数出现峰值时，剪切应继续进行至超过5%的轴向应变为止。当测力计读数无峰值时，剪切应进行到轴向应变为15%～20%。

④ 实验结束，关电动机和各阀门，开排气阀，排除压力室内的水，拆除试样，描述试样破坏形状。称试样质量，并测定其含水率。

四、实验数据处理

(1) 试样固结后的高度计算：

按实测固结下沉计算试样的固结后高度，计算公式为

$$h_c = h_0 - \Delta h_c$$

按等应变简化式计算试样的固结后高度，计算公式为

$$h_c = h_0\left(1-\frac{\Delta V}{V_0}\right)^{\frac{1}{3}}$$

式中　h_c——试样固结后的高度(cm)；

h_0——试样的起始高度(cm)；

ΔV——试样固结后与固结前的体积变化(cm^3)。

(2) 试样固结后的面积计算：

按实测固结下沉计算试样的固结后面积，计算公式为

$$A_c = \frac{V_0 - \Delta V}{h_c}$$

按等应变简化式计算试样的固结后面积，计算公式为

$$A_c = A_0\left(1-\frac{\Delta V}{V_0}\right)^{\frac{2}{3}}$$

式中　A_c——试样固结后的断面积(cm^2)；

A_0——试样的初始断面积(cm^2)。

(3) 剪切时试样的校正面积按下式计算：

$$A_a = \frac{A_c}{1-\varepsilon_1}$$

(4) 主应力差按下式计算：

$$\sigma_1 - \sigma_3 = \frac{CR}{A_a}\times 10$$

式中 σ_1——大主应力(kPa)；

σ_3——小主应力(kPa)；

C——测力计校正系数(N/0.01mm)；

R——测力计读数(0.01mm)。

(5)有效主应力比按以下公式计算：

① 有效大主应力为

$$\sigma_1' = \sigma_1 - u$$

式中 σ_1'——有效大主应力(kPa)；

u——孔隙水压力(kPa)。

② 有效小主应力为

$$\sigma_3' = \sigma_3 - u$$

式中 σ_3'——有效小主应力(kPa)。

③ 有效主应力比为

$$\frac{\sigma_1'}{\sigma_3'} = 1 + \frac{\sigma_1' - \sigma_3'}{\sigma_3'}$$

(6)孔隙水压力系数按以下公式计算：

① 初始孔隙水压力系数计算公式为

$$B = \frac{u_0}{\sigma_3}$$

式中 B——初始孔隙水压力系数；

u_0——初始周围压力产生的孔隙水压力(kPa)。

② 破坏时孔隙水压力系数计算公式为

$$A_f = \frac{u_f}{B(\sigma_1 - \sigma_3)_f}$$

式中 A_f——破坏时的孔隙水压力系数；

u_f——试样破坏时，主应力差产生的孔隙水压力(kPa)。

(7)绘制轴向应变与主应力差的关系曲线。

(8)绘制轴向应变与有效主应力比的关系曲线。

(9)绘制轴向应变与孔隙水压力的关系曲线。

(10)有效应力路径曲线按图 3.34 所示绘制，并计算有效摩擦角和有效凝聚力。

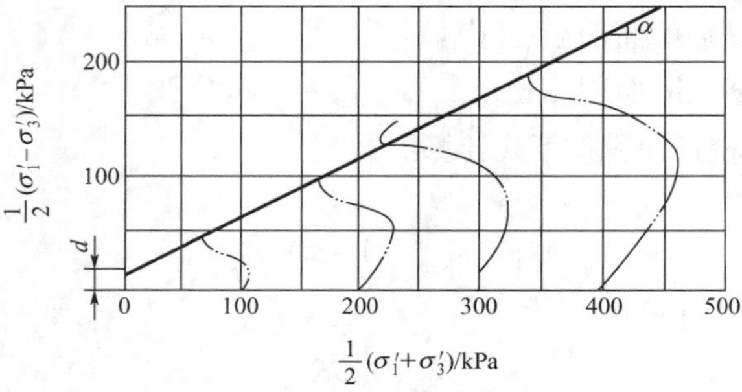

图 3.34 有效应力路径曲线

有效摩擦角按下式计算：

$$\varphi' = \sin^{-1}\tan\alpha$$

式中 φ'——有效摩擦角；

α——应力路径图上破坏点连线的倾角。

有效凝聚力按下式计算：

$$c' = \frac{d}{\cos\varphi'}$$

式中 c'——有效凝聚力(kPa)；

d——应力路径图上破坏点连线在纵坐标轴上的截距(kPa)。

(11)破坏应力圆、摩擦角和凝聚力，根据轴向应变与主应力差的关系曲线在直角坐标纸上绘制确定。

以$(\sigma_1-\sigma_3)$的峰值为破坏点，无峰值时，取15%轴向应变时的主应力差值作为破坏点。以法向应力为横坐标，剪应力为纵坐标，在横坐标上以$\frac{\sigma_{1f}+\sigma_{3f}}{2}$为圆心、以$\frac{\sigma_{1f}-\sigma_{3f}}{2}$为半径(f代表破坏)，在$\tau-\sigma$应力平面图上绘制破损应力圆，并绘制不同周围压力下破损应力圆的包线。求出不排水强度参数。

(12)有效摩擦角和有效凝聚力，应以$\frac{\sigma'_{1f}+\sigma'_{3f}}{2}$为圆心、以$\frac{\sigma'_{1f}-\sigma'_{3f}}{2}$为半径绘制有效破损应力圆来确定。

3.12.4 固结排水实验

※内容提要

固结排水实验可在各种试样上进行。试样既可以是饱和的，也可以是非饱和的。

※实验指导

一、实验目的

本实验测定黏质土和砂类土的抗剪强度参数c_d、φ_d，采用固结排水实验(CD)，使试样先在某一周围压力作用下排水固结，然后在允许试样充分排水的情况下增加轴向压力直至破坏。

二、实验设备与试样

同3.12.2节。

三、实验内容与步骤

(1)试样安装。

① 开孔隙水压力阀和排水阀，对孔隙水压力系统及压力室底座充气排水后，关孔隙水压力阀和排水阀。压力室底座上依次放上透水板、滤纸、试样及试样帽。试样周围贴浸湿的滤纸条，套上橡皮膜，将橡皮膜下端与底座扎紧。从试样底部充水，排除试样与橡皮膜之间的气泡，并将橡皮膜上部与试样帽扎紧。降低排水管，使管内水面位于试样中心以下20～40cm，吸除余水，关排水阀。需要测定应力应变时，应在试样与透水板之间放置中间夹有硅脂的两层圆形橡皮膜，膜中间应留直径为1cm的圆孔排水。

② 安装压力室罩，充水，关排气阀，压力室内不应有残留气泡，并将活塞对准测力计和试样顶部。提高排水管，使管内水面与试样高度的中心齐平，测记排水面读数。

③ 开孔隙水压力阀，使孔隙水压力值等于大气压力，关闭孔隙水压力阀。

④ 关排水阀，开周围压力阀，施加周围压力，周围压力值应与工程实际荷载相适应，最大一级周围压力应与最大实际荷载大致相等。

⑤ 转动手轮，使试样帽与活塞及测力计接触，装上变形百分表，将测力计和变形百分表读数调至零位。

⑥ 调整轴向压力、轴向应变和孔隙水压力为零点，并记下体积变化量管的读数。当需施加反压力时，按本实验反压力饱和步骤施加。

(2) 试样排水固结。

① 开孔隙水压力阀，测定孔隙水压力。开排水阀。当需要测定排水过程时，按一定时程测记排水管水面及孔隙水压力值，直至孔隙水压力消散95%以上。固结完成后，关排水阀，测记排水管读数和孔隙水压力读数。

② 微调压力机升降台，使活塞与试样接触，此时轴向变形百分表的变化值为试样固结时的高度变化。

(3) 试样剪切。

① 将轴向测力计、轴向变形百分表和孔隙水压力读数均调整至零。打开排水阀。

② 选择剪切应变速率，进行剪切。剪切速率采用每分钟应变0.003%～0.012%。

③ 轴向压力和轴向变形，按下述方法测记。

a. 开动马达，接上离合器，开始剪切。试样每产生 0.3%～0.4%的轴向应变，测记一次测力计读数和轴向应变。当轴向应变大于3%时，每隔0.7%～0.8%的应变值测记一次读数。

b. 当测力计读数出现峰值时，剪切应继续进行至超过 5%的轴向应变为止。当测力计读数无峰值时，剪切应进行到轴向应变为15%～20%。

c. 在剪切过程中试样始终排水，孔隙水压力为零。

④ 实验结束，关电动机和各阀门，开排气阀，排除压力室内的水，拆除试样，描述试样破坏形状。称试样质量，并测定其含水率。

四、实验数据处理

(1) 试样固结后的高度计算：

按实测固结下沉计算试样的固结后高度，计算公式为

$$h_c = h_0 - \Delta h_c$$

按等应变简化式计算试样的固结后高度，计算公式为

$$h_c = h_0\left(1-\frac{\Delta V}{V_0}\right)^{\frac{1}{3}}$$

式中 h_c——试样固结后的高度(cm)；

h_0——试样的起始高度(cm)；

ΔV——试样固结后与固结前的体积变化(cm^3)。

(2) 试样固结后的面积计算：

按实测固结下沉计算试样的固结后面积，计算公式为

$$A_c = \frac{V_0 - \Delta V}{h_c}$$

按等应变简化式计算试样的固结后面积，计算公式为

$$A_c = A_0\left(1 - \frac{\Delta V}{V_0}\right)^{\frac{2}{3}}$$

式中 A_c——试样固结后的断面积(cm^2)；

A_0——试样的初始断面积(cm^2)。

(3)剪切时试样的校正面积按下式计算：

$$A_a = \frac{V_c - \Delta V_i}{h_c - \Delta h_i}$$

式中 ΔV_i——剪切过程中试样的体积变化(cm^3)；

Δh_i——剪切过程中试样的高度变化(cm)。

① 轴向应变按下式计算：

$$\varepsilon_1 = \frac{\Delta h_i}{h_0}$$

式中 ε_1——轴向应变值(%)；

Δh_i——剪切过程中的高度变化(mm)；

h_0——试样的起始高度(mm)。

② 试样面积的校正按下式计算：

$$A_a = \frac{A_0}{1 - \varepsilon_1}$$

式中 A_a——试样的校正断面积(cm^2)；

A_0——试样的初始断面积(cm^2)。

③ 主应力差按下式计算：

$$\sigma_1 - \sigma_3 = \frac{CR}{A_a} \times 10$$

式中 σ_1——大主应力(kPa)；

σ_3——小主应力(kPa)；

C——测力计校正系数(N/0.01mm)；

R——测力计读数(0.01mm)。

(4)有效主应力比和孔隙水压力系数的计算。

① 有效主应力比按以下公式计算：

a. 有效大主应力为

$$\sigma_1' = \sigma_1 - u$$

式中 σ_1'——有效大主应力(kPa)；

u——孔隙水压力(kPa)。

b. 有效小主应力为

$$\sigma_3' = \sigma_3 - u$$

式中　σ_3'——有效小主应力(kPa)。

c. 有效主应力比为

$$\frac{\sigma_1'}{\sigma_3'} = 1 + \frac{\sigma_1' - \sigma_3'}{\sigma_3'}$$

② 孔隙水压力系数按以下公式计算:

a. 初始孔隙水压力系数为

$$B = \frac{u_0}{\sigma_3}$$

式中　B——初始孔隙水压力系数;

u_0——初始周围压力产生的孔隙水压力(kPa)。

b. 破坏时孔隙水压力系数为

$$A_{\mathrm{f}} = \frac{u_{\mathrm{f}}}{B(\sigma_1 - \sigma_3)_{\mathrm{f}}}$$

式中　A_{f}——破坏时的孔隙水压力系数;

u_{f}——试样破坏时，主应力差产生的孔隙水压力(kPa)。

(5)绘制轴向应力σ_1与主应力差($\sigma_1 - \sigma_3$)的关系曲线。

(6)绘制轴向应变ε_1与主应力比$\frac{\sigma_1}{\sigma_3}$的关系曲线。

(7)破损应力圆、摩擦角和凝聚力的确定。以($\sigma_1 - \sigma_3$)的峰值为破坏点，无峰值时，取15%轴向应变时的主应力差值作为破坏点。以法向应力为横坐标，剪应力为纵坐标，在横坐标上以$\frac{\sigma_{1\mathrm{f}} + \sigma_{3\mathrm{f}}}{2}$为圆心、以$\frac{\sigma_{1\mathrm{f}} - \sigma_{3\mathrm{f}}}{2}$为半径(f代表破坏)，在$\tau - \sigma$应力平面图上绘制破损应力圆，并绘制不同周围压力下破损应力圆的包线。求出不排水强度参数。

第 4 章 土木工程结构实验

4.1 本章概述

建筑结构实验(Building Structure Test)是一项科学性、实践性很强的活动，是研究和发展工程结构新材料、新体系、新工艺以及探索结构设计新理论的重要手段，在工程结构科学研究和技术革新等方面起着重要的作用。科学研究理论往往需要在实践中证实。对工程结构而言，确定材料的力学性能，建立复杂结构计算理论，验证梁、板、柱等一些单个构件的计算方法，都离不开具体的实验。因此，工程结构实验与检测是研究和发展结构计算理论不可缺少的重要环节。

当今由于计算机的普遍应用，建筑结构的设计方法和设计理论发生了根本性的变化，以前需要手工计算难以精确分析的复杂结构问题，凭借计算机手段而很大地简化。但实验在结构科研、设计和施工中的地位并没有因此改变。由于测试技术的进步，迅速提供精确可靠的实验数据比过去更受到重视，实验仍是解决建筑结构工程领域科研和设计出现的新问题必不可少的手段。其原因如下。

(1) 建筑结构实验是人们认识自然的重要手段。认识的局限性，使人们对诸如结构的材料性能等还缺乏真正透彻的了解，如在进行结构动力反应分析时要用到的阻尼比，至今尚不能用分析的方法求得。正是实验手段的应用，拓宽了人类认识的界限。

(2) 建筑结构实验是发现结构设计问题的重要环节。建筑设计技术发展到 20 世纪 80 年代，为满足人们需要出现了异形截面柱，如 T 形、L 形和十字形截面柱，在未做实验之前，设计者认为，矩形截面柱和异形截面柱在受力特性方面没有多大区别，仅在于截面形式不同。但通过实验发现，柱的受力特性与柱截面的形状有很大关系，矩形截面柱的破坏特征属拉压型破坏，而异形截面柱的破坏特性属剪切型破坏。

(3) 建筑结构实验是验证结构理论的有效方法。从最简单的结构受弯杆件截面应力分布的平截面假定理论、弹性力学平面应力中应力集中现象的计算理论，到比较复杂的、不能对研究问题建立完善数学模型的结构平面分析理论和结构空间分析理论，以至隔震结构、耗能结构的理论发展，都离不开实验这一有效方法。

(4) 建筑结构实验是建筑结构质量鉴定的直接方式。对于已建的结构工程，无论灾害后的建筑工程还是事故后的建筑工程，无论是某一具体的结构构件还是结构整体，任何目的下的质量鉴定所采用的直接方式仍是结构实验。

(5) 建筑结构实验是制定各类技术规范和技术标准的基础。我国现行的各种结构设计规范在制定过程中总结了已有的大量科学实验的研究成果和经验，同时为设计理论和设计方法的发展进行了大量钢筋混凝土结构、砖石结构和钢结构的梁、柱、框架、节点、墙板、砌体等足尺和缩尺模型的实验，加上对实体建筑物的实验研究，为我国编制各种结构设计规范提供了基本资料和数据。

(6) 建筑结构实验是自身发展的需要。自动控制系统和电液伺服加载系统在结构实验中的广泛应用，从根本上改变了实验加载的技术由过去的重力加载逐步改进为液压加载，进而过渡到低周反复加载、拟动力加载及地震模拟随机振动台加载等。在实验数据的采集和处理方面，实现了量测数据的快速采集、自动化记录和数据自动处理分析等。这些都是建筑结构实验自身发展的产物。

建筑结构实验是土木工程专业的一门技术基础课程，研究的主要内容包括工程结构静力实验和动力实验的加载模拟技术，工程结构变形参数的量测技术，实验数据的采集、信号分析及处理技术，以及对实验对象做出科学的技术评价或理论分析。学习本课程的目的是通过理论和实验的教学环节，掌握结构实验方面的基本知识和技能，能根据设计、施工和科学研究任务的需要，完成一般建筑结构的实验设计与规划，为今后从事建筑结构的科研、设计或施工等工作增加一种解决问题的方法。

4.2 钢筋混凝土结构实验

本节实验依据如下：

(1)《混凝土结构实验方法标准》(GB/T 50152—2012)；

(2)《建筑抗震实验规程》(JGJ/T 101—2015)；

(3)《混凝土结构工程施工质量验收规范》(GB 50204—2015)；

(4)《混凝土中钢筋检测技术规程》(JGJ/T 152—2008)；

(5)《建筑结构检测技术标准》(GB/T 50344—2004)。

4.2.1 适筋梁正截面承载力实验

※内容提要

(1) 观察实验梁在纯弯区段的裂缝出现和开展过程，并记录下抗裂荷载 P_{cr}^{o}（M_{cr}^{o}）。

(2) 量测实验梁在各级荷载作用下的跨中挠度值，绘制梁跨中弯矩-挠度曲线图。

(3) 量测实验梁在各级荷载作用下纯弯区段平均应变沿截面高度的分布，绘制相应的沿梁高度应变分布图形。

(4) 观察和绘制实验梁破坏情况及特征图，记下破坏荷载 P_u^o（M_u^o）。验证理论公式，并对实验值和理论计算值进行比较。

※实验指导

一、实验目的

(1) 初步掌握钢筋混凝土梁正截面承载力实验的一般程序和方法。

(2) 验证适筋梁的平均应变平截面假定。

(3) 加深对适筋梁正截面三个工作阶段受力特点和破坏形态的认识，并验证正截面受弯承载力计算公式。

二、实验设备与试样

(1) 实验装置：如图 4.1 所示，包括实验台座、反力架、千斤顶、分配梁、荷载传感器、电阻应变仪、千分表、百分表、放大镜、读数放大镜及直尺等。实验梁支承于台座上，通过千斤顶施加荷载，用荷载传感器和电阻应变仪量测荷载，用千分表量测实验梁纯弯区段的截面应变，用百分表量测实验梁跨中挠度，用放大镜观察裂缝的出现，用读数放大镜量测裂缝宽度，用直尺量测裂缝间距。

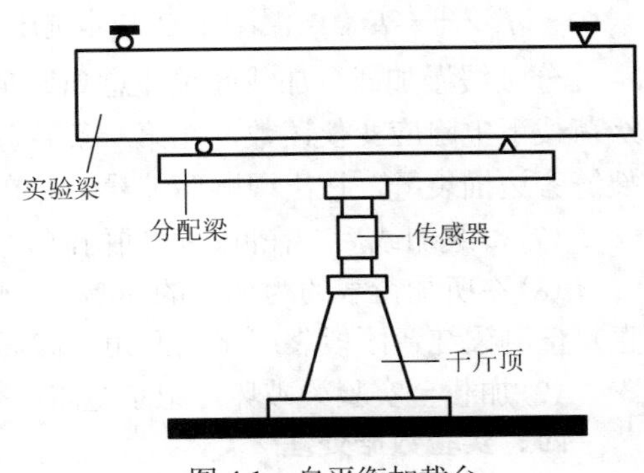

图 4.1　自平衡加载台

(2) 试件：实验梁混凝土强度和钢筋强度均按实测值采用，纵向钢筋和箍筋均采用 HPB300 级钢筋，试件尺寸和配筋见“实验报告”部分。受力纵筋净保护层厚度 c 为 20mm。

三、实验内容与步骤

在进行实验前应认真阅读本实验指导书，复习材料力学实验中有关知识，了解各种测试设备和仪表的性能、原理、使用方法及使用时的注意事项。实验时注意安全，并在统一指挥下进行实验。适筋梁实验步骤如下。

(1) 由教师预先安装或在教师指导下由学生安装实验梁，布置仪表，仪表布置如图 4.2 所示。

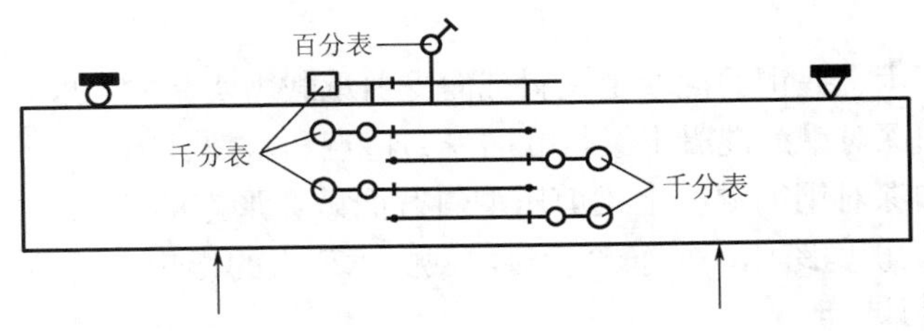

图 4.2　实验梁仪表布置图

(2) 记录实验梁编号、尺寸、配筋数量和有关数据。

(3) 检查仪表，调整仪表初读数。

(4) 根据实验梁的截面尺寸、配筋情况和混凝土与钢筋的强度(f_c^o 、 f_y^o)，估算梁的破坏荷载。

(5) 利用传感器控制进行分级加载(实验梁出现裂缝前，每级荷载可定为估算破坏荷载的1/10左右；实验梁出现裂缝后，每级荷载可定为估算破坏荷载的1/5左右)，相邻两级加载的时间间隔，在实验梁开裂前为2～3min，在实验梁开裂后为5～10min。

(6) 参照梁开裂弯矩 M_{cr}^o 估算实验梁开裂荷载值，相关公式为

$$M_{cr}^o = 0.292(1+5\alpha_E\rho_1)f_t^o bh^2$$

式中 α_E ——钢筋和混凝土的弹性模量比，即 $\alpha_E = E_s/E_c$；

ρ_1 ——按截面全面积计算的纵向受拉钢筋 A_s 的配筋率，即 $\rho_1 = A_s/(bh)$；

f_t^o ——实验梁所用混凝土轴心抗拉强度， $f_t^o = 0.395(f_{cu}^o)^{0.55}$ ；

f_{cu}^o ——实验梁混凝土立方体抗压强度实测值。

分级缓慢加载，加载间歇注意观察实验梁上是否出现裂缝。发现第一条裂缝后记录前一级荷载下电阻应变仪读数，在第一条裂缝出现后继续观察裂缝的出现和开展情况。用铅笔在裂缝旁边描裂缝，按出现顺序编号，并在裂缝顶端注明相应的荷载值。

(7) 每级加载后，在间歇时间内测读并记录千分表、百分表和电阻应变仪读数。

(8) 在所加荷载约为估算的60%～70%破坏荷载时，用读数放大镜测读最大裂缝宽度，用直尺量测梁纯弯区段裂缝平均间距。破坏前一级加载并读数后，拆除千分表、百分表。

(9) 加载至实验梁破坏，记录电阻应变仪读数。

四、实验数据处理

描绘实验梁破坏时的裂缝分布图。

4.2.2 剪压破坏梁斜截面受剪承载力实验

※内容提要

(1) 观察实验梁剪跨区斜裂缝出现，量测最大斜裂缝宽度和临界斜裂缝的水平投影长度，描绘实验梁破坏时裂缝分布图。

(2) 观察实验梁的剪压型破坏形态特点，测定实验梁的破坏荷载 P_u^o (V_u^o)，并对实验梁斜截面受剪承载力实验值(V_u^o)与理论计算值(V_u)进行比较。

一、实验目的

(1) 通过实验初步掌握钢筋混凝土梁斜截面受剪承载力实验的一般程序和方法。

(2) 通过实验加深对钢筋混凝土梁斜截面受力特点和斜裂缝出现、开展规律的认识。

(3) 通过实验加深对钢筋混凝土梁剪压型斜截面破坏形态的认识，并验证梁斜截面受剪承载力计算公式，认识剪跨比、箍筋含量对斜截面承载力的影响。

二、实验设备与试样

同4.2.1节。其中实验梁混凝土强度和钢筋强度均按实测值采用，纵向钢筋采用HRB335级，箍筋和纵向构造钢筋采用HPB300级，试件尺寸和配筋与加载点位置见“实验报告”部分。受力纵筋净保护层厚度 c 为20mm。

三、实验内容与步骤

(1) 由教师预先安装或在教师指导下由学生安装实验梁，确定剪跨布置加载点的位置，布置仪表。

(2) 记录实验梁编号、尺寸、配筋数量和有关数据及指标。

(3) 检查仪表，调整仪表初读数。

(4) 利用传感器控制进行分级加载(实验梁出现斜裂缝前，每级荷载可定为预估斜截面破坏荷载的 1/10；实验梁出现裂缝后，每级荷载可定为预估破坏荷载的 1/5)。相邻两级加载的时间间隔，在实验梁出现斜裂缝前为 2～3min，在实验梁出现斜裂缝后为 5～10min。

(5) 在所加荷载为预估实验梁破坏荷载的 50%～60%时，用读数放大镜读取实验梁上斜裂缝的最大宽度。

(6) 加载至实验梁破坏，记录电阻应变仪读数。

四、实验数据处理

描绘实验梁破坏时的裂缝分布图。

4.2.3 标准砌体强度实验*

※内容提要

砌体的抗压强度是评价砌体结构力学性能的一个重要指标，目前常用的检测方法是砌筑成 240mm×370mm×720mm 的标准试件，进行砌体抗压强度实验。

※实验指导

一、实验目的

根据国家规定的砌体抗压强度实验标准，评定砌体的抗压强度，观察砌体从加载到破坏的全过程，了解影响砌体抗压强度的主要因素。

二、实验设备与试样

(1) 油压千斤顶(100t)、位移计、加载板。

(2) 自平衡加载架，如图 4.3 所示。

(3) 选定砌块的种类和砂浆的强度等级，组砌 240mm×370mm×720mm 的标准试件，同时留置砂浆试件，埋置于沙中养护。

三、实验原理与方法

(1) 标准砌体试件在竖向荷载作用下，不仅发生竖向变形，同时还发生横向变形。随着竖向荷载的加大，砌体中的单块砖首先开裂，然后发展成贯穿几皮砖的竖向通缝，砌体的横向变形加大，最后竖向通缝将砌体分为若干小柱，在荷载作用下小柱失稳破坏，使砌体失去承载能力。

(2) 单个标准砌体试件的轴心抗压强度 $f_{c,i}$ 应按下式计算(结果精确至 0.01N/mm^2)：

$$f_{c,i} = \frac{N}{A}$$

式中 $f_{c,i}$——试件的抗压强度(0.01N/mm^2)；

N——试件的抗压破坏荷载值(N)；

A——试件的截面积(mm^2)。

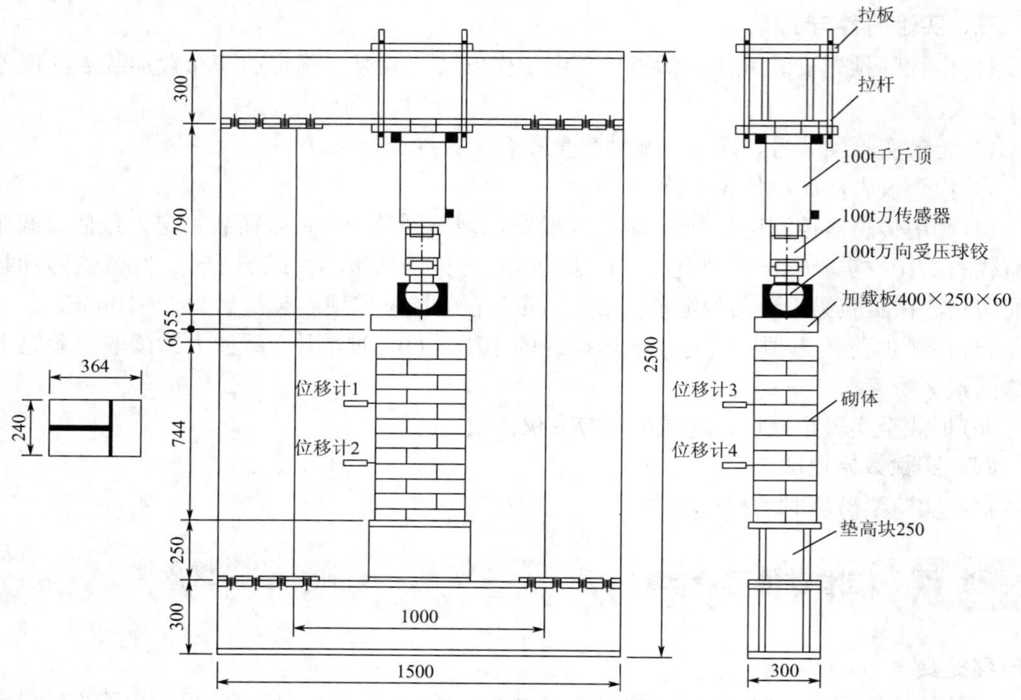

图 4.3　砌体加载系统(单位：mm)

(3) 单个轴心抗压标准砌体试件的弹性模量 E、泊松比 ν 的实测值按下列步骤计算：

① 逐级荷载下的轴向应变 ε 和横向应变 ε_{tr} 的计算公式为

$$\varepsilon=\frac{\Delta l}{l},\quad \varepsilon_{tr}=\frac{\Delta l_{tr}}{l_{tr}}$$

式中　ε——逐级荷载下的轴向应变值；

ε_{tr}——逐级荷载下的横向应变值；

Δl、Δl_{tr}——分别为逐级荷载下的轴向和横向变形值(mm)；

l、l_{tr}——分别为轴向和横向测点间的距离(mm)。

② 逐级荷载下的应力按下式计算：

$$\sigma=\frac{N_i}{A}$$

式中　σ——逐级荷载下的应力值(N/mm^2)；

N_i——试件承受的某一级荷载值(N)。

③ 应力与轴向应变的关系曲线应以 σ 为纵坐标、ε 为横坐标绘制。根据曲线，应取应力 σ 等于 $0.4f_{c,i}$ 时的割线模量为该试件的弹性模量，计算公式为

$$E=\frac{0.4f_{c,i}}{\varepsilon_{0.4}}$$

式中　E——试件的弹性模量(N/mm^2)；

$\varepsilon_{0.4}$——对应于应力为 $0.4f_{c,i}$ 时的轴向应变值。

④ 应力与泊松比的关系曲线应以 σ 为纵坐标、泊松比 ν 为横坐标绘制。根据曲线，应

取应力σ等于$0.4f_{c,i}$时的泊松比为该试件的泊松比。逐级应力所对应的泊松比按下式计算：

$$\sigma=\frac{\varepsilon_{tr}}{\varepsilon}$$

四、实验内容与步骤

(1) 准备工作。

① 试件应做外观检查，当有施工缺陷、碰撞或其他损伤痕迹时，应做记录；当试件破损严重时，应舍去该试件。

② 在试件四个侧面上画出竖向中线。

③ 在试件高度的 1/4、1/2 和 3/4 处，分别测量试件的厚度与宽度，测量精度为 1mm。对测量结果采用平均值。试件的高度应以垫板顶面为基准，量至找平层顶面确定。

(2) 试件安装。

① 将垫梁固定于反力架上。

② 将试件装于垫梁上。

③ 在试件顶面中间块砖受力面上放置一块厚 60mm 的钢板，把千斤顶传来的荷载均匀分布在试件加载面上。

(3) 安装传感器。

① 安装千斤顶及力传感器。

② 安装位移传感器。

(4) 实验加载。

① 每级荷载应为预估破坏荷载的 10%，并应在 1～1.5min 内均匀加载完；持荷 1～2min 后施加下一级荷载。施加荷载时，不得冲击试件。

② 加荷至预估破坏荷载的 80%后，可按原定加荷速度继续加载，直至试件破坏。力传感器最大荷载读数即为该试件的破坏荷载值。

五、实验数据处理

根据实验数据作出以下曲线及求出相应数值。

(1) 力–轴向应变曲线。

(2) 力–横向应变曲线。

(3) 应力曲线。

(4) 极限荷载值、弹性模量、泊松比。

4.2.4 柱类试件低周反复加载静力实验*

※内容提要

略。

※实验指导

一、实验目的

(1) 了解所用仪器的原理，学会所用仪器设备的安装、操作与读数。

(2) 研究结构在经受模拟地震作用的低周反复荷载后的力学性能和破坏机理，掌握结构低周反复加载静力实验方法。

(3) 观察试件在反复荷载下的受力和破坏过程，考察试件在反复荷载下的滞回特性，分析工况变化对试件抗震性能的影响。

二、实验原理与方法

加载时，首先通过竖向液压千斤顶施加轴向荷载，然后保持荷载不变，由水平作动器施加往复的水平荷载。加载时根据《建筑抗震实验规程》采用荷载与位移双控制。试件屈服前按荷载控制，分数级加载，每级荷载反复一次；试件屈服后按位移控制，每级增加的位移为屈服位移的倍数，并在相同位移下反复循环三次。直到试件的水平荷载下降到最大水平荷载的 85%，或试件不能再承担预定轴向压力时结束。加载制度如图 4.4 所示。

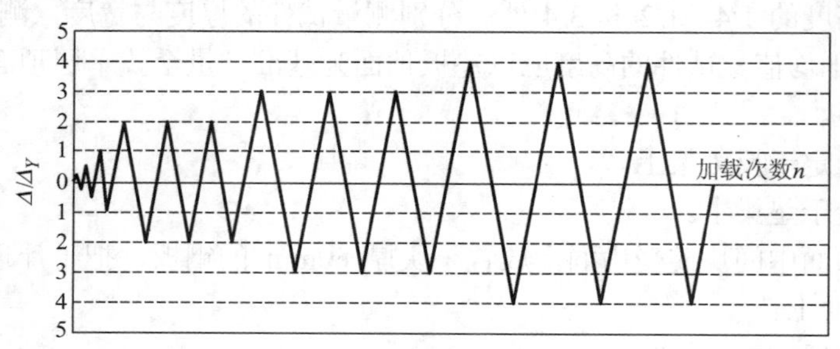

图 4.4　加载制度

三、实验设备与试样

实验装置包括自平衡加载架、作动器、位移传感器、千斤顶、滑动支座等，如图 4.5 所示。试件为型钢柱或钢筋混凝土柱。

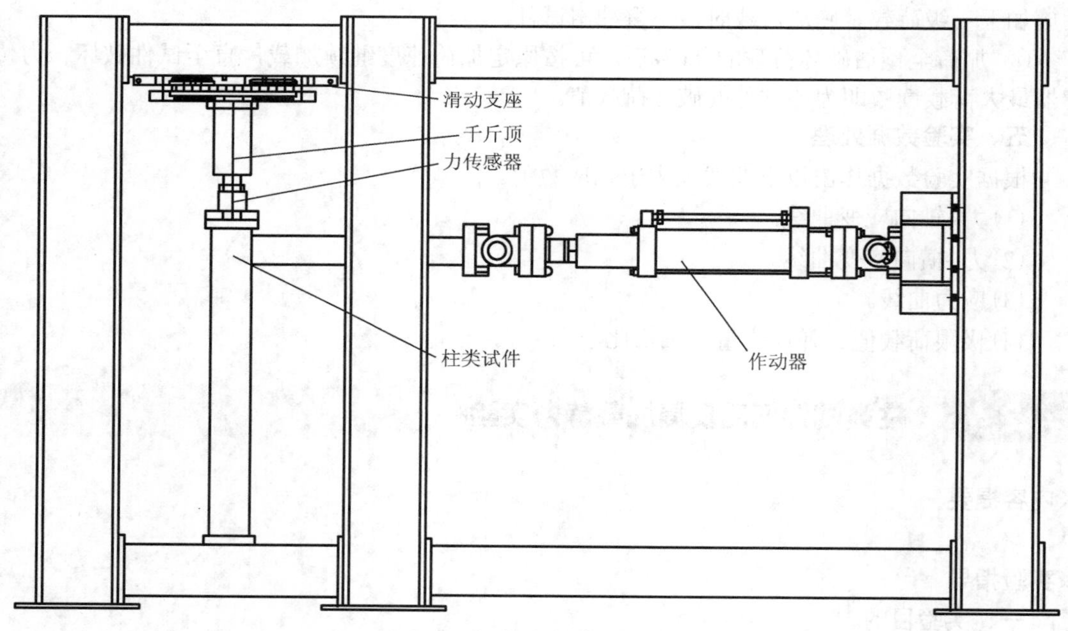

图 4.5　柱类试件压剪示意图

四、实验内容与步骤

本实验所用的位移计一共有两个，分别布置在柱子顶部和底部。柱顶位移计与基座位移计所测得数据的差值，即为柱顶加载端相对于柱脚节点的相对位移，而不包含整个试件的刚体位移。通过位移计所测得的数据，可以绘制出试件的荷载-位移滞回曲线。

实验前在型钢柱或钢筋混凝土柱钢筋上预先布置应变片或应变花。型钢的应变片主要沿型钢内外翼缘向下依次布置，用以考察型钢应变的发展；混凝土柱在纵向钢筋的表面布置应变片，应采用涂抹环氧树脂的纱布包裹。

(1) 由教师预先安装或在教师指导下由学生安装实验柱，布置安装实验仪表，要求实验柱垂直、稳定，荷载着力点位置正确、接触良好，并做好实验柱的安全保护工作。

(2) 对实验柱进行预加载，利用力传感器进行控制，加荷值可取破坏荷载的 10%，分三级加载，每级稳定时间为 1min，然后卸载，加载过程中检查实验仪表是否正常。

(3) 调整仪表并记录仪表初读数。

(4) 按估算极限荷载值的 10%左右对实验柱分级加载(第一级应考虑自重)，相邻两次加载的时间间隔为 2～3min。在每级加载后的间歇时间内，认真观察实验现象，记录实验读数。

(5) 加载到实验柱完全破坏，记录应变最大值和荷载最大值。

(6) 卸载，记录实验柱破坏情况。

五、实验数据处理

按所得数据，作出实验柱的荷载-位移滞回曲线。

4.2.5 钢筋间距和钢筋保护层厚度检查*

※内容提要

混凝土结构及构件中的钢筋检测，主要是对钢筋的间距和保护层厚度进行检测。钢筋保护层，即混凝土结构中最外层钢筋外边缘至混凝土表面的部分。保护层厚度是很重要的一项指标，该值过小，将会导致混凝土中钢筋容易被空气中的水分和二氧化碳锈蚀，影响混凝土结构的耐久性；该值过大，会导致结构自重增加，影响钢筋力矩。

因此，GB 50204—2015 中规定了结构实体中纵向受力钢筋的保护层厚度允许偏差，见表 4.1。

表 4.1 保护层厚度允许偏差

构件类型	允许偏差/mm
钢筋混凝土梁	+10、–7
钢筋混凝土板	+8、–5

※实验指导

一、实验目的

通过测试了解混凝土结构中的钢筋间距和保护层厚度，更加清楚认识到混凝土结构中钢筋位置的重要性。

二、实验设备与试样

(1) 钢筋位置扫描仪，如图 4.6 所示。

(2) 钢筋混凝土结构件。

图 4.6 钢筋位置扫描仪

三、实验原理与方法

钢筋的间距和保护层厚度检查，通常采用的方法有破坏性检查和非破坏性检查，非破坏性检查即采用电磁感应的方法，应用钢筋位置扫描仪进行检查。本实验主要采用后者。

四、实验内容与步骤

(1)实验准备。

① 根据钢筋设计资料，确定检测区域钢筋的可能分布状况，并选择适当的检测面。检测面宜为混凝土表面，要求清洁、平整，并避开金属预埋件。

② 对于具有饰面层的构件，其饰面层应清洁、平整，并与基体混凝土结合良好。饰面层主体材料以及夹层均不得含有金属。对于含有金属材质的饰面层，应进行清除。对于厚度超过 50mm 的饰面层，宜清除后进行检测，或者钻孔验证。不得在架空的饰面层上进行检测。

③ 对于含有铁磁性原材料的混凝土，应进行足够的实验室验证后方可进行实验。

④ 钢筋保护层厚度检验的结构部位，应由监理(建设)、施工等各方根据结构构件的重要性共同选定。

⑤ 对梁类、板类构件，应各抽取构件数量的 2%且不少于 5 个构件进行实验；当有悬挑构件时，抽取的构件中悬挑梁类、板类构件所占比例均不宜小于 50%。

⑥ 对于钢筋分布或几何尺寸的实验，根据委托方要求进行。

⑦ 对选定的梁类构件，应对全部纵向受力钢筋的保护层厚度进行检验；对选定的板类构件，应抽取不少于 6 根纵向受力钢筋的保护层厚度进行检验。对每根钢筋，应在有代表性的部位测量一点。

(2)检测步骤。

① 进行钢筋位置检测时，探头有规律地在检测面上移动，直到仪器显示接收信号最强或保护层厚度值最小时，结合设计资料判断钢筋位置，此时探头中心线与钢筋轴线基本重合，在相应位置做好标记。按上述方法将相邻的其他钢筋逐一标出。

② 钢筋定位后可进行保护层厚度的检测。

③ 设定好仪器量程范围及钢筋直径，沿被测钢筋轴线选择相邻钢筋影响较小的位置，并避开钢筋接头，读取保护层厚度值 c_i^t。每根钢筋的同一位置重复检测两次，每次读取一个读数。

④ 同一处读取的两个保护层厚度值相差大于 1mm 时，应检查仪器是否偏离标准状态并及时调整(如重新调零)。不论仪器是否调整，其前次检测数据均应舍弃，在该处重新进行两次检测并再次比较，如两个保护层厚度值相差仍大于 1mm，应该更换检测仪器或采用钻孔、剔凿的方法核实。

⑤ 检测钢筋间距时，应将连续相邻的被测钢筋一一标出，不得遗漏，并不宜少于 7 根钢筋，然后量测第一根钢筋和最后一根钢筋的轴线距离，并计算其间隔数。

⑥ 检测钢筋间距时，可根据实际需要，采用绘图方式给出结果，分析被测钢筋的最大间距、最小间距和平均间距。

五、实验数据处理

(1)做钢筋保护层厚度检验时，纵向受力钢筋保护层厚度的允许偏差，对梁类构件为+10mm、−7mm，对板类构件为+8mm、−5mm。

(2)对梁类、板类构件纵向受力钢筋的保护层厚度应分别进行验收。

(3) 结构实体钢筋保护层厚度验收合格率应符合下列规定。

① 当全部钢筋保护层厚度检验的点合格率为 90%及以上时，钢筋保护层厚度的检验结果应判为合格。

② 当全部钢筋保护层厚度检验的点合格率小于 90%但不小于 80%时，可再抽取相同数量的构件进行检验；当按两次抽样总和计算的点合格率为 90%及以上时，钢筋保护层厚度的检验结果仍应判为合格。

4.2.6 混凝土中钢筋锈蚀性状检查*

※内容提要

钢筋混凝土结构件随着时间的推移，在使用环境中的水分和二氧化碳会使得混凝土碳化深度加大，导致结构中钢筋锈蚀。钢筋锈蚀是影响混凝土结构耐久性及受力性能的最主要因素，会造成钢筋力学性能退化、混凝土截面性能损伤、钢筋与混凝土之间黏结性能下降等后果，从而降低构件的承载力，直接影响到结构安全。既有混凝土结构建筑中钢筋锈蚀现象比较普遍，且问题日益突出，因此对混凝土中钢筋锈蚀性状的检查就尤为重要。

※实验指导

一、实验目的

通过对混凝土中钢筋锈蚀性状的检查，了解钢筋在混凝土结构中的作用及锈蚀原因，进一步认识钢筋混凝土结构构造。

二、实验设备与试样

(1) 钢筋锈蚀检测仪，如图 4.7 所示。

(2) 钢筋混凝土结构件。

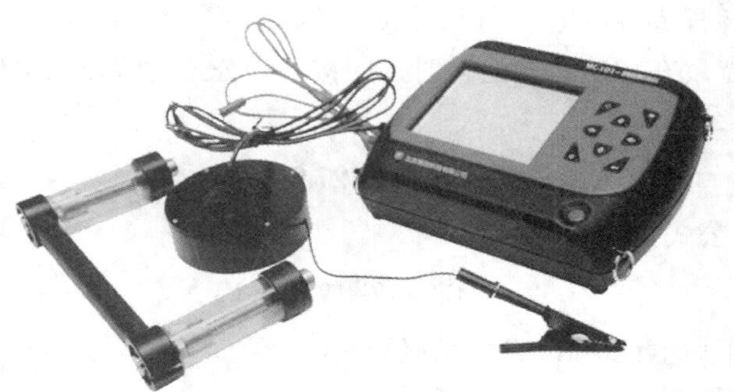

图 4.7 钢筋锈蚀检测仪

三、实验原理与方法

本实验采用半电池法来定性评估混凝土结构及构件中钢筋的锈蚀性状，缘于钢筋锈蚀后的电阻率会发生变化。

四、实验内容与步骤

(1) 在混凝土结构及构件上布置若干测区，测区面积不宜大于 5m×5m，并按所确定的位置编号。每个测区采用矩阵式(行、列)布置测点，依据被测结构及构件尺寸，宜用(100mm×100mm)～(500mm×500mm)尺寸划分网格，网格的节点即为电位测点。

(2) 当测区混凝土有绝缘涂层介质隔离时，应清除绝缘涂层介质。测点处混凝土表面应平整、清洁，必要时采用砂轮或钢丝刷打磨，并将粉尘等杂物清除。

(3) 导线与钢筋的连接按下列步骤进行：

① 采用钢筋探测仪检测钢筋的分布情况，并在适当的位置剔凿出钢筋；

② 导线一端接于电压仪的负端，另一端接于混凝土中钢筋上；

③ 连接处的钢筋表面应除锈或清除污物，保证导线与钢筋有效连接；

④ 测区内的钢筋(钢筋网)必须与连接点的钢筋形成电通路。

(4) 导线与半电池的连接按下列步骤进行：

① 连接前检查各种接口，接触应良好；

② 导线一端连接到半电池接线插头上，另一端连接到电压仪的正输入端。

(5) 测区混凝土应预先充分浸湿，可在饮用水中加适量(约 2%)家用液态洗涤剂配制成导电溶液，在测区混凝土表面喷洒。半电池的电连接垫与混凝土表面测点应有良好的耦合。

(6) 半电池检测系统稳定性应符合下列要求：

① 在同一测点，用相同半电池重复两次测得该点的电位之差值应小于 20mV；

② 在同一测点，用两只不同的半电池重复两次测得该点的电位之差值应小于 20mV。

(7) 半电池电位的检测应按下列步骤进行：

① 测量并记录环境温度；

② 按测区编号，将半电池依次放在各电位测点上，检测并记录各测点的电位值；

③ 检测时，应及时清除电连接垫表面的吸附物，半电池多孔塞与混凝土表面应形成电通路；

④ 在水平方向和垂直方向上检测时，应保证半电池刚性管中的饱和硫酸铜溶液同时与多孔塞和铜棒保持完全接触；

⑤ 检测时应避免外界各种因素产生的电流影响。

(8) 当检测环境温度在(22±5)℃之外时，应按下列公式对测点的电位值进行温度修正：

当 $T \geqslant 27$℃时，公式为

$$V = 0.9\times(T-27.0) + V_R$$

当 $T \geqslant 17$℃时，公式为

$$V = 0.9\times(T-17.0) + V_R$$

式中 V——温度修正后电位值(mV)，精确至 1mV；

V_R——温度修正前电位值(mV)，精确至 1mV；

T——检测环境温度(℃)，精确至 1℃；

0.9——修正系数(mV/℃)。

五、实验数据处理

(1) 对半电池电位检测结构，可采用电位等值线图表示被测结构或构件中钢筋的锈蚀性状。

(2) 按合适比例在结构或构件图上标出各测点的半电池电位值，通过数值相等的各点或内插等值的各点绘出电位等值线。电位等值线的最大间隔宜为 100mV。

(3) 当采用半电池电位值评价钢筋锈蚀性状时，可根据表 4.2 进行判断。

表 4.2　半电池电位值评价钢筋锈蚀性状的判据

电位水平/mV	钢筋锈蚀性状判断
>−200	不发生锈蚀的概率>90%
−200～−350	锈蚀性状不确定
<−350	发生锈蚀的概率>90%

4.3　钢结构实验

本节实验依据如下：

(1)《焊缝无损检测超声检测　技术、检测等级和评定》(GB/T 11345—2013)；

(2)《钢结构现场检测技术标准》(GB/T 50621—2010)；

(3)《钢结构工程施工质量验收规范》(GB/T 50205—2001)；

(4)《钢网架螺栓球节点用高强度螺栓》(GB/T 16939—2016)；

(5)《钢结构用扭剪型高强度螺栓连接副》(GB/T 3632—2008)；

(6)《钢结构用高强度大六角头螺栓》(GB/T 1228—2006)；

(7)《钢结构用高强度大六角头螺栓、大六角螺母、垫圈技术条件》(GB/T 1231—2006)。

4.3.1　电阻应变片的粘贴及防潮技术

※内容提要

电测法的基本原理，是用电阻应变片测定构件表面的线应变，再根据应变-应力关系确定构件表面应力状态的一种实验分析方法。这种方法是将电阻应变片粘贴在被测构件表面，当构件变形时，电阻应变片的电阻值将发生相应变化，然后通过电阻应变仪将此电阻变化转换成电压(或电流)的变化，再换算成应变值或者输出与此应变成正比的电压(或电流)的信号，由记录仪进行记录，就可得到所测定的应变或应力。电阻应变片简称应变片，是非电量电测法中一种常用的转换元件。利用应变片及相应的电测仪器，可测量出工程结构的应力分布情况并进行应力分析，这对验证工程结构的设计理论、分析使用中产生破坏的原因以及确定设计方案都是非常必要的。

※实验指导

一、实验目的

掌握应变片的粘贴技术及防潮措施。

二、实验设备与试样

(1)钢桁架，作为试件。

(2)直流电桥。

(3)兆欧表。

(4)万用表。

(5) 粘接剂。

(6) 常温用电阻应变片(每人一片)。

(7) 电烙铁等小工具。

(8) 丙酮或酒精。

三、实验内容与步骤

(1) 电阻应变片的选择：在应变片灵敏系数 K 相同的一批应变片中，用直流电桥测量应变片的电阻值 R，将电阻差值变化在 ±0.5Ω 范围内的应变片选出待用。

直流电桥使用时，选好倍率精度(指示表上方)，调好指示表为 0，将被测应变片接入接线端 R_X，然后同时按下开关 B 和 C，旋转四个旋钮(从大到小)，使得指示表针指 0。此时将四个旋转指示数值之和再乘以倍率，即是被测应变片的电阻值。对该应变片的阻值和灵敏系数 K (应变片厂家标定)应做记录。

(2) 桁架试件表面的处理：用砂纸、角磨砂轮机等工具将试件贴片位置的油污、漆层、锈迹除去，然后在试件上用画针画出应变片粘贴的准确位置，再用砂纸打成 45° 交叉纹，并用棉球蘸丙酮将贴片位置擦洗干净，到棉球洁白为止。

(3) 应变片粘贴：用左手掐住应变片引线，右手在应变片粘贴面上涂上一层薄薄的粘接剂(注意应变片的正反面)，同时在试件贴片位置涂上一层粘接剂，迅速将应变片准确地放在该位置上，将一小片塑料薄膜盖在应变片上面，用手指顺着应变片依次滚压出多余的胶水，按住应变片 1～2min 后把塑料薄膜轻轻揭开，检查有无起泡、挠曲、脱胶等现象，如影响测量时，应重贴。最后贴上连接片(接线端子)，焊出引线，做好引线编号。

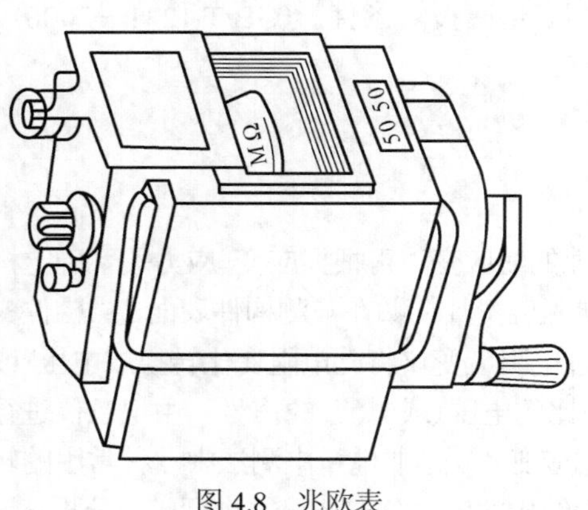

图 4.8　兆欧表

(4) 检查。

① 用万用表的电阻档检查应变片有无短路、断路现象，如不能排除故障，则应重贴。

② 用兆欧表检查应变片与试件之间的绝缘程度，500MΩ以上为合格，低于 500MΩ时，用红外线灯烘烤至合格。

兆欧表红色接线头接试件，黑色接线头接应变片，由慢逐渐加快地摇动仪表手把，指针偏转至一定位置上，所指出的数值即为绝缘程度。兆欧表如图 4.8 所示。

(5) 制作防潮层：为使应变片能在潮湿的环境或混凝土中具有足够的绝缘程度，在应变片贴好后，必须制作防潮层。防潮层材料特性见表 4.3。

表 4.3　防潮材料特性

防潮剂	特　　性
703、704 硅胶	粘接性好，高强度，优良的电绝缘性能、密封性能和耐老化性能
环氧树脂和固化剂的防潮剂	防潮性能好，粘接强度大，绝缘电阻高，弹性模量较低，又有一定的机械强度
中性凡士林	防潮作用有限，使用极为方便、简单
石蜡涂料	使用范围较广，配制简单、使用方便，但只适用于湿度不太大、时间不太长的室外环境中

(6) 常用的电阻应变片构造及贴片如图 4.9 所示。

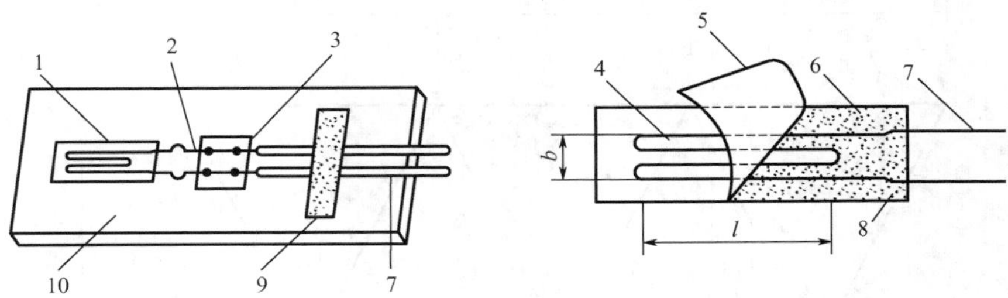

图 4.9　常用的电阻应变片结构

1—应变片；2—引出线；3—接线端子；4—敏感栅；5—覆盖层；
6—基底；7—导线；8—粘接剂；9—压线片；10—试件

4.3.2 钢桁架静力实验

※内容提要

钢桁架是指用钢材制造的桁架，工业与民用建筑的屋盖结构吊车梁、桥梁和水工闸门等，常用其作为主要承重构件。各式塔架如桅杆塔、电视塔和输电线路塔等，常用三面、四面或多面平面桁架组成空间钢桁架。本节主要介绍平面桁架的静荷载实验，以了解桁架的受力特点及电测技术的具体运用。

※实验指导

一、实验目的

(1) 用 4.3.1 节所贴的电阻应变片进行实验，验证贴片效果，总结经验谈体会。

(2) 进一步掌握电测技术的应用。

(3) 学习加载方法。

(4) 通过对桁架杆内力 (应变) 的测定，进行钢桁架结构杆件分析，了解结构静荷载实验的全过程。

二、实验原理与方法

在结点荷载作用下，桁架各杆件呈二力杆特性，具体地说是上弦为压杆，在应变特性上表现为负应变 (压应变)，下弦杆为拉杆，在应变特性上表现为正应变 (拉应变)。腹杆中有拉杆、压杆和零杆 (要特别注意其前提是在结点荷载作用下，这点在误差分析中很重要)。

三、实验设备与试样

(1) TS3861 型静态数字应变仪一台。

(2) 油压千斤顶。

(3) 荷重传感器。

(4) 钢桁架结构，如图 4.10 所示，其跨度 l=1.2m，高度 h=0.4m，上、下弦采用等边角钢 2∟40×4 (面积为 6.18 cm^2)，腹杆采用等边角钢 2∟30×3.5 (面积为 4.04 cm^2)。

四、实验内容与步骤

(1) 计算桁架杆件内力的理论值，准备与实测值对比之用。

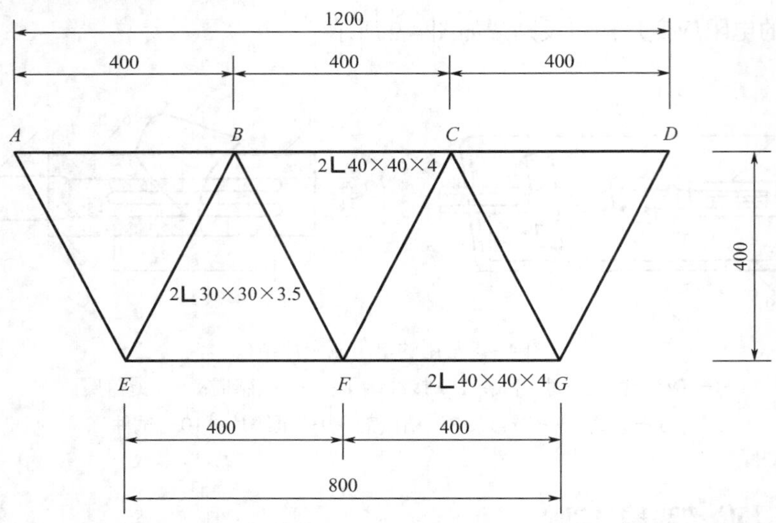

图 4.10　桁架简图(单位：mm)

(2) 复查实验桁架就位，支撑等是否正常(实验时注意侧向稳定)。

(3) 检查自己所贴的电阻应变片是否完好，并做记录。

(4) 用半桥外补偿法做多点测量，接测点导线。

(5) 将自己的测点调试平衡。

(6) 对桁架进行预载实验。加载 10kN，检查桁架工作状态及仪表是否正常。压稳 5min 后卸载。

(7) 实验时 E 点最大集中荷载用 20kN(考虑压杆的安全稳定)，分五级加载，每级 4kN，稳载后 3min 开始测读(考虑到零荷载时，桁架初始应力不明确，因此采用第一级荷载 4kN 作为初读数)。每级荷载下各测点要反复读两次(相差不能超过 5 $\mu\varepsilon$)，将读数记录在实验表格里。

(8) 满载后分两次卸载，并记录读数。

(9) 重复做一遍以便对照。

五、实验数据处理

参照实验报告格式，填写实验数据，观察数据的线性规律。

4.3.3　钢结构焊缝超声波探伤*

※内容提要

金属超声波探伤仪是一种便携式工业无损探伤仪器，能够快速便捷、无损伤、精确地进行工件内部多种缺陷(如焊缝、裂纹、夹杂、折叠、气孔、砂眼等)的检测、定位、评估和诊断，既可用于实验室，也可用于工程现场，现已广泛应用在制造业、钢铁冶金业、金属加工业、化工业等需要缺陷检测和质量控制的领域，并应用于航空航天、铁路交通、锅炉压力容器等领域的在役安全检查与寿命评估。它已成为无损检测行业的必备工具。

※实验指导

一、实验目的

通过金属超声波探测仪对零件焊缝质量的扫查，认识钢结构工程中焊接质量的控制。

二、实验设备与试样

(1) 金属超声波探测仪。

(2) 钢直尺。

(3) 耦合剂。

(4) 钢结构制品。

三、实验原理与方法

超声波探伤是利用超声波能透入金属材料的深处，由一截面进入另一个截面时在界面边缘发生反射的特点来检查缺陷的一种方法。当超声波束自零件表面由探头通至金属内部，遇到缺陷与零件底面时，将分别发出反射波束，在显示器上形成脉冲，根据这些脉冲波形即可判断缺陷位置和大小。

四、实验内容与步骤

实验检测包括探测面的修整、涂抹耦合剂、探伤作业、缺陷评定等步骤。

(1) 检测前应对探测面进行修整或打磨，清除焊接飞溅、油垢及其他杂质，表面粗糙度不应超过 6.3μm。当采用一次反射或串列式扫查检测时，一侧修整或打磨区域宽度应大于 2.5 倍；当采用直射检测时，一侧修整或打磨区域宽度应大于 1.5 倍。

(2) 应根据工件的不同厚度选择仪器时基线的水平、深度或声程的调节。当探伤面为平面或曲率半径 R 大于 $W_2/4$(W_2 为探头接触面宽度)时，可在对比试块上进行时基线的调节；当探伤面曲率半径 R 小于等于 $W_2/4$ 时，探头楔块应磨成与工作曲面相吻合的形状，反射体的布置可参照对比试块确定，试块宽度应按下式进行计算：

$$b \geqslant 2\lambda S / D_e$$

式中 b——试块宽度(mm)；

λ——波长(mm)；

S——声程(mm)；

D_e——声源有效直径(mm)。

(3) 当受检工件的表面耦合损失及材质衰减与试块不同时，宜考虑表面补偿或材质补偿。

(4) 耦合剂应具有良好透声性和适宜流动性，不应对材料和人体有损伤作用，同时应便于检测后清理。当工件处于水平面上检测时，宜选用液体类耦合剂；当工件处于竖立面检测时，宜选用糊状耦合剂。

(5) 探伤灵敏度不应低于评定线灵敏度。扫查速度不应大于 150mm/s，相邻两次探头移动区域应保持有探头宽度 10%的重叠。在查找缺陷时，扫查方式可选用锯齿形扫查、斜平行扫查和平行扫查。为确定缺陷的位置、方向、形状及观察缺陷动态波形，可采用前后、左右、转角、环绕四种探头扫查方式。

(6) 对所有反射波幅超过定量线的缺陷，均应确定其位置、最大反射波幅所在区域和缺陷指示长度。缺陷指示长度的测定可采用以下方法。

① 当缺陷反射波只有一个高点时，宜用降低 6dB 相对灵敏度法测定其长度。

② 当缺陷反射波有多个高点时，宜以缺陷两端反射波极大值之处的波高降低 6dB 之间探头的移动距离，作为缺陷的指示长度，如图 4.11 所示。

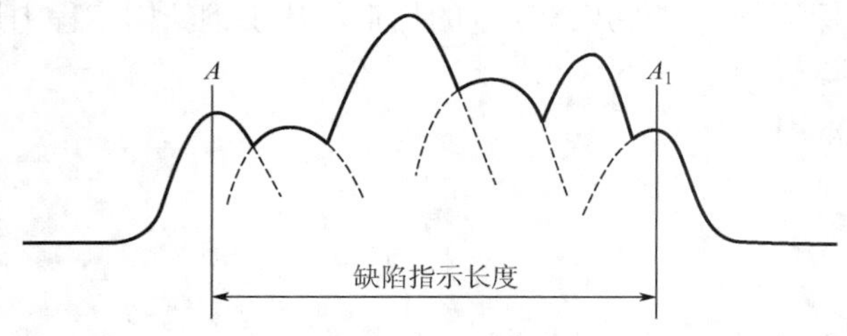

图 4.11　端点峰值测长法

③ 当缺陷反射波在Ⅰ区（见下文及图 4.12）未达到定量线时，如探伤者认为有必要记录，可将探头左右移动，使缺陷反射波幅降低到评定线，以此测定缺陷的指示长度。

(7) 在确定缺陷类型时，可将探头对准缺陷做平动和转动扫查，观察波形的相应变化，并可结合操作者的工程经验做出判断。

五、实验数据处理

(1) 实验前，应对超声仪的主要技术指标（如斜探头入射点、斜率 K 值或角度）进行检查确认；应根据所测工件的尺寸调整仪器时基线，并绘制距离-波幅（DAC）曲线。

(2) 距离-波幅曲线应由选用的仪器、探头系统在对比试块上的实测数据绘制而成。当探伤面曲率半径 R 小于或等于 $W_2/4$ 时，距离-波幅曲线的绘制应在曲面对比试块上进行。

(3) 绘制成的距离-波幅曲线如图 4.12 所示，由评定线（EL）、定量线（SL）和判废线（RL）组成。评定线与定量线之间（包括定量线）的区域规定为Ⅰ区，定量线与判废线之间的区域规定为Ⅱ区，判废线及其以上区域规定为Ⅲ区。

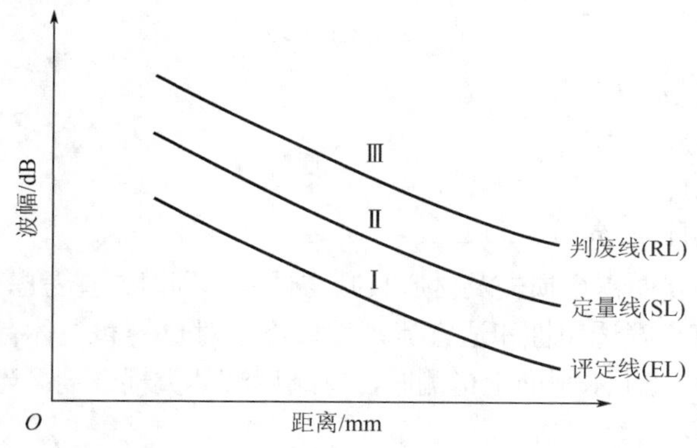

图 4.12　距离-波幅曲线

(4) 不同检验等级所对应的灵敏度应符合表 4.4 的规定。表中的 DAC 应以 $\phi 3$ 横通孔作为标准反射体绘制距离-波幅曲线。在满足被检工件最大测试厚度的整个范围内绘制的距离-波幅曲线，在探伤仪荧光屏上的高度不得低于满刻度的 20%。

(5) 最大反射波幅位于 DAC 曲线Ⅱ区的非危险性缺陷，其指示长度小于 10mm 时，可按 5mm 计。

表 4.4　距离-波幅曲线的灵敏度

检验等级 / 板厚/mm / 距离-波幅曲线	A 级	B 级	C 级
	8～50	8～300	8～300
判废线	DAC	DAC-4dB	DAC-2dB
定量线	DAC-10dB	DAC-10dB	DAC-8dB
评定线	DAC-16dB	DAC-16dB	DAC-14dB

(6) 在检测范围内，相邻两个缺陷间距不大于 8mm 时，以两个缺陷指示长度之和作为单个缺陷的指示长度；相邻两个缺陷间距大于 8mm 时，两个缺陷分别计算各自的指示长度。

(7) 最大反射波幅位于Ⅱ区的非危险性缺陷，可根据缺陷指示长度ΔL 进行评级。不同检验等级、不同焊缝质量评定等级的缺陷指示长度限值应符合表 4.5 的规定。

表 4.5　焊缝质量评定等级的缺陷指示长度限值　　　单位：mm

检验等级 / 板厚 / 评定等级	A 级	B 级	C 级
	8～50	8～300	8～300
Ⅰ	$2\delta/3$，最小 12	$\delta/3$，最小 10，最大 30	$\delta/3$，最小 10，最大 20
Ⅱ	$3\delta/4$，最小 12	$2\delta/3$，最小 12，最大 30	$\delta/2$，最小 10，最大 30
Ⅲ	δ，最小 20	$3\delta/4$，最小 16，最大 75	$2\delta/3$，最小 12，最大 50
Ⅳ	超过Ⅲ级者		

注：当焊缝两侧母材厚度不同时，δ 取较薄侧母材厚度。

(8) 最大反射波幅不超过评定线(未达到Ⅰ区)的缺陷应评为Ⅰ级。

(9) 最大反射波幅超过评定线，但低于定量线的非裂纹类缺陷应评为Ⅰ级。

(10) 最大反射波幅超过评定线，检测人员判定为裂纹等危害性缺陷时，无论其波幅和尺寸如何，均应评定为Ⅳ级。

(11) 除了非危险性的点状缺陷外，最大反射波幅位于Ⅲ区的缺陷，无论其指示长度如何，均应评定为Ⅳ级。

(12) 不合格的缺陷应进行返修，返修部位及热影响区应重新进行实验与评定。

4.3.4　高强螺栓物理力学性能实验*

※内容提要

高强螺栓即高强度的螺栓，是一种标准件，主要应用在钢结构工程上，用来连接钢结构如钢板的连接点。高强螺栓分为扭剪型和大六角型，如图 4.13 和图 4.14 所示。大六角高强螺栓属于普通螺栓的高强度级，而扭剪型高强螺栓是大六角高强螺栓的改进型，以便于施工使用。

大六角高强度螺栓连接副由高强度螺栓和与之配套的螺母、垫圈组成，包括一个螺栓、一个螺母、两个垫圈。其性能等级分为 10.9S 和 8.8S。

图 4.13 大六角高强螺栓

图 4.14 扭剪型高强螺栓

扭剪型高强度螺栓连接副由扭剪型高强度螺栓和与之配套的螺母、垫圈组成，包括一个螺栓、一个螺母、一个垫圈。其性能等级为 10.9S。

高强度螺栓具有施工简单、拆装方便、连接紧密、受力良好、耐疲劳、可拆换、安装简单、便于养护以及动力荷载作用下不易松动等优点，因而在钢结构设计、施工中有不可替代的作用。正因为高强螺栓在结构承载力中责任重大，故在施工及质量验收过程中不容忽视。

※实验指导

一、实验目的

通过高强螺栓物理力学实验，进一步认识高强螺栓的性能，包括螺母保证荷载、螺栓楔负载、硬度、扭剪系数及抗滑移系数等。

二、实验设备与试样

(1) 万能实验机。

(2) 洛氏硬度计。

(3) 扭矩扳手。

(4) 电动扳手。

(5) 扭剪型及大六角高强螺栓。

三、实验内容与步骤

(1) 螺母保证载荷实验。

① 将螺母拧入螺纹芯棒，露出螺纹芯棒 1～3 扣。用专用夹具将螺栓实物置于万能实验机上，实验机以夹头移动不超过 3mm/min 的速度施加荷载。

② 对螺母施加的荷载按表 4.6 中的规定持续 15s，螺母不应脱扣或破裂。

表 4.6 螺母的保证荷载

螺纹规格 D	M16	M20	M22	M24	M27	M30
公称应力截面积 A/mm^2	157	245	303	353	459	561
保证应力 S_p/MPa	1040					
保证荷载 $(A\times S_p)$/kN	163	255	315	367	477	583

③ 卸去荷载后，螺母应可用手旋出，或者借助扳手松开后用手旋出(但不应超过半扣)。在实验中，如果螺纹芯棒损坏，则该实验作废。

(2) 高强螺栓楔实验。

① 将螺栓头下置一个–10°楔垫片，在万能实验机上将螺栓拧在带有内螺纹的专用夹具上，至少拧入 6 扣。

② 开动万能实验机，进行拉力实验，记下断裂时的极限拉力、断裂部位。

③ 当螺栓 $L/d \leqslant 3$ 时，若不能做楔负载实验，允许做芯部硬度实验。

(3)洛氏硬度实验。

① 洛氏硬度计调试时，选择合适的砝码(HRC 标尺实验时选用 A、B 及 C 三个砝码，HRB 标尺实验时用 A、B 两个砝码)，先用标准硬度块在不同位置打出五次，求出硬度平均值，判断硬度计精度，以便调试。

② 将样品放置在工作台上，旋转手轮，使工作台缓缓升起，直到指示器的小指针指在红点处，大指针垂直向上指向标记 B 或 C(偏离 5 分度格范围内)为止。旋转指示器的调正盘，使标记 B 或 C 正好对准大指针。

③ 将操纵手柄向后推倒，加主荷载。主荷载加好后，应停留 10s。特别是对于硬度较低的试件，停留时间对于实验结果影响很大。当指示器大指针的运动完全停顿下来后，即可将手柄扳回卸除主荷载。

④ 读取硬度值。进行 HRC 标尺实验，即采用金刚石压锥、A+B+C 砝码时，按刻度盘标记为 C 的刻度读取读数。

(4)扭剪型高强螺栓连接副预拉力实验。

① 在施工现场待安装的螺栓批中随机抽取 8 套连接副。

② 将螺栓直接插入轴力计，用手动扭矩扳手先进行初拧，达预拉力标准值的 50%左右，参考表 4.7。

表 4.7 扭剪型高强螺栓紧固预拉力标准值(10.9S)

螺栓直径/mm	16	20	22	24	27	30
预拉力标准值/kN	110	170	210	250	320	390

③ 终拧用专用电动扳手，至尾部梅花头拧掉，读出预拉力值。在紧固过程中如垫圈发生转动，应更换连接副，重新实验。每套连接副只做一次实验，不得重复使用。

(5)大六角高强螺栓连接副扭矩系数实验。

① 在施工现场待安装的螺栓批中随机抽取 8 套连接副。

② 将螺栓穿入轴力计，并将扭矩扳手、套筒、扭矩传感器套于螺母上施拧，在轴力计的应变数字指示器上读出轴力，同时在手持数据应变仪上读出扭矩值，螺栓预拉力值的范围应符合表 4.8 的规定。

表 4.8 螺栓预拉力值

螺栓规格/mm		16	20	22	24	27	30
预拉力值 P/kN	10.9S	93～113	142～177	175～215	206～250	265～324	325～390
	8.8S	62～78	110～120	125～150	140～170	185～225	230～275

按下式计算扭矩系数：

$$K = \frac{T}{Pd}$$

式中 K——扭矩系数；

T——施拧扭矩(N·m)；

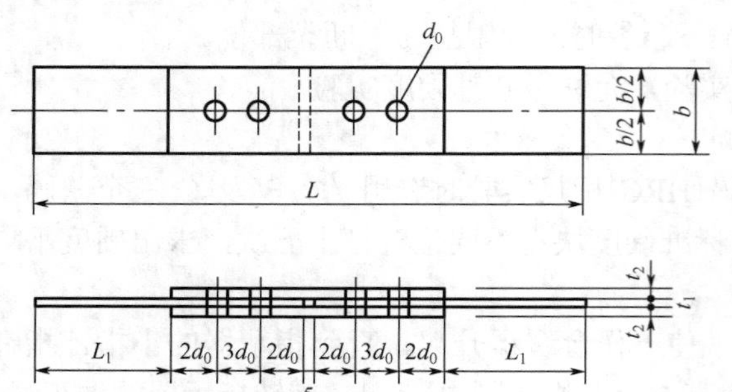

图 4.15　双摩擦面的二栓拼接的拉力试件制作示意图

d——螺栓的螺纹规格(mm)；

P——螺栓预拉力(kN)。

(6) 高强螺栓连接摩擦面的抗滑移系数实验。

① 抗滑移系数实验应采用双摩擦面的二栓拼接的拉力试件，如图 4.15 所示。

试件钢板的厚度 t_1、t_2 应根据钢结构工程中有代表性的板材厚度来确定，同时应考虑在摩擦面滑移之前，试件钢板的净截面始终处于弹性状态；宽度 b 可参照表 4.9 的规定取值，L_1 应根据实验机夹具的要求确定。

表 4.9　试件钢板宽度 b

单位：mm

螺栓直径 d	16	20	22	24	27	30
钢板宽度 b	100	100	105	110	120	120

试件板面应平整，无油污，孔和板的边缘无飞边、毛刺。

② 在试件的侧面画出观察滑移的直线，将组装好的试件置于拉力实验机上，试件的轴线应与实验机的夹具中心严格对中；加荷时，应先加 10%的抗滑移设计载荷值，停 1min 后再平稳加荷，加荷速度为 3～5kN/s。直拉至滑动破坏，测得滑移荷载 N_v。

③ 在实验中发生以下情况之一时，所对应的荷载可定为滑移荷载：

a. 实验机发生回针现象；

b. 试件侧面画线发生错动；

c. 试件突然发生“嘣”的响声；

d. X–Y 记录仪上变形曲线发生突变。

④ 抗滑移系数由下式确定：

$$\mu = \frac{N_V}{n_f \sum_{i=1}^{m} P_i}$$

式中　N_V——由实验测得的滑移荷载(kN)；

n_f——摩擦面面数，取 $n_f = 2$；

$\sum_{i=1}^{m} P_i$——试件滑移一侧高强度螺栓预拉力实测值(或同批螺栓连接副的预拉力平均值)之和(kN)，取三位有效数字；

m——试件一侧螺栓检测数量，取 $m = 2$。

4.3.5　钢结构防火涂料涂层厚度的检查*

※内容提要

钢结构作为现代建筑的主要形式，在常温下具有质量轻、强度高、抗震性能好、施工周期短、建筑工业化程度高、空间利用率大等优点，为企业节省投资而被投资者大量应用。但钢结构建筑抗火性能差的特点也非常明显，因为钢材虽是一种不燃烧的材料，却是热的良导体，极易传导热量。钢材在温度超过300℃以后，屈服点和极限强度显著下降，达到600℃时强度几乎为零。未加保护的钢结构在火灾情况下，只需15min，自身温度就会上升到540℃以上，致使构件本身扭曲变形，导致建筑物坍塌毁坏，变形后的钢结构也无法修复使用。因此，对钢结构必须采取防火保护措施，涂装防火涂料或阻燃剂。涂层的厚度是否达到设计要求，直接影响钢结构的防火性能。

※实验指导

一、实验目的

通过对钢结构防火涂料涂层厚度的检查，了解钢结构防火涂层施工的质量控制方法。

二、实验设备与试样

(1) 厚度测量仪(测针)。

(2) 带防火涂层的钢结构建筑物。

三、实验原理与方法

通过厚度测量仪测量钢结构防火涂层的厚度，可直观地评价防火涂层的施工质量。

四、实验内容与步骤

(1) 厚度测量仪由针杆和可滑动的圆盘组成，圆盘始终保持与针杆垂直，并在其上装有固定装置，圆盘直径不大于30mm，以保证完全接触被测试件的表面。测量时，将测厚测针垂直插入防火涂层直至钢基材表面上，记录标尺读数。

(2) 测点的选择。

① 楼板和防火墙的防火涂层厚度测定，可选两相邻纵、横轴线相交中的面积为一个单元，在其对角线上，按每米长度选一点进行测试。

② 全钢框架结构的梁和柱的防火涂层厚度测定，在构件长度内每隔3m取一个截面，按图4.16所示位置测试。

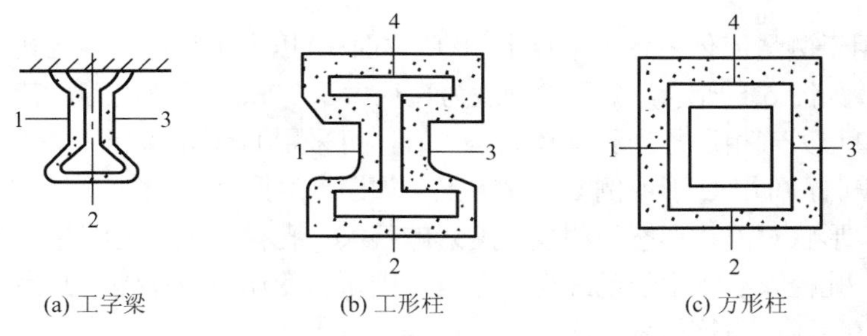

(a) 工字梁　(b) 工形柱　(c) 方形柱

图4.16　测点示意图

1～4——防火涂层厚度测点选取位置

③ 桁架结构，上弦和下弦按第②条的规定每隔3m取一截面检测，其他腹杆每根取一截面检测。

五、实验数据处理

对于楼板和墙面，在所选择的面积中至少测出5个点；对于梁和柱，在所选择的位置中分别测出6个和8个点。分别计算出它们的涂层厚度平均值，精确至0.5mm。

第5章 流体力学实验

5.1 实验中流体基本物理量的测量技术

工程流体力学的实验目的，一方面在于观察各相应条件下的流动现象，加深感性认识，为理论分析提供基础，另一方面在于通过对压力、水位、流量、流速等主要物理量的测定，更好地描绘流体运动图像及其力学、几何特性。本节介绍目前普遍采用的流体力学主要物理量的测量方法。

5.1.1 压力的测量

1. 测压管

测压管常用于测量流体中各个单点上的(单位面积)压力水头，由测压孔、连接管及测压管三部分组成，如图 5.1 所示。测压管一般为直径大于 10mm 的透明管，其一端与被测点相通，另一端开口与大气相通。当测量较大压力时，可采用 U 形水银压差计，如图 5.2 所示。测量两点压力差时，可用 U 形或倒 U 形差压计，如图 5.3 所示。实验前应预先排除管内积气。测压孔的大小、形状对流动形态和测量精度影响甚大，孔径太大会使测量压力均化，不能真正反映点压力；孔径太小，由于毛细现象影响，则压力变化反应迟缓，并易堵塞。测压孔与引出管轴须垂直，孔口与箱体表面应齐平。

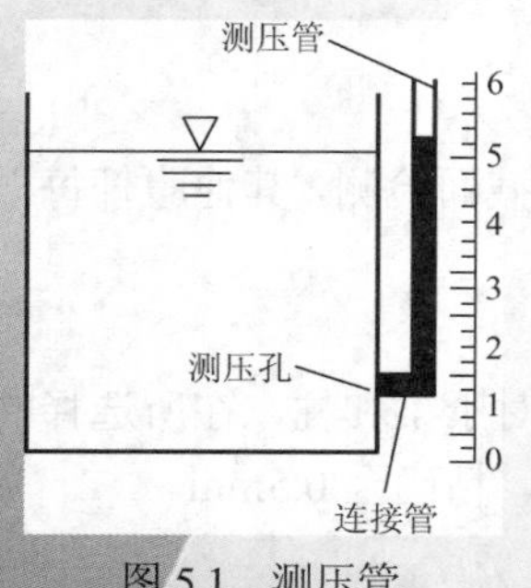

图 5.1 测压管

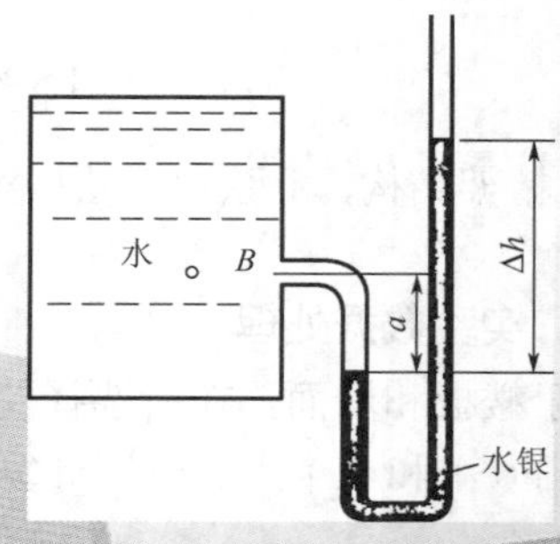

图 5.2 水银压差计

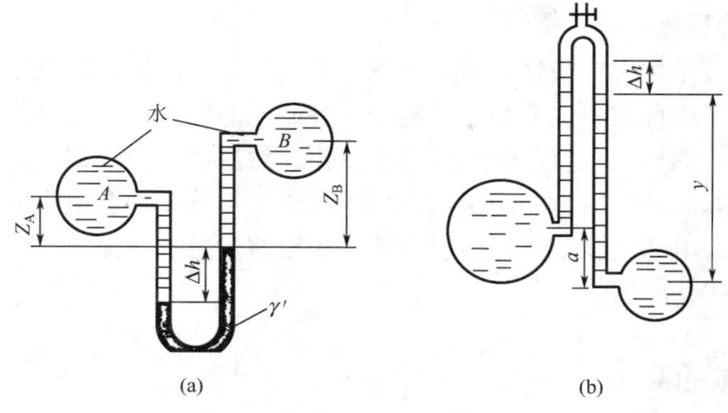

图 5.3　U 形压差计

2．管式压力计

斜管式压力计如图 5.4 所示。为提高测量较小压力的精度，将测压管与水平面成α角斜置，放大测读范围，其计算公式为

$$p = \gamma h = \gamma l \sin\alpha$$

式中　p——所测液体相对压力；

　　　γ——压力计液体重度。

3．金属压力计

金属压力计常用于测量较大的压力，图 5.5 所示为管状金属压力计。其敏感元件是截面呈椭圆形并弯曲成圆弧状的金属弹簧管；当其内壁加压后，弯管产生弹性变形使它的曲率变小，导致管的端部产生位移，然后由传动机构将位移反映为指针的偏转，再由表盘读出相应的压力值。压力计所测压力为相对压力。

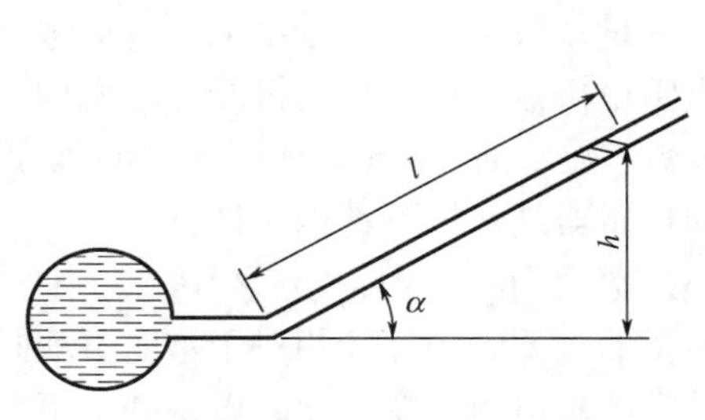

图 5.4　斜管式压力计

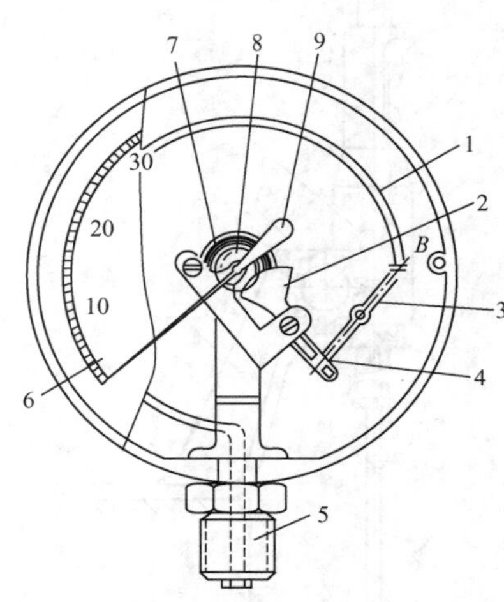

图 5.5　金属压力计

1—弹簧管；2—扇形齿轮；3—拉杆；4—调整螺钉；5—接头；6—面板；7—游丝；8—调整螺钉；9—指针

金属真空计的结构如同金属压力计。当小于大气的压力作用于铜管内壁时，导致铜管弯曲，通过拉杆和齿轮的作用使指针偏转，以指示真空度。

4．脉动压力传感器

近代压力传感技术主要向快速、多点测量的方向发展。对流体脉动压力，可采用非电量电测技术进行测量。这种方法主要是利用电子元件制成的探头(传感器)将流体压力的变化转变为电学量(如电压、电流、电容或电感等)的变化，然后用电子仪器来计测这些电学量，再经过某些相应的换算而求得压力的变化值。常用的压力传感器，有电阻应变式压力传感器、电容式压力传感器、电感式脉动压力传感器等。根据测量要求及测压元件的形式不同，可制成不同形式的应变式传感器。

5.1.2 水位的测量

1．测压管式水位计

由于测压管可以如实显示出无压容器、明渠等的水面标高，因此也可用于无压流动水位的测量。此种方法应用较广，其精度约为 1mm；为减小毛细现象的影响，测压管径不宜太细，以内径大于 10mm 为宜。

2．水位测针

水位测针是实验室测量水位、水面曲线等基本量的主要仪器之一，如图 5.6 所示。图中套筒牢固地安装在支座上，测杆以弹簧片嵌固在套筒上，通过齿盘带动套筒上下移动来调整测针上下移动。水位测针结构简单，精度可达 0.1mm，为了避免表面吸附作用的影响，还可以把针尖做成钩状。测量时，应使针尖自上向下逐渐接近水面(勿从水中提起)，直至针与其水中倒影刚巧重合；钩状测针则先将针尖浸入水中，然后徐徐向上移动至使针尖触及水面时进行测读；测量波动水位时，应测量最高与最低水位多次，取平均值作为平均水位。

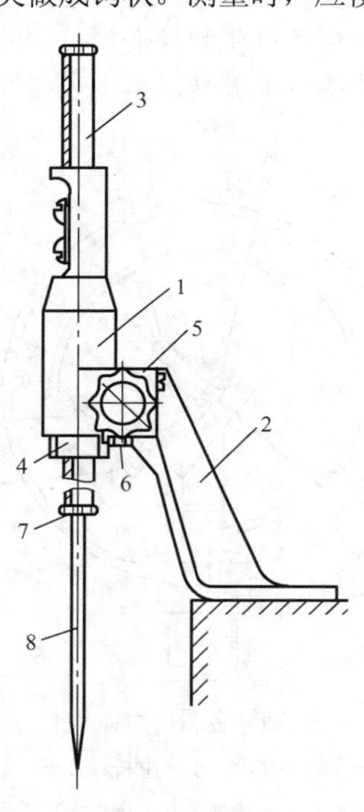

图 5.6　水位测针

1—套筒；2—支座；3—测杆；4—微动机构；5—微动轮；6—制动螺钉；7—螺母；8—测针尖

3．数字编码自动跟踪水位仪

数字编码自动跟踪水位仪是近年来研制成功的一种测量仪器，它与数字记录仪或巡回检测仪配合，可作多点测量，并将数据打印记录；也可作单点测量，数字显示。数字编码自动跟踪水位仪由电阻电桥器、可逆电动机及传动机构、编译码器和数字显示部分组成，如图 5.7 所示。跟踪水位仪的传感器是两根不锈钢探针，一长一短，长的一根接地，短的一根插入液体中 0.5～1.5mm 深作为电桥的一臂。当探针相对于水面不动时，两根探针间的水电阻不变，此时电桥处于平衡状态，无信号输出；当水位升降变化时，水电阻改变，使电桥失去平衡，将电信号送入放大器，放大了的电信号驱动可逆电动机转动，带动探针上下移动；达到平衡位置后，电桥再无输出，电动机停止转动，从而达到跟踪水位的目的。

4．电感闪光测针

电感闪光测针如图 5.8 所示，其原理是利用水作为导电介质的特点，当针尖接触水面时，电流接通，使闪光灯发亮。电感闪光测针主要用来测量不便于操作的高处或远处的水位，及无法用来目测或需要监控的水位的场合。

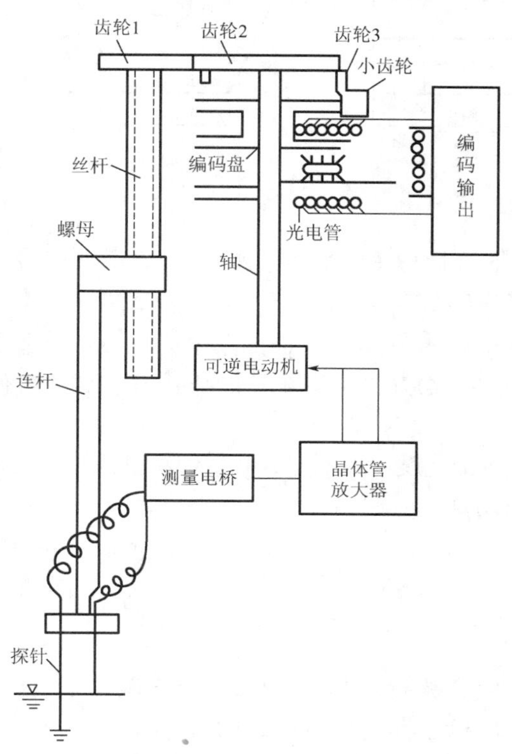

图 5.7 数字编码自动跟踪水位仪

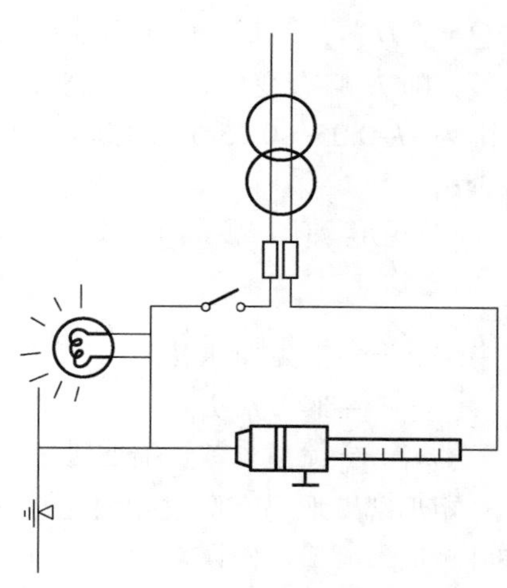

图 5.8 电感闪光测针

5.1.3 流量的测量

流量的测量有直接测量法和间接测量法两种。

1．直接测量法

1) 重量测量法

设 T 段时间内流入水箱内的液体重量为 G，比值 G/T 就是单位时间液体的重量流量。

2) 体积测量法

设时间 T 内液体流入准确标定过的水箱(量桶，容积为 V)，比值 V/T 就是单位时间液体的体积流量。

以上两种方法多用于小流量液体的测量，具有较高的精确度。

2．间接测量法

1) 量水堰测流量

量水堰的形式有多种，如薄壁堰、宽顶堰、实用断面堰等。用薄壁堰测流量，首先要做

出堰板的 $Q=f(H)$ 关系。测量时只要测出水头 H，即可查得流量 Q。薄壁堰过流断面形式有多种，如三角形、矩形、梯形等，如图 5.9 所示。

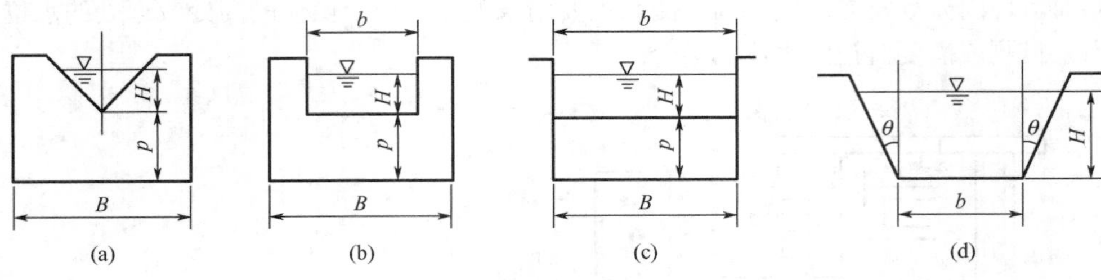

图 5.9　量水堰的形式

(1) 直角形三角堰［图 5.9(a)］：是根据过堰流量与三角堰堰顶水头 H 之间的函数关系 $Q=f(H)$，通过测定 H 而计算出 Q。目前采用的公式是 $Q=CH^{5/2}$，C 为三角堰的流量系数，随 H 略有变化，初步计算时可取 C=1.4；H 的单位为 m，Q 的单位为 m^3/s；其适用范围为 H=0.05～0.25m，堰高 $p≥2H$，堰宽 $B≥(3～4)H$。也可预先制成 $Q–H$ 曲线表，便于查用。

(2) 矩形堰[图 5.9(c)]：或称全宽堰，其堰板过流宽度 b 与堰宽 B 相等，流量计算公式为

$$Q=m_0 b\sqrt{2g}H^{3/2}$$

式中　g——重力加速度；

H——堰上水头；

m_0——流量系数，需通过率定实验确定。

矩形薄壁堰另有侧收缩堰(四角堰)，如图 5.9(b) 所示，其堰板宽度 b 小于堰宽 B。矩形堰可测量大流量，但误差较大，因一部分水的周边和边墙相接，导致流通条件欠佳。

2) 转子流量计

转子流量计又称浮子流量计，如图 5.10 所示，常用于小流量测量，是工业管道和实验室最常用的流量装置之一。其具有结构简单、直观、能量损失小等优点。该装置主要由表面标有刻度、内径上粗下细的锥形玻璃筒和置于筒内可沿中轴上下滑动的不锈钢浮子所组成。当流体自下而上流经锥管时，被浮子节流，在浮子上下游之间产生压差，浮子在此压差作用下上升；当浮子上升的力和浮子所受的重力及黏性力三者的合力相等时，浮子处于平衡状态，因此流经流量计的流体流量与浮子的上升高度即与流量计的流通面积之间存在一定的比例关系。这就是转子流量计的基本工作原理。

3) 涡轮流量计

涡轮流量变速器(即涡轮流量计)的结构如图 5.11 所示，主要由叶轮组件、导流件、壳体、信号检测和前置放大器部分所组成。当被测介质流过变速器时，变速器内的叶轮借助于流体的动能而旋转，导磁的叶轮即周期性地改变磁感应系统中的磁阻值，使通过线圈的磁通量发生变化而产生脉冲电信号；该信号经过前置放大器放大后，送至显示仪表实现流量测量。在测量范围内，信号脉冲数与叶轮的转速成正比，叶轮的转速又与流量成正比，所以测得脉冲总数 N 后，除以仪表常数 f，便得到总流量 $Q=N/f$。

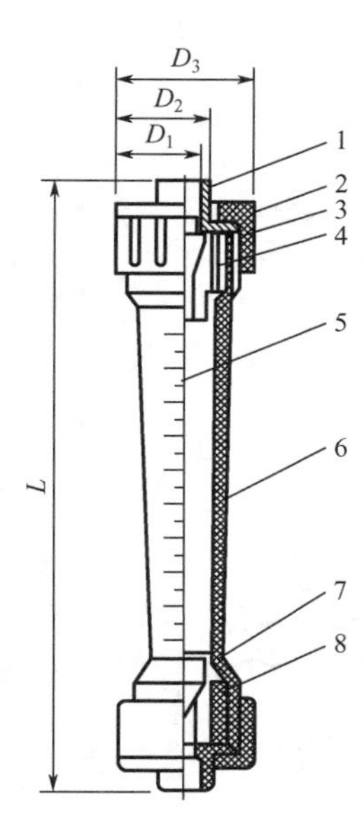

图 5.10 转子流量计

1—接管；2—螺母；3—O 形密封环；4—上止挡；
5—标尺；6—锥管；7—浮子；8—下止挡

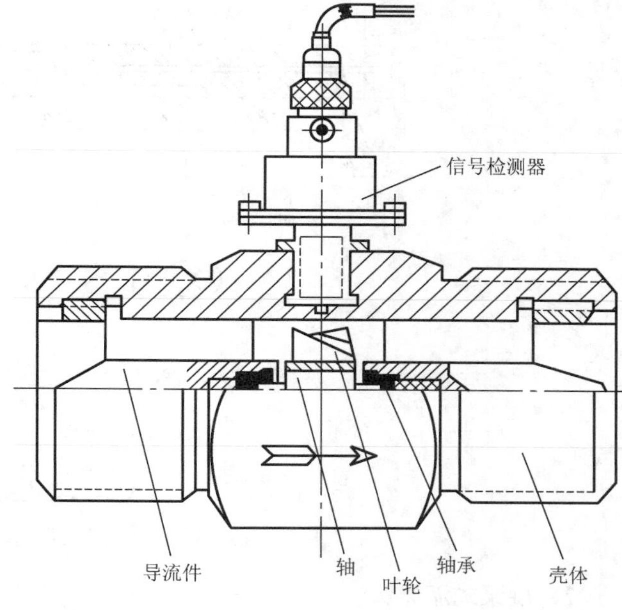

图 5.11 涡轮流量计

由于涡轮流量计对流量的测量精度高(可达 1%)、反应快、维修方便，故常用于实验室及科学研究中。但其测量小流量的精度不高，且流体通过旋转涡轮时能量损失较大，并对水质有较高要求。

5.1.4 流速的测量

1. 毕托管

毕托管是 1930 年由亨利·毕托(Henri Pitot)发明的，目前已有几十种形式。毕托管的构造如图 5.12 所示，是一根弯成直角的细管，主要由测压管(静压管)和测速管(动压管)两部分组成。动压管的开口面正对着水流方向，管中水头为静压和流速水头的总和；静压管的开口面与水流方向平行，管中水头为静压水头。所以两者之差，即为流速水头。根据公式 $v = k\sqrt{2g\Delta h}$ 可求得流速 v，其中 Δh 为水头差，k 为毕托管改正系数，一般需通过率定毕托管求得，g 为重力加速度。

毕托管不能自动调整方向。在进行测试之前需已知水流方向，然后安装毕托管并校正水流方向，假若方向不对，则流速水头值变小。在测量介质为液体时，可采用反冲法排除连接管内气体，并观察两差压管内液面是否水平，以鉴别管内有无积气。当被测介质为气体时，可直接与微压计连接。

在明渠中测速时，毕托管的测量范围一般为 0.15～2.0m/s。毕托管测速的最大速度可达 6m/s。

实际上用毕托管测到的只是断面上某一定点的流速。由于流体的黏性作用，断面上各点的流速分布是不相同的。为准确地计算流量，必须求得有代表意义的平均流速 v_{cp} 。

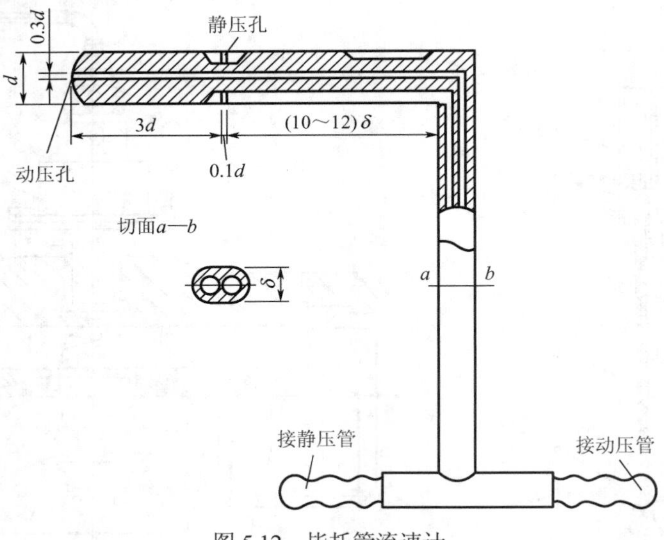

图 5.12 毕托管流速计

2．旋桨式流速仪

旋桨式流速仪是一种江河水文仪器，用以测定河流、渠道、水库、湖泊等水流的速度，也是目前国内外实验室用来测量明渠水流速度的一种测量设备，如图 5.13 所示。它由旋转传感器、计算器及有关配套仪表组成。当可旋转的叶片受水流冲击后，叶片旋转的速度与水流的速度有一定的函数关系，其计算公式为

$$v = kn + c$$

式中 v——流速；

n——旋转回转率，等于总转数 N 与相应的测速时间 t 之比，即 $n = N/t$；

k——仪表常数；

c——仪器的摩擦因数。

图 5.13 旋桨式流速仪

3．激光测速仪

激光测速仪是 20 世纪 60 年代后期发展起来的一种新型测速仪器，具有无接触测量、不干扰流场、测量范围宽(从 10pm/s～2000m/s)、空间分辨率高(测量体积小于10^{-4}mm^3)、动态响应快、速度信号以光速传播、惯性极小、测量精度高等优点，因而受到普遍的欢迎。目前被广泛应用于航空、水利、气象、化工、环保、热工测量等各行各业，用来测量流体的时速、脉动及边界层流速等。

5.2 流体力学实验

5.2.1 流体静力学——平面静水压力实验

※内容提要

平面静水总压力实验仪主要用于验证平面静水压力理论，测定矩形平面上的静水总压力。该装置中，一个扇形体连接在杠杆上，再以支点连接的方式放置在容器顶部，杠杆上还装有平衡锤和天平盘，用于调节杠杆的平衡和进行测量。容器中放水后，扇形体浸没在水中，由于支点位于扇形体圆弧面的中心线上，除了矩形端面上的静水压力之外，其他各侧面上的静水压力对支点的力矩都为零。利用天平测出力矩，即可推算矩形面上的静水总压力。

※实验指导

一、实验目的

(1)测定矩形平面上的静水总压力。

(2)验证静水压力理论的正确性。

二、实验原理与方法

在已知静止液体中的压力分布之后，通过求解物体表面 A 上的矢量积分 $-\iint_A \boldsymbol{p} \cdot \boldsymbol{n}\mathrm{d}A$，即可得到总压力。完整的总压力求解，包括其大小、方向、作用点。

(1)静止液体作用在平面上的总压力。

① 这是一种比较简单的情况，如图5.14所示，为平行力系的合成，即 $-\iint_A \boldsymbol{p} \cdot \boldsymbol{n}\mathrm{d}A = -\boldsymbol{n}\iint_A p\mathrm{d}A$，作用力垂直于作用面，指向自己判断。

② 静压力分布是不均匀的，沿铅垂方向呈线性分布，其平均值为作用面(平面图形)形心处的压力。总压力大小等于作用面形心 C 处的压力 p_C 乘以作用面的面积 A，即 $\iint_A p\mathrm{d}A = p_C A$。

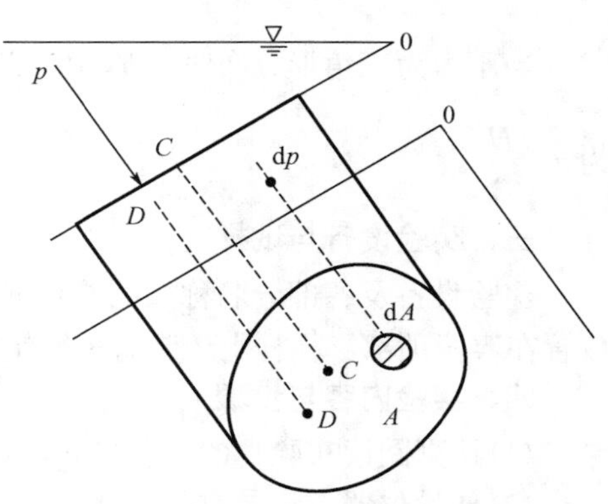

图 5.14 静止液体压力分布图

③ 如果平面上作用着均匀分布力，其合力的作用点将是作用面的形心。由于静压力分布是不均匀的，浸没在液面下越深处压力越大，所以总压力作用点 D 位于作用面形心以下。

(2)矩形平面上的静水总压力。

① 这是一种更简便的情况，如图 5.15 所示，只要画出压力分布图就可以求出总压力的

大小和作用点。单位厚度作用面上总压力的大小等于压力分布图的面积，总压力的作用线过压力分布图的形心。

② 如压力为梯形分布，则总压力大小为$p=\frac{1}{2}\rho g(h+H)ab$，合力作用点距底部的距离为$e=\frac{a}{3}\cdot\frac{2h+H}{h+H}$，其中$h$、$H$分别为梯形压力分布图上下底的压力水头，$a$、$b$是作用面的长度和宽度，$\rho$为水的密度。

如压力为三角形分布，则$h=0$，总压力大小为$p=\frac{1}{2}\rho gHab$，合力作用点距底部距离为$e=\frac{a}{3}$。

③ 假若作用面是铅垂放置的(图5.16)，则$a=H-h$，总压力大小为$p=\frac{1}{2}\rho g\ (H^2-h^2)b$，合力作用点距底部距离为$e=\frac{H-h}{3}\cdot\frac{2h+H}{h+H}$。

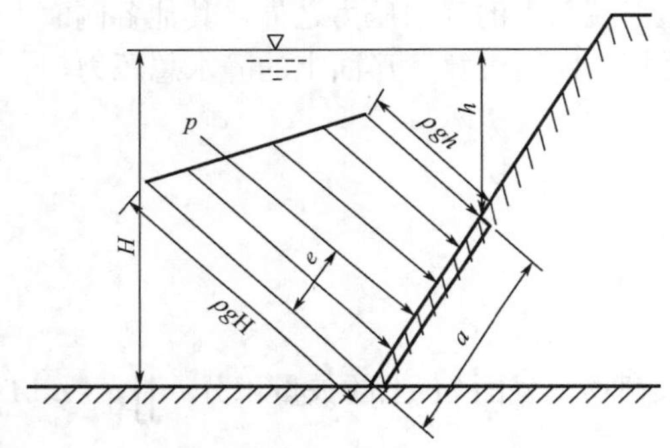

图 5.15　矩形平面上的压力分布图

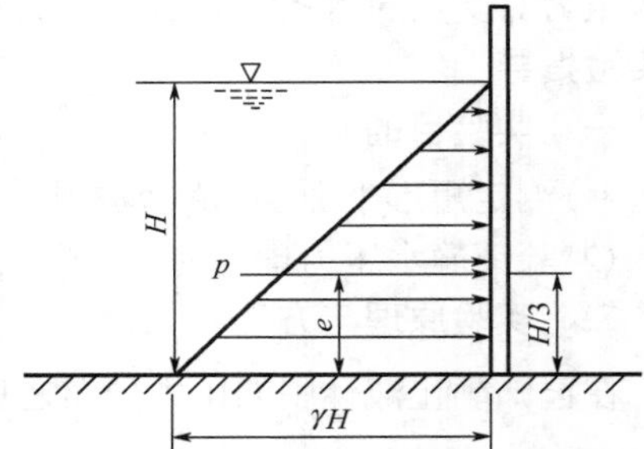

图 5.16　铅垂作用面压力分布图

当压力为三角形分布时，$h=0$，总压力大小为$p=\frac{1}{2}\rho gH^2b$，合力作用点距底部的距离为$e=\frac{H}{3}$。

三、实验设备与试样

实验设备及各部分名称如图5.17所示，一个扇形体连接在杠杆上，再以支点连接的方式放置在容器顶部，杠杆上还装有平衡锤和天平盘。

四、实验内容与步骤

(1) 认真阅读实验目的、要求和注意事项。

(2) 熟悉仪器，记录有关常数。

(3) 用底脚螺钉调平，使水准泡居中。

(4) 调平衡锤使杠杆处于水平状态，此时扇形体的矩形端面处于铅垂位置。

(5) 接通水泵开关，打开进水阀门K_1，放水进入水箱，待水位上升到一定高度后关闭K_1。

(6) 加砝码到水平盘上，使杠杆恢复到水平状态。如不行，则再加水或放水，直至平衡为止。

(7) 测记砝码重量G，记录水位的刻度数。

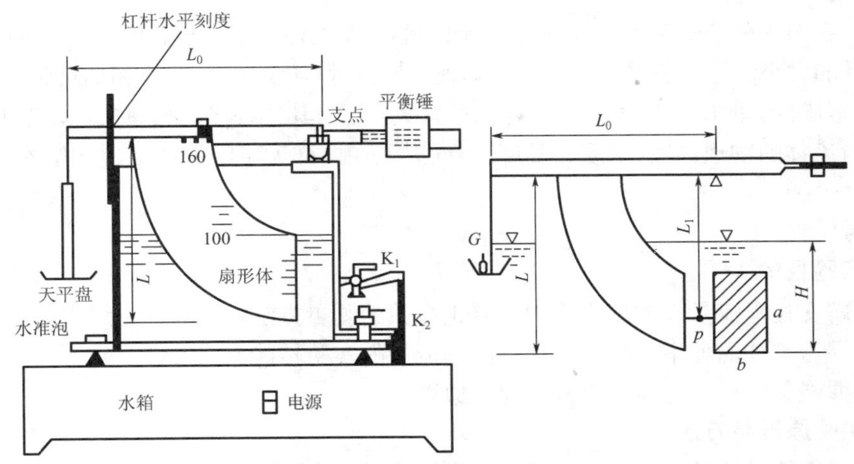

图 5.17　静水压力实验装置示意图

(8) 根据公式，计算受力面积、静水总压力作用点至底部距离以及作用点至支点的垂直距离 L_1。

(9) 根据力矩平衡公式，求出静水总压力 p。

(10) 重复步骤 (4)～(8)，水位读数在 100mm 以下 (三角形压力分布) 做三次，在 100mm 以上 (梯形压力分布) 做三次，共做六次。

五、注意事项

(1) 测读砝码时，仔细观察砝码所注克数。

(2) 加水或放水，要仔细观察杠杆所处的状态。

(3) 砝码要每套专用，不要混用。

(4) 加水阀门关闭后，注意不要长时间运行水泵，加水流量可通过阀门调节。

六、实验数据处理

填写以下数据，并计算出静水总压力：

(1) 天平臂距离 L_0 =　　　　　　　cm；

(2) 扇形体垂直距离 L =　　　　　　cm；

(3) 平面宽度 b =　　　　　　　　cm；

(4) 平面高度 a =　　　　　　　　cm。

七、分析与思考

(1) 作用在液面下平面图形上绝对压力的压力中心和相对压力的压力中心，哪个在液面上更深的地方？为什么？

(2) 分析产生测量误差的原因，指出在实验仪器的设计、制作和使用中，哪些问题是最关键的。

5.2.2　流体动力学——文丘里流量计实验

※内容提要

文丘里流量计的原理，是流体经过节流件产生压差，利用压差和流速的关系可测出流量。充满管道的流体在流经管道内的节流件时，将在节流件处形成局部收缩，因而流速增加，静压力降低，在节流件前后便产生了压差。流体流量越大，产生的压差越大，因而可依据压差来衡量流量的大小。这种测量方法是以流动连续性方程(质量守恒定律)和伯努利方程(能量守恒定律)为基础的。但压差的大小不仅与流量有关，还与其他许多因素有关，如当节流装置形式或管道内流体的物理性质(密度、黏度)不同时，在同样大小的流量下，产生的压差也是不同的。

※实验指导

一、实验目的

(1) 了解文丘里流量计的工作原理和修正系数的测量方法。

(2) 掌握压差计的使用方法和用体积法测流量的实验技能。

(3) 掌握能量方程和连续性方程的使用原则。

二、实验原理与方法

(1) 文丘里流量计是一种常用的管道流量的测量仪，如图 5.18 所示，属于压差式流量计。它由收缩段、喉部和扩散段三部分组成，安装在需要测定流量的管路上。在收缩段进口断面 1—1 和喉部断面 2—2 上设测压孔，并接上比压计，通过测量两个断面的测管水头差 Δh 就可计算管道的理论流量 q_V，再经修正得到实际流量 q_{VS}。

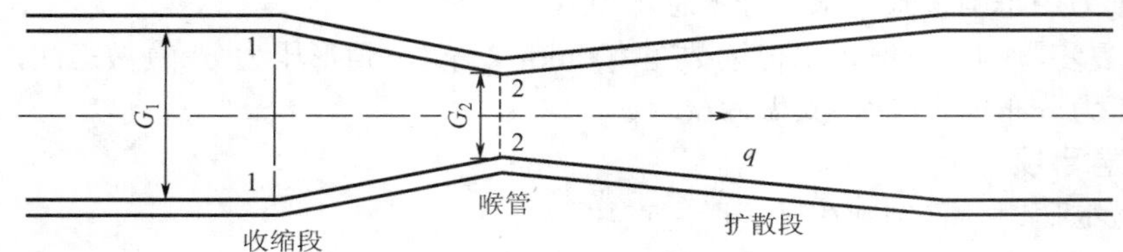

图 5.18　文丘里管道细节

(2) 求理论流量：不考虑水头损失，流速水头的增加等于测管水头的减小(即比压计液面高差 Δh)，通过测得的 Δh，可建立两断面在平均流速 v_1 和 v_2 之下的一个关系为

$$\Delta h = h_1 - h_2 = \left(Z_1 + \frac{p_1}{\rho g}\right) - \left(Z_2 + \frac{p_2}{\rho g}\right) = \frac{\alpha_2 v_2^2}{2g} - \frac{\alpha_1 v_1^2}{2g}$$

假设动能修正系数 $\alpha_1 = \alpha_2 = 1$，则有

$$\left(Z_1 + \frac{p_1}{\rho g}\right) - \left(Z_2 + \frac{p_2}{\rho g}\right) = \frac{v_2^2}{2g} - \frac{v_1^2}{2g}$$

另外，由恒定总流连续方程有

$$A_1 v_1 = A_2 v_2, \qquad 即 \frac{v_1}{v_2} = \left(\frac{d_2}{d_1}\right)^2$$

所以有

$$\frac{v_2^2}{2g} - \frac{v_1^2}{2g} = \frac{v_2^2}{2g}\left[1 - \left(\frac{d_2}{d_1}\right)^4\right]$$

于是可得

$$\Delta h = \frac{v_2^2}{2g}\left[1-\left(\frac{d_2}{d_1}\right)^4\right]$$

解得

$$v_2 = \frac{1}{\sqrt{1-\left(\frac{d_2}{d_1}\right)^4}}\sqrt{2g\Delta h}$$

最终得到理论流量为

$$q_V = v_2 A_2 = \frac{\pi}{4}\frac{d_1^2 d_2^2}{\sqrt{d_1^4 - d_2^4}}\sqrt{2g\Delta h} = K\sqrt{\Delta h}$$

其中 $K = \frac{\pi}{4}\frac{d_1^2 d_2^2}{\sqrt{d_1^4 - d_2^4}}\sqrt{2g}$ 。

(3) 求实际流量：用量筒测量水的实际流量 q_{VS}。

(4) 求流量因数：

$$\mu = \frac{q_{VS}}{q_V} \quad (\mu < 1)$$

① 流量计流过实际流体时，两断面测管水头差中包括了黏性造成的水头损失，这导致计算出的理论流量偏大。

② 对于某确定的流量计，流量因数还取决于流动的雷诺数：$Re = v_2 d_2/\nu$ 。但当雷诺数较大(流速较高)时，流量因数基本不变。

三、实验设备与试样

实验装置如图 5.19 所示。其中文丘里管 $d_1 = 14\,\text{mm}$，$d_2 = 7\,\text{mm}$。

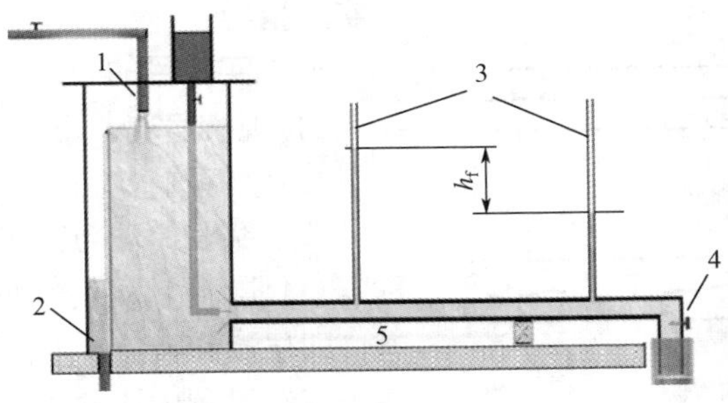

图 5.19 文丘里流量计实验装置

1—进水管；2—溢流孔；3—压差计；4—阀门；5—水平测管

四、实验内容与步骤

(1) 查阅用压差计测量压力和用体积法测量流量的原理和方法。

(2) 对照实物了解仪器设备的使用方法和操作步骤。

(3) 启动水泵，给水箱充水，并保持溢流状态，使水位稳定。

(4) 检查下游阀门关闭时，压差计各个测压管水面是否处于同一平面上。如不平，则需排气调平。

(5) 记录断面管径等数据。

(6) 先从大流量开始实验。开启下游阀门，使压差计上出现最大的值，待水流稳定后，再进行量测，并将数据记录入表中。

(7) 依次减小流量，待稳定后，重复上述步骤九次以上，并按序记录数据。

(8) 检查数据记录表是否有缺漏，是否有某组数据明显不合理。若有此情况，进行补测。

五、实验数据处理

(1) 整理实验结果，得出流量计在各种流量下的 Δh 、 q_{V} 、 q_{VS} 和 μ 。

(2) 对实验结果进行分析讨论。

六、分析与思考

(1) 文丘里流量计的实际流量与理论流量为什么会有差别？这种差别是由哪些因素造成的？

(2) 文丘里流量计的流量因数是否与雷诺数有关？通常给出一个固定的流量因数应怎么理解？

(3) 为什么在实验中要反复强调保持水流稳定的重要性？

5.2.3 流动阻力与水头损失——雷诺实验

※内容提要

雷诺实验揭示了重要的流体流动机理，即根据流速的大小，流体有两种不同的形态。当流体流速较小时，流体质点只沿流动方向作一维运动，与其周围的流体间无宏观的混合即作分层流动，这种流动形态称为层流或滞流；当流体流速增大到某个值后，流体质点除流动方向上的流动外，还向其他方向作随机运动，即存在流体质点的不规则脉动，这种流体形态称为湍流或紊流。雷诺实验反映出沿程阻力系数λ是与流态密切相关的参数，计算λ值必须首先确定水流的流态。液体流态的判别，是用无量纲数雷诺数Re 作为判据的。

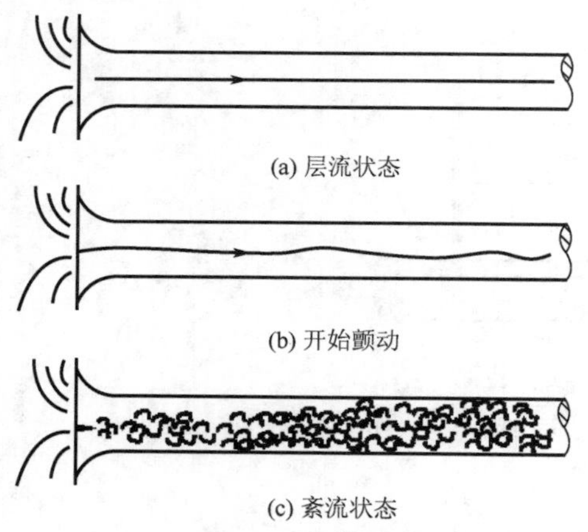

(a) 层流状态

(b) 开始颤动

(c) 紊流状态

图 5.20　流体的两种不同形态

※实验指导

一、实验目的

(1) 观察层流、紊流的流态及其转换特征。

(2) 掌握圆管流态判别准则。

二、实验原理与方法

(1) 实际流体的流动会呈现出两种不同的形态，即层流和紊流，如图 5.20 所示，它们的区别在于流动过程中流体层之间是否发生掺混现象。在紊流流动中存在随机变化的脉动量，而在层流流动中则没有。

(2) 圆管中恒定流动的流态转化取决于雷诺数 $Re = vd/\nu$ ，其中 d 是圆管直径，v 是断面平均流速，ν 是流体的运动黏度系数。

(3) 实际流体的流动之所以会呈现出两种不同的形态，是扰动因素与黏性稳定作用之间对比和抗衡的结果。针对圆管中定常流动的情况，可减小 d 、减小 v、加大ν ，这三种途径都是有利于流动稳定的。综合起来看，小雷诺数时流动趋于稳定，而大雷诺数时流动稳定性差，容易发生紊流现象。

(4) 圆管中定常流动的流态发生转化时，对应的雷诺数称为临界雷诺数，又分上临界雷诺数和下临界雷诺数。上临界雷诺数表示超过此雷诺数的流动必为紊流，它很不稳定，跨越一个较大的取值范围；有实际意义的是下临界雷诺数，表示低于此雷诺数的流动必为层流，有确定的数值，圆管定常流动的下临界雷诺数取为 $Re_c = 2000$ 。

(5) 对相同流量下圆管层流和紊流流动的断面流速分布做一比较，可以看出层流流速分布呈旋转抛物面，而紊流速度分布则比较均匀，呈现对数或指数分布，靠近壁面的流速梯度比层流时大，如图 5.21 所示。

三、实验设备与试样

实验装置如图 5.22 所示。

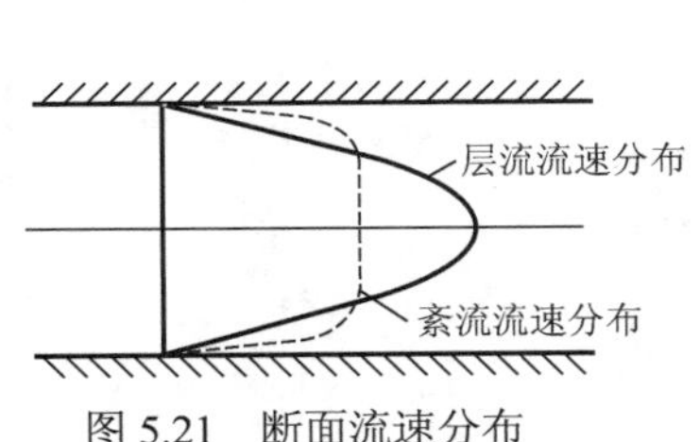

图 5.21　断面流速分布

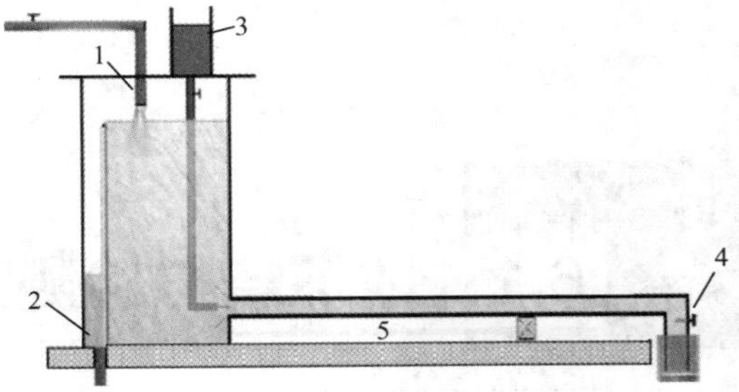

图 5.22　雷诺实验装置

1—进水管；2—溢流孔；3—颜料漏斗；4—阀门；5—水平测管

四、实验内容与步骤

(1) 测记本实验的有关常数。

(2) 观察两种流态。水箱充水至溢流水位并稳定后，微微开启调节阀，并注入颜色于实验管内，使颜色水流成一直线。通过颜色水质点的运动观察管内水流的层流流态，然后逐步开大调节阀，由颜色水线的变化来观察层流转变到紊流的水力现象。

颜色水线形态指：稳定直线、稳定略弯曲、直线摆动、直线抖动、断续、完全散开等。

五、实验数据处理

(1) 记录、计算有关常数：

① 管径 $d =$ ________cm；

② 断面积 $A = \dfrac{\pi d^2}{4} =$ ________cm^2；

③ 水温 $T =$ ________℃；

④ 运动黏度 $\nu = \dfrac{0.01775}{1 + 0.00337T + 0.000221T^2} =$ ________(cm^2/s) 。

(2) 整理计算表。

六、分析与思考

(1) 流态判据为何采用无量纲参数，而不采用临界流速？

(2) 为何认为上临界雷诺数无实际意义，而采用下临界雷诺数作为层流与紊流的判据？

(3) 分析实验误差的原因。

第6章 地下结构与市政工程检测实验*

6.1 地下结构检测实验

6.1.1 地质条件与地下管线检测实验

※内容提要

地质雷达法作为地球物理勘探方法之一，最早用于工程场地的勘查，包括重要建筑工程场地、铁路与公路路基，用以解决松散层分层和厚度分布、基岩风化层分布以及节理带及断裂带等问题。有时也用于研究地下水水位分布，普查地下溶洞、人工洞室、地下管线等。在黏土不发育的地区，使用中低频大功率天线，探查深度可达20～30m。在地震地质研究中，地质雷达也用于研究隐伏活断层，效果很好。

※实验指导

一、实验目的

用于基岩深度、水位深度、软土层厚度与深度、断裂构造等地质工程探查，以及地下管线和其他埋设物探测。

二、实验设备与试样

探地雷达系统：由雷达天线控制单元、屏蔽天线、连接电缆和外围设备等系统部件构成。可以将各个部件紧凑安装在专用手推车上，组成可操作性强、不容易产生操作疲劳的雷达运载测量系统。

三、实验原理与方法

地质雷达(Ground Penetrating/Probing Radar，GPR)是通过对地下目标体及地质现象进行高频电磁波扫描，来确定其结构形态及位置的地球物理探测方法。使用本方法，需要目标体或者掩埋物与周围介质间存在一定的物性差异。

该探地雷达利用一个天线发射高频短脉冲宽频带电磁波，另一个天线接受来自地下不同介质界面的反射波，雷达图形以脉冲反射波的形式被记录，波形的正负峰值分别以黑白色表示或以灰阶或彩色表示，这样同相轴或等灰度、等色线等即可形象地表征出地下或目标体的反射面。电磁波在介质中传播时，其路径、电磁场强度与波形将随所通过介质的电磁性质及几何形态而变化，因此根据接收到的波的旅行时间(亦称双程走时)、振幅与频率等信息，可探测地下管线的存在和位置。探地雷达工作原理如图 6.1 所示。

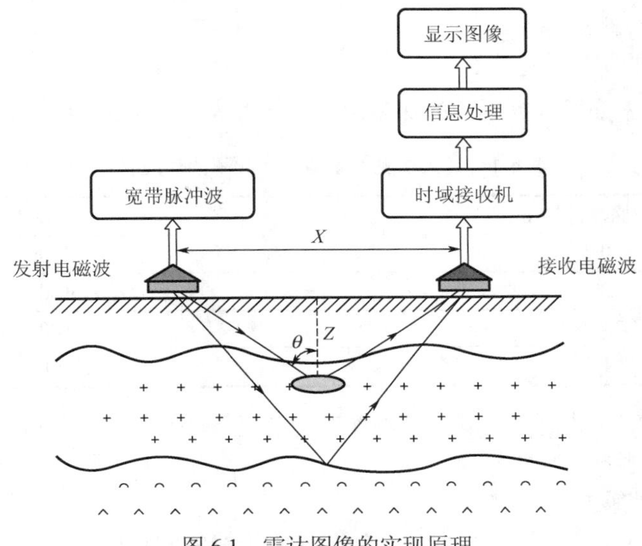

图 6.1 雷达图像的实现原理

雷达主机记录下电磁波从发射到接收的双程旅行时间 $\Delta t=\sqrt{4z^2+x^2}/v$。电磁波的传播速度 v 可根据地下介质的相对介电常数 ε_{r} 计算出来，即 $v=c/\sqrt{\varepsilon_{\mathrm{r}}}$，式中 $c=0.3\mathrm{m/ns}$(真空光速)，ε_{r} 为介质的相对介电常数，x 为发射、接收天线之间的距离，z 为目标物深度。

目标体的深度 z 可由下式计算：

$$z=v\cdot\Delta t/2$$

电磁波传播在遇到不同的反射界面时，其反射系数为

$$R=\left(\sqrt{\varepsilon_{\mathrm{r1}}}-\sqrt{\varepsilon_{\mathrm{r2}}}\right)/\left(\sqrt{\varepsilon_{\mathrm{r1}}}+\sqrt{\varepsilon_{\mathrm{r2}}}\right)$$

电磁波的反射系数取决于界面两边媒质的相对介电常数的差异，当目的物与周围介质电磁性参数差别较大时，反射系数也大，因而反射波的能量也大。反射系数除与入射角大小有关外，还与介质的含水率有关。这些差异越大，反射系数就越大。这种差异正是运用探地雷达探测的物理前提。

四、实验内容与步骤

(1)检测环境。

① 检测过程中宜确保检测区域表面无杂物或障碍物，保持检测表面平整。

② 检测过程中检测区域表面宜保持干燥，相对湿度小于90%。

③ 工作温度宜为−10～+50℃。

(2)参数选取。

① 天线中心频率的选定。

a. 天线中心频率可由下式选定：

$$f=\frac{150}{x\sqrt{\varepsilon_r}}$$

式中 f——天线中心频率(MHz)；

x——垂直分辨率(m)；

ε_r——材料的相对介电常数。

b. 天线中心频率亦可根据不同的探测深度直接查表6.1确定。

表6.1 最大探测深度与中心频率的对应关系

最大探测深度/m	中心频率/MHz
0.3	2000
0.5	1600
1.0	1000
1.5	600

c. 天线中心频率的选定应在满足探测深度的前提下，使用较高分辨率的天线，并考虑天线大小是否符合检测场地要求。

② 天线间距的确定。

a. 当采用分离式天线检测时，发射天线与接收天线的间距可由下式确定：

$$s=\frac{2h_{max}}{\sqrt{\varepsilon_r}}$$

式中 s——发射天线与接收天线的间距(m)；

h_{max}——最大探测深度(m)；

ε_r——材料的相对介电常数。

b. 当采用一体式天线检测时，发射天线与接收天线的间距是固定的。

③ 时窗的确定。计算公式为

$$w=1.3\times\frac{2h_{max}}{v}$$

式中 w——时窗(ns)；

h_{max}——最大探测深度(m)；

v——雷达波在被测介质中的平均波速(m/ns)。

④ 采样率的选取。

a. 采样率可由下式估算：

$$S_p \geqslant w\times f\times 10^{-8}$$

式中 S_p——采样率；

w——时窗(ns)；

f——天线中心频率(MHz)。

b. 在保证天线垂直分辨率的前提及在仪器容许情况下，需经过不同的实验，以达到最清晰的探测精度。

⑤ 测量轮分辨率=测量轮的周长/编码器旋转一周所产生的脉冲数。

(3)检测步骤。

① 检测开始前，应标定地面反射波起始零点(雷达记录时间零点)。

② 检测开始前，根据检测环境和检测目的布置测线，测线的布置应遵循以下原则：

a. 应建立测区坐标系统，并对测线依次编号；

b. 测线布置应避免金属构件或其他电磁波源对检测的干扰；

c. 测线布置应考虑边界效应的影响。

③ 检测开始前，应确保雷达采集系统可正常使用：

a. 打开数据采集软件，参考参数合理选择天线种类、通道个数、驱动程序；设置时窗大小、采样率、水平采样间隔、测量轮分辨率等参数。

b. 根据实际检测条件，选用合适的参数进行增益标定。

④ 采集系统正常工作后，应确保采集的数据可通过接口实时传输到指定存储设备，并可进行实时交换。

⑤ 正式检测之前，应对探测区域进行雷达波速校准。

⑥ 数据采集过程中，天线应沿测线方向匀速移动，同步绘制雷达测线图，并标记测线经过的物体。

⑦ 数据采集时，同类测线的数据采集方向宜一致。

⑧ 数据采集时，在场地允许情况下，宜使用天线阵雷达进行网格状扫描，多条测线辅助评定结果。

五、实验数据处理

(1)数据处理前，应确保原始数据完整可靠，对数据进行重新组织，剔除与探测目标无关的数据，同时进行相应的记录，合并因测线过长而造成的不连续数据。

(2)应对采集的数据进行滤波处理。

① 根据探测的实际情况选择合适的滤波方式，滤波方式可选低通、高通、带通滤波等。

② 首先根据不同的天线初选滤波参数；其次对数据进行频谱分析，得到较为准确的频率分布，设定滤波参数，进行滤波处理。

③ 采集的数据应进行背景去噪处理。

(3)根据实际情况，可对采集的数据进行适当的增益处理。

(4)根据实际情况，可对采集的数据有选择地进行反滤波处理(反褶积处理)、偏移处理等。

(5)根据实际情况，可对图像进行增强处理。

① 可进行振幅恢复。

② 可将同一通道不同反射段内振幅值乘以不同权系数。

③ 可将不同通道记录的振幅值乘以不同的权系数。

(6) 单个雷达图像分析步骤：确定反射波组的界面特征；识别地表干扰反射波组；识别正常介质界面反射波组；确定反射层信息。

(7) 雷达图像数据解释。

① 结合多个相邻剖面雷达图像，找到数据之间的相关性。

② 结合现场的实际情况，将探测区域表面情况和实际探测图像进行对比分析。

③ 将探测得到的雷达图和经典的经过验证的雷达图进行对比分析。

6.1.2 桩身应变与应力检测实验

※内容提要

在基桩的承载力检测中，为了充分了解桩基侧阻力发挥特征，可以在桩基静载荷实验中进行桩身内力测试，在桩体内埋设测试元件，测出在外部荷载作用下桩身应变沿桩长的分布，这些测试元件主要包括滑动测微计、电阻应变片、钢筋计、测杆应变计等。其中滑动测微计是基于线测法原理进行测试，测得的是上下测点间长度范围内的应变，而后三种测试方法是基于点法测试原理，即只能测得元件所在点位的应变。

※实验指导

Ⅰ 钢筋计和压力盒法

一、实验目的

检测基桩桩身内力，导出桩侧、桩端摩阻力。检测时需在桩身内部安装应变传感器，与桩的静载荷实验同步进行。

二、实验设备与试样

(1) 应变传感器，按测试原理可分为钢弦式、电阻应变式、电感式、滑动测微计、光纤式应变传感器等。此类传感器一般用于测量桩身不同深度截面的应变值，导出不同深度的桩身轴力。桩端应力宜采用压力盒测量。

(2) 钢筋混凝土基桩；施工现场。

三、实验内容与步骤

(1) 传感器的选择与布置安装。

① 传感器的选择。首先根据测试要求和各种传感器的特性，合理选择适用的传感器型号。选择依据如下：

a. 传感器测量范围和传感器特性；

b. 检测测量使用周期长短；

c. 安装难易程度；

d. 经济成本。

在传感器购置后，应对每个传感器的编号和标定表一一记录。有条件时应对传感器标定系数再进行一次抽检滤定。

② 传感器布置安装。

a. 传感器布置：依据勘察提供的场地地质岩土分层和走向，在每个岩土分层界面位置的桩身横截面布置 3～4 个传感器；当该层岩土层厚超过 5m 时，应在层中再布置 1～2 层传感器。

b. 传感器安装：采用应变片式检测的应变片安装，应符合有关贴片和保护要求。一体式传感器，传感器两端应与桩的主筋焊接，注意在焊接时必须对传感器进行降温处理，以防焊接高温对传感器造成损坏。

c. 传感器保护：对传感器测试线的出口处、桩内测试线均必须进行保护处理，防止桩在钢筋笼安装和混凝土浇灌时，对传感器和测试线造成损坏。

d. 压力盒安装：应将压力盒测试面垂直于测试方向，且固定。

e. 对所有传感器的埋深位置、方向做好记录，以便数据处理时查找。

f. 在桩基施工完毕且达到混凝土强度后，应对所有传感器进行一遍测量(传感器初始值)。记录传感器出厂时的零值与测量初始值的变化情况。

(2) 基桩内力检测：基桩内力检测一般与实验桩静载荷实验同步进行。测量静载荷实验分级荷载下，基桩轴力、端压力变化情况和变化规律。

① 内力测量。

a. 测量时间：在每级荷载施加完成，本级荷载下桩的变形达到稳定后施加下一级荷载前，必须对所有传感器测量一遍。在每级荷载施加过程中也可对所有传感器测量一遍。

b. 在实验荷载接近设计基桩极限荷载时，应增加对传感器的测量频率。

② 测量记录。

a. 每一遍测量数据必须认真记录。

b. 在测量与记录中，如发现个别传感器数据异常，仍需继续记录。当该传感器测量数据连续三次以上出现异常时，则视为该传感器已损坏，应停止测量记录该传感器，并记录说明情况。

四、实验数据处理

(1) 测量数据处理步骤。

① 将每个传感器记录数据与传感器标定表对照，得到传感器测量应变值。

② 根据钢筋和混凝土弹性模量计算桩身在该横截面的应力值，并进行平均得到平均值。

③ 依据该横截面钢筋混凝土含筋率，由应力值导出桩身在此横截面的轴力。

④ 由岩土分层面的轴力差，得到该层桩身段侧摩阻力值。

⑤ 依据桩身侧摩阻力值变化规律，导出该层岩土的极限摩阻力系数值。

⑥ 桩端极限阻力依据以上步骤处理。

(2) 绘制曲线与检测结果。

① 绘制每级荷载下的桩身轴力变化曲线。

② 绘制不同深度岩土土层摩阻力变化曲线。

③ 编制沿深度方向各岩土层的极限摩阻力系数表。

II 滑动测微计法

一、实验目的

对混凝土钻(挖)孔灌注桩、预制混凝土桩和钢管桩作静载荷内力测试和竖向位移测试。

二、实验设备与试样

(1) 滑动测微计，测试系统包括测试探头、SDC 数据控制器、导向链、测量电缆、套管和测标、数据采集仪、操作杆等部件和标定筒。预埋在被测构件中的测微管，由 PVC 套管和设在套管中的锥面测标组成。

(2) 混凝土灌注桩、预制桩及钢管桩等；施工现场。

三、实验原理与方法

滑动测微计法是一种新的桩身应力应变测试方法。作为一种高精度便携式应变测量仪器，滑动测微计可以测定埋设于被测构件中的测微管每米内的变形，能准确地测定构件沿测微管方向的应变分布规律，在每次测量前后进行定期校准，可达到非常高的测量精度和长期稳定性。

作桩基内力测试是在桩身内预先埋设一根 PVC 塑料套管，管内以 1m 为间距设置环形量测标记，即形成测微管，两个测标之间的位移便可利用滑动测微计依次测量。环形量测标记的金属环内槽呈锥面，探头两端的测头呈球面，锥面和球面的极精确位置关系保证了滑动测微计的高精度测量结果，如图 6.2 所示。测标和测头接触面只取锥面和球面的一部分，以使测头既能和测标相接触又可以在测微管中滑动，测试时只需将导杆旋转 45°，即可使探头由滑动位置转换到量测位置。与导杆连接的探头沿着测微管向下移动，通过每米内的两个测标时将探头张紧，这时探头便可测得两测标的间距，并通过探头中的线性位移传感器将测试数据(平均温度及测标间距)经电缆线传输到数据控制器读出。

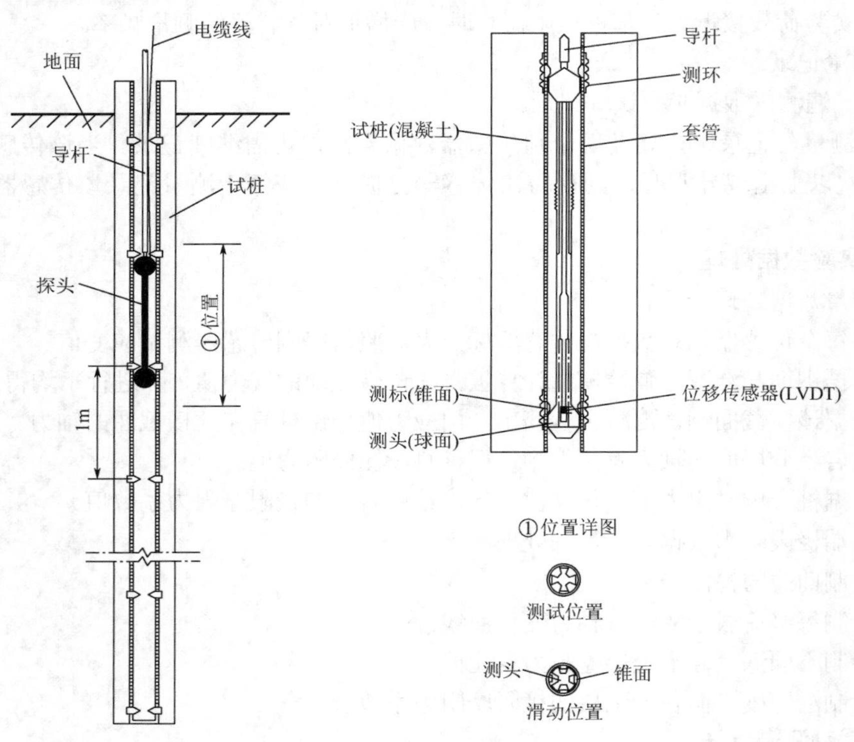

图 6.2　滑动测微计工作原理

四、实验内容与步骤

(1) 测管安装。

① 测管安装前应对套管和测标逐一检查，对异常的套管和测标应放弃使用，对内侧有污垢和灰尘的套管和测标应擦拭干净。

② 测管在埋入被测试体前宜进行预连接，预连接长度视埋设时空间大小决定，且不宜超过 3m，进行预连接的场地应平整，保持清洁。

③ 测标宜按1m等间距排列。

④ 测管连接应符合下列规定。

a. 测标排列的方向和顺序应统一。

b. 套管进入测标的方向和长度应能使套管和测标上的螺钉孔对齐。

c. 固定套管和测标的螺钉应拧紧，但不得使测标外壳破裂。

d. 套管与测标连接处的防水措施应可靠。

⑤ 测管不应长时间遭受阳光暴晒。

⑥ 连接完毕并放入被测体中的测管，露出被测体的一端应有顶盖保护，在被测体中的一端应封堵；测管安装开始至测试工作完成期间，严禁有杂物进入测管。

⑦ 安装过程中测管内发现有漏浆现象时，应及时用高压清水将测管内侧清洗干净。

⑧ 测管安装完成后应推算各测标所处位置，做好安装记录。

⑨ 测管应对称均匀布置，对灌注桩测管的埋设数量不宜少于两根，对桩截面尺寸较小的预制桩可埋设一根测管，此时测管宜布置在桩几何中轴线附近。

⑩ 混凝土钻(挖)孔灌注桩的测管安装应符合下列规定。

a. 测试桩成孔后，应进行成孔质量检测，获得桩径随深度变化数据。

b. 测试桩应通长配筋，加劲箍应焊接在主筋外侧，钢筋笼应有足够刚度。

c. 测管应沿直线绑扎在钢筋笼主筋内侧，同钢筋笼一起放入桩孔内，过程中应向测管内注入清水，保持测管中水头高于桩孔中液面高度；钢筋笼若发生扭转，应及时校正。

d. 浇筑混凝土的导料管，与钢筋笼之间应有一定间距，在下放和提升过程中应缓慢，避免碰撞测管。

e. 桩头处理时，应避免敲打、碰撞、挤压测管；测管顶端应高于桩头顶面。

⑪ 混凝土管桩的测管安装应符合下列规定。

a. 测试桩为多节桩时，接头处应有可靠防水措施。

b. 测管应在沉桩后安装在中心孔内。测管放置过程中，应有防止套管与测标连接处被拉脱的措施，测管外侧应每隔2～3m放置一个定位装置，放置完成后宜使用测试探头或模型探头检查测管是否连接正确。

c. 测管与桩壁之间的空隙应填充，填充材料可采用水、水泥和膨润土的混合物，养护后的弹性模量应等于或略大于套管的综合弹性模量。

d. 填充材料应搅拌均匀，滤除粗团块；灌注过程中严禁长时间停顿，填充材料凝固收缩使桩顶附近产生空隙时，应及时采用相同配比填充材料补灌。

⑫ 非高温养护实体混凝土预制桩的测管安装应符合下列规定。

a. 测试桩边长(或直径)应大于300mm。

b. 测管宜根据桩的对接顺序和方向预制在桩体内，多节桩接头处不应有测标。

c. 多节桩沉桩施工对接时，应检查桩的顺序和方向，接头处应有可靠防水措施。

⑬ 钢管桩的测管安装应符合下列规定。

a. 测试桩直径应大于600mm。

b. 采用将测管浇筑到中心孔中的方式安装测管时，宜预先在管桩内壁焊接薄壁钢管，沉桩后将测管浇筑在薄壁钢管与桩壁之间的孔洞中，浇筑用填充材料应满足管桩测管安装中的要求；薄壁钢管与桩壁之间的孔洞底部应闭口。

c. 采用将测标焊接在桩内壁的方式安装测管时，测标外壳应牢靠连接有焊接辅助件，通过焊接桩壁与辅助件牢靠固定测标。

(2) 现场测试。

① 被测体养护和休止期应符合国家标准的规定。

② 采用填充材料将测管浇筑在被测体中时，填充材料的养护时间宜通过测试填充材料凝固体的力学性能指标确定。

③ 测试前应检查并保证测试探头各密封圈完整无破损，各测试组件连接正确；测试探头应放入测管内均衡探头与测管的温度，同时应将测试系统开机预热，时间不宜少于20min。

④ 每次测试前后应将导向链、测试探头、操作杆和测量电缆擦拭干净。

⑤ 各测试单元应按顺序编号。每次测试对同一个测试单元的测次不宜少于 2 次，不同测次以及不同测试单元测试时的探头温度应基本一致。

⑥ 每测次重复测试不宜少于 3 次，测试数据间最大值与最小值之差不大于 0.003mm 时，宜取中间值作为测次测值。

⑦ 下列情况之一时，应反复转动调整探头位置重新测量，若测试效果仍无改善，应分析原因，经处理后重新测量。

a. 连续多次测试，数据不稳定。

b. 与其他测次相比，测试数据不合理。

⑧ 每次测试完毕后应将测管孔口封闭。测试过程中若发现测孔内杂质较多时，应用高压清水进行冲洗。

⑨ 现场测试结果应包括下列内容。

a. 工作内容、起止时间、人员、仪器状态。

b. 各次测试所对应的工况和可能对测试数据产生影响的环境情况。

c. 各测试单元的长度测值和测试时的探头温度。

d. 测试异常情况和解决办法等。

五、实验数据处理

(1) 测试资料的整理应在每次测试完成后及时进行，并结合测试工况、施工进度、地质和环境条件等综合分析。

(2) 宜将同一测试单元多测次测值的算术平均值作为该次测试的实测值。

(3) 测试单元的变形和平均应变按下式计算：

$$\Delta l_i = (\delta_1 - z_{01})K_1 - (\delta_i - z_{0i})K_i$$

$$\varepsilon_i = \frac{\Delta l_i}{l - (\delta_1 - z_{01})K_1}$$

式中 δ_1——第一次测试获得的读数(初始读数)；

z_{01}——第一次测试前后仪器标定获得的仪器零点读数；

K_1——第一次测试前后仪器标定获得的标定系数(mm/读数值)；

δ_i——第 i 次测试获得的读数；

z_{0i}——第 i 次测试前后仪器标定获得的仪器零点读数；

K_i——第 i 次测试前后仪器标定获得的标定系数(mm/读数值)；

Δl_i——测试单元第 i 次测试相对于第一次测试发生的变形(mm)，负值表示压缩，正值表示拉伸；

l——测试探头标距(mm)，即测试读数正好等于仪器零点时探头上下球形头间的距离；

ε_i——测试单元第 i 次测试相对于第一次测试的平均应变，负值表示压应变，正值表示拉应变。

(4)测试成果曲线，可包括变形、应变和位移随测试深度的变化曲线，以及典型测试单元或位置的变形、应变、位移随时间或工况的变化曲线。

(5)测试成果的表现形式，可根据测试目的决定。

6.1.3 桩身完整性检测实验

※内容提要

桩身完整性检测用于检验桩基础施工质量，发现由于特殊地质条件和施工质量造成的缺陷桩，评价工程桩桩身质量，并借助其他检测手段验证和判断存在缺陷的性质、位置以及对桩基础承载力是否造成影响。桩身完整性检测方法，主要有低应变反射波法、高应变动测法、声波透射法、孔内成像法、取芯法等。其中低应变法和声波透射法以其灵敏度高、速度快、成本低等优点，在混凝土灌注桩完整性检测中使用最为频繁。

※实验指导

Ⅰ 低应变法

一、实验目的

检测混凝土桩的桩身完整性，以判别桩身缺陷的程度及缺陷位置。

对桩身截面多变且变化幅度较大的灌注桩，应采用其他方法验证或补充低应变法检测的结果。

二、实验设备与试样

(1)基桩动测仪，由主机系统、加速度传感器、激振设备及配件(包括电源适配器、信号线等)组成。检测仪器的主要技术性能指标应符合行业标准《基桩动测仪》的有关规定。

(2)混凝土灌柱桩。

三、实验原理与方法

反射波法是采用低能量瞬态激振方式在桩顶激振，实测桩顶部的速度时程曲线，通过波动理论分析或频域分析，对桩身完整性进行判定。反射波法能判定桩身缺陷的程度和位置。

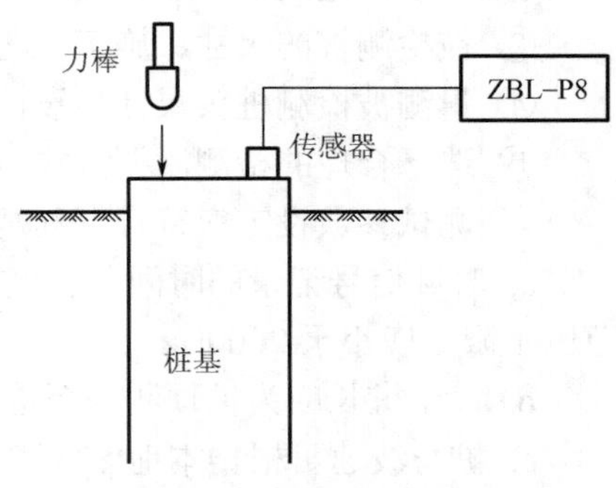

图 6.3 反射波法检测原理图

反射波法测桩如图 6.3 所示，其基本原理为：用锤或力棒等激振设备激励桩头，所产生的应力波将沿着桩身向下传播，在传播过程中如遇到波阻抗界面，将产生声波的反射和透射。应力波反射和透射能量的大小，取决于两种介质波阻抗的大小。由波动理论可知，当应力波遇到断裂、离析、缩颈及扩底时，由于波阻抗变小，反射波与入射波初动相位同相；当应力波遇到扩颈、扩底时，波阻抗变大，反射波与入射波的初动相位反相。结合振幅大小、波速高低、反射波到达时间等因素，可对桩的完整性、缺陷程度、位置等做出综合判断。

波速 C 和桩长 L 满足 $C = 2L / \Delta t$，低应变检测的实际测量值为振动波传递时间 Δt，而 C、L 两个变量的确定一般采用假设法，即设定一个变量，求得另一个变量，可参考混凝土强度与波速的关系实测确定。

混凝土强度与波速的关系见表 6.2，可以看出混凝土强度与一定的波速范围存在关系，混凝土强度高，则波速高，混凝土强度低，则波速低。实测结果可能与表中有微小差异，但不会出现较大差别。

表 6.2　混凝土强度与波速的关系

混凝土波速/(m/s)	混凝土强度(等级)
>4100	>C35
3700～4100	C30
3500～3700	C25
2700～3500	C20
<2700	<C20

实测确定方法有以下两种。

(1) 确定波速：由现场实测 5 根以上，具有明显桩底反射信号所得到的平均波速值符合表 6.2，则确定为该场地该桩型的波速值，由此判断存在缺陷桩的缺陷位置。该法分析操作简便，但缺陷位置误差较大，尤其是对灌注桩。

(2) 确定桩长：预定桩长后，所得到的几根桩波速与表 6.2 进行验证，如基本相符，则确定为该场地该桩型的波速范围值，由此判断存在缺陷桩的缺陷位置。该法对缺陷位置的判断误差较小，但分析操作较复杂。

实际检测可根据经验，将以上两种方法结合应用。

四、实验内容与步骤

(1) 准备工作。

① 被检测桩头已剔除浮浆至密实的混凝土面，桩顶平整、密实，且达到设计桩顶标高。

② 验证被检测桩应达到设计强度。

③ 被检测桩的尺寸、施工工艺及质量控制标准，应与设计要求一致。

④ 量测被检测桩头尺寸与设计要求对照，桩头的截面尺寸不宜与桩身有明显差异。

⑤ 选择合理的检测激振方式，根据检测情况调整激振方式。

⑥ 测试参数设定应符合下列规定。

a. 时域信号记录的时间段长度应在 $2L/C$ 时刻后延续不少于 5ms；幅频信号分析的频率范围上限不应小于 2000Hz。

b. 设定桩长应为桩顶测点至桩底的施工桩长，设定桩身截面积应为施工截面积。

c. 桩身波速可根据本地区同类型桩的测试值初步设定。

d. 采样时间间隔或采样频率应根据桩长、桩身波速和频域分辨率合理选择；时域信号采样点数不宜少于 1024 点。

e. 传感器的设定值应按计量检定或校准结果设定。

(2) 检测信号采集。

① 测量传感器安装和激振操作应符合下列规定。

a. 安装传感器部位的混凝土应平整；传感器安装应与桩顶面垂直；用耦合剂黏结时，应具有足够的黏结强度。

b. 激振点与测量传感器安装位置应避开钢筋笼的主筋影响。

c. 激振方向应沿桩轴线方向。

d. 瞬态激振应通过现场敲击实验，选择合适重量的激振力锤和软硬适宜的锤垫；宜用宽脉冲获取桩底或桩身下部缺陷反射信号，宜用窄脉冲获取桩身上部缺陷反射信号。

e. 稳态激振应在每一个设定频率下获得稳定响应信号，并应根据桩径、桩长及桩周土约束情况调整激振力大小。

② 信号采集和筛选应符合下列规定。

a. 根据桩径大小，桩心对称布置 2～4 个安装传感器的检测点：实心桩的激振点应选择在桩中心，检测点宜在距桩中心 2/3 半径处；空心桩的激振点和检测点宜为桩壁厚的 1/2 处，激振点和检测点与桩中心连线形成的夹角宜为 90°。

b. 当桩径较大或桩上部横截面尺寸不规则时，除应按上款在规定的激振点和检测点位置采集信号外，尚应根据实测信号特征，改变激振点和检测点的位置采集信号。

c. 不同检测点及多次实测时域信号一致性较差时，应分析原因，增加检测点数量。

d. 信号不应失真和产生零漂，信号幅值不应大于测量系统的量程。

e. 每个检测点记录的有效信号数不宜少于 3 个。

f. 应根据实测信号反映的桩身完整性情况，确定采取变换激振点位置和增加检测点数量的方式再次测试，或结束测试。

测试桩不同形态对应的测试信号如图 6.4 所示。

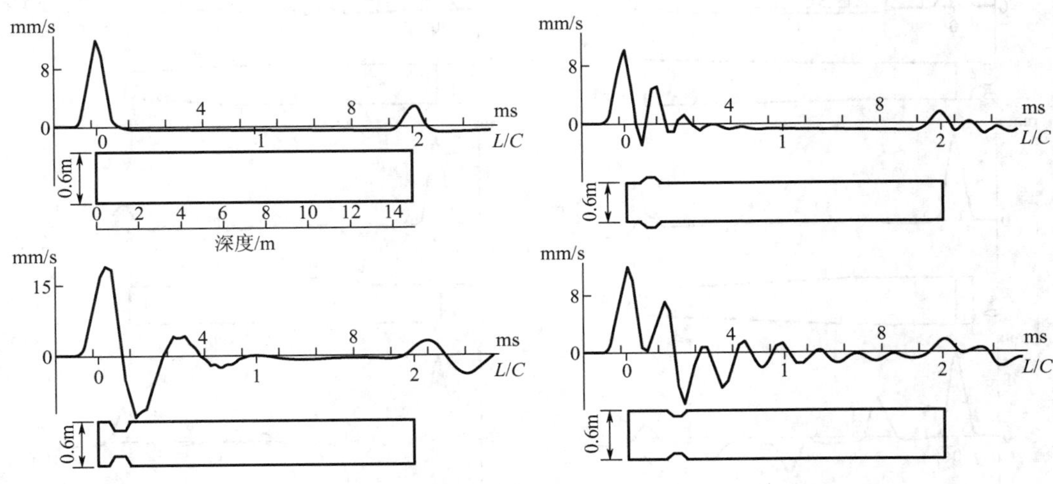

图 6.4 不同桩身阻抗变化情况时的桩顶速度响应波形

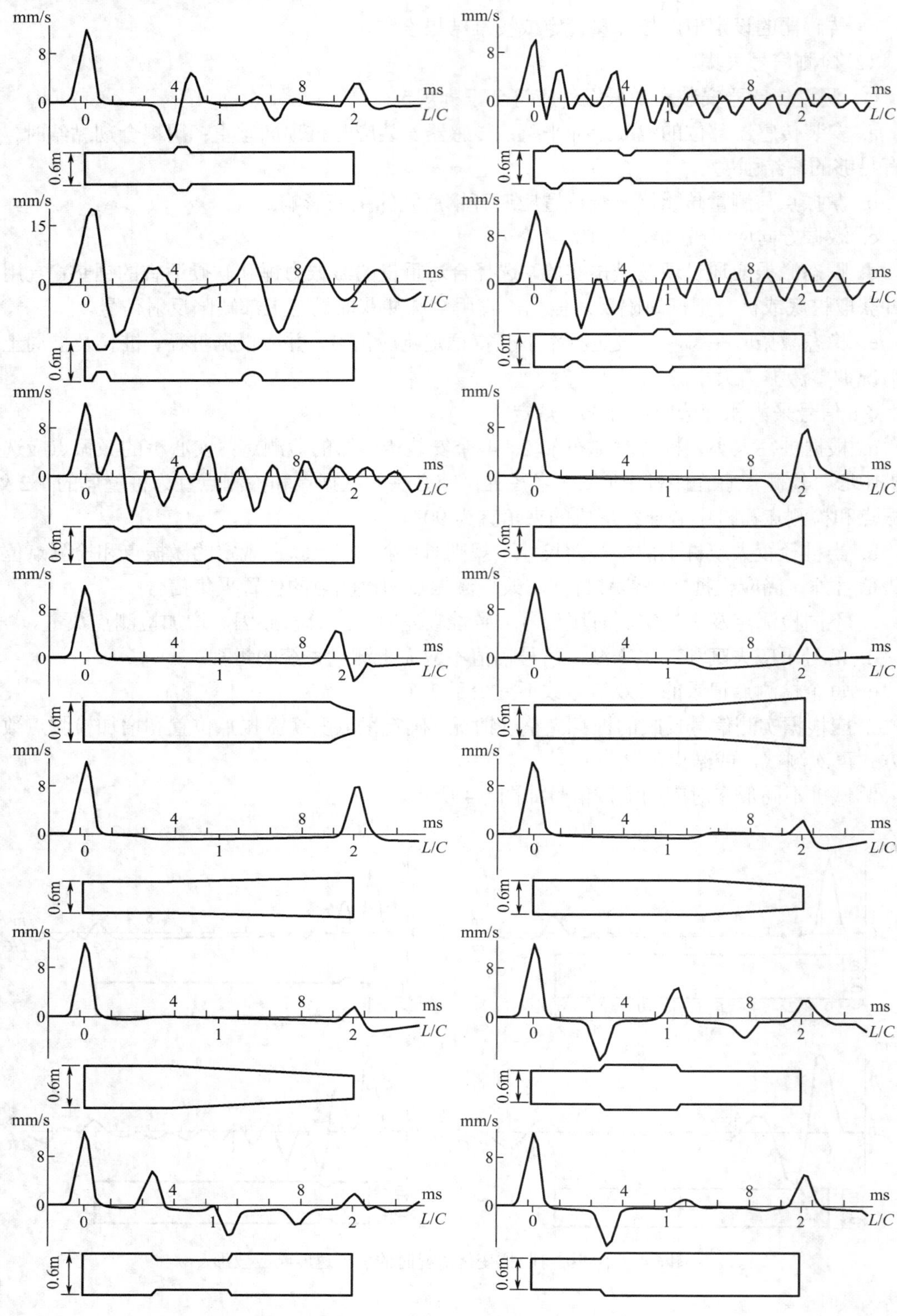

图 6.4　不同桩身阻抗变化情况时的桩顶速度响应波形（续）

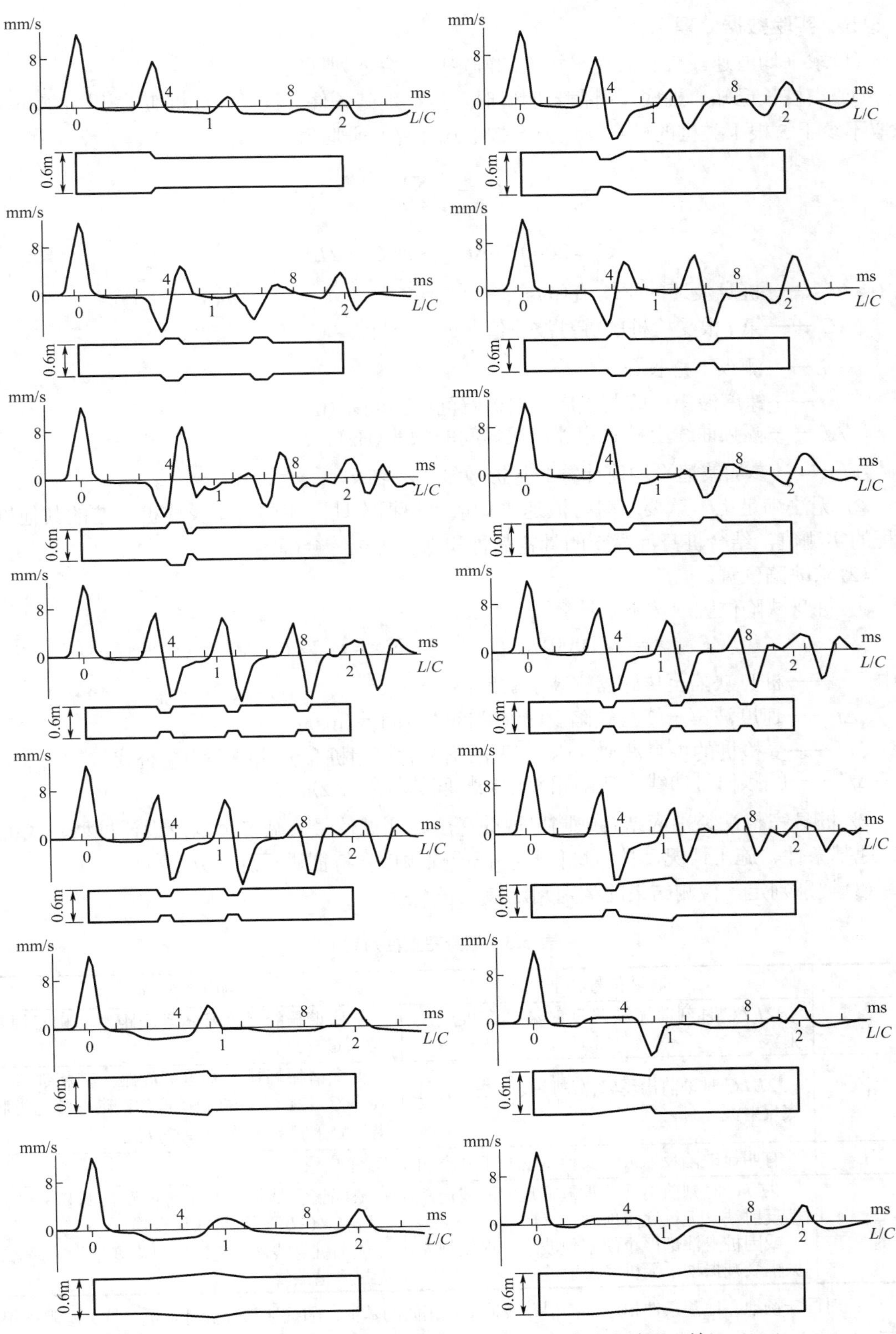

图 6.4　不同桩身阻抗变化情况时的桩顶速度响应波形（续）

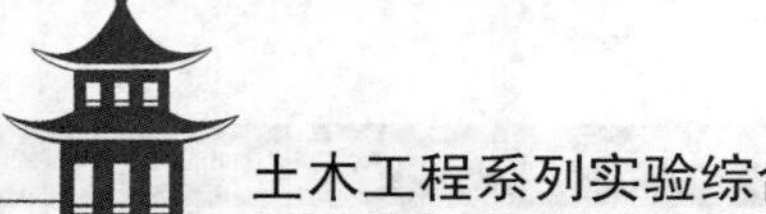

五、实验数据处理

(1)求平均波速。桩身波速平均值的确定应符合下列规定。

① 当桩长已知、桩底反射信号明确时，应在地基条件、桩型、成桩工艺相同的基桩中，选取不少于 5 根 I 类桩的桩身波速值，按下式计算其平均值：

$$C_m = \frac{1}{n}\sum_{i=1}^{n} C_i$$

$$C_i = 2000L / \Delta t , \qquad 或 C_i = 2L \times \Delta f$$

式中 C_m——桩身波速的平均值(m/s)；

C_i——第 i 根受检桩的桩身波速值(m/s)，且$|C_i - C_m| / C_m \leqslant 5\%$；

L——测点下桩长(m)；

Δt——速度波第一峰与桩底反射波峰间的时间差(ms)；

Δf——幅频曲线上桩底相邻谐振峰间的频差(Hz)；

n——参加波速平均值计算的基桩数量，$n \geqslant 5$。

② 无法满足上一款要求时，波速平均值可根据本地区相同桩型及成桩工艺的其他桩基工程的实测值，结合桩身混凝土的骨料品种和强度等级综合确定。

(2)求缺陷位置。

① 桩身缺陷位置应按下式计算：

$$x = (1/2000) \times \Delta t \times C , \qquad 或 x = 1/2 \times C / \Delta f'$$

式中 x——桩身缺陷至传感器安装点的距离(m)；

Δt——速度波第一峰与缺陷反射波峰间的时间差(ms)；

C——受检桩的桩身波速(m/s)，无法确定时可用桩身波速的平均值替代；

$\Delta f'$——幅频信号曲线上缺陷相邻谐振峰间的频差(Hz)。

② 桩身完整性类别应结合缺陷出现的深度、测试信号衰减特性以及设计桩型、成桩工艺、地基条件、施工情况，按时域信号特征或幅频信号特征进行综合分析判定。

(3)类别判定。检测结果的类别判定参见表 6.3。

表 6.3 桩身完整性判定

类型	时域信号特征	幅频信号特征
I	$2L/C$ 时刻前无缺陷反射波，有桩底反射波	桩底谐振峰排列基本等间距，其相邻频差 $\Delta f \approx C/(2L)$
II	$2L/C$ 时刻前出现轻微缺陷反射波，有桩底反射波	桩底谐振峰排列基本等间距，其相邻频差 $\Delta f \approx C/(2L)$，轻微缺陷产生的谐振峰与桩底谐振峰之间的频差 $\Delta f > C/(2L)$
III	有明显缺陷反射波，其他特征介于II类和IV类之间	
IV	$2L/C$ 时刻前出现严重缺陷反射波或周期性反射波，无桩底反射波； 或因桩身浅部严重缺陷使波形呈现低频大振幅衰减振动，无桩底反射波	缺陷谐振峰排列基本等间距，其相邻频差 $\Delta f > C/(2L)$，无桩底谐振峰； 或因桩身浅部严重缺陷只出现单一谐振峰，无桩底谐振峰

注：对同一场地、地基条件相近、桩型和成桩工艺相同的基桩，因桩端部分桩身阻抗与持力层阻抗相匹配导致实测信号无桩底反射波时，可按本场地同条件下有桩底反射波的其他桩实测信号判定桩身完整性类别。

(4)检测信号分析及判断。

① 采用时域信号分析判定受检桩的完整性类别时，应结合成桩工艺和地基条件区分下列情况。

a. 混凝土灌注桩桩身截面渐变后恢复至原桩径并在该阻抗突变处的反射，或扩径突变处的一次和二次反射。

b. 桩侧局部强土阻力引起的混凝土预制桩负向反射及其二次反射。

c. 采用部分挤土方式沉桩的大直径开口预应力管桩，桩孔内土芯闭塞部位的负向反射及其二次反射。

d. 纵向尺寸效应使混凝土桩桩身阻抗突变处的反射波幅值降低。

当信号无畸变且不能根据信号直接分析桩身完整性时，可采用实测曲线拟合法辅助判定桩身完整性或借助实测导纳值、动刚度的相对高低辅助判定桩身完整性。

② 当按调整击振方式操作不能识别桩身浅部阻抗变化趋势时，应在测量桩顶速度影响的同时测量锤击力，根据实测力和速度信号起始峰的比例差异大小判断桩身浅部阻抗变化程度。

③ 对于嵌岩桩，桩底时域反射信号为单一反射波且与锤击脉冲信号同向时，应采取钻芯法、静载实验或高应变法核验桩端嵌岩情况。

④ 预制桩在 $2L/C$ 前出现异常反射，且不能判断该反射是正常接桩反射时，可采用高应变法验证，管桩可采用孔内摄像方法验证检测。

⑤ 通过时域信号曲线拟合法可得出桩身阻抗及变化量大小。采用实测曲线拟合法进行辅助分析时，宜符合下列规定。

a. 信号不得因尺寸效应、测试系统频响等影响而产生畸变。

b. 桩顶横截面尺寸应按实际测量结果确定。

c. 通过同条件下截面基本均匀的相邻桩曲线拟合，确定引起应力波衰减的桩土参数取值。

d. 宜采用实测力波形作为边界条件输入。

⑥ 根据速度幅频曲线或导纳曲线中基频位置(如理论上的刚度支承桩的基频为$\Delta f/2$)，利用实测导纳几何平均值与计算导纳值相对高低、实测动刚度的相对高低进行判断。

理论上，实测导纳值、计算导纳值和动刚度就桩身质量好坏而言存在一定的相对关系：完整桩的实测导纳值约等于计算导纳值，动刚度值正常；缺陷桩的实测导纳值大于计算导纳值，动刚度值低，且随缺陷程度的增加其差值增大；扩底桩的实测导纳值小于计算导纳值，动刚度值高。

实测信号复杂、无规律，且无法对其进行合理解释时，桩身完整性判定宜结合其他实测方法进行。

Ⅱ 声波透射法

一、实验目的

做混凝土灌注桩的桩身完整性检测，以判定桩身缺陷的位置、范围和程度。

对于声测管未沿桩身通长配置、声测管堵塞导致检测数据不全、桩径小于 0.6m 的桩，不宜采用本方法进行桩身完整性检测。

二、实验设备与试样

(1)声波检测仪，主要由超声探头、超声仪、探头升降装置及桩内预埋声测管组成。检测仪器的主要技术性能指标应符合行业标准《建筑基桩检测技术规范》的有关规定。

(2)混凝土灌注桩。

三、实验原理与方法

声波是在介质中传播的机械波，依据波动频率不同，可分为次声波(0～2×10^{1}Hz)、可闻声波(2×10^{1}～2×10^{4}Hz)、超声波(2×10^{4}～10^{10}Hz)、特超声波(＞10^{10}Hz)。用于混凝土声波透射法检测的声波，主频率一般为2×10^{4}～2.5×10^{5}kHz。

按声波换能器通道的桩体中不同的布置方式，声波透射法检测混凝土灌注桩可分为以下三种方法。

(1)桩内跨孔透射法。在桩内预埋两根或两根以上的声测管，把发射、接收换能器分别置于两管道中。检测时声波由发射换能器出发穿透两管间混凝土后被接收换能器接收，实际有效检测范围为声波脉冲从发射换能器到接收换能器所扫过的面积。根据两换能器高程的变化，又可分为平测、斜测、伞形扫测等方式。

(2)桩内单孔透射法。在某些特殊情况只有一个孔道可供检测使用，例如钻孔取芯后需进一步了解芯样周围混凝土质量，作为钻芯检测的补充手段，这时可采用单孔检测法。将换能器放置于一个孔中，换能器间用隔声材料隔离(或采用专用的一发双收换能器)；声波从发射换能器出发经耦合水进入孔壁混凝土表层，并沿混凝土表层滑行一段距离后，再经耦合水分别到达两个接收换能器上，从而测出声波沿孔壁混凝土传播时的各项声学参数。检测时，由于声传播路径较跨孔法复杂得多，须采用信号分析技术，当孔道中有钢制套管时，由于钢管影响声波在孔壁混凝土中的绕行，故不能采用此方法。单孔检测时，有效检测范围一般认为是一个波长左右(8～10cm)。

(3)桩外孔透射法。当桩的上部结构已施工或桩内没有换能器通道时，可在桩外紧贴桩边的土层中钻一孔作为检测通道，由于声波在土中衰减很快，因此桩外孔应尽量靠近桩身。检测时在桩顶面放置一发射功率较大的平面换能器，接收换能器从桩外孔中自上而下慢慢放下。声波沿桩身混凝土向下传播，并穿过桩与孔之间的土层，通过孔中耦合水进入接收换能器，逐点测出透射声波的声学参数。当遇到断桩或夹层时，该处以下各测点声时明显增大，波幅急剧下降，以此作为判断依据。这种方法受仪器发射功率的限制，可测桩长十分有限，且只能判断夹层、断桩、缩颈等缺陷，另外灌注桩桩身剖面几何形状往往不规则，给测试和分析带来困难。

以上三种方法中，桩内跨孔透射法为较成熟的、可靠的、常用的方法，是声波透射检测灌注桩混凝土质量最主要的形式。另外两种方法在检测过程的实施、数据的分析和判断上均存在不少困难，检测方法的实用性、检测结果的可靠性均较低。

四、实验内容与步骤

(1)声测管埋设。

① 声测管应符合下列规定。

a. 声测管内径应大于换能器外径。

b. 声测管应有足够的径向刚度，声测管材料的温度系数应与混凝土接近。

c. 声测管应下端封闭、上端加盖、管内无异物；声测管连接处应光顺过渡，管口应高出混凝土顶面 100mm 以上。

d. 浇筑混凝土前应将声测管有效固定。

e. 声测管应沿钢筋笼内侧呈对称形状布置，并依次编号。

② 声测管埋设数量应符合下列规定。

a. 桩径小于或等于800mm时，不得少于2根声测管。

b. 桩径大于800mm且小于或等于1600mm时，不得少于3根声测管。

c. 桩径大于1600mm时，不得少于4根声测管。

d. 桩径大于2500mm时，宜增加预埋声测管数量。

(2) 现场准备工作。现场检测开始时应符合以下规定。

① 当采用声波投射检测时，受检桩混凝土强度不应低于设计强度的70%，且不应低于15MPa。

② 采用率定法确定仪器系统延迟时间。

③ 计算声测管及耦合水层声时修正值。

④ 在桩顶测量各声测管外壁间净距离。

⑤ 将各声测管内注满清水，检查声测管畅通情况，换能器应能在声测管全程范围内正常升降。

(3) 检测方法选择。现场平测、斜测、伞形扫测应符合下列规定。

① 发射与接收声波换能器应通过深度标志分别置于两根声测管中。

② 平测时，声波发射与接收声波换能器应始终保持相同深度；斜测时，声波发射与接收声波换能器应始终保持固定高差，且两个换能器中点连线的水平夹角不应大于30°。

③ 声波发射与接收换能器应从桩底向上同步提升，声测线间距不应大于100mm，提升过程中，应校核换能器的深度和校正换能器的高差，并确保测试波形的稳定性，提升速度不宜大于0.5m/s。

④ 应实时显示、记录每条声测线的信号时程曲线，并读取首波声时、幅值；当需要采用信号主频值作为异常声测线辅助判据时，尚应读取信号的主频值；保存检测数据的同时，应保存波列图信息。

⑤ 同一受检剖面的声测线间距、声波发射电压和仪器设置参数应保持不变。

⑥ 在桩身质量可疑的声测线附近，应采用增加声测线或采用扇形扫测、交叉斜测、CT影像技术等方式，进行复测和加密测试，确定缺陷的位置和空间分布范围，排除因声测管耦合不良等非桩身缺陷因素导致的异常声测线。采用扇形扫测时，两个换能器中点连线的水平夹角不应大于40°。

五、实验数据处理

(1) 当因声测管倾斜导致声速数据有规律地偏高或偏低变化时，应先对管距进行合理修正，然后对数据进行统计分析。当实测数据明显偏离正常值而又无法进行合理修正时，检测数据不得作为评价桩身完整性的依据。

(2) 平测时各声测线的声时、声速、波幅及主频，应根据现场检测数据分别按以下公式计算，并绘制声速-深度曲线和波幅-深度曲线，也可绘制辅助的主频-深度曲线以及能量-深度曲线：

$$t_{ci}(j)=t_i(j)-t_0-t'$$

$$v_i(j)=\frac{l_i'(j)}{t_{ci}(j)}$$

$$A_{pi}(j)=20\lg\frac{a_i(j)}{a_0}$$

$$f_i(j)=\frac{1000}{T_i(j)}$$

式中　i——声测线编号，应对每个检测剖面自下而上(或自上而下)连续编号。

j——检测剖面编号。

$t_{ci}(j)$——第 j 检测剖面第 i 声测线声时(μs)。

$t_i(j)$——第 j 检测剖面第 i 声测线声时测量值(μs)。

t_0——仪器系统延迟时间(μs)。

t'——声测管及耦合水层声时修正值(μs)。

$l_i'(j)$——第 j 检测剖面第 i 声测线的两声测管的外壁间净距离(mm)，当两声测管基本平行时，可取为两声测管管口的外壁间净距离；斜测时，$l_i'(j)$ 为声波发射和接收换能器各自中点对应的声测管外壁处之间的净距离，可由桩顶面两声测管的外壁间净距离和发射接收声波换能器的高差计算得到。

$v_i(j)$——第 j 检测剖面第 i 声测线声速(km/s)。

$A_{pi}(j)$——第 j 检测剖面第 i 声测线的首波幅值(dB)。

$a_i(j)$——第 j 检测剖面第 i 声测线信号首波幅值(V)。

a_0——零分贝信号幅值(V)。

$f_i(j)$——第 j 检测剖面第 i 声测线信号主频值(kHz)，可经信号频谱分析得到。

$T_i(j)$——第 j 检测剖面第 i 声测线信号周期(μs)。

(3) 当采用平测或斜测时，第 j 检测剖面的声速异常判断概率统计值应按下列方法确定。

① 将第 j 检测剖面各声测线的声速值 $v_i(j)$ 由大到小依次按下式排序：

$$v_1(j)\geqslant v_2(j)\geqslant\cdots v_{k'}(j)\geqslant\cdots v_{i-1}(j)\geqslant v_i(j)\geqslant v_{i+1}(j)\geqslant\cdots v_{n-k}(j)\geqslant\cdots v_{n-1}(j)\geqslant v_n(j)$$

式中　$v_i(j)$——第 j 检测剖面第 i 声测线声速，i=1，2，…，n；

n——第 j 检测剖面的声测线总数；

k——拟去掉的低声速值的数据个数，k=0，1，2，…；

k'——拟去掉的高声速值的数据个数，k'=0，1，2，…。

② 对逐一去掉 $v_i(j)$ 中 k 个最小数值和 k' 个最大数值后的其余数据，按下式进行统计计算：

$$v_{01}(j)=v_m(j)-\lambda\cdot s_x(j)$$

$$v_{02}(j)=v_m(j)+\lambda\cdot s_x(j)$$

$$v_m(j)=\frac{1}{n-k-k'}\sum_{i=k'+1}^{n-k}v_i(j)$$

$$s_x(j)=\sqrt{\frac{1}{n-k-k'-1}\sum_{i=k'+1}^{n-k}\left[v_i(j)-v_m(j)\right]^2}$$

$$C_v(j)=\frac{s_x(j)}{v_m(j)}$$

式中 $v_{01}(j)$——第 j 剖面的声速异常小值判断值；

$v_{02}(j)$——第 j 剖面的声速异常大值判断值；

$v_m(j)$——$(n-k-k')$ 个数据的平均值；

$s_x(j)$——$(n-k-k')$ 个数据的标准差；

$C_v(j)$——$(n-k-k')$ 个数据的变异系数；

λ——由表 6.4 查得的与 $(n-k-k')$ 相对应的系数。

表 6.4 统计数据个数 $(n-k-k')$ 与对应的 λ 值

$n-k-k'$	10	11	12	13	14	15	16	17	18	20
λ	1.28	1.33	1.38	1.43	1.47	1.50	1.53	1.56	1.59	1.64
$n-k-k'$	20	22	24	26	28	30	32	34	36	38
λ	1.64	1.69	1.73	1.77	1.80	1.83	1.86	1.89	1.91	1.94
$n-k-k'$	40	42	44	46	48	50	52	54	56	58
λ	1.96	1.98	2.00	2.02	2.04	2.05	2.07	2.09	2.10	2.11
$n-k-k'$	60	62	64	66	68	70	72	74	76	78
λ	2.13	2.14	2.15	2.17	2.18	2.19	2.20	2.21	2.22	2.23
$n-k-k'$	80	82	84	86	88	90	92	94	96	98
λ	2.24	2.25	2.26	2.27	2.28	2.29	2.29	2.30	2.31	2.32
$n-k-k'$	100	105	110	115	120	125	130	135	140	145
λ	2.33	2.34	2.36	2.38	2.39	2.41	2.42	2.43	2.45	2.46
$n-k-k'$	150	160	170	180	190	200	220	240	260	280
λ	2.47	2.50	2.52	2.54	2.56	2.58	2.61	2.64	2.67	2.69
$n-k-k'$	300	320	340	360	380	400	420	440	470	500
λ	2.72	2.74	2.76	2.77	2.79	2.81	2.82	2.84	2.86	2.88
$n-k-k'$	550	600	650	700	750	800	850	900	950	1000
λ	2.91	2.94	2.96	2.98	3.00	3.02	3.04	3.06	3.08	3.09
$n-k-k'$	1100	1200	1300	1400	1500	1600	1700	1800	1900	2000
λ	3.12	3.14	3.17	3.19	3.21	3.23	3.24	3.26	3.28	3.29

③ 按 k=0、k'=0，k=1、k'=1，k=2、k'=2…的顺序，将参加统计的数列最小数据 $v_{n-k}(j)$ 与异常小值判断值 $v_{01}(j)$ 进行比较，当 $v_{n-k}(j)\leqslant v_{01}(j)$ 时，剔除最小数据；将最大数据 $v_{k'+1}(j)$ 与异常大值判断值 $v_{02}(j)$ 进行比较，当 $v_{k'+1}(j)\geqslant v_{02}(j)$ 时，剔除最大数据。每次剔除一个数据，对剩余数据构成的数列，重复以上步骤，直到下列两式成立：

$$v_{n-k}(j)>v_{01}(j),\qquad v_{k'+1}(j)<v_{02}(j)$$

④ 第 j 检测剖面的声速异常判断概率统计值，按下式计算：

$$v_0(j)=\begin{cases} v_m(j)(1-0.015\lambda) & (C_v(j)<0.015) \\ v_0(j) & (0.015\leqslant C_v(j)\leqslant 0.045) \\ v_m(j)(1-0.045\lambda) & (C_v(j)>0.045) \end{cases}$$

式中　$v_0(j)$——第 j 检测剖面的声速异常判断概率统计值。

(4)受检桩的声速异常判断临界值，应按下列方法确定。

① 根据本地区经验，结合预留同条件混凝土试件或钻芯法获取的芯样试件的抗压强度与声速对比实验，分别确定桩身混凝土声速的低限值 v_L 和混凝土试件的声速平均值 v_p。

② 当 $v_0(j)$ 大于 v_L 且小于 v_p 时，有

$$v_c(j)=v_0(j)$$

式中　$v_c(j)$——第 j 检测剖面的声速异常判断临界值；

$v_0(j)$——第 j 检测剖面的声速异常判断概率统计值。

③ 当 $v_0(j)\leqslant v_L$ 或 $v_0(j)\geqslant v_p$ 时，应分析原因；第 j 检测剖面的声速异常判断临界值可按下列情况的声速异常判断临界值综合确定：

a. 同一根桩的其他检测剖面的声速异常判断临界值；

b. 与受检桩属同一工程、相同桩型且混凝土质量较稳定的其他桩的声速异常判断临界值。

④ 对只有单个检测剖面的桩，其声速异常判断临界值等于检测剖面声速异常判断临界值；对具有 3 个及 3 个以上检测剖面的桩，应取各个检测剖面声速异常判断临界值的算术平均值，作为该桩各声测线的声速异常判断临界值。

(5)声速 $v_i(j)$ 异常应按下式判定：

$$v_i(j)\leqslant v_c(j)$$

(6)波幅异常判断的临界值，应按以下公式计算：

$$A_m(j)=\frac{1}{n}\sum_{j=1}^{n}A_{pi}(j)$$

$$A_c(j)=A_m(j)-6$$

波幅 $A_{pi}(j)$ 异常应按下式判定：

$$A_{pi}(j)<A_c(j)$$

式中　$A_m(j)$——第 j 检测剖面各声测线的波幅平均值(dB)；

$A_{pi}(j)$——第 j 检测剖面第 i 声测线的波幅值(dB)；

$A_c(j)$——第 j 检测剖面波幅异常判断的临界值(dB)；

n——第 j 检测剖面的声测线总数。

(7)当采用信号主频值作为辅助异常声测线判据时，主频–深度曲线上主频值明显降低的声测线可判定为异常。

(8)当采用接收信号的能量作为辅助异常声测线判据时，能量–深度曲线上接收信号能量明显降低可判定为异常。

(9)采用斜率法作为辅助异常声测线判据时，声时–深度曲线上相邻两点的斜率与声时差的乘积 PSD 值应按下式计算，当 PSD 值在某深度处突变时，宜结合波幅变化情况进行异常声测线判定：

$$\mathrm{PSD}(j,i)=\frac{\left[t_{\mathrm{c}i}(j)-t_{\mathrm{c}i-1}(j)\right]^2}{z_i-z_{i-1}}$$

式中　PSD——声时-深度曲线上相邻两点连线的斜率与声时差的乘积($\mu s^2/m$)；

$t_{\mathrm{c}i}(j)$——第 j 检测剖面第 i 声测线的声时(μs)；

$t_{\mathrm{c}i-1}(j)$——第 j 检测剖面第 i–1 声测线的声时(μs)；

z_i——第 i 声测线深度(m)；

z_{i-1}——第 i–1 声测线深度(m)。

(10)桩身缺陷的空间分布范围，可根据以下情况判定：

① 桩身同一深度上各检测剖面桩身缺陷的分布；

② 复测和加密测试的结果。

(11)桩身完整性类别应结合桩身缺陷处声测线的声学特征、缺陷的空间分布范围，按表 6.5 所列特征进行综合判定。

表 6.5　桩身完整性判定

类　别	特　　征
Ⅰ	(1)所有声测线声学参数无异常，接收波形正常； (2)存在声学参数轻微异常、波形轻微畸变的异常声测线，异常声测线在任一检测剖面的任一区段内纵向不连续分布，且在任一深度横向分布的数量小于检测剖面数量的 50%
Ⅱ	(1)存在声学参数轻微异常、波形轻微畸变的异常声测线，异常声测线在一个或多个检测剖面的一个或多个区段内纵向连续分布，或在一个或多个深度横向分布的数量大于或等于检测剖面的数量的 50%； (2)存在声学参数轻微异常、波形明显畸变的异常声测线，异常声测线在任一检测剖面的任一区段内纵向不连续分布，且在任一深度横向分布的数量小于检测剖面数量的 50%
Ⅲ	(1)存在声学参数明显异常、波形明显畸变的异常声测线，异常声测线在一个或多个检测剖面的一个或多个区段内纵向连续分布，但在任一深度横向分布的数量小于检测剖面数量的 50%； (2)存在声学参数明显异常、波形明显畸变的异常声测线，异常声测线在任一检测剖面的任一区段内纵向不连续分布，但在一个或多个深度横向分布的数量大于或等于检测剖面数量的 50%； (3)存在声学参数严重异常、波形严重畸变或声速低于低限值的异常声测线，异常声测线在任一检测剖面的任一区段内纵向不连续分布，且在任一深度横向分布的数量小于检测剖面数量的 50%
Ⅳ	(1)存在声学参数明显异常、波形明显畸变的异常声测线，异常声测线在一个或多个检测剖面的一个或多个区段内纵向连续分布，且在一个或多个深度横向分布的数量大于或等于检测剖面数量的 50%； (2)存在声学参数严重异常、波形严重畸变或声速低于低限值的异常声测线，异常声测线在一个或多个检测剖面的一个或多个区段内纵向连续分布，或在一个或多个深度横向分布的数量大于或等于检测剖面数量的 50%

注：1. 完整性类别由Ⅳ类往Ⅰ类依次判定。

2. 对于只有一个检测剖面的受检桩，桩身完整性判定应按该检测剖面代表桩全部横截的情况对待。

6.1.4 基桩成孔质量检测实验

※内容提要

桩基施工后的单桩承载力和桩身完整性是基桩检测的主要内容，与此同时还应重视基桩施工过程检测，如基桩成孔检测、混凝土浆体检测、钢筋笼质量检测等。基桩成孔检测是通过使用仪器实际测量钻孔灌注桩施工过程中桩孔的成孔质量，检测结果可直接描述沿深度方向的孔径变化、孔壁垂直度、孔底沉渣厚度的情况，判定桩的成孔质量。

※实验指导

Ⅰ 井径仪法

一、实验目的

检测钻孔灌注桩成孔的孔径、孔深、垂直度及成孔的沉渣厚度。

二、实验设备与试样

(1)灌注桩孔径检测系统，由地面控制箱、井径测量探管、沉渣测量探管、自动排缆绞车及井口滑轮等部分组合而成。

(2)钻孔灌注桩施工场地。

三、实验内容与步骤

(1)钻孔灌注桩成孔孔径检测。

① 钻孔灌注桩成孔孔径检测，应在钻孔清孔完毕后进行。

② 伞形孔径仪进入现场检测前应进行标定，标定应按有关要求进行。标定完毕后恒定电流源电流和量程，仪器常数及起始孔径在检测过程中不得变动。

③ 检测前应校正好自动记录仪的走纸与孔口滑轮的同步关系。

④ 检测前应将深度起算面与钻孔钻进深度起算面对齐，以此计算孔深。

⑤ 孔径检测应自孔底向孔口连续进行。

⑥ 检测中探头应匀速上提，提升速度不大于 10m/min。孔径变化较大处，应降低探头提升速度。

⑦ 检测结束时，应根据孔口护筒直径的检测结果，再次标定仪器的测量误差，必要时应重新标定后再次检测。

(2)钻孔灌注桩成孔垂直度检测。

① 井径仪做钻孔灌注桩成孔垂直度检测，应采用顶角测量方法。

② 专用测斜仪进入现场检测前应进行标定。

③ 桩孔垂直度检测通常可在钻孔内直接进行，大直径桩孔的垂直度检测宜在一次清孔完毕后，在未提钻的钻具内进行。

④ 钻孔内直接测斜应外加扶正器，宜在孔径检测完成后进行。

⑤ 应根据孔径检测结果合理选择不同直径的扶正器。

⑥ 桩孔垂直度检测应避开明显扩径段。

⑦ 检测前应进行孔口校零。

⑧ 应自孔口向下分段检测，测点距不宜大于 5m，在顶角变化较大处加密检测点数。必要时应重复检测。

(3)沉渣厚度检测。

① 井径仪做钻孔灌注桩成孔、地下连续墙成槽的沉渣厚度检测，宜在清槽完毕后、灌注混凝土前进行。

② 沉渣厚度检测应至少进行3次，取3次检测数据的平均值作为最终结果。

四、实验数据处理

(1)孔径D可按下式计算：

$$D = D_0 + k \times \Delta V / I$$

式中 D_0——起始孔径(m)；

k——仪器常数(m/Ω)；

ΔV——信号电位差(V)；

I——恒定电流源电流(A)。

(2)孔径记录图应满足下列要求：

① 有明显孔径及深度的刻度标记，能准确显示任何深度截面的孔径；

② 有设计孔径基准线、基准零线及同步记录深度标记；

③ 记录图纵横比例尺，应根据设计孔径及孔深合理设定，并应满足分析精度需要。

(3)桩孔垂直度K可按下式计算：

$$K = (E / L) \times 100\%$$

$$E = d/2 - \varPhi/2 + \sum h_i \times \sin\left[(\theta_i + \theta_{i-1})/2\right]$$

式中 E——桩孔偏心距(m)；

L——实测桩孔深度(m)；

d——孔径或钻具内径(m)；

$\varPhi$——斜测探头或扶正器外径(m)；

h_i——第i段测点间距(m)；

θ_i——第i测点实测顶角(°)；

θ_{i-1}——第i–1测点实测顶角(°)。

Ⅱ 超声波法

一、实验目的

检测孔径不小于0.6m、不大于5.0m桩孔的孔壁变化情况、孔径垂直度并实测孔深。当检测泥浆护壁的桩孔时，泥浆比重应小于1.2。

二、实验设备与试样

(1)超声波法检测仪，主要由超声探头、超声仪及探头升降装置组成。

(2)桩孔施工场地。

三、实验内容与步骤

(1)超声波法检测应在清孔完毕后、安放钢筋笼之前进行。

(2)仪器应稳固地架设在孔上方，超声波探头应对准桩孔顶部的中心，检测过程中不得移动仪器。

(3) 超声波法检测宜在孔中泥浆内气泡基本消散后进行。检测前，应利用护筒直径作为标准距离测得声时值并计算声速。当使用具备自动调节功能的仪器时，可直接通过调整仪器参数设置，使仪器显示的孔尺寸与标准距离一致。调整完毕后，再利用标准距离验证仪器系统，验证应至少进行两次。验证完成后，应及时固定相关参数设置，在该孔的检测过程中不得变动。

(4) 将超声波换能器自孔口下降到底(也可从下至上检测)，下降(或上升)过程中对孔壁连续发射和接收声波信号，并实时记录各个深度测点声时值，通过声时值计算断面宽度，也可由记录仪或计算机直接绘制出孔壁剖面图。各测点间距宜相等且不超过 100mm。成孔检测应同时对孔的两个十字正交剖面进行检测，直径大于 4m 的桩孔、支盘桩孔、试成孔及静载荷实验桩孔应增加检测方位。

(5) 检测时，应记录各检测剖面的走向与实际方位的关系。

(6) 现场检测的孔图像应清晰、准确。

(7) 当所测桩孔质量不符合验收标准时，应及时通知相关单位进行处理，处理完毕后进行复测。

(8) 实验性成孔施工质量检测应待孔壁稳定，连续跟踪检测时间宜为 12h，每隔 3～4h 监测一次，每次应定向检测，比较数次实测孔径曲线、孔深等参数的变化，得出合理的结论。

(9) 挤扩灌注桩的试成孔，宜在成孔后 1h 内等间隔检测，频次不宜少于 3 次，每次应定向检测。

四、实验数据处理

(1) 超声波在泥浆介质中的传播速度可按下式计算：

$$c = 2(d_0 - d')/(t_1 + t_2)$$

式中 c——超声波在泥浆介质中的传播速度(m/s)；

d_0——护筒直径(m)；

d'——两方向相反换能器的发射(接收)面之间的距离(m)；

t_1、t_2——对称探头的实测声时(s)。

(2) 孔径 d 可按下式计算：

$$d = d' + c(t_1 + t_2)/2$$

(3) 孔垂直度 K 可按下式计算：

$$K = (E/L) \times 100\%$$

式中 E——孔的偏心距(m)；

L——实测孔深(m)。

(4) 现场检测记录图应满足下列要求：

① 有明显的刻度标记，能准确显示任何深度截面的孔径及孔壁的形状；

② 标记检测时间、设计孔径、检测方向及孔底深度。

(5) 记录图纵横比例尺，应根据设计孔径及孔深合理设定，并应满足分析精度需要。

6.1.5 钢筋笼长度检测实验

※内容提要

灌注桩钢筋笼的长度是按照有关规范，根据水平静载、弯矩的大小、桩周土情况、抗震设防烈度以及是否属于抗拔桩和端承桩等计算确定的。如果钢筋笼长度不能满足设计要求，将会影响灌注桩基础的稳定性和抗震性能，构成建筑物的安全隐患。为控制灌注桩的施工质量，应确认灌注桩中钢筋笼的长度是否符合设计要求，进行基桩钢筋笼长度检测工作。

※实验指导

Ⅰ 充电法

一、实验目的

对桩头有或能暴露钢筋的灌注桩的钢筋笼长度进行检测。

二、实验设备与试样

(1)深度编码器，能自动记录深度，深度分辨率≤5cm，可检测深度≥150m，发射电压＞140V，发射功率＞140W，具有电池反接保护、电池过放保护的功能和实时显示深度-电位曲线以及深度-电位梯度曲线的功能。

(2)符合前述要求的钢筋混凝土灌注桩。

三、实验内容与步骤

(1)钻孔布置要求。

① 钻孔宜设置在距灌注桩外侧边缘不大于 0.5m 的土中，且钻孔中心线应平行于桩身中心线，钻孔垂直度偏差应小于 1%；钻孔也可以设置在灌注桩中心的混凝土中，同时保证 1% 的垂直度。

② 钻孔内径宜为 60～90mm，钻孔深度宜大于钢筋笼底设计深度 3m。

③ 当钻孔周围存在软弱土层时，为防止塌孔，宜在钻孔中设置带滤网、壁上有孔的 PVC 管，PVC 管内径宜大于 60mm。

(2)当地下水位较深时，应在钻孔中注水，以使电极与孔壁可较好耦合。

(3)现场检测步骤应符合下列规定。

① 将供电电极 A(正极)连接在钢筋笼的某根钢筋上，电极 B(负极)设置在不小于 5 倍钢筋笼设计长度的地方接地。

② 测量电极 N 宜设置在桩顶某根钢筋上，另一测量电极 M 通过深度编码器放入钻孔中。

③ 实时接收信号显示和记录深度-电位曲线，宜同时显示深度-电位梯度曲线。

④ 当发现钢筋笼长度与设计长度不符时，应进行复测，进一步确定钢筋笼底的位置。

四、实验数据处理

(1)根据深度-电位(D–V)曲线的拐点，可判定钢筋笼下端的位置。

(2)根据深度-电位梯度(D–$\mathrm{d}V/\mathrm{d}D$)曲线的极值点，可判定钢筋笼下端的位置。

(3)当深度-电位(D–V)曲线无明显拐点、深度-电位梯度(D–$\mathrm{d}V/\mathrm{d}D$)曲线无明显极值点时，钢筋笼长度的判定宜结合其他检测方法进行。

Ⅱ 磁测井法

一、实验目的

对桩中或桩周除钢筋笼以外无连续铁磁性体干扰的灌注桩钢筋笼长度进行检测。

二、实验设备与试样

(1)井中磁力仪，应符合下列要求：

① 测量范围–99999nT～+99999nT；

② Z 磁敏元件转向差＜300nT；

③ 数字输出更新速度≥3 次/s；

④ 工作环境温度 0～70℃。

(2)井下探管，应符合下列要求：

① 井下仪器适应孔斜 0～20°；

② 测量井深≥150m；

③ 探管耐压＞1.5MPa。

(3)符合要求的灌注桩。

三、实验内容与步骤

(1)钻孔布置要求。

① 钻孔宜设置在距灌注桩外侧边缘不大于 0.5m 的土中，且钻孔中心线应平行于桩身中心线，钻孔垂直度偏差应小于 1%；钻孔也可以设置在灌注桩中心的混凝土中，同时保证 1%的垂直度。

② 钻孔内径宜为 60～90mm，钻孔深度宜大于钢筋笼底设计深度 3m。

③ 当钻孔周围存在软弱土层时，为防止塌孔埋管，宜在钻孔中设置 PVC 管，PVC 管内径宜大于 60mm。

(2)检查钻孔或 PVC 管的畅通情况，井下探管应能在全程范围内升降顺畅。

(3)现场检测步骤应符合下列规定。

① 将探管放入测试孔中，以 10～50cm 的采样间距从下往上或从上往下进行磁场垂直分量(Z)强度的测量。

② 记录并绘制深度–磁场垂直分量(H–Z)曲线，有条件时宜实时记录和显示深度–磁场垂直分量曲线。

③ 当发现钢筋笼长度与设计长度不符时，应进行复测，进一步确定钢筋笼底的位置。

四、实验数据处理

(1)根据实测磁场垂直分量(Z)曲线下端平坦的 Z 值，结合当地地磁图判断测区磁场背景值 Z_0。

(2)根据上下(相连)两点的实测磁场垂直分量(Z)和测点间距，计算磁场垂直分量梯度值 $\mathrm{d}Z/\mathrm{d}H$。

(3)钢筋笼底端深度应根据实测磁场垂直分量曲线，并结合磁场垂直分量梯度曲线进行综合判定。

① 根据深度–磁场垂直分量(H–Z)曲线确定：取深度–磁场垂直分量曲线下部小于背景场转成大于背景场的拐点所对应的深度位置。

② 根据深度–磁场垂直分量梯度(H–$\mathrm{d}Z/\mathrm{d}H$)曲线确定：取深度–磁场垂直分量梯度曲线最深的明显极值点所对应的深度位置。

(4)按上述方法判定灌注桩中钢筋笼长度，绝对误差小于 1m。

6.1.6 桩身长度检测实验

※内容提要

在旧建(构)筑物改造、盾构施工甚至工程纠纷等诸多情况下，需准确获知桩的长度信息。针对桩身长度的检测，对大直径桩可采用钻芯法、声波透射法等，对小直径桩可采用低应变反射波法，对长桩可采用旁孔透射波法。旁孔透射波法利用桩身和桩底以下土层中地震波的传播速度和能量衰减差异来检测桩长，是一种值得推广的无损检测技术。对于通长配筋的灌注桩，还可以联合使用磁测井法，以确保检测结果的准确性。

※实验指导

一、实验目的

检测建筑工程基桩桩身长度。

二、实验设备与试样

(1) 旁孔透射波法检测仪，包括激振源、振动传感器和信号采集仪等检测设备。激振源可兼用反射波法检测用的手锤、力棒，振动传感器应防水，信号采集系统与反射波法并无本质区别。

(2) 建筑工程基桩。

三、实验原理与方法

旁孔透射波法利用地震波(透射波)的传播规律，测量透射波的初至时间与测试深度之间的关系以及能量的衰减情况。由于地震波在桩身和桩底以下土层中的传播速度有明显差异，因此检波器接收到来自桩身和桩底以下土层中的地震波的初至时间也明显不同，并且地震波在土层中传播的衰减系数比在桩身传播时大，因此可通过对地震波波列的初至时间及振幅的综合分析，来判断桩身长度。

该检测方法的评判依据为初至时间和振幅大小，这两个参数都和波在桩周土的传播距离有关，为了减小桩周土的传播距离对检测结果判别的影响，须尽量使埋管与桩身近距离平行。如果埋管与桩身距离较远，将要考虑桩周土的性质，对检测数据进行修正，且距离较远可能导致无法接收到有效信号。如果埋管与桩身不平行，波在桩周土的传播距离将随着深度的变化而变化，也需对数据进行修正。修正因子与桩周各层土的传播速度和衰减系数有关，而这两个因素又较难测定。而如果埋管与桩身近距离平行，修正因子较小，对检测结果基本没影响。

在被测试桩旁约0.5m范围内预钻一平行于桩身的钻孔，在钻孔中设置一PVC管，管内充满清水，检波器放置在管中，如图6.5所示。测试时，在基桩顶部锤击产生地震波，并将检波器沿PVC管自管底垂直上拉，检波器在管中各个位置均可接收到经由桩身或桩底以下土层传递的地震波，并由主机记录保存。

根据现场采集的数据，读取各测点的初至时间、波幅，绘制深度-时间图。在深度-时间图中，初至时间与测试深度之间的关系是一条折线，折点位置就是两种不同介质的分界面；对于基桩检测，当波在桩身中的传播速度远大于桩周土时，折点的位置就是桩底的位置。地震波在土中比在桩身中衰减快，对于同样的锤击能量，当检波器到达桩底以下时，由于在土壤的传播距离增大，接收到的能量较为微弱，因此可根据幅值大小辅助判别。

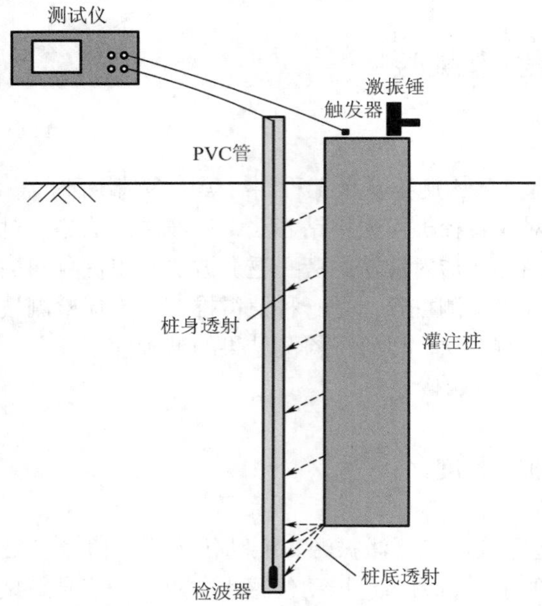

图 6.5　旁孔透射波法检测示意图

四、实验内容与步骤

(1) 钻孔布置要求。

① 钻孔附近地面应尽可能平整。钻孔位置应接近测试桩，一般宜在 1.5m 以内。

② 在保证传感器能在测管中上下移动的前提下，钻孔孔径应尽可能的小，一般为 5～10cm。

③ 钻孔的深度一般应比预估桩长深至少 3～5m。

④ 钻孔应与桩身轴线平行，钻孔垂直度宜控制在 0.5%以内。

(2) 测管埋设。

① 钻孔完毕后应安放硬质 PVC 塑料管或 ABS 塑料管。

② 套管与孔壁之间的孔隙应灌注混凝土浆液回填。

③ 测管底端及管节处应密封，管中应注满清水作为耦合剂。

④ 测管安放过程中，如遇到下部硬物阻塞，应立即停止并采取措施进行处理。

(3) 现场检测步骤应符合下列规定。

① 连接手锤与触发装置。

② 利用手锤在桩顶面(或与桩顶联结的上部结构)上激振产生力脉冲，触发装置即开始记录。

③ 记录测管中传感器所接收的脉冲信号，量测手锤敲击和初至波到达传感器的持续时间。

④ 在垂直方向上每次下移的距离宜为 0.5～1.0m，依次向下移动直至测管底部。

⑤ 当传感器位置接近预估的桩长时，移动步距应适当调整，宜为 0.2～0.5m。

五、实验数据处理

(1) 分析传感器记录信号，判读初至波的起跳点时间，将逐点读取的数值进行直线拟合，以初始波(P 波或 S 波)的初至点时间为横坐标，传感器所在的深度为纵坐标，绘制初至时间-深度图。

(2)根据波形图和初至时间-深度图对桩端位置和桩身缺陷做出分析和判断，并根据直线的斜率分层计算波速。

(3)测试桩底端深度应根据初至时间-深度图，并结合传感器接收到的幅值大小，进行综合判定。

① 对于均匀地基中的完整桩，初至时间-深度图一般呈现两折线的形式(其中上段直线的斜率对应于桩身的初始波速度，下段直线的斜率对应于桩底土层的初始波速度)，其交点所在深度就是桩底的表观深度。

② 对初至时间-深度图中的上段直线应扣除初始波在桩与测孔之间传播的时间，即将该直线向左平移至通过坐标原点；对下段直线可不做修正。经过修正后的两直线交点对应的深度，便可认为是被检桩底的真实深度。

6.1.7 桩身垂直度检测实验

※内容提要

预应力管桩因其承载力高、造价低等优点而被广泛应用于基坑及基础工程中，然而其抗剪性能低的缺点，使得预应力管桩在工程施工中频遭破坏。由施工不当引起的桩身倾斜对单桩承载力的正常发挥有严重的不利影响。为了有效地进行管桩纠偏，必须准确地测出管桩的实际垂直度。

※实验指导

一、实验目的

进行预应力混凝土管桩桩身垂直度的检测。

二、实验设备与试样

(1)孔斜测试仪，主要由垂直度检测探管(测斜仪)、数字测井记录仪、恒速绞车及测井电缆、井口滑轮和数据处理器等设备组成。测斜仪与灌注桩孔径检测系统中成孔垂直度检测仪器相同。

(2)预应力混凝土管桩。

三、实验原理与方法

管桩的孔斜测试，是利用原用于钻孔灌注桩的成孔质量检测探管中的垂直度检测装置(测斜仪)进行的，即在管桩的内孔尝试连续多点测量其顶角，如图 6.6 所示，再根据所测得的顶角计算内孔的垂直度，即可得到管桩的垂直度变化情况。

垂直度检测装置中的顶角测量是利用成孔质量检测探管内放置的两个相互垂直的摆锤，用相敏检波法来测量两个互相垂直的摆锤的摆动距离，将两个方向的摆动距离进行矢量合成后，即形成瞬态孔斜(顶角)测量值。将所测的孔斜测量值与其对应的孔深由数字测井记录仪采集记录后，把数据传入电脑，用专业的软件处理便可得到孔斜测试成果。

四、实验内容与步骤

(1)井径仪做预应力管桩垂直度检测，应采用顶角测量方法。

(2)专用测斜仪进入现场检测前应进行标定。

(3)预应力管桩垂直度检测可在管桩内孔中直接进行。

(4)检测前应进行孔口校零。

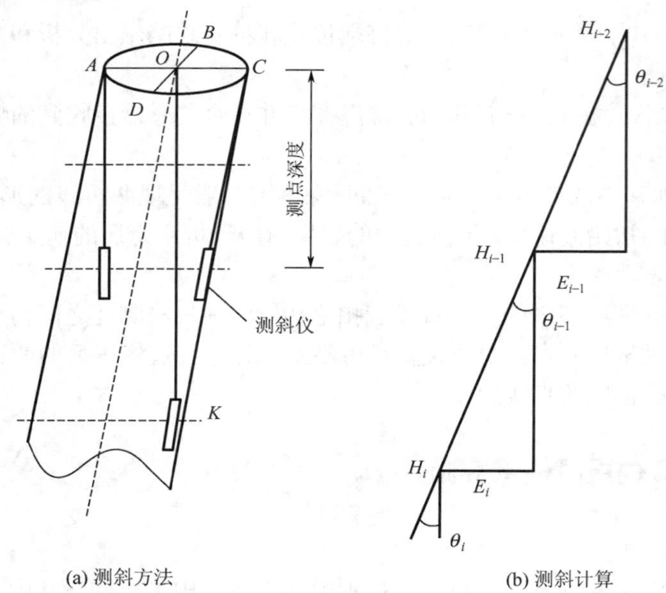

图 6.6 顶角测量和计算方法

(5) 测量时可沿孔壁或孔的中心向下或向上逐点测量，下测时的数据一般作为参考使用。

(6) 测点深度可按等间距设置，进行高精度测试时，采样间隔宜控制在 1～5cm 的范围内。

(7) 为了提高测量精度，测斜仪可以外加扶正器放入孔中测量。

五、实验数据处理

(1) 以探管缓慢均匀提升过程中采集的数据计算预应力管桩的垂直度，若桩孔内有障碍物或有其他干扰时，应将异常数据剔除后再进行计算。

(2) 预应力管桩垂直度可按下式计算：

$$K=(E/H)\times 100\%$$

$$E=\sum_{i=1}^{n}E_i=\sum_{i=1}^{n}(H_i-H_{i-1})\sin\left(\frac{\theta_i+\theta_{i-1}}{2}\right)$$

式中 K——桩(孔)垂直度(%)；

E——桩(孔)总偏移量(m)；

H——桩(孔)深度(m)；

i——第 i 个测点；

n——测点总数；

H_i——探管在第 i 个测点的深度值(m)；

H_{i-1}——探管在第 i–1 个测点的深度值(m)；

θ_i——第 i 测点的顶角值(°)；

θ_{i-1}——第 i–1 测点的顶角值(°)；

E_i——桩(孔)在深度 H_{i-1} 至 H_i 的水平偏移量(m)。

(3) 绘制孔深-累积偏心距(垂直度)测试曲线图，查明是否有垂直度变化异常的部位。

6.1.8 雷达法路面检测实验

※内容提要

路面厚度检测是质量控制的重要环节。传统的钻芯取样法属于破坏性检测，检测效率低、代表性较差，检测后修补的质量难以得到保证。新型的探地雷达法由于其操作方便、无损、误差小、低碳环保以及可以进行大面积普查等原因，越来越得到广泛的应用。

※实验指导

一、实验目的

进行路面结构层厚度及水稳层密实度的检测。

二、实验设备与试样

(1) 探地雷达系统，由雷达天线控制单元、屏蔽天线、连接电缆和外围设备等系统部件构成。可以将各个部件紧凑安装在专用手推车上，组成可操作性强、不容易产生操作疲劳的雷达运载测量系统。

(2) 公路路面。

三、实验原理与方法

探地雷达检测公路面层厚度属于反射波探测法，其基本原理是利用天线向地下发射一定强度的高频电磁脉冲波，电磁波在地下传播的过程中遇到不同电性物质分界面时，就会产生反射波，探地雷达接收并记录这些反射信息。电磁波在特定介质中的传播速度 v 是不变的，因此根据探地雷达记录上地面反射波与地下反射波的时间差Δt，即可算出该界面的埋藏深度 $H = v \cdot \Delta t / 2$。

对于公路面层检测而言，H 即为面层厚度，v 是电磁波在地下介质(面层)中的传播速度。相对于雷达所用的高频电磁波(900～2500MHz)而言，公路面层所用的材料都是低损耗介质，其速度 $v = c / \sqrt{\varepsilon}$，其中$c = 0.3\text{m/ns}$(电磁波在大气中的传播速度)，$\varepsilon$ 为面层的相对有效介电常数，取决于构成面层的所有物质的介电常数。

反射信号的振幅与反射系数成正比，在以位移电流为主的低损耗介质中，反射系数可表示为

$$r = \left(\sqrt{\varepsilon_1} - \sqrt{\varepsilon_2}\right) / \left(\sqrt{\varepsilon_1} + \sqrt{\varepsilon_2}\right)$$

式中 ε_1、ε_2——分别为上、下介质的相对介电常数，对公路检测而言，ε_1 为面层的相对介电常数，ε_2 为基层的相对介电常数。

由上式可知，反射信号的强度主要取决于上、下介质的电性差，电性差越大，反射信号越强。对沥青混凝土面层而言，面层与基层(稳定层)存在明显的电性差，可以预期面层底部会有强反射出现。不同面层(上、中、下)之间所用材料也存在细微差别，因此也可以得到较弱的反射信息。

雷达波的穿透深度主要取决于地下介质的电性和波的频率。电导率越高，穿透深度越小；频率越高，穿透深度也越小。反之亦然。对于公路检测而言，混凝土面层的电导率高于沥青面层，因此相同频率的雷达波在沥青面层中的穿透能力大于在混凝土面层中的穿透能力。在实际检测工作中，对沥青面层一般采用 2000MHz 高频天线测量；而对于混凝土面层，高频天线能量一般难以穿透，常采用 900～1000MHz 天线测量。

四、实验内容与步骤

同 6.1.1 节。

五、实验数据处理

(1)数据处理前，应确保原始数据完整可靠，对数据进行重新组织，剔除与探测目标无关的数据，同时进行相应的记录，合并因测线过长而造成的不连续数据。

(2)应对采集的数据进行滤波处理。

① 根据探测的实际情况选择合适的滤波方式，滤波方式可选低通、高通、带通滤波等。

② 首先根据不同的天线初选滤波参数；其次对数据进行频谱分析，得到较为准确的频率分布，设定滤波参数，进行滤波处理。

③ 采集的数据应进行背景去噪处理。

(3)根据实际情况，可对采集的数据进行适当的增益处理。

(4)根据实际情况，可对采集的数据有选择地进行反滤波处理(反褶积处理)、偏移处理等。

(5)根据实际情况，可对图像进行增强处理。

① 可进行振幅恢复。

② 可将同一通道不同反射段内振幅值乘以不同的权系数。

③ 可将不同通道记录的振幅值乘以不同的权系数。

(6)单个雷达图像分析步骤：确定反射波组的界面特征；识别地表干扰反射波组；识别正常介质界面的反射波组；确定反射层信息。

(7)雷达图像数据解释。

① 结合多个相邻剖面雷达图像，找到数据之间的相关性。

② 结合现场的实际情况，将探测区域表面情况和实际探测图像进行对比分析。

③ 将探测得到的雷达图和经典的经过验证的雷达图做对比分析。

6.2 市政工程检测实验

本节实验依据如下：

(1)《水泥或石灰稳定材料中水泥或石灰剂量测定方法》(JTG E51—2009/T0809—2009)；

(2)《无机结合料稳定材料无侧限抗压强度实验方法》(JTG E51—2009/T0805—1994)；

(3)《挖坑及钻芯法测定路面厚度实验方法》(JTG E60—2008/T0912—2008)；

(4)《动力锥贯入仪测定路基路面 CBR 实验方法》(JTG E60—2008/T0945—2008)；

(5)《三米直尺测定平整度实验方法》(JTG E60—2008/T0931—2008)；

(6)《连续式平整度仪测定平整度实验方法》(JTG E60—2008/T0932—2008)；

(7)《贝克曼梁测定路基路面回弹弯沉实验方法》(JTG E60—2008/T0951—2008)；

(8)《落锤式弯沉仪测定弯沉实验方法》(JTG E60—2008/T0953—2008)；

(9)《手工铺砂法测定路面构造深度实验方法》(JTG E60—2008/T0961—1995)；

(10)《电动铺砂法测定路面构造深度实验方法》(JTG E60—2008/T0962—1995)；

(11)《摆式仪测定路面摩擦系数实验方法》(JTG E60—2008/T0964—2008)；

(12)《沥青路面渗水系数测试方法》(JTG E60—2008/T0971—2008)。

6.2.1 水泥或石灰剂量的标准曲线实验

※内容提要

水泥或石灰剂量的标准曲线是在实际工程中快速测定水泥或石灰稳定材料中的灰剂量的重要一步，标准曲线绘制是否准确，直接决定了灰剂量测定的结果准确性。在试样过程中需要注意的是：①所用材料是否与工程实际使用材料相一致，即材料是否具有代表性；②所配制的溶液浓度是否准确，必要时要对所配制的溶液进行标定；③在制样时，所准备的样品灰剂量是否覆盖了工程设计剂量。

※实验指导

一、实验目的与原理

绘制水泥或石灰剂量的标准曲线，了解无机结合稳定材料中水泥或石灰剂量的测定。

EDTA 滴定法的化学原理是：先用 10%的 NH_4CL 氯化铵弱酸溶出水泥或石灰稳定材料中的 Ca^{2+}，然后用 EDTA 二钠标准溶液夺取 Ca^{2+}，EDTA 二钠标准溶液的消耗量，与相应的水泥或石灰剂量存在近似线性关系。

二、实验设备与试样

(1) 玻璃容器：50mL 酸式滴定管、移液管(10mL、50mL)、量管(100mL、50mL、5mL)、200mL 三角瓶、1000mL 烧杯、棕色广口瓶。

(2) 试剂：EDTA 二钠(分析纯)、氯化铵(分析纯或化学纯)、氢氧化钠(分析纯)、三乙醇胺(分析纯)、钙试剂羧酸钠(分子式 $C_{21}H_{13}N_2NaO_7S$，分子量 460.39)、硫酸钾、无二氧化碳蒸馏水。

(3) 电子天平，量程不小于 1500g，感量 0.01g。

(4) 研钵、玻璃棒、聚乙烯桶、搪瓷杯、干燥箱、精密 pH 试纸(pH=12～14)。

(5) 工地用水泥、石灰和土。

三、实验内容与步骤

(1) 试剂的配制：

① 0.1mol/m^3 乙二胺四乙酸二钠(EDTA 二钠)标准溶液(简称 EDTA 二钠标准溶液)：准确称取 EDTA 二钠(分析纯)37.23g，用无二氧化碳蒸馏水溶解(蒸馏水可先加热至 40～50℃，以便于试剂的溶解，下同)，待全部溶解并冷却至室温后，定容至 1000mL。

② 10%氯化铵(NH_4Cl)溶液：将 500g 氯化铵(分析纯或化学纯)放在 10L 的聚乙烯桶内，加蒸馏水 4500mL，充分振荡，使氯化铵完全溶解。也可以分批在 1000mL 的烧杯内配制，然后倒入塑料桶内摇匀。

③ 1.8%氢氧化钠(内含三乙醇胺)溶液：准确称取氢氧化钠(分析纯)18g，放入洁净干燥的 1000mL 烧杯中，加 1000mL 蒸馏水使其全部溶解，待溶液冷却至室温后，加入 2mL 三乙醇胺(分析纯)，搅拌均匀后储存于塑料桶中。

④ 钙红指示剂：将 0.2g 钙试剂羧酸钠与 20g 预先在 105℃烘箱中烘 1h 的硫酸钾混合，一起放入研钵中，研成极细粉末，储于棕色广阔瓶中，以防吸潮。

(2)标准曲线的制备。

① 取工地用石灰和土，风干后用烘干法测其含水率(如为水泥，可假定含水率为0)。

② 混合料组成计算公式如下：

干混合料质量=湿混合料质量÷(1+最佳含水率)

干土质量=干混合料质量÷(1+水泥或石灰剂量)

干石灰或水泥质量=干混合料质量–干土质量

湿土质量=干土质量×(1+土的风干含水率)

湿石灰质量=干石灰质量×(1+石灰的风干含水率)

石灰土中应加入的水=湿混合料质量–湿土质量–湿石灰质量

(3)试样的准备。

① 准备5种混合料试样(以水泥稳定材料为例)，分别为水泥剂量为0，最佳水泥剂量左右，设计水泥剂量±2%和+4%。如设计水泥稳定材料的水泥剂量为6%，则五种混合料试样的水泥剂量分别为0、4%、6%、8%、10%。

② 每种剂量混合料准备两个样品，共10个试样。如为水泥稳定中、粗粒土，每个样品取1000g左右，如为细粒土，则可称取300g左右。为了减少中、粗粒土的离散，宜按设计级配单份掺配的方式备料。

(4)测试步骤。

① 将一个样品放入聚乙烯桶或搪瓷杯中，加入两倍试样质量体积的10%氯化铵溶液(如湿料质量为300g，则氯化铵溶液为600mL；如湿料质量为1000g，则氯化铵溶液为2000mL)。料为300g，则搅拌3min；料为1000g，则搅拌5min；每分钟搅拌110～120次。放置沉淀10min，如10min后溶液仍为混浊悬浮液，则应增加放置沉淀时间，直至出现无明显悬浮颗粒的悬浮液为止。然后将上部清液转移到300mL烧杯内搅匀，加盖待测。

② 用移液管吸取烧杯内上层(液面上1～2cm)悬浮液10.0mL放入200mL的三角瓶中，用量管量取1.8%氢氧化钠(内含三乙醇胺)溶液50mL倒入三角瓶中，此时用pH试纸测定溶液pH应为12.5～13.0。然后加入钙红指示剂(质量约为0.2g)，摇匀，溶液呈玫瑰红色。

③ 将EDTA二钠标准溶液加入到酸式滴定管中，并记录体积V_1，然后用EDTA二钠标准溶液滴定三角瓶中的试样溶液，边滴定边摇匀，并仔细观察溶液的颜色。在溶液颜色变为紫色时，放慢滴定速度，并摇匀。直到纯蓝色为终点，记录滴定管中EDTA二钠标准溶液体积V_2。计算$V_1–V_2$，即为EDTA二钠标准溶液的消耗量。以mL计，读数时精确至0.1mL。

④ 以同样的方法对其余9个试样进行实验，并记录各自的EDTA二钠标准溶液的消耗量。以同一水泥或石灰剂量稳定材料EDTA二钠标准溶液消耗量(mL)的平均值为纵坐标，以水泥或石灰剂量(%)为横坐标制图。两者的关系应是一根顺滑的曲线，如图6.7所示。

⑤ 如需测定与制作标准曲线相同材料拌和的无机结合料的水泥或石灰剂量时，仅需根据以上步骤测定其EDTA二钠标准溶液消耗量即可。如素土、水泥或石灰等原材料改变，必须重新制作标准曲线。

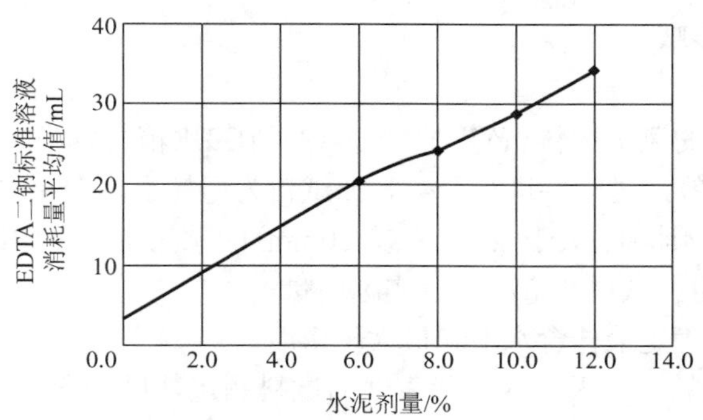

图 6.7 EDTA 标准曲线

四、实验数据处理

本实验以两次平行测定结果的算术平均值为最终结果，精确至 0.1mL。允许重复性误差不得大于均值的 5%，否则应重新进行实验。

6.2.2 无机结合稳定材料无侧限抗压强度实验

※内容提要

本实验方法适用于测定无机结合料稳定土(包括稳定细粒土、中粒土和粗粒土)试件的抗压强度。实验时，按照预定干密度用静压法或击实法制作高度∶直径=1∶1 的圆柱体试件，经标准条件养护、浸水后测定其抗压强度。由于击实法制作试件比较困难，所以应尽可能采用静压法制备等干密度试件。其他稳定材料或综合稳定土的抗压强度测定可参照本法。

※实验指导

一、实验目的与原理

对无机结合料稳定材料的无侧限抗压强度进行测定，了解无侧限抗压强度实验方法，进而了解无机结合料稳定材料的稳定性。

二、实验设备与试样

(1) 路面材料强度实验仪。

(2) 试模：ϕ50×50mm，适用于最大粒径≤10mm 的细粒土；ϕ100×100mm，适用于最大粒径≤25mm 的中粒土；ϕ150×150mm，适用于最大粒径≤40mm 的粗粒土。每种试模配相应的上下压柱。

(3) 称量设备：天平，感量 0.01g；台秤，称量 10kg，感量 5g。

(4) 脱模器：圆孔筛，孔径 40mm、25mm(或 20mm)及 5mm 的各一个。

(5) 万能实验机：量程 1000kN 或 600kN。

(6) 夯锤和导管：尺寸同标准击实仪。

(7) 养护箱或养护室：能恒温保湿。

(8) 水槽：深度应大于试件高度 50mm。

(9) 其他：烘箱、铝盒、量筒、拌和工具等。

(10) 无机结合料稳定土，包括细粒土、中粒土和粗粒土。

三、实验内容与步骤

(1) 试料准备。

① 将具有代表性的风干试料(必要时也可以在50℃烘箱内烘干)，用木锤和木碾捣碎(应避免破碎颗粒的原粒径)，过筛并进行分类。如试料为粗粒土，则除去大于 40mm 的颗粒备用；如试料为中粒土，则除去大于 25mm(或 20mm)的颗粒备用；如试料为细粒土，则除去大于 10mm 的颗粒备用。试料数量应多于实际用量。

② 按标准击实法确定最佳含水率和最大干密度。

③ 在预定做实验的前一天，取有代表性的试料测定其风干含水率，取样数量按细粒土不少于 100g，中粒土不少于 1000g，粗粒土不少于 2000g。

(2) 制作试件。

① 对于同一无机结合料剂量的混合料，需要制作相同状态的试件数量(即平行实验的数量)与土类及操作的仔细程度有关。对于无机结合料稳定细粒土，一组至少应制作 6 个试件；对于无机结合料稳定中粒土和粗粒土，一组至少应分别制作 9 个和 13 个试件。

② 称取一定数量的风干土并计算干土的质量，其数量随试件大小而变化。对于 ϕ50mm×50mm 试件，每个约需干土 180～210g；对于ϕ100mm×100mm 试件，每个约需干土 1700～1900g；对于ϕ150mm×150mm 试件，每个约需干土 5700～6000g。细粒土可以一次称取 6 个试件的土；中粒土可以一次称取 3 个试件的土；粗粒土只能一次称取 1 个试件的土。

③ 将称好的土放在长方盘内。向土中加水，对于细粒土(特别是黏性土)，使其含水率较最佳含水率小 3%左右；对于中粒土和粗粒土，可按最佳含水率加水。将土和水拌和均匀后放在密封容器内浸润备用。如为石灰稳定土和水泥石灰综合稳定土，可将石灰和土一起搅拌后进行浸润。浸润时间：黏性土 12～24h，粉性土 6～8h，砂性土、砂砾土、红土砂砾、级配砂砾等可以缩短到 4h 左右，含土很少的未筛分碎石、砂砾及砂可以缩短到 2h。

④ 在浸润过的试料中，加入预定数量的水泥或石灰并拌和均匀。在拌和过程中，应将预留的 3%的水(对于细粒土)加入土中，使混合料的含水率达到最佳含水率。拌和均匀的加有水泥的混合料应在 1h 内按后述方法制成试件，超过 1h 的混合料应作废。其他结合料稳定土混合料虽不受此限制，但也应尽快制成试件。

⑤ 利用液压千斤顶反力架制作试件。制备一个预定干密度的试件所需要的稳定土混合料数量 m_1(g)随试模的规格尺寸而变，可用下式计算：

$$m_1 = \rho_d V(1+W)$$

式中 V——试模的体积(cm^3)；

W——稳定土混合料的含水率；

ρ_d——稳定土试件的干密度(g/cm^3)。

⑥ 将试模的下压柱放入试模的下部，两侧加垫块使下压柱外露 2～3cm。将称量好的规定数量 m_2(g)的稳定土混合料分 2～3 次加入试模中(可用漏斗)，每次加入后用夯棒轻轻均匀插捣密实。ϕ50mm×50mm 小试件可一次加料。然后将上压柱放入试模内，理想时上压柱外露也在 2～3cm，即上下压柱外露距离相当。注意预先在试模的内壁及上下压柱的底面涂一薄层机油，以方便脱模。

⑦ 将整个试模连同上下压柱一起放到反力架上加压，直至上下压柱都压入试模为止。

小、中、大试件分别维持压力 2min、5min、10min。卸压，取下试模，放到脱模器上将试件顶出。称量试件的质量 m_2，小、中、大试件分别准确至 1g、2g、5g。用游标卡尺测量试件的高度 h，准确至 0.1mm。再对试件进行编号。注意：用水泥稳定有黏结性的材料时，可立即脱模；用水泥稳定无黏结性的材料时，最好过几小时再脱模。

⑧ 试件称量、测尺寸并编号后，应立即放到养护设备内恒温保湿养生。但大、中试件应先用塑料薄膜包裹。标准养生温度为(20±2)℃，湿度为不小于 95%。试件宜放置在架子上，间距至少 10～20mm。应避免用水直接冲淋。标准养生龄期为 7d。

⑨ 在养生期的最后一天，取出试件，观察试件的边角有无磨损和缺块，并称其质量 m_3，再将试件浸泡在(20±2)℃的水中，水面应高出试件 2.5cm 左右。在整个养生期间，试件的质量损失，小、中、大试件应分别不大于 1g、4g、10g，否则试件作废。

(3) 抗压强度实验步骤。

① 将已浸水一昼夜的试件从水中取出，用软布吸去试件表面可见自由水，并称取试件的质量 m_4。

② 用游标卡尺量记试件的高度 h_1，对面各量一次，取平均值，准确至 0.1mm。

③ 将试件放到路面材料强度实验仪的受压球座平台上，进行抗压实验。加压过程中应保持约 1mm/min 的速度等变形加压，直至试件破坏，记录试件最大荷载值 P(N)。

④ 从试件内部取代表性试样，测定其含水率 W_1。

四、实验数据处理

(1) 单个试件的无侧限抗压强度按下式计算：

$$R_c = \frac{P}{A}$$

式中 R_c——试件无侧限抗压强度(MPa)；

P——试件破坏时的最大压力(N)；

A——试件的截面积(mm^2)，$A = \frac{1}{4}\pi D^2$，其中 D 为试件的直径(mm)。

(2) 同一组试件实验中，采用 3 倍均方差方法剔除异常值，小试件允许有 1 个异常值，中试件允许 1～2 个异常值，大试件允许 2～3 个异常值。异常值数量超过上述规定的实验应重做。

6.2.3 路面结构厚度检测实验(挖坑及钻芯法)

※内容提要

路面是铺筑在路基上供车辆行驶的结构层，它要求按照相应等级的设计标准而修建，能为经济建设和人民生活提供舒适良好的行车条件。面层位于整个路面结构的最上层，直接承受行车荷载的垂直力、水平力以及车身后所产生的真空吸力的反复作用，同时受降雨和气温变化的不利影响最大，是最直接地反映路面使用性能的层次。因此与其他层次相比，面层应具有较高的结构强度、刚度和高低温稳定性，并且耐磨、不透水，其表面还应具有良好的抗滑性和平整度。道路等级越高、设计车速越大，对路面抗滑性、平整度的要求越高。常见的路面层结构材料为沥青混凝土和水泥混凝土。

※实验指导

一、实验目的与原理

通过挖坑或钻芯法测定路面厚度，以确定路面施工质量。基层或砂石路面的厚度可用挖坑法测定，沥青面层及水泥混凝土路面板的厚度应用钻芯法测定。

二、实验设备与试样

(1)挖坑用镐、铲、凿子、小铲、毛刷。

(2)路面取芯样钻机及钻头，钻头的标准直径为 100mm，如芯样仅供测量厚度，不做其他实验时，可采用 50mm 钻头；对基层材料有可能损坏试件时，也可以用直径 150mm 钻头。

(3)钢卷尺、钢直尺、游标卡尺。

(4)道路路面。

三、实验内容与步骤

(1)挖坑法厚度测试。

① 随机取样决定挖坑检查的位置，如为旧路，应避开有坑洞等显著缺陷或接缝处。

② 在选定的实验地点，选一块约 40cm×40cm 的平坦表面，用毛刷将其表面清扫干净。

③ 根据材料坚硬程度，选择镐、铲、凿子等适合的工具，开挖这一层材料，直至层位底面。在便于开挖的前提下，开挖面积应尽量缩小，坑洞大体呈圆形，边开挖边将材料铲除，置于搪瓷盘中。

④ 用毛刷将坑底清扫，确认为下一层的顶面。将钢直尺平放横跨于坑的两边，用另一把钢尺或卡尺等量具在坑的中部位置垂直伸至坑底，测量坑底至钢直尺的距离，即为检查层的厚度，以 mm 计，准确至 1mm。

(2)钻芯法厚度测试。

① 随机取样决定挖坑检查的位置，如为旧路，应避开有坑洞等显著缺陷或接缝处。

② 在选取采用地点的路面上，先用粉笔对钻孔位置做出标记。

③ 用钻机在取样地点垂直对准路面放下钻头，牢固安放钻机，使其在运转过程中不得移动。

④ 开放冷却水，启动电动机，徐徐压下钻杆，钻取芯样，但不得使劲下压钻头。待钻透全厚度后，上抬钻杆，拔出钻头，停止电动机转动。不使芯样损坏，取出芯样。沥青混合料芯样及水泥混凝土芯样可用清水漂洗干净。

⑤ 填写样品标签，一式两份，一份粘贴在试样上，一份作为记录备查。

⑥ 用钢板尺或游标卡尺沿圆周对称的十字方向四处量取表面至上下层界面的高度，取其平均值，即为该层的厚度，准确至 1mm。

(3)对挖坑或钻孔留下的坑洞，应采用同类型材料填补压实。

四、实验数据处理

(1)按下式计算路面实测厚度与设计厚度之差：

$$\Delta T_i = T_{1i} - T_{0i}$$

式中 ΔT_i——路面实测厚度与设计厚度的差值(mm)；

T_{1i}——路面实测厚度(mm)；

T_{0i}——路面设计厚度(mm)。

(2) 检测结果应按路桩号顺序列表，记录与设计厚度之差，不足设计厚度为负，大于设计厚度为正。

6.2.4 路基路面强度检测实验

※内容提要

土工实验中通常所指的 CBR 值，是土基或基层、底基层材料的加利福尼亚州承载比，为 California Bearing Ratio 之略称，为室内标准压实的试件经泡水膨胀后进行贯入实验，在荷载压力-贯入量曲线上读取规定贯入量时的荷载压力与标准压力的比值，以百分数表示。

※实验指导

一、实验目的与原理

通过现场使用动力锥贯入仪(DCP)，快速测定无机结合料材料路基、路面的强度。

二、实验设备与试样

动力锥贯入仪及无机结合料材料路基、路面。

三、实验内容与步骤

(1) 将落锤放入导向杆，并与探杆连接好，竖立在硬地面(如混凝土)上，然后对照 1m 刻度尺记录零读数。

(2) 平整测试点，如果要探测的层位上面有难以穿透的坚硬结构层时，应钻孔或刨挖至其面层。

(3) 将 DCP 放至测点位置。一人手扶仪器手柄，使探杆保持竖直；一人提起落锤至导向杆顶端，然后松开，使之呈自由落体下落。如果实验中探杆稍有倾斜，不可扶正。如果倾斜较大，造成落锤不是自由落体，则该点实验应废弃。

(4) 读取贯入深度，每贯入约 10mm 读一次数，记录锤击数和贯入量(mm)。

(5) 连续锤击、测量，直到需要的结构层深度。当材料层坚硬，贯入量低至连续锤击 10 次而无变化时，可停止实验或钻孔透过后继续实验。

(6) 利用当地材料进行对比实验，建立现场 CBR 值或强度与用 DCP 测定的贯入度 D_d 或贯入阻力 Q_d 之间的相关关系。测点数宜不少于 15 个，相关系数 R 应不小于 0.95。

四、实验数据处理

(1) DCP 的测试结果可用以锤击次数为横坐标、贯入深度为纵坐标的贯入曲线表示，得出结构层材料的现场强度或 CBR 值等。

(2) 可以计算出贯入度(平均每次的贯入量，mm/锤击次数) D_d，按以下相关关系公式计算 CBR 值：

$$\lg(\mathrm{CBR}) = a - b \cdot \lg D_d$$

式中 CBR——结构层材料的现场 CBR 值；

D_d——贯入度(mm)；

a、b——回归系数。

(3) 也可以按荷兰公式先计算出动贯入阻力 Q_d，然后按以下相关关系公式计算 CBR 值：

$$Q_d = \frac{m}{m+m_0} \cdot \frac{MgH}{A}$$

$$\lg(\text{CBR}) = a + b \cdot \lg Q_d$$

式中　Q_d——动贯入阻力(kPa)；

m_0——贯入器即被打入部分(包括锥头、探杆、锤座和导向杆等)的质量(kg)；

m——落锤质量(kg)；

g——重力加速度，$g=9.8\text{m/s}^2$；

H——落距(m)；

A——探头截面积(cm^2)；

a、b——回归系数。

6.2.5　路面平整度检测实验

※内容提要

路面平整度是以规定的标准量规，间断地或连续地量测路表面的凹凸情况所得出的不平整程度。它既是一个整体性指标，又是衡量路面质量及现有路面破坏程度的一个重要指标。除可以用来评定路面工程的质量，汽车沿道路行驶的条件(安全、舒适性)、汽车的动力作用、行驶速度、轮胎的磨耗、燃料和润滑油的消耗、运输成本等之外，重要的是还影响着路面的使用年限。

路面的不平整性有纵向和横向两类，但这两种不平整性的形成原因基本相同。首先是由于施工原因而引起的建筑形态不平整，其次是由于个别的或多数的结构层承载能力过低，特别是沥青面层中使用的混合料抗变形能力低，致使道路产生永久变形。

纵向不平整性主要表现为坑槽、波浪。纵向高低畸变、不同频率和不同振幅的跳动会使行驶在这种路面上的汽车产生振荡，从而影响行车速度或乘客的舒适性。

横向不平整性主要表现为车辙和隆起，除造成车辆跳动外，还妨碍行驶时车道变换及雨水的排出，以致影响行车的安全和舒适性。

可见纵向和横向的不平整度对车辆产生的影响虽有所不同，但都影响交通安全，并不同程度地影响车辆寿命及行驶舒适性。

目前国际上对路面的平整度测试方法大致有三种，一是三米直尺法，二是连续式平整度仪法，三是车载颠簸累积仪法。最新的检测方法还有激光平整度仪法，而前面三种测试方法目前在我国也普遍采用。

※实验指导

Ⅰ　三米直尺法

一、实验目的

用 3m 直尺测定其距离道路表面的最大间隙，表示路基路面的平整度，以 mm 计。

二、实验设备与试样

(1) 3m 直尺、塞尺、皮尺或钢尺、粉笔等。

(2) 道路路面。

三、实验内容与步骤

(1) 按有关规范规定选定测试路段和测定位置，清扫路面测定位置处的污物。

(2)对于施工过程中的质量控制，测试地点应选在接缝处，以单杆检测评定；当为路基路面工程质量检查验收或进行路况评定需要时，应以行车道一侧车轮轮迹(距车道线 80～100cm)作为连续测定的标准位置，每 200m 测两处，每处应连续测量 10 尺；对旧路已形成车辙的路面，应取车辙中间位置为测定位置，用粉笔在路面上做好标记。

(3)根据需要确定的方向，将 3m 直尺摆在测试地点的路面上。

(4)目测 3m 直尺底面与路面之间的间隙情况，确定间隙为最大的位置。

(5)用塞尺塞进间隙处，量测其中最大间隙的高度(mm)，准确至 0.2mm。

四、实验数据处理

单杆检测路面的平整度计算，以 3m 直尺与路面的最大间隙为测定结果。连续测定 10 尺时，应判断每个测定值是否合格，根据要求计算合格百分率，并计算 10 个最大间隙的平均值。

II 连续式平整度仪法

一、实验目的与原理

用连续式平整度仪量测路面的不平整度的标准差σ，以表示路面的平整度，以 mm 计。该仪器检测时由其他车辆牵引，以 5km/h 的速度行驶(不得超过 12km/h)。可以每 10cm 自动采集路面凹凸偏差值，相当用三米直尺中间位置的间隙值。然后用此间隙值按每 100m 计算，将得到的标准差作为路面平整度指标。

二、实验设备与试样

(1)连续式平整度仪，结构如图 6.8 所示。除特殊情况外，连续式平整度仪的标准长度为 3m，其质量应符合仪器标准的要求。中间一个 3m 长的机架可缩短或折叠，前后有四个行走轮，前后两组轮的轴间距离为 3m。机架上装有蓄电池电源及可拆卸的检测箱，检测箱可采用显示、记录、打印或绘图等方式输出测试结果。机架中间有一个能起落的测定轮，测定轮上装有位移传感器、距离传感器等检测器，自动采集位移数据时，测定间距为 10cm，每一计算区间的长度为 100m，输出一次结果。可记录测试长度(m)、去向振幅大于某一定值(如 3mm、5mm、8mm、10mm 等)的次数、曲线振幅的单向(凸起或凹下)累计值及以 3m 机架为基准的中点路面的偏差曲线图，计算打印。机架头装有一牵引钩及手拉柄，可用人力或汽车牵引。

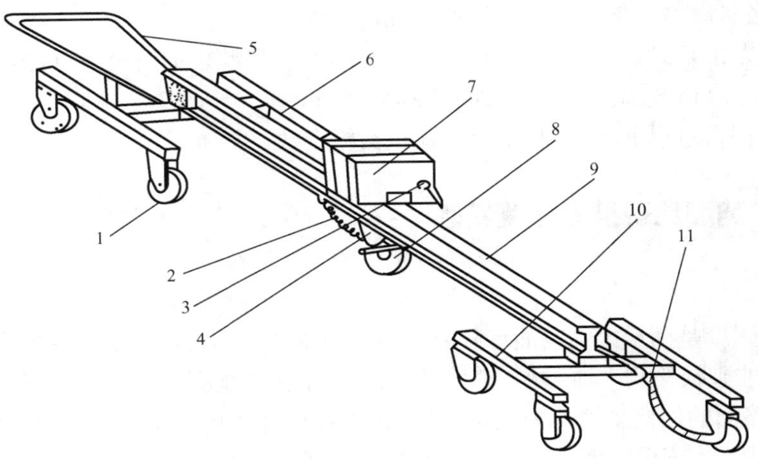

图 6.8 连续式平整度仪结构示意图

1—脚轮；2—拉簧；3—离合器；4—测量架；5—牵引架；
6—前架；7—记录计；8—测定轮；9—纵梁；10—后架；11—次轴

(2)牵引车，为小面包车或其他小型牵引汽车。

(3)皮尺或测绳。

(4)待检测的公路路面。

三、实验内容与步骤

(1)选择测试路段，通常以行车道一侧车轮轮迹带作为连续测定的标准位置。对旧路已形成车辙的路面，取一侧车辙中间位置为测量位置，按规定在测试路段路面上确定测试位置，当以内侧轮迹带(IWP)或外侧轮迹带(OWP)作为测定位置时，测定位置距车道标线 80～100cm。清扫路面测定位置处的脏物。

(2)检查仪器检测箱各部分是否完好、灵敏，并将各连接线接妥，安装记录设备。

(3)将连续式平整度测定仪置于测试路段路面起点上。

(4)在牵引汽车的后部，将平整度仪与牵引汽车连接好，按照仪器试用手册依次完成各项操作，随即启动汽车，沿道路纵向行驶，横向位置保持稳定，确认连续式平整度仪工作正常。牵引平整度仪的速度应保持均匀，速度宜为 5km/h，最大不得超过 12km/h。

(5)在测试路段较短时，亦可用人力拖拉平整度仪测定路面的平整度，但拖拉时应保持匀速前行。

四、实验数据处理

(1)连续式平整度仪测定后，可按每 10cm 间距采集的位移值自动计算每 100m 计算区间的平整度标准差(mm)，还可记录测试长度(m)、曲线振幅大于某一定值(如 3mm、5mm、8mm、10mm 等)的次数、曲线振幅的单向(凸起或凹下)累计值及以 3m 机架为基准的中点路面偏差曲线图，计算打印。当为人工计算时，在记录曲线上任意设一基准线，每隔一定距离(宜为 1.5m)读取曲线偏离基准线的偏离位移值 d_i。

(2)每一计算区间的路面平整度以该区间测定结果的标准差表示，可按下式计算：

$$\sigma_i = \sqrt{\frac{\sum d_i^2 - \left(\sum d_i\right)^2 / N}{N-1}}$$

式中 σ_i——各计算区间的平整度计算值(mm)；

d_i——以 100m 为一个计算区间，每隔一定距离(自动采集间距为 10cm，人工采集间距为 1.5m)采集的路面凹凸偏差位移值(mm)；

N——计算区间用于计算标准差的测试数据个数。

6.2.6 路面承载能力检测实验

※内容提要

路基路面强度是衡量柔性路面承载能力的一项重要内容，它的调查指标为路面弯沉值，目前一般采用非破损检测，通过测得弯沉值从而得出强度指标。路表面在荷载作用下的弯沉值，可以反映路面的结构承载能力，然而路面的结构破坏既可以是由于过量的变形所造成的，也可能是由于某一结构层的断裂破坏所造成的。对于前者，采用最大弯沉值表征结构的承载能力较为合适；对于后者，则采用路面在荷载作用下的弯沉盆曲率半径表征其承载能力更为合适。

目前使用的弯沉测定系统有四种：贝克曼梁弯沉仪、自动弯沉仪、稳态动弯沉仪及脉冲弯沉仪。前两种用于静态测定，得到路表的最大弯沉值；后两种用于动态测定，可得到最大弯沉值和弯沉盆。

※实验指导

Ⅰ　贝克曼梁弯沉仪法

一、实验目的与原理

利用贝克曼梁测定道路弯沉值，以评定路面整体的承载力。具体为利用弯沉仪量测路面表面在标准实验车后轮垂直静载作用下的轮隙回弹弯沉值，用作评定路面强度的指标。

二、实验设备与试样

(1) 贝克曼梁，其前臂(接触地面)与后臂(装百分表)长度之比为 2∶1。贝克曼梁总长分为两种，一种长 3.6m，前后臂分别为 2.4m 和 1.2m；另一种长 5.4m，前后臂分别为 3.6m 和 1.3m。当在半刚性基层沥青路面或水泥混凝土路面上测定时，应采用长度为 5.4m 的贝克曼梁；对柔性基层或混合式结构沥青路面，可采用长度为 3.6m 的贝克曼梁测定。

(2) 实验用标准汽车，为双轴、后轴双侧四轮的载重车，主要参数应符合表 6.6 中的要求。

表 6.6　实验用半参数要求

标准轴载等级	BZZ-100
后轴标准轴载 P/kN	100±1
一侧双轮荷载/kN	50±0.5
轮胎充气压力/MPa	0.70±0.05
单轮传压面当量圆直径/cm	21.30±0.5
轮隙宽度	应满足能自由插入弯沉仪测头的测试要求

(3) 百分表两只，量程大于 10mm，并带百分表支架。

(4) 皮尺一把，长 30～50m。

(5) 接触式路面温度计，分度值不大于 1℃。

(6) 其他如口哨、油漆或粉笔、指挥旗等。

(7) 道路路面。

三、实验内容与步骤

(1) 准备工作。

① 汽车以砂石、砖等材料或铁块等重物加载，注意堆放稳妥。

② 称量汽车后轴重量，调整汽车加载重物，使汽车后轴重量 P 符合上述规定。

③ 在平整坚实的地表上，将合乎荷载标准的汽车后轮用千斤顶顶起，在车轮下放置盖有复写纸的厘米纸。开启千斤顶使车轮缓缓下放，即在复写纸覆盖的厘米纸上压现轮迹。然后再顶起后轮，取出厘米纸，注明左右轮，用笔勾画出轮印迹周界，计算其面积(虚面积)F。

(2) 检测部位与选择要求：一般路段可在行车带上每隔 20m 选一测点，并记录测点里程、位置。如果情况特殊，可根据具体情况适当加密测点。

(3) 测试步骤。由于目前我国沥青路面设计方法是以路面的回弹弯沉值作为强度指标的，因此测定弯沉值一般都采用“前进卸荷法”，具体操作程序如下。

① 将实验车的后轮停于测点后 3～5cm 处的位置上。

② 两人一组迅速将贝克曼梁测头安置在两轮胎间隙中间，并调平，梁壁不得碰到轮胎。为了得到较精确的弯沉值，测头应置于轮胎接地中间稍前 3～5cm 处。

③ 安装百分表于贝克曼梁测杆上，调整百分表使读数为 4～5mm，用手轻轻叩打贝克曼梁，检查百分表应稳定回位。

④ 吹口哨或挥动指挥旗，指挥汽车缓缓前进。百分表指针随路面变形的增加持续向前转动。当转动到最大值时，迅速读取初读数 L_1；汽车仍在继续前进，百分表指针反向回转。待汽车驶出弯沉影响半径，百分表指针回转稳定后，读取终读数 L_2。

⑤ 同时测得路面温度，并按以上步骤测得所有测点的弯沉读数。

四、实验数据处理

(1) 路面回弹弯沉值为

$$l_T = 2\times(L_1 - L_2)$$

式中 l_T——在路面温度 T 时的回弹弯沉值(0.01mm)；

L_1——车轮中心临近弯沉仪侧头时百分表的最大读数(0.01mm)；

L_2——汽车驶出弯沉影响半径后百分表的最大读数(0.01mm)；

(2) 当需要进行弯沉仪支点变形修正时，路面测点回弹弯沉值按下式计算：

$$l_T = (L_1 - L_2)\times 2 + (L_3 - L_4)\times 6$$

式中 l_T——在路面温度 T 时的回弹弯沉值(0.01mm)；

L_1——车轮中心临近弯沉仪侧头时百分表的最大读数(0.01mm)；

L_2——汽车驶出弯沉影响半径后百分表的最大读数(0.01mm)；

L_3——车轮中心临近弯沉仪侧头时检验用弯沉仪的最大读数(0.01mm)；

L_4——汽车驶出弯沉影响半径后检验用弯沉仪的最大读数(0.01mm)。

(3) 当路面沥青面层厚度大于 5cm 时，回弹弯沉值应进行温度修正。

Ⅱ 落锤式弯沉仪法

一、实验目的与原理

利用落锤式弯沉仪测定道路弯沉值，并转换至回弹弯沉值，以评定路面整体的承载力。

在标准质量的重锤落下一定高度发生的冲击荷载作用下，路基或路面所产生的瞬时变形，即为在动态荷载作用下产生的动态弯沉及弯沉盆。

二、实验设备与试样

(1) 落锤式弯沉仪，简称 FWD，由荷载发生装置、弯沉检测装置、运算控制系统与车辆牵引系统等组成。

(2) 道路路基及路面。

三、实验内容与步骤

(1) 准备工作。

① 调整重锤的质量及落高，重锤的质量应为(200±10) kg，可产生(50±2.5) kN 的冲击荷载。

② 在测试路段的路基或路面各层表面布置测点，其位置或距离随测试需要而定。当在路面测定时，测点宜布置在行车道的轮迹带上。测试时，还可利用距离传感器定位。

③ 检查 FWD 的车况及使用性能，用手动操作检查，各项指标应符合仪器规定要求。

④ 将FWD牵引至测定地点，开启仪器进入工作状态。牵引FWD行驶的速度不宜超过50km/h。

(2) 测试步骤。

① 承载板中心位置对准测点，承载板自动落下，放下弯沉装置的各个传感器。

② 启动落锤装置，落锤瞬即自由落下，冲击力作用于承载板上，又立即自动提升至原来位置固定。各个传感器同时检测结构层表面变形，记录系统将位移信号输入计算机，并得到峰值即路面弯沉，同时得到弯沉盆。每个测点重复测定应不少于三次，除去第一个测定值，取以后几次测定值的平均值作为计算依据。

③ 提起传感器及承载板，牵引车向前移动至下一个测点，重复上述步骤进行测定。

(3) 落锤式弯沉仪与贝克曼梁弯沉仪对比实验。

① 选择结构类型完全相同的路段，针对不同地区选择某种路面结构的代表性路段，进行两种方法的对比实验，以便将落锤式弯沉仪测定的动弯沉换算成贝克曼梁测定的回弹弯沉值。选择的对比路段长度为300～500m，弯沉值应有一定的变化幅度。

② 采用与实际使用相同且符合要求的贝克曼梁弯沉测试车。落锤式弯沉仪的冲击荷载应与贝克曼梁弯沉仪测定车的后轴双轮荷载相同。

③ 用油漆标记对比路段起点位置。先用贝克曼梁定点测定回弹弯沉值。测定车开走后，用粉笔以测点为圆心，在周围画一个半径为15cm的圆，标明测点位置。

④ 将落锤式弯沉仪的承载板对准圆圈，位置偏差不超过30mm，测定落锤弯沉值。两种仪器对同一点弯沉测试的时间间隔，不应超过10min。

四、实验数据处理

(1) 按桩号记录各个测点的弯沉及弯沉盆数据，并计算测试路段的平均值、标准差、变异系数。

(2) 用落锤式弯沉仪与贝克曼梁弯沉仪对比实验采集的数据计算两者的相关关系，得出下列回归方程式，回归方程式的相关系数 R 应不小于0.95：

$$L_B = a + bL_{FWD}$$

式中 L_B——贝克曼梁测定的弯沉值(0.01mm)；

L_{FWD}——落锤式弯沉仪测定的弯沉值(0.01mm)。

6.2.7 路面抗滑性能检测实验

※内容提要

路面抗滑能力是影响路面使用品质的主要指标之一，目前常用构造深度(铺砂法)和摩擦因数(摆式摩擦仪)评价路面的抗滑性能。铺砂法又分为手动铺砂法和电动铺砂法，虽然原理相同，但测定方法有差别。手工铺砂法是将全部砂都填入凹凸不平的空隙中，而电动法是在与玻璃板上摊铺后比较求得的，所以两种方法测定结果存在差异。摆式仪的测定结果受摆的结构、质量、橡胶片的硬度影响很大。摆式仪在测试前的标定步骤是必需的，否则测试精度将达不到要求。

※Ⅰ 铺砂法测定路面构造深度实验

一、实验目的与原理

通过手工铺砂法和电动铺砂法，了解构造深度作为路面粗糙度的重要指标的意义。

将细砂铺在路面上，计算嵌入凹凸不平的表面空隙中的砂的体积与覆盖面积之比，从而求得构造深度。

二、实验设备与试样

(1) 电动铺砂仪。

(2) 标准量筒，25mL 及 50mL。

(3) 标准量砂，粒径为 0.15～0.3mm，干燥清洁。

(4) 钢直尺，500mm。

(5) 待测试路面。

三、实验内容与步骤

(1) 手工铺砂法。

① 用扫帚或毛刷子将测点附件的路面清扫干净，面积不小于 30cm×30cm。

② 用小铲向 25mL 标准量筒里装砂，沿筒壁向圆筒中注满砂，手提圆筒上方，在硬质路面上轻轻叩打三次，使砂密实，补足砂面并用钢直尺一次刮平。不可以直接用量筒装砂，以免影响量砂密度的均匀性。

③ 将砂倒在路面上，用底面粘有橡胶片的推平板由里向外重复做旋转摊铺运动，稍稍用力将砂细心地尽可能向外摊开，使砂填入凹凸不平的路表面的空隙中，尽可能将砂摊成圆形，并不得在表面上留有浮动余砂。摊铺时不可用力过大或向外推挤。

④ 用钢直尺测量所构成圆的两个垂直方向的直径，取其平均值，准确至 5mm。

⑤ 按上述方法，在同一处平行测定三次，三个测点均位于轮迹带上，测点间距 3～5m。

(2) 电动铺砂仪法。

① 电动铺砂仪的标定。

a. 将电动铺砂器平放在玻璃板上，将砂漏移至铺砂器端部，使灌砂漏斗口和量筒口大致齐平。通过漏斗向量筒中缓缓注入准备好的量砂至高出量筒成尖顶状，用直尺沿筒口一次刮平，其容积为 50mL。

b. 使漏斗口与铺砂器砂漏上口大致齐平。将砂通过漏斗均匀倒入沙漏，漏斗前后移动，使砂的表面大致齐平，但不得用任何其他工具刮动砂。

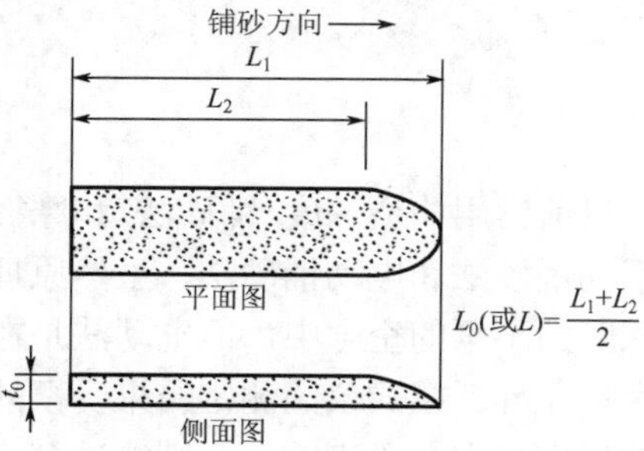

图 6.9 决定 L_0 和 L 的方法

c. 开动电动机，使砂漏向另一端缓缓运动，量砂沿砂漏底部铺成宽 5cm 的带状，待砂全部漏完后停止。

d. 按图 6.9 所示，依据下列公式，由 L_1 及 L_2 的平均值决定量砂的摊铺长度 L_0，准确至 1mm；重复标定三次，取平均值最终决定 L_0：

$$L_0(\text{或}L)=\frac{L_1+L_2}{2}$$

式中 L_0——玻璃板上 50mL 量砂摊铺的长度(mm)；

L——路面上 50mL 量砂摊铺的长度(mm)。

② 测试步骤。

a. 将测试地点用毛刷刷净，面积大于铺砂仪。

b. 将铺砂仪沿道路纵向平稳地放在路面上，将砂漏移至端部。按照上文步骤在测试地点摊铺 50mL 量砂，并计算出 L，准确至 1mm。

c. 按以上方法，同一处平行测定不少于三次，三次测点均位于轮迹带上，测点间距 3～5m。该处的测定位置以中间测点的位置表示。

四、实验数据处理

(1) 手工铺砂法测定路面表面构造深度的计算公式：

$$TD=\frac{1000V}{\pi D^2/4}=\frac{31831}{D^2}$$

式中 TD——路面表面构造深度(mm)；

V——砂的体积，25cm^3；

D——摊平砂的平均直径(mm)。

(2) 按下式计算铺砂仪在玻璃板上摊铺的量砂厚度 t_0：

$$t_0=\frac{V}{B\times L_0}\times 1000=\frac{1000}{L_0}$$

式中 t_0——量砂在玻璃板上摊铺的标定厚度(mm)；

V——量砂体积，按 50mL 计算；

B——铺砂仪铺砂宽度，按 50mm 计算。

(3) 按下式计算路面构造深度 TD：

$$TD=\frac{L_0-L}{L}\times t_0=\frac{L_0-L}{L\times L_0}\times 1000$$

II 摆式仪测定路面摩擦因数实验

一、实验目的与原理

用摆式仪测定路面的抗滑值，以评定路面在潮湿状态下的抗滑能力。

通过“摆的动能损失等于安装于摆臂末端橡胶片滑过路面时，克服路面等摩擦所做的功”这一原理，按在相同的动能下滑过路面的距离的大小，来确定摩擦因数(旧称摩擦系数)的大小。

二、实验设备与试样

(1) 摆式仪。

(2) 滑动长度尺，长 126mm。

(3) 路面温度计，分度值不大于 1℃。

(4) 喷水壶、硬毛刷。

(5) 道路路面。

三、实验内容与步骤

(1) 设备校核。

① 将路面打扫干净，将仪器置于路面测试点上，并使摆式仪摆臂的摆动方向与行车方向一致。转动底座上的调平螺栓，使水准泡居中。

② 放松紧固把手，转动升降把手，使摆升高并能自由摆动，然后旋紧紧固把手。将摆臂固定在右侧的释放按钮上，并把指针拨至右端与摆臂平行处。按下释放按钮，使摆臂向左

带动指针摆动。当摆达到最高位置后下落时，用手将摆臂接住，此时指针应指零。若不指零，可稍旋紧或旋松摆臂的调节螺母。重复调零，直至指针调零。调零允许误差为±1。

③ 校核滑动长度。让摆臂处于自然下垂状态，松开固定把手，转动升降把手，使摆臂下降。与此同时，提起举升柄使摆向左侧移动，然后放下举升柄使橡胶片下缘轻轻触地，紧靠橡胶片摆放滑动长度量尺，使量尺左端对准橡胶片下缘；再提起举升柄使摆臂向右侧移动，然后放下举升柄使橡胶片下缘轻轻触地，检查橡胶片下缘应与滑动长度量尺的右端齐平。

④ 若齐平，则说明橡胶片两次触地的距离符合126mm的规定。校核滑动长度时，应以橡胶片长边刚刚接触路面为准，不可借摆臂的力量向前滑动，以免标定的滑动长度与实际不符。若不齐平，升高或降低摆或仪器底座的高度。微调时用旋转仪器底座上的调平螺栓调整仪器底座高度的方法比较方便，但需注意保持水准泡居中。直至滑动长度符合126mm的规定。

(2)测试步骤。

① 将摆臂固定在右侧的释放按钮上，并把指针拨至右端与摆臂平行处。此时摆臂和指针为水平释放位置。用喷水壶浇洒测试点，使路面处于湿润状态。

② 按下释放按钮，使摆臂在路面滑过。当摆臂回落时，用手接住，读数但不记录。然后使摆臂和指针重新置于水平释放位置。重复操作五次，并记录五次测定的摆值。

③ 用路面温度计测记潮湿路面的路表温度，准确至1℃。

四、实验数据处理

(1)取五次测定的平均值作为单点的路面抗滑值(即摆值BPN_t)，取整数。

(2)单点测定的五个值中最大值与最小值的差值不得大于3。如差值大于3时，应检查产生的原因，并重新测试至符合规定为止。

(3)每个测点由三个单点组成，单点之间距离为3～5m，以三个单点的平均值作为该测点的代表值，取整数。该测点的位置以中间单点的位置表示。

(4)温度修正：当路面温度为t时，测得的摆值BPN_t必须按下式换算成标准温度20℃的摆值BPN_{20}：

$$BPN_{20} = BPN_t + \Delta BPN$$

式中 BPN_{20}——换算成标准温度20℃时的摆值；

BPN_t——路面温度t时测得的摆值；

ΔBPN——温度修正值，按表6.7采用。

表6.7 温度修正值

温度/℃	0	5	10	15	20	25	30	35	40
温度修正值ΔBPN	−6	−4	−3	−1	0	+2	+3	+5	+7

6.2.8 沥青路面渗水性能实验

※内容提要

沥青路面渗水性能是反映路面沥青混合料级配组成的一个间接指标，也是沥青路面水稳定性的一个重要指标。如果整个沥青面层均透水，则水势必进入基层或路基，使路面承载力降低；相反如果沥青面层中有一层不透水，而表层能很快透水，则不致形成水膜，对抗滑性能有很大好处。所以路面渗水系数已成为评价路面使用性能的一个重要指标。

一、实验目的

通过渗水性能实验了解沥青路面的渗透性能。方法是通过测得沥青路面渗透一定水量所需时间或在3min内渗透的水量，得出该沥青路面的渗透系数。

二、实验设备与试样

(1) 路面渗水仪。

(2) 秒表。

(3) 防水密封材料。

(4) 沥青路面。

三、实验内容与步骤

(1) 选定并标记测试路段，用扫帚清扫表面，去除杂物。杂物的存在一方面会影响水的渗入，另一方面也会影响渗水仪和路面的密封效果。

(2) 将渗水仪的塑料垫圈放在测试点上，用粉笔分别沿塑料圈的内侧和外侧画上圈，在外环和内环之间的部分就是需要密封材料进行密封的区域。

(3) 将密封材料均匀地涂抹在密封区域，注意不要使密封材料进入内圈。如不小心进入内圈，必须用刮刀将其刮净。

(4) 将渗水仪放在测试点上，注意使渗水仪的中心尽量和圆环中心重合，然后略微使劲将渗水仪压紧，再将压重钢圈加上，以防压力水从底座与路面间流出。

(5) 向渗水仪量筒内注满水，然后打开开关，使量筒中的水下流以排除渗水仪底部内的空气，当量筒中水面下降速度变慢时，用双手轻压渗水仪，使底部的气泡全部排出。关闭开关，并再次向量筒中注满水。

(6) 将开关打开，待水面下降至100mL刻度时，立即开动秒表开始计时，每隔60s读记一次刻度值。待水面下降至500mL时为止。测试过程中，如水从底座与密封材料间渗出，说明底座与路面密封不好，应移动至附近干燥路面处重新操作。当水面下降速度较慢，则测定3min的渗水量即可停止；如果水面下降速度较快，在不到3min的时间内到达500mL刻度线，则记录到达500mL刻度线的时间；若水面下降至一定程度后基本保持不动，说明基本不透水或根本不透水，在记录中注明。

四、实验数据处理

计算时以水面从100mL下降至500mL所需的时间为准，若渗水时间过长，也可以采用3min通过的水量计算。计算公式为

$$C_w = \frac{V_2 - V_1}{t} \times 60$$

式中 C_w——路面渗水系数(mL/min)；

V_1——计时开始时的水量(mL)，通常为100mL；

V_2——计时结束时的水量(mL)，通常为500mL；

t——从100mL刻度下降到500mL刻度所需的时间(s)。

测区混凝土强度换算值(回弹仪法)

平均回弹值 R_m	测区混凝土强度换算值 $f^{c}_{cu,i}$ /MPa												
	平均碳化深度值 d_m/mm												
	0	0.5	1	1.5	2	2.5	3	3.5	4	4.5	5	5.5	6
20	10.3	10.1	—	—	—	—	—	—	—	—	—	—	—
20.2	10.5	10.3	10	—	—	—	—	—	—	—	—	—	—
20.4	10.7	10.5	10.2	—	—	—	—	—	—	—	—	—	—
20.6	11	10.8	10.4	10.1	—	—	—	—	—	—	—	—	—
20.8	11.2	11	10.6	10.3	—	—	—	—	—	—	—	—	—
21	11.4	11.2	10.8	10.5	10	—	—	—	—	—	—	—	—
21.2	11.6	11.4	11	10.7	10.2	—	—	—	—	—	—	—	—
21.4	11.8	11.6	11.2	10.9	10.4	10	—	—	—	—	—	—	—
21.6	12	11.8	11.4	11	10.6	10.2	—	—	—	—	—	—	—
21.8	12.3	12.1	11.7	11.3	10.8	10.5	10.1	—	—	—	—	—	—
22	12.5	12.2	11.9	11.5	11	10.6	10.2	—	—	—	—	—	—
22.2	12.7	12.4	12.1	11.7	11.2	10.8	10.4	10	—	—	—	—	—
22.4	13	12.7	12.4	12	11.4	11	10.7	10.3	10	—	—	—	—
22.6	13.2	12.9	12.5	12.1	11.6	11.2	10.8	10.4	10.2	—	—	—	—
22.8	13.4	13.1	12.7	12.3	11.8	11.4	11	10.6	10.3	—	—	—	—
23	13.7	13.4	13	12.6	12.1	11.6	11.2	10.8	10.5	10.1	—	—	—
23.2	13.9	13.6	13.2	12.8	12.2	11.8	11.4	11	10.7	10.3	10	—	—
23.4	14.1	13.8	13.4	13	12.4	12	11.6	11.2	10.9	10.4	10.2	—	—
23.6	14.4	14.1	13.7	13.2	12.7	12.2	11.8	11.4	11.1	10.7	10.4	10.1	—
23.8	14.6	14.3	13.9	13.4	12.8	12.4	12	11.5	11.2	10.8	10.5	10.2	—
24	14.9	14.6	14.2	13.7	13.1	12.7	12.2	11.8	11.5	11	10.7	10.4	10.1
24.2	15.1	14.8	14.3	13.9	13.3	12.8	12.4	11.9	11.6	11.2	10.9	10.6	10.3
24.4	15.4	15.1	14.6	14.2	13.6	13.1	12.6	12.2	11.9	11.4	11.1	10.8	10.4
24.6	15.6	15.3	14.8	14.4	13.7	13.3	12.8	12.3	12	11.5	11.2	10.9	10.6

(续)

平均回弹值 R_m	测区混凝土强度换算值 $f_{cu,i}^c$ /MPa												
	平均碳化深度值 d_m/mm												
	0	0.5	1	1.5	2	2.5	3	3.5	4	4.5	5	5.5	6
24.8	15.9	15.6	15.1	14.6	14	13.5	13	12.6	12.2	11.8	11.4	11.1	10.7
25	16.2	15.9	15.4	14.9	14.3	13.8	13.3	12.8	12.5	12	11.7	11.3	10.9
25.2	16.4	16.1	15.6	15.1	14.4	13.9	13.4	13	12.6	12.1	11.8	11.5	11
25.4	16.7	16.4	15.9	15.4	14.7	14.2	13.7	13.2	12.9	12.4	12	11.7	11.2
25.6	16.9	16.6	16.1	15.7	14.9	14.4	13.9	13.4	13	12.5	12.2	11.8	11.3
25.8	17.2	16.9	16.3	15.8	15.1	14.6	14.1	13.6	13.2	12.7	12.4	12	11.5
26	17.5	17.2	16.6	16.1	15.4	14.9	14.4	13.8	13.5	13	12.6	12.2	11.6
26.2	17.8	17.4	16.9	16.4	15.7	15.1	14.6	14	13.7	13.2	12.8	12.4	11.8
26.4	18	17.6	17.1	16.6	15.8	15.3	14.8	14.2	13.9	13.3	13	12.6	12
26.6	18.3	17.9	17.4	16.8	16.1	15.6	15	14.4	14.1	13.5	13.2	12.8	12.1
26.8	18.6	18.2	17.7	17.1	16.4	15.8	15.3	14.6	14.3	13.8	13.4	12.9	12.3
27	18.9	18.5	18	17.4	16.6	16.1	15.5	14.8	14.6	14	13.6	13.1	12.4
27.2	19.1	18.7	18.1	17.6	16.8	16.2	15.7	15	14.7	14.1	13.8	13.3	12.6
27.4	19.4	19	18.4	17.8	17	16.4	15.9	15.2	14.9	14.3	14	13.4	12.7
27.6	19.7	19.3	18.7	18	17.2	16.6	16.1	15.4	15.1	14.5	14.1	13.6	12.9
27.8	20	19.6	19	18.2	17.4	16.8	16.3	15.6	15.3	14.7	14.2	13.7	13
28	20.3	19.7	19.2	18.4	17.6	17	16.5	15.8	15.4	14.8	14.4	13.9	13.2
28.2	20.6	20	19.5	18.6	17.8	17.2	16.7	16	15.6	15	14.6	14	13.3
28.4	20.9	20.3	19.7	18.8	18	17.4	16.9	16.2	15.8	15.2	14.8	14.2	13.5
28.6	21.2	20.6	20	19.1	18.2	17.6	17.1	16.4	16	15.4	15	14.3	13.6
28.8	21.5	20.9	20.2	19.4	18.5	17.8	17.3	16.6	16.2	15.6	15.2	14.5	13.8
29	21.8	21.1	20.5	19.6	18.7	18.1	17.5	16.8	16.4	15.8	15.4	14.6	13.9
29.2	22.1	21.4	20.8	19.9	19	18.3	17.7	17	16.6	16	15.6	14.8	14.1
29.4	22.4	21.7	21.1	20.2	19.3	18.6	17.9	17.2	16.8	16.2	15.8	15	14.2
29.6	22.7	22	21.3	20.4	19.5	18.8	18.2	17.5	17	16.4	16	15.1	14.4
29.8	23	22.3	21.6	20.7	19.8	19.1	18.4	17.7	17.2	16.6	16.2	15.3	14.5
30	23.3	22.6	21.9	21	20	19.3	18.6	17.9	17.4	16.8	16.4	15.4	14.7
30.2	23.6	22.9	22.2	21.2	20.3	19.6	18.9	18.2	17.6	17	16.6	15.6	14.9
30.4	23.9	23.2	22.5	21.5	20.6	19.8	19.1	18.4	17.8	17.2	16.8	15.8	15.1
30.6	24.3	23.6	22.8	21.9	20.9	20.2	19.4	18.7	18	17.5	17	16	15.2
30.8	24.6	23.9	23.1	22.1	21.2	20.4	19.7	18.9	18.2	17.7	17.2	16.2	15.4
31	24.9	24.2	23.4	22.4	21.4	20.7	19.9	19.2	18.4	17.9	17.4	16.4	15.5
31.2	25.2	24.4	23.7	22.7	21.7	20.9	20.2	19.4	18.6	18.1	17.6	16.6	15.7
31.4	25.6	24.8	24.1	23	22	21.2	20.5	19.7	18.9	18.4	17.8	16.9	15.8
31.6	25.9	25.1	24.3	23.3	22.3	21.5	20.7	19.9	19.2	18.6	18	17.1	16
31.8	26.2	25.4	24.6	23.6	22.5	21.7	21	20.2	19.4	18.9	18.2	17.3	16.2
32	26.5	25.7	24.9	23.9	22.8	22	21.2	20.4	19.6	19.1	18.4	17.5	16.4

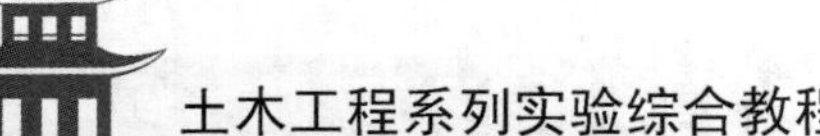

（续）

平均回弹值 R_m	测区混凝土强度换算值 $f_{cu,i}^{c}$ /MPa												
	平均碳化深度值 d_m/mm												
	0	0.5	1	1.5	2	2.5	3	3.5	4	4.5	5	5.5	6
32.2	26.9	26.1	25.3	24.2	23.1	22.3	21.5	20.7	19.9	19.4	18.6	17.7	16.6
32.4	27.2	26.4	25.6	24.5	23.4	22.6	21.8	20.9	20.1	19.6	18.8	17.9	16.8
32.6	27.6	26.8	25.9	24.8	23.7	22.9	22.1	21.3	20.4	19.9	19	18.1	17
32.8	27.9	27.1	26.2	25.1	24	23.2	22.3	21.5	20.6	20.1	19.2	18.3	17.2
33	28.2	27.4	26.5	25.4	24.3	23.4	22.6	21.7	20.9	20.3	19.4	18.5	17.4
33.2	28.6	27.7	26.8	25.7	24.6	23.7	22.9	22	21.2	20.5	19.6	18.7	17.6
33.4	28.9	28	27.1	26	24.9	24	23.1	22.3	21.4	20.7	19.8	18.9	17.8
33.6	29.3	28.4	27.4	26.4	25.2	24.2	23.3	22.6	21.7	20.9	20	19.1	18
33.8	29.6	28.7	27.7	26.6	25.4	24.4	23.5	22.8	21.9	21.1	20.2	19.3	18.2
34	30	29.1	28	26.8	25.6	24.6	23.7	23	22.1	21.3	20.4	19.5	18.3
34.2	30.3	29.4	28.3	27	25.8	24.8	23.9	23.2	22.3	21.5	20.6	19.7	18.4
34.4	30.7	29.8	28.6	27.2	26	25	24.1	23.4	22.5	21.7	20.8	19.8	18.6
34.6	31.1	30.2	28.9	27.4	26.2	25.2	24.3	23.6	22.7	21.9	21	20	18.8
34.8	31.4	30.5	29.2	27.6	26.4	25.4	24.5	23.8	22.9	22.1	21.2	20.2	19
35	31.8	30.8	29.6	28	26.7	25.8	24.8	24	23.2	22.3	21.4	20.4	19.2
35.2	32.1	31.1	29.9	28.2	27	26	25	24.2	23.4	22.5	21.6	20.6	19.4
35.4	32.5	31.5	30.2	28.6	27.3	26.3	25.4	24.4	23.7	22.8	21.8	20.8	19.6
35.6	32.9	31.9	30.6	29	27.6	26.6	25.7	24.7	24	23	22	21	19.8
35.8	33.3	32.3	31	29.3	28	27	26	25	24.3	23.3	22.2	21.2	20
36	33.6	32.6	31.2	29.6	28.2	27.2	26.2	25.2	24.5	23.5	22.4	21.4	20.2
36.2	34	33	31.6	29.9	28.6	27.5	26.5	25.5	24.8	23.8	22.6	21.6	20.4
36.4	34.4	33.4	32	30.3	28.9	27.9	26.8	25.8	25.1	24.1	22.8	21.8	20.6
36.6	34.8	33.8	32.4	30.6	29.2	28.2	27.1	26.1	25.4	24.4	23	22	20.9
36.8	35.2	34.1	32.7	31	29.6	28.5	27.5	26.4	25.7	24.6	23.2	22.2	21.1
37	35.5	34.4	33	31.2	29.8	28.8	27.7	26.6	25.9	24.8	23.4	22.4	21.3
37.2	35.9	34.8	33.4	31.6	30.2	29.1	28	26.9	26.2	25.1	23.7	22.6	21.5
37.4	36.3	35.2	33.8	31.9	30.5	29.4	28.3	27.2	26.5	25.4	24	22.9	21.8
37.6	36.7	35.6	34.1	32.3	30.8	29.7	28.6	27.5	26.8	25.7	24.2	23.1	22
37.8	37.1	36	34.5	32.6	31.2	30	28.9	27.8	27.1	26	24.5	23.4	22.3
38	37.5	36.4	34.9	33	31.5	30.3	29.2	28.1	27.4	26.2	24.8	23.6	22.5
38.2	37.9	36.8	35.2	33.4	31.8	30.6	29.5	28.4	27.7	26.5	25	23.9	22.7
38.4	38.3	37.2	35.6	33.7	32.1	30.9	29.8	28.7	28	26.8	25.3	24.1	23
38.6	38.7	37.5	36	34.1	32.4	31.2	30.1	29	28.3	27	25.5	24.4	23.2
38.8	39.1	37.9	36.4	34.4	32.7	31.5	30.4	29.3	28.5	27.2	25.8	24.6	23.5
39	39.5	38.2	36.7	34.7	33	31.8	30.6	29.6	28.8	27.4	26	24.8	23.7
39.2	39.9	38.5	37	35	33.3	32.1	30.8	29.8	29	27.6	26.2	25	24
39.4	40.3	38.8	37.3	35.3	33.6	32.4	31	30	29.2	27.8	26.4	25.2	24.2

(续)

平均回弹值 R_m	测区混凝土强度换算值 $f_{cu,i}^{c}$ /MPa												
	平均碳化深度值 d_m/mm												
	0	0.5	1	1.5	2	2.5	3	3.5	4	4.5	5	5.5	6
39.6	40.7	39.1	37.6	35.6	33.9	32.7	31.2	30.2	29.4	28	26.6	25.4	24.4
39.8	41.2	39.6	38	35.9	34.2	33	31.4	30.5	29.7	28.2	26.8	25.6	24.7
40	41.6	39.9	38.3	36.2	34.5	33.3	31.7	30.8	30	28.4	27	25.8	25
40.2	42	40.3	38.6	36.5	34.8	33.6	32	31.1	30.2	28.6	27.3	26	25.2
40.4	42.4	40.7	39	36.9	35.1	33.9	32.3	31.4	30.5	28.8	27.6	26.2	25.4
40.6	42.8	41.1	39.4	37.2	35.4	34.2	32.6	31.7	30.8	29.1	27.8	26.5	25.7
40.8	43.3	41.6	39.8	37.7	35.7	34.5	32.9	32	31.2	29.4	28.1	26.8	26
41	43.7	42	40.2	38	36	34.8	33.2	32.3	31.5	29.7	28.4	27.1	26.2
41.2	44.1	42.3	40.6	38.4	36.3	35.1	33.5	32.6	31.8	30	28.7	27.3	26.5
41.4	44.5	42.7	40.9	38.7	36.6	35.4	33.8	32.9	32	30.3	28.9	27.6	26.7
41.6	45	43.2	41.4	39.2	36.9	35.7	34.2	33.3	32.4	30.6	29.2	27.9	27
41.8	45.4	43.6	41.8	39.5	37.2	36	34.5	33.6	32.7	30.9	29.5	28.1	27.2
42	45.9	44.1	42.2	39.9	37.6	36.3	34.9	34	33	31.2	29.8	28.5	27.5
42.2	46.3	44.4	42.6	40.3	38	36.6	35.2	34.3	33.3	31.5	30.1	28.7	27.8
42.4	46.7	44.8	43	40.6	38.3	36.9	35.5	34.6	33.6	31.8	30.4	29	28
42.6	47.2	45.3	43.4	41.1	38.7	37.3	35.9	34.9	34	32.1	30.7	29.3	28.3
42.8	47.6	45.7	43.8	41.4	39	37.6	36.2	35.2	34.3	32.4	30.9	29.5	28.6
43	48.1	46.2	44.2	41.8	39.4	38	36.6	35.6	34.6	32.7	31.3	29.8	28.9
43.2	48.5	46.6	44.6	42.2	39.8	38.3	36.9	35.9	34.9	33	31.5	30.1	29.1
43.4	49	47	45.1	42.6	40.2	38.7	37.2	36.3	35.3	33.3	31.8	30.4	29.4
43.6	49.4	47.4	45.4	43	40.5	39	37.5	36.6	35.6	33.6	32.1	30.6	29.6
43.8	49.9	47.9	45.9	43.4	40.9	39.4	37.9	36.9	35.9	33.9	32.4	30.9	29.9
44	50.4	48.4	46.4	43.8	41.3	39.8	38.3	37.3	36.3	34.3	32.8	31.2	30.2
44.2	50.8	48.8	46.7	44.2	41.7	40.1	38.6	37.6	36.6	34.5	33	31.5	30.5
44.4	51.3	49.2	47.2	44.6	42.1	40.5	39	38	36.9	34.9	33.3	31.8	30.8
44.6	51.7	49.6	47.6	45	42.4	40.8	39.3	38.3	37.2	35.2	33.6	32.1	31
44.8	52.2	50.1	48	45.4	42.8	41.2	39.7	38.6	37.6	35.5	33.9	32.4	31.3
45	52.7	50.6	48.5	45.8	43.2	41.6	40.1	39	37.9	35.8	34.3	32.7	31.6
45.2	53.2	51.1	48.9	46.3	43.6	42	40.4	39.4	38.3	36.2	34.6	33	31.9
45.4	53.6	51.5	49.4	46.6	44	42.3	40.7	39.7	38.6	36.4	34.8	33.2	32.2
45.6	54.1	51.9	49.8	47.1	44.4	42.7	41.1	40	39	36.8	35.2	33.5	32.5
45.8	54.6	52.4	50.2	47.5	44.8	43.1	41.5	40.4	39.3	37.1	35.5	33.9	32.8
46	55	52.8	50.6	47.9	45.2	43.5	41.9	40.8	39.7	37.5	35.8	34.2	33.1
46.2	55.5	53.3	51.1	48.3	45.5	43.8	42.2	41.1	40	37.7	36.1	34.4	33.3
46.4	56	53.8	51.5	48.7	45.9	44.2	42.6	41.4	40.3	38.1	36.4	34.7	33.6
46.6	56.5	54.2	52	49.2	46.3	44.6	42.9	41.8	40.7	38.4	36.7	35	33.9
46.8	57	54.7	52.4	49.6	46.7	45	43.3	42.2	41	38.8	37	35.3	34.2

（续）

平均回弹值 R_m	测区混凝土强度换算值 $f_{cu,i}^{c}$ /MPa												
	平均碳化深度值 d_m/mm												
	0	0.5	1	1.5	2	2.5	3	3.5	4	4.5	5	5.5	6
47	57.5	55.2	52.9	50	47.2	45.2	43.7	42.6	41.4	39.1	37.4	35.6	34.5
47.2	58	55.7	53.4	50.5	47.6	45.8	44.1	42.9	41.8	39.4	37.7	36	34.8
47.4	58.5	56.2	53.8	50.9	48	46.2	44.5	43.3	42.1	39.8	38	36.3	35.1
47.6	59	56.6	54.3	51.3	48.4	46.6	44.8	43.7	42.5	40.1	38.4	36.6	35.4
47.8	59.5	57.1	54.7	51.8	48.8	47	45.2	44	42.8	40.5	38.7	36.9	35.7
48	60	57.6	55.2	52.2	49.2	47.4	45.6	44.4	43.2	40.8	39	37.2	36
48.2	—	58	55.7	52.6	49.6	47.8	46	44.8	43.6	41.1	39.3	37.5	36.3
48.4	—	58.6	56.1	53.1	50	48.2	46.4	45.1	43.9	41.5	39.6	37.8	36.6
48.6	—	59	56.6	53.5	50.4	48.6	46.7	45.5	44.3	41.8	40	38.1	36.9
48.8	—	59.5	57.1	54	50.9	49	47.1	45.9	44.6	42.2	40.3	38.4	37.2
49	—	60	57.5	54.4	51.3	49.4	47.5	46.2	45	42.5	40.6	38.8	37.5
49.2	—	—	58	54.8	51.7	49.8	47.9	46.6	45.4	42.8	41	39.1	37.8
49.4	—	—	58.5	55.3	52.1	50.2	48.3	47.1	45.8	43.2	41.3	39.4	38.2
49.6	—	—	58.9	55.7	52.5	50.6	48.7	47.4	46.2	43.6	41.7	39.7	38.5
49.8	—	—	59.4	56.2	53	51	49.1	47.8	46.5	43.9	42	40.1	38.8
50	—	—	59.9	56.7	53.4	51.4	49.5	48.2	46.9	44.3	42.3	40.4	39.1
50.2	—	—	—	57.1	53.8	51.9	49.9	48.5	47.2	44.6	42.6	40.7	39.4
50.4	—	—	—	57.6	54.3	52.3	50.3	49	47.7	45	43	41	39.7
50.6	—	—	—	58	54.7	52.7	50.7	49.4	48	45.4	43.4	41.4	40
50.8	—	—	—	58.5	55.1	53.1	51.1	49.8	48.4	45.7	43.7	41.7	40.3
51	—	—	—	59	55.6	53.5	51.5	50.1	48.8	46.1	44.1	42	40.7
51.2	—	—	—	59.4	56	54	51.9	50.5	49.2	46.4	44.4	42.3	41
51.4	—	—	—	59.9	56.4	54.4	52.3	50.9	49.6	46.8	44.7	42.7	41.3
51.6	—	—	—	—	56.9	54.8	52.7	51.3	50	47.2	45.1	43	41.6
51.8	—	—	—	—	57.3	55.2	53.1	51.7	50.3	47.5	45.4	43.3	41.8
52	—	—	—	—	57.8	55.7	53.6	52.1	50.7	47.9	45.8	43.7	42.3
52.2	—	—	—	—	58.2	56.1	54	52.5	51.1	48.3	46.2	44	42.6
52.4	—	—	—	—	58.7	56.5	54.4	53	51.5	48.7	46.5	44.4	43
52.6	—	—	—	—	59.1	57	54.8	53.4	51.9	49	46.9	44.7	43.3
52.8	—	—	—	—	59.6	57.4	55.2	53.8	52.3	49.4	47.3	45.1	43.6
53	—	—	—	—	60	57.8	55.6	54.2	52.7	49.8	47.6	45.4	43.9
53.2	—	—	—	—	—	58.3	56.1	54.6	53.1	50.2	48	45.8	44.3
53.4	—	—	—	—	—	58.7	56.5	55	53.5	50.5	48.3	46.1	44.6
53.6	—	—	—	—	—	59.2	56.9	55.4	53.9	50.9	48.7	46.4	44.9
53.8	—	—	—	—	—	59.6	57.3	55.8	54.3	51.3	49	46.8	45.3
54	—	—	—	—	—	—	57.8	56.3	54.7	51.7	49.4	47.1	45.6
54.2	—	—	—	—	—	—	58.2	56.7	55.1	52.1	49.8	47.5	46

(续)

平均回弹值 R_m	测区混凝土强度换算值 $f_{cu,i}^{c}$ /MPa												
	平均碳化深度值 d_m/mm												
	0	0.5	1	1.5	2	2.5	3	3.5	4	4.5	5	5.5	6
54.4	—	—	—	—	—	—	58.6	57.1	55.6	52.5	50.2	47.9	46.3
54.6	—	—	—	—	—	—	59.1	57.5	56	52.9	50.5	48.2	46.6
54.8	—	—	—	—	—	—	59.5	57.9	56.4	53.2	50.9	48.5	47
55	—	—	—	—	—	—	59.9	58.4	56.8	53.6	51.3	48.9	47.3
55.2	—	—	—	—	—	—	—	58.8	57.2	54	51.6	49.3	47.7
55.4	—	—	—	—	—	—	—	59.2	57.6	54.4	52	49.6	48
55.6	—	—	—	—	—	—	—	59.7	58	54.8	52.4	50	48.4
55.8	—	—	—	—	—	—	—	—	58.5	55.2	52.8	50.3	48.7
56	—	—	—	—	—	—	—	—	58.9	55.6	53.2	50.7	49.1
56.2	—	—	—	—	—	—	—	—	59.3	56	53.5	51.1	49.4
56.4	—	—	—	—	—	—	—	—	59.7	56.4	53.9	51.4	49.8
56.6	—	—	—	—	—	—	—	—	—	56.8	54.3	51.8	50.1
56.8	—	—	—	—	—	—	—	—	—	57.2	54.7	52.2	50.5
57	—	—	—	—	—	—	—	—	—	57.6	55.1	52.5	50.8
57.2	—	—	—	—	—	—	—	—	—	58	55.5	52.9	51.2
57.4	—	—	—	—	—	—	—	—	—	58.4	55.9	53.3	51.6
57.6	—	—	—	—	—	—	—	—	—	58.9	56.3	53.7	51.9
57.8	—	—	—	—	—	—	—	—	—	59.3	56.7	54	52.3
58	—	—	—	—	—	—	—	—	—	59.7	57	54.4	52.7
58.2	—	—	—	—	—	—	—	—	—	—	57.4	54.8	53
58.4	—	—	—	—	—	—	—	—	—	—	57.8	55.2	53.4
58.6	—	—	—	—	—	—	—	—	—	—	58.2	55.6	53.8
58.8	—	—	—	—	—	—	—	—	—	—	58.6	55.9	54.1
59	—	—	—	—	—	—	—	—	—	—	59	56.3	54.5
59.2	—	—	—	—	—	—	—	—	—	—	59.4	56.7	54.9
59.4	—	—	—	—	—	—	—	—	—	—	59.8	57.1	55.2
59.6	—	—	—	—	—	—	—	—	—	—	—	57.5	55.6
59.8	—	—	—	—	—	—	—	—	—	—	—	57.9	56
60	—	—	—	—	—	—	—	—	—	—	—	58.3	56.4

附录B 钢筋混凝土正截面受弯破坏实验梁设计

混凝土强度等级为 C 20 级，纵向钢筋及箍筋均采用 HPB300 级钢筋。纵向受力钢筋净保护层厚度 c 为 20mm。实验梁尺寸及受力如附图 B.1 所示。

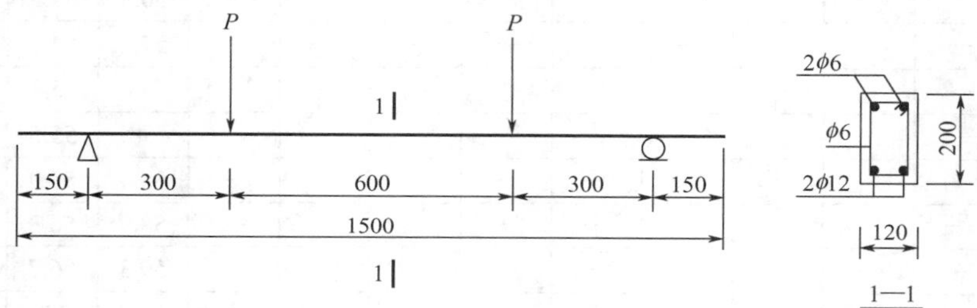

附图 B.1　实验梁尺寸及受力示意图(单位：mm)

C20 混凝土：

$$f_{\mathrm{cu}}^{0}=u_{f_{\mathrm{cu}}}=\frac{f_{\mathrm{cu,k}}}{1-1.645\delta_{f_{\mathrm{cu}}}}=\frac{20}{1-1.645\times0.18}=28.4(\mathrm{N/mm^2})$$

$$f_{\mathrm{c}}^{0}=0.76f_{\mathrm{cu}}^{0}=0.76\times28.4\mathrm{N/mm^2}=21.58\mathrm{N/mm^2}\approx22\mathrm{N/mm^2}$$

$$f_{t}^{0}=0.395(f_{\mathrm{cu}}^{0})^{0..55}=0.395\times28.4^{0.55}=2.49\mathrm{N/mm^2}$$

钢筋 HPB300：

$$f_{\mathrm{y}}^{0}=f_{\mathrm{ym}}=285\mathrm{N/mm^2}$$

正截面受弯实验，适筋破坏，有如下关系：

$$2\phi12,\quad A_{\mathrm{s}}=226\mathrm{mm^2},\quad f_{\mathrm{y}}^{0}=285\mathrm{N/mm^2}$$

$$b\times h=120\mathrm{mm}\times200\mathrm{mm},\quad c=20\mathrm{mm},\quad a_{\mathrm{s}}=26\mathrm{mm},\quad h_0=174\mathrm{mm}$$

则配筋率 $\rho=\dfrac{A_{\mathrm{s}}}{bh_0}=\dfrac{226}{120\times174}=1.08\%$，在矩形截面梁经济配筋率范围内。

$$X=\frac{f_y^0 A_s}{\alpha_1 f_c^0 b}=\frac{285\times 226}{1.0\times 22\times 120}=22.4(\text{mm}),\quad \xi=\frac{X}{h_0}=\frac{24.4}{174}=0.140<\xi_b=0.614$$

$$\gamma_s=1-0.5\xi=0.930$$

$$M_u=f_y^0 A_s\gamma_s h_0=285\times 226\times 0.930\times 174=10.432(\text{kN})$$

正截面受弯破坏荷载：$P_u=\dfrac{M_u}{Q}=\dfrac{10.432}{0.3}=34.743(\text{kN})$

千斤顶荷载为

$$2P_u=2\times 34.743=69.486(\text{kN})$$

实验梁甲配筋及尺寸如附图 B.2 所示。

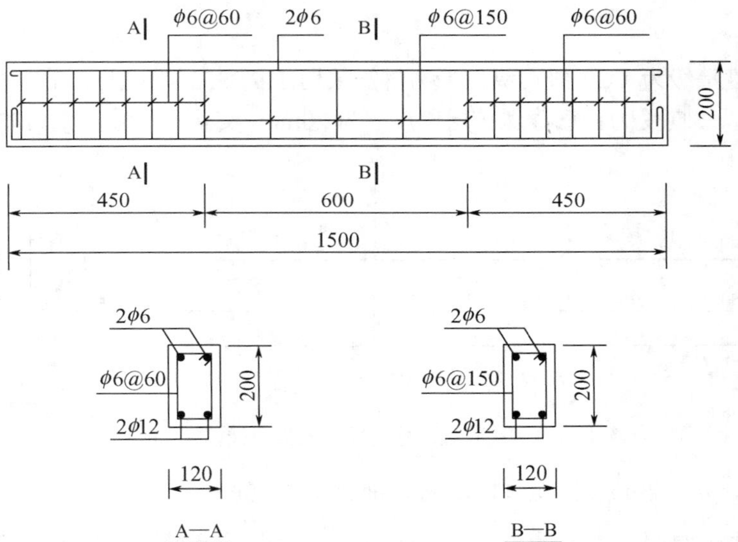

附图 B.2　钢筋混凝土实验梁甲配筋及尺寸图(单位：mm)

附录 C 钢筋混凝土斜截面受剪破坏实验梁设计

混凝土强度等级为 C20 级，纵向受力钢筋采用 HRB335 级钢筋，箍筋及架立筋均采用 HPB300 级钢筋。纵向受力钢筋净保护层厚度 c 为 20mm。实验梁尺寸及受力如附图 C.1 所示。

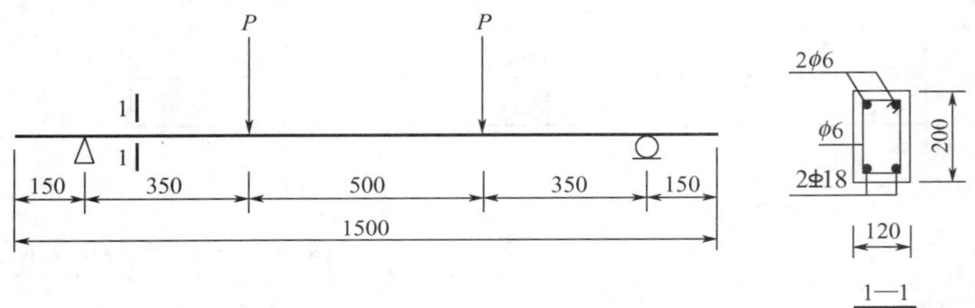

附图 C.1　实验梁尺寸及受力示意图(单位：mm)

钢筋 $2\phi18$，$a_s = 29\text{mm}$，$h_0 = 171\text{mm}$，剪跨 $a = 350\text{mm}$。

在剪跨区段配置双肢箍 $\phi6@150$，$a = 350\text{mm}$，$\lambda = \dfrac{a}{h_0} = \dfrac{350}{171} = 2.047$。

$$V_{cs} = \frac{1.75}{\lambda+1} f_t^0 b h_0 + f_{yv}\frac{A_{sv}}{s}h_0 = \frac{1.75}{2.047+1} \times 2.49 \times 120 \times 171 + 285 \times \frac{2\times 28.3}{150} \times 171$$
$$= 47.735(\text{kN})$$

斜截面剪压破坏时，该梁斜剪破坏荷载 $P_u = V_{cs} = 47.735\text{kN}$，千斤顶荷载为 $2P_u = 95.5\text{kN}$。

实验梁乙配筋及尺寸如附图 C.2 所示。

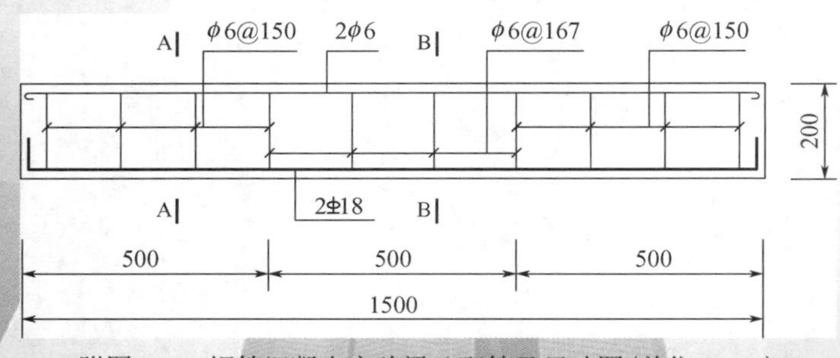

附图 C.2　钢筋混凝土实验梁乙配筋及尺寸图(单位：mm)

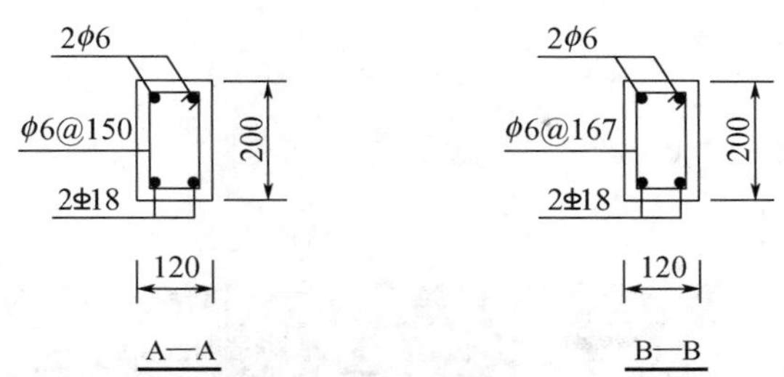

附图 C.2 钢筋混凝土实验梁乙配筋及尺寸图(单位：mm)(续)

附录D 工程流体力学常用数据表——不同温度下水的物理性质

温度 t/℃	重度 γ /(kN/m^3)	密度 ρ /(kg/m^3)	动力黏度系数 η /(10^{-3} N•s/m^2)	运动黏度系数 ν /(10^{-6} m^2/s)	体积弹性系数 K /(10^9 N/m^2)	表面张力系数 σ/(N/m)
0	9.805	999.9	1.781	1.785	2.02	0.0756
5	9.807	1000.0	1.518	1.519	2.06	0.0749
10	9.804	999.7	1.307	1.306	2.10	0.0742
15	9.798	999.1	1.139	1.139	2.15	0.0735
20	9.789	998.2	1.002	1.003	2.18	0.0728
25	9.777	997.0	0.890	0.893	2.22	0.0720
30	9.764	995.7	0.798	0.800	2.28	0.0712
40	9.730	992.2	0.653	0.658	2.28	0.0696
50	9.689	988.0	0.547	0.553	2.29	0.0679
60	9.642	983.2	0.466	0.474	2.28	0.0662
70	9.589	977.8	0.404	0.412	2.25	0.0644
80	9.530	971.8	0.354	0.364	2.20	0.0626
90	9.466	965.3	0.315	0.326	2.14	0.0608
100	9.399	958.4	0.282	0.294	2.07	0.0589

附录E 误差分析和数据处理

用实验方法对材料的力学性能进行研究，或者对结构进行应力分析时，都必须定量地测量一定的几何量和物理量，例如尺寸、力、压力等。通过测量得到数值，一般与真值总存在差异，该差异称为误差。实验中的误差是很难完全避免的，但随着测试手段精密程度的改进和测量者技术水平的提高，以及测量环境的改善，可以减少误差或者减少误差的影响，提高实验准确程度。本附录介绍误差分析和数据处理，以提高学生排除或减少误差的能力，掌握正确处理实验数据、获得更接近真值的最佳值的方法。

1．误差的概念

对物理量进行测量时，由于测量方法、测量设备的不完善，周围环境的影响、人们认识能力的限制等因素，使被测量的真值与测量值之间存在一定的差异，这就是测量的误差。误差的存在使人们对客观现象的认识产生不同程度的偏差，甚至得出错误的判断或结论。因此必须对误差进行研究，分析其产生的原因、表现的规律，以便尽量减少或消除误差影响。

1) 误差常用表示指标

(1) 绝对误差：实测值与真值之差称为绝对误差，即绝对误差=测量值 – 真值。

一般来说真值是未知的。为了进行误差计算，可用真值的近似值(如实测值的算术平均值)来代替。

(2) 相对误差：绝对误差与真值之比称为相对误差，即相对误差=绝对误差/真值×100%。

显然，相对误差便于评价测量精度的高低。

(3) 引用误差：仪表的最大显示值与仪表的量程之比称为引用误差，即引用误差=仪表的最大显示值/仪表的量程。

引用误差通常用来确定仪表精度等级。

2) 误差的来源

(1) 测量装置的误差：包括实验设备、测量仪器仪表带来的误差，如加工设备安装不准确、部件之间的间隙及摩擦带来的误差。

(2) 环境误差：主要指温度、湿度、振动、电磁场、气压等标准状态不一致，引起测量装置及被测量对象的变化所造成的误差。

(3) 方法误差：指测量的方法不准确或错误所引起的误差。

(4) 人员误差：指操作人员的辨别能力、熟练程度、精神状态等因素引起的误差。

3) 误差的分类

(1) 随机误差：在相同条件下，对同一对象进行多次测量时，大小和符号都具有随机性变化、无确定规律的误差，称为随机误差或偶然误差。随机误差就个体而言，从单次测量结果看似乎没有规律，但对一个量值进行多次测量后，就可发现随机误差符合统计规律。

(2) 系统误差：在同一条件下对同一对象进行多次测量时，测量误差的绝对值和符号保持不变，或在工作条件改变时按某一确定规律变化的误差，称为系统误差。系统误差由于其数值恒定或具有一定的规律，因此可设法予以排除或对量值适当修正。

(3) 粗大误差：指由于测试人员粗心大意而造成的误差，如仪器操作不当，实验条件不合要求，错读、错记等造成明显歪曲测试结果的误差。含粗心大意的数据称为坏值或异常值，必须加以剔除。

粗大误差一般由于数值特别异常，故比较容易发现。因此在误差分析中只需对随机误差和系统误差进行评估即可。

4) 测试数据精度

测试数据的精度，是由系统误差和随机误差的综合影响决定的，具体可分为以下指标。

(1) 精密度：反映随机误差的大小，指一种仪器测量方法的精密程度，如附图 E.1(a) 所示。实验值(以“·”表示)与理论值(以直线表示)相比很分散，就是精密度不好。

(2) 准确度：反映系统性误差的大小，指测量的正确程度，如附图 E.1(b) 所示。测量值很集中(精密度好)，但整体比理论值偏离一个距离，所以准确度不好。

(3) 精确度：反映随机误差与系统误差的合成(总和)，如附图 E.1(c) 所示。测量值既很集中又和理论值很靠近，就是其精确度好。

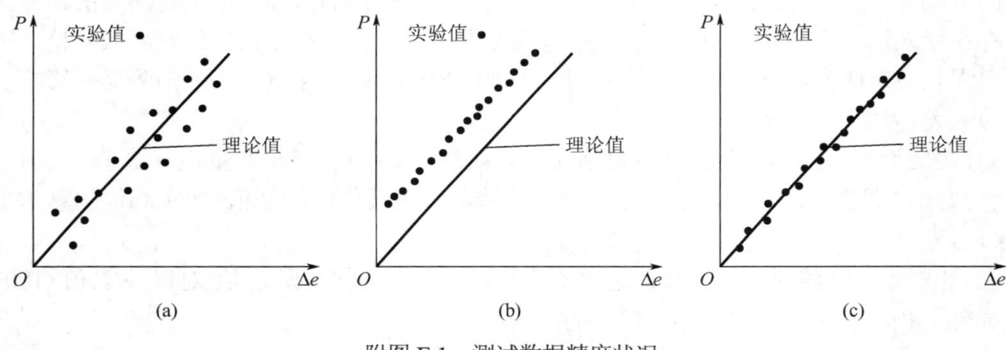

附图 E.1　测试数据精度状况

2. 随机误差

1) 随机误差的分布规律

随机误差是一种随机变量，在反复多次的测试中，随即误差的分布有以下特点。

(1) 对称性：绝对值相等的正、负误差出现的概率相等。

(2) 单峰性：绝对值小的误差出现的概率大，而绝对值大的误差出现的概率小。

(3) 抵偿性：随着测量次数的增加，随机误差的平均值趋向于零。

(4) 有限性：随机误差的绝对值不超过某一限度。

由此可知随机误差呈正态分布，如附图 E.2 所示。误差值与其出现的概率之间存在以下函数关系：

$$y = p(\varepsilon) = \frac{1}{\sigma\sqrt{2\pi}} e^{-\frac{\varepsilon^2}{2\sigma^2}}$$

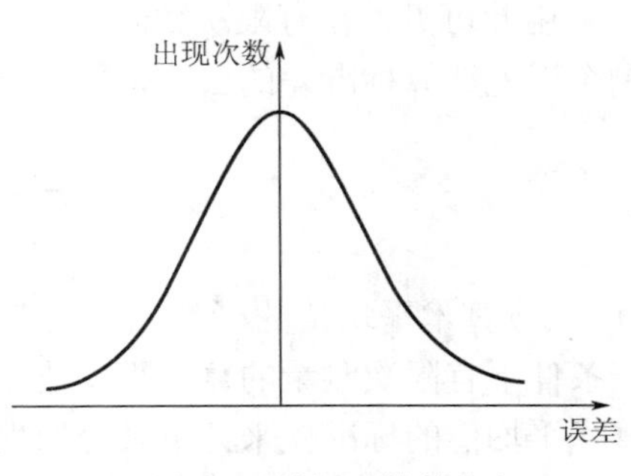

附图 E.2　随机误差的分布

式中　y——误差 ε 出现的概率密度；

σ——标准差，$\sigma = \lim\limits_{n\to\infty}\sqrt{\frac{1}{n}\sum\limits_{i=1}^{n}\varepsilon_i^2}$；

ε_i——随机误差，$\varepsilon_i = X_i - T_s$；

X_i——n 次等精度测量中，每次测量的结果；

T_s——被测量的真值。

由上式可见，y 与 ε 的函数关系取决于标准差 σ，即 σ 为决定正态分布曲线陡峭或平坦的唯一参数。

2) 随机误差的评价指标

(1) 算术平均值。测量的目的是取得被测量 X 的真值 T_s，但由于存在随机误差，所以每次测量都难以得到真值。然而可以通过一组等精度的几次测量结果，对被测量的真值做出估计。根据最小二乘法原理，在具有等精度的许多测量中，可选取使各测量值误差的平方和最小的那个值为最佳值，且可以证明，最佳值就是算术平均值，即

$$\overline{X} = \frac{1}{n}\sum_{i=1}^{n}X_i = \frac{1}{n}(X_1 + X_2 + \cdots + X_n)$$

(2) 剩余误差与算术平均误差。剩余误差是指测量值与测量的算术平均值之差，以 δ_i 表示，即

$$\delta_i = X_i - \overline{X}$$

当一组测量值的剩余误差的代数和等于零时，剩余误差的平方和将最小。

算术平均误差是剩余误差绝对值的算术平均值，用 $\overline{\delta}$ 表示，即

$$\overline{\delta} = \frac{1}{n}\sum_{i=1}^{n}|\delta_i|$$

算术平均误差 δ 反映了随机误差大小与测试次数有关这一重要特点，但它不能反映 δ 相同的两组等精度测量之间的差异。

(3) 标准差。分散性是随机误差的一个重要特征，分散性的大小可用标准差 σ 来表示。由标准差计算公式可见，σ 与 ε_1 的平方值有关，因此对较大的随机误差反映比较灵敏。故标准差 σ 是表示随机误差分散性的较理想的参量，它反映了测量的精密度。σ 值越小，误差出现的次数就越多，表明测量值的分散性较小，测量的精度就较高；反之，σ 越大，则测量的精密度越低。

由于真值 T_s 一般无法求得，为此用算术平均值 $\overline{X}$ 代替真值 T_s，以剩余误差 δ_i 代替随机误差 ε_i。只有当测量次数无限多时，算术平均值才是真值 T_s，当测量次数有限时，$\overline{X}$ 是近似真值，因此 δ_i 与 ε_i 是不相等的。根据测量中正负误差出现概率相等的特点可以推出：

$$\sum_{i=1}^{n}\delta_i^2 = \frac{n-1}{n}\sum_{i=1}^{n}\varepsilon_i^2$$

由此可见，在有限次数测量时，剩余误差的平方和小于随机误差的平方和。由此得出以剩余误差计算标准差的公式，并用$\hat{\sigma}$来表示为

$$\hat{\sigma}=\sqrt{\frac{1}{n}\sum_{i=1}^{n}\varepsilon_i^2}=\sqrt{\frac{1}{n-1}\sum_{i=1}^{n}\delta_i^2}$$

(4)算术平均值的标准差。只有无限次测量的算术平均值才能逼近真值。而通常是以同一条件下有限次测量的算术平均值作为真值的，究竟其可靠性如何，是需要研究的。为此以算术平均值的标准差来评价其分散性，经计算可得以下公式：

$$S=\sigma_{\bar{x}}=\sqrt{\frac{\sum_{i=1}^{n}\delta_i^2}{n(n-1)}}=\frac{\sigma}{\sqrt{n}}$$

式中　σ——单次测量的标准差；

S（或$\sigma_{\bar{x}}$）——n次测量中算术平均值$\bar{x}$的标准差。

由此式可见，n次等精度测量中，算术平均值的标准差要比单次（n=1）测量的标准差小$\sqrt{n}$倍。当n增大时，测量的精密度也相应增高，但S的减小与测量次数n的平方根成反比。当σ为一定值时，如$n>10$以后，S就下降很慢，因此一般取$n=5$～10即能满足要求。

3) 极限误差

在一组等精度测量中，大小为x的测量值落入某指定区间[x_a，x_b]内的概率称为置信概率，该指定区间称为置信区间。对于同一测量结果来说，置信区间取得宽，其置信概率就大，反之则小。

工程中置信区间值常以σ的倍数$k\sigma$来表示。经计算，落入（T_s，$\pm\sigma$）区间的概率为68.3%；若置信区间扩大到（T_s，$\pm2\sigma$），则概率为95.4%；若置信区间扩大到（T_s，$\pm3\sigma$），则概率为99.7%。一般测量值超出（T_s，$\pm3\sigma$）的情况不可能发生，因此把$\pm3\sigma$称为测量结果的极限误差，超出此范围的数据则认为含有粗大误差，作为坏值剔除。极限误差用$\delta_{\lim}$表示。

3．有效数字及其运算法则

1) 有效数字

在测量与数字计算中，用n位数字代表测量和计算结果，使其既保证一定的准确度，又不至于造成不必要的烦琐计算。在测量时如果由于各种条件的限制，其准确度是一定的，则无论保留多少位数字，都不可超过测量所能达到的准确范围。数字越多，只能给记录和计算带来越多不必要的麻烦。因此在测量和计算过程中，确定有效数字是非常重要的。

用直读式仪表测量时，读数要估算到刻度的分数，而不是某一格。例如某压力表的量程是200MPa，最小刻度是1MPa，若读数是122.5MPa，则四个数字中前三个数字122是十分可靠的，而末一位0.5则是估计出来的，虽欠准确，但对测量结果仍是有意义的，因此称这四个数字为有效数字。一个数字有n个有效数字，也称这个数有n个有效数位。如3.1416、180.00、135.35均为五位有效数字，而0.0274、274、27.4均为三位有效数字。在判断有效数字时，0这个数比较特殊，有些情况下它是有效数字，在另一些情况下它并不是有效数字，其判断规则可归纳如下。

(1) 当“0”处于有效数字中间时，均为有效数字，如 100.1、1001，中间两个“0”都是有效数字。

(2) 当“0”处于第一个非“0”数字之前时，都不是有效数字，如 0.002713，前三个“0”都不是有效数字。实际上有效数字是四位。

(3) 当“0”处于数字末尾时，如果有小数点，则“0”都是有效数字。如 10.20、1.000 都是四位有效数字。如果没有小数点，则容易混淆，所以最好附上小数点或以指数形式表示。

一个数字究竟取几位，取决于有效数字的位数。当有效数字确定后，其多余数字按修约规则进行修约。而 e、π、$\sqrt{3}$ 等的有效位数不受限制，需要几位就取几位。

2) 运算法则

(1) 加减法运算：在加减运算中，各数所保留的小数点后的位数，应与所给各数中小数点最少者相同。如“105.73+56.3+2.412+0.078”应为“105.7+56.3+2.4+0.1=164.5”。

(2) 乘除法运算：在乘除法运算中，各数保留的位数，应以有效数字最少者为准，所得结果的有效数字仍与有效数字位数最少者相同。如“0.013×2.41×1.732”应为“0.013×2.4×1.7=0.053”。

以上运算法则既保证结果具有一定的准确度，又可避免太烦琐的运算。

附录F 实验数据的直线拟合

在科学实验中，常会遇到两个相关物理量接近于直线的关系。如弹性阶段应力与应变间的关系，力传感器的力与电桥输出信号间的关系等。整理这些实验数据时，最简单的办法是根据实验点的数据拟合成以下近似的直线方程：

$$\hat{y} = a + bx \tag{F-1}$$

该方法通常称为直线拟合。常用的直线拟合的方法有以下两种。

1．端直法

将测量数据中的两个端点值，即始点和终点测量值（x_1，y_1）和（x_n，y_n）代入式(F-1)可得

$$\begin{cases} y_1 = a + bx_1 \\ y_n = a + bx_n \end{cases}$$

解以上联立方程可得出

$$b = \frac{y_n - y_1}{x_n - x_1}, \qquad a = y_n - bx_n$$

把所得a、b值代入式(F-1)，即可得到端直法所拟合的直线方程。

2．最小二乘法

设测试物理量为x_1，x_2，…，x_n，与其相对应的测试物理量为y_1，y_2，…，y_n，诸实验点的拟合直线方程为

$$\hat{y} = a + bx$$

显然，$\hat{y}_i$与y_i不完全相同，两者存在差值，如附图F.1所示：

$$\delta_i = y_i - \hat{y}_i = y_i - (a + bx_i) \quad （i = 1，2，\cdots，n）$$

最小二乘法指出，最佳的拟合直线是能使各测试值同直线的偏差平方和$\sum_i \delta_i^2$为最小的一条直线。根据最小二乘法原理，所谓偏差平方和最小，即

$$Q = \sum_i (\delta_i)^2 = \sum_i \left[y_i - (a + bx_i)\right]^2 = \min \ （i = 1，2，\cdots，n）$$

利用

$$\begin{cases} \dfrac{\partial Q}{\partial a} = -2\sum_i \left[y_i - (a + bx_i)\right] = 0 \\ \dfrac{\partial Q}{\partial b} = -2\sum_i x_i \left[y_i - (a + bx_i)\right] \end{cases}$$

整理得

$$\begin{cases} na + \left(\sum x_i\right)b = \sum y_i \\ \left(\sum x_i\right)a + \left(\sum x_i^2\right)b = \sum x_i y_i \end{cases}$$

由上式解得

$$\begin{cases} a = \dfrac{\sum y_i \sum x_i^2 - \sum x_i \sum x_i y_i}{n\sum x_i^2 - \left(\sum x_i\right)^2} \\ b = \dfrac{n\sum x_i y_i - \sum x_i \sum y_i}{n\sum x_i^2 - \left(\sum x_i\right)^2} \end{cases}$$

把以上结果代入式(F-1)，即可得到用最小二乘法拟合的直线方程。

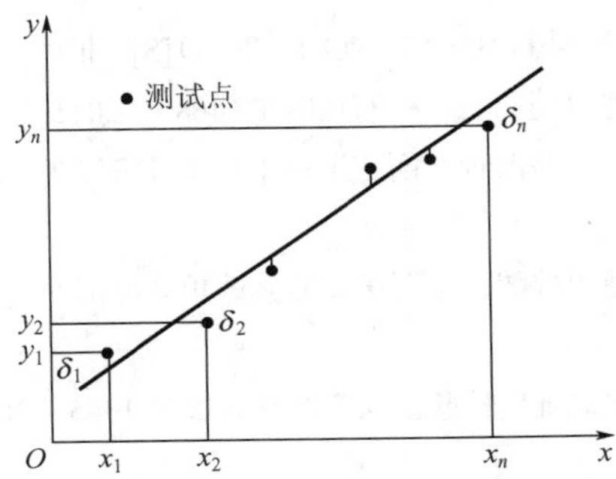

附图 F.1　最小二乘法原理说明

参 考 文 献

[1] 中华人民共和国国家标准. 金属材料 拉伸试验 第 1 部分：室温试验方法(GB/T 228. 1—2010)[S]. 北京：中国标准出版社，2011.

[2] 中华人民共和国国家标准. 金属材料 室温压缩试验方法(GB/T 7314—2005)[S]. 北京：中国标准出版社，2005.

[3] 中华人民共和国国家标准. 金属材料 室温扭转试验方法(GB/T 10128—2007)[S]. 北京：中国标准出版社，2008.

[4] 中华人民共和国国家标准. 金属材料 夏比摆锤冲击试验方法(GB/T 229—2007)[S]. 北京：中国标准出版社，2008.

[5] 中华人民共和国国家标准. 金属材料 疲劳试验旋转弯曲方法(GB/T 4337—2015)[S]. 北京：中国标准出版社，2016.

[6] 中华人民共和国国家标准. 普通混凝土用砂、石质量及检验方法标准(附条文说明)(JGJ 52—2006)[S]. 中国建筑工业出版社，2007.

[7] 中华人民共和国国家标准. 建设用砂(GB/T 14684—2011)[S]. 北京：中国标准出版社，2012.

[8] 中华人民共和国国家标准. 建设用卵石、碎石(GB/T 14685—2011)[S]. 北京：中国标准出版社，2012.

[9] 江苏省地方标准. 江苏省高速公路沥青路面施工技术规范(DB32/T 1087—2008)[S]. 北京：中国标准出版社，2008.

[10] 中华人民共和国国家标准. 通用硅酸盐水泥第 2 号修改单(GB 175—2007/XG 2—2015)[S]. 北京：中国标准出版社，2015.

[11] 中华人民共和国国家标准. 水泥细度检验方法筛析法(GB/T 1345—2005)[S]. 北京：中国标准出版社，2005.

[12] 中华人民共和国国家标准. 水泥标准稠度用水量、凝结时间、安定性检验方法(GB/T 1346—2011)[S]. 北京：中国标准出版社，2012.

[13] 中华人民共和国国家标准. 水泥比表面积测定方法勃氏法(GB/T 8074—2008)[S]. 北京：中国标准出版社，2008.

[14] 中华人民共和国国家标准. 水泥胶砂流动度测定方法(GB/T 2419—2005)[S]. 北京：中国标准出版社，2005.

[15] 中华人民共和国国家标准. 水泥胶砂强度检验方法(ISO 法)(GB/T 17671—1999)[S]. 北京：中国标准出版社，1999.

[16] 中华人民共和国国家标准. 普通混凝土拌合物性能试验方法标准(GB/T 50080—2002)[S]. 北京：中国建筑工业出版社，2016.

[17] 中华人民共和国行业标准. 普通混凝土配合比设计规程(JGJ 55—2011)[S]. 北京：中国建筑工业出版社，2011.

[18] 中华人民共和国行业标准. 回弹法检测混凝土抗压强度技术规程(JGJ/T 23—2011)[S]. 北京：中国建筑工业出版社，2011.

[19] 中华人民共和国国家标准. 普通混凝土力学性能试验方法标准(GB/T 50081—2002)[S]. 北京：中国建筑工业出版社，2003.

[20] 中华人民共和国国家标准. 混凝土强度检验评定标准(GB/T 50107—2010)[S]. 北京：中国建筑工业出版社，2010.

[21] 中华人民共和国国家标准. 普通混凝土长期性能和耐久性能试验方法标准(GB/T 50082—2009)[S]. 北京：中国建筑工业出版社，2009.

[18] 中华人民共和国行业标准. 建筑砂浆基本性能试验方法标准(JGJ/T 70—2009)[S]. 北京：中国建筑工业出版社，2009.

[19] 中华人民共和国行业标准. 施工企业工程建设技术标准化管理规范(JGJ/T 198—2010)[S]. 北京：中国建筑工业出版社，2010.

[20] 中华人民共和国国家标准. 砌墙砖试验方法(GB/T 2542—2012)[S]. 北京：中国标准出版社，2013.

[21] 中华人民共和国国家标准. 沥青软化点测定法 环球法(GB/T 4507—2014)[S]. 北京：中国标准出版社，2014.

[22] 中华人民共和国国家标准. 沥青针入度测定法(GB/T 4509—2010)[S]. 北京：中国标准出版社，2011.

[23] 中华人民共和国行业标准. 公路土工试验规程(JTG E40—2007)[S]. 北京：人民交通出版社，2007.

[24] 公路土工试验规程编写组. 公路土工试验规程释义手册[M]. 北京：人民交通出版社，2007.

[25] 中华人民共和国国家标准. 土工试验方法标准(GB/T 50123—1999)[S]. 北京：中国计划出版社，1999.

[26] 熊仲明，王社良. 土木工工程结构试验[M]. 北京：中国建筑工业出版社，2014.

[27] 高迅. 工程流体力学实验[M]. 成都：西南交通大学出版社，2009.

[28] 中华人民共和国国家标准. 混凝土结构试验方法标准(GB/T 50152—2012)[S]. 北京：中国建筑工业出版社，2012.

[29] 中华人民共和国行业标准. 建筑抗震试验方法规程(JGJ/T 101—2015)[S]. 北京：中国建筑工业出版社，2015.

[30] 中华人民共和国国家标准. 焊缝无损检测超声检测技术、检测等级和评定(GB/T 11345—2013)[S]. 北京：中国标准出版，2014.

[31] 中华人民共和国国家标准. 钢结构现场检测技术标准(GB/T 50621—2010)[S]. 北京：中国建筑工业出版社，2011.

[32] 中华人民共和国国家标准. 钢结构工程施工质量验收规范(GB/T 50205—2001)[S]. 北京：中国计划出版社，2002.

[33] 中华人民共和国国家标准. 钢网架螺栓球节点用高强度螺栓(GB/T 16939—2016) [S]. 北京：中国标准出版社，2016.

[34] 中华人民共和国国家标准. 钢结构用扭剪型高强度螺栓连接副(GB/T 3632—2008)[S]. 北京：中国标准出版社，2008.

[35] 中华人民共和国国家标准. 钢结构用高强度大六角头螺栓(GB/T 1228—2006)[S]. 北京：中国质检出版社，2006.

[36] 中华人民共和国国家标准. 钢结构用高强度大六角头螺栓、大六角螺母、垫圈技术条件(GB/T 1231—2006)[S]. 北京：中国标准出版社，2006.

[37] 中华人民共和国行业标准. 混凝土中钢筋检测技术规程(JGJ/T 52—2008)[S]. 北京：中国建筑工业出版社，2008.

[38] 中华人民共和国国家标准. 建筑结构检测技术标准(GB/T 50344—2004)[S]. 北京：中国建筑工业出版社，2004.

[39] 中华人民共和国国家标准. 混凝土中钢筋检测技术规程(JGJ/T 152—2008)[S]. 北京：中国建筑工业出版社，2008.

[40] 中华人民共和国国家标准. 钢结构工程施工质量验收规范(GB 50205—2001)[S]. 北京：中国计划出版社，2002.

[41] 江苏省工程建设规程. 雷达法检测建设工程质量技术规程(DGJ 32/TJ 79—2009)[S]. 南京：江苏科学技术出版社，2009.

[42] 中华人民共和国行业标准. 建筑基桩检测技术规程(JGJ 106—2014)[S]. 北京：中国建筑工业出版社，2014.

[43] 唐建中，等. 建筑基桩检测技术和鉴定[M]. 北京：中国建筑工业出版社，2015.

[44] 陈凡，等. 基桩质量检测技术[M]. 2 版. 北京：中国建筑工业出版社，2003.

[45] 江苏省工程建设规程. 钻孔灌注桩成孔、地下连续墙成槽质量检测技术规程(DGJ 32/TJ 117—2011)[S]. 南京：江苏科学技术出版社，2011.

[46] 江苏省工程建设规程. 灌注桩钢筋笼长度检测技术规程(DGJ 32/TJ 60—2007)[S]. 南京：江苏科学技术出版社，2007.

[47] 中华人民共和国行业标准. 城镇道路工程施工与质量验收规范(CJJ 1—2008)[S]. 北京：中国建筑工业出版社，2008.

[48] 中华人民共和国行业标准. 公路土工试验规程(JTG E40—2007)[S]. 北京：人民交通出版社，2007.

[49] 中华人民共和国行业标准. 公路工程集料试验规程(JTG E42—2005)[S]. 北京：人民交通出版社，2005.

[50] 中华人民共和国行业标准. 公路工程无机结合料稳定材料试验规程 (JTG E51—2009)[S]. 北京：人民交通出版社，2009.

[51] 中华人民共和国行业标准. 公路路基路面现场测试规程(JTG E60—2008)[S]. 北京：人民交通出版社，2008.

[52] 中华人民共和国行业标准. 公路工程沥青及沥青混合料试验规程(JTG E20—2011)[S]. 北京：人民交通出版社，2011.

[53] 中华人民共和国行业标准. 公路沥青路面施工技术规范(JTG F40—2004)[S]. 北京：人民交通出版社，2005.

[54] 中华人民共和国国家标准. 沥青路面施工及验收规范号(GB 50092—1996)[S]. 北京：中国标准出版社，1997.

[55] 中华人民共和国国家标准. 建筑石油沥青(GB/T 494—2010)[S]. 北京：中国标准出版社，2011.

[56] 中华人民共和国国家标准. 重交通道路石油沥青(GB/T 15180—2010)[S]. 北京：中国标准出版社，2011.

[57] 中华人民共和国国家标准. 石油产品闪点与燃点测定法 (开口杯法)(GB 267—1988)[S]. 北京：中国标准出版社，1989.

[58] 中华人民共和国国家标准. 石油沥青蒸发损失测定法(GB/T 11964—2008)[S]. 北京：中国标准出版社，2008.

[59] 中华人民共和国国家标准. 石油沥青溶解度测定法(GB/T 11148—2008)[S]. 北京：中国标准出版社，2008.

[60] 中华人民共和国国家标准. 石油沥青薄膜烘箱试验法(GB/T 5304—2001)[S]. 北京：中国标准出版社，2004.

北京大学出版社土木建筑系列教材(已出版)

序号	书名	主编	定价	序号	书名	主编	定价
1	工程项目管理	董良峰　张瑞敏	43.00	50	工程财务管理	张学英	38.00
2	建筑设备(第2版)	刘源全　张国军	46.00	51	土木工程施工	石海均　马　哲	40.00
3	土木工程测量(第2版)	陈久强　刘文生	40.00	52	土木工程制图(第2版)	张会平	45.00
4	土木工程材料(第2版)	柯国军	45.00	53	土木工程制图习题集(第2版)	张会平	28.00
5	土木工程计算机绘图	袁　果　张渝生	28.00	54	土木工程材料(第2版)	王春阳	50.00
6	工程地质(第2版)	何培玲　张　婷	26.00	55	结构抗震设计(第2版)	祝英杰	37.00
7	建设工程监理概论(第3版)	巩天真　张泽平	40.00	56	土木工程专业英语	霍俊芳　姜丽云	35.00
8	工程经济学(第2版)	冯为民　付晓灵	42.00	57	混凝土结构设计原理(第2版)	邵永健	52.00
9	工程项目管理(第2版)	仲景冰　王红兵	45.00	58	土木工程计量与计价	王翠琴　李春燕	35.00
10	工程造价管理	车春鹂　杜春艳	24.00	59	房地产开发与管理	刘　薇	38.00
11	工程招标投标管理(第2版)	刘昌明	30.00	60	土力学	高向阳	32.00
12	工程合同管理	方　俊　胡向真	23.00	61	建筑表现技法	冯　柯	42.00
13	建筑工程施工组织与管理(第2版)	余群舟　宋会莲	31.00	62	工程招投标与合同管理(第2版)	吴　芳　冯　宁	43.00
14	建设法规(第2版)	肖　铭　潘安平	32.00	63	工程施工组织	周国恩	28.00
15	建设项目评估	王　华	35.00	64	建筑力学	邹建奇	34.00
16	工程量清单的编制与投标报价	刘富勤　陈德方	25.00	65	土力学学习指导与考题精解	高向阳	26.00
17	土木工程概预算与投标报价(第2版)	刘　薇　叶　良	37.00	66	建筑概论	钱　坤	28.00
18	室内装饰工程预算	陈祖建	30.00	67	岩石力学	高　玮	35.00
19	力学与结构	徐吉恩　唐小弟	42.00	68	交通工程学	李　杰　王　富	39.00
20	理论力学(第2版)	张俊彦　赵荣国	40.00	69	房地产策划	王直民	42.00
21	材料力学	金康宁　谢群丹	27.00	70	中国传统建筑构造	李合群	35.00
22	结构力学简明教程	张系斌	20.00	71	房地产开发	石海均　王　宏	34.00
23	流体力学(第2版)	章宝华	25.00	72	室内设计原理	冯　柯	28.00
24	弹性力学	薛　强	22.00	73	建筑结构优化及应用	朱杰江	30.00
25	工程力学(第2版)	罗迎社　喻小明	39.00	74	高层与大跨建筑结构施工	王绍君	45.00
26	土力学(第2版)	肖仁成　俞　晓	25.00	75	工程造价管理	周国恩	42.00
27	基础工程	王协群　章宝华	32.00	76	土建工程制图(第2版)	张黎骅	38.00
28	有限单元法(第2版)	丁　科　殷水平	30.00	77	土建工程制图习题集(第2版)	张黎骅	34.00
29	土木工程施工	邓寿昌　李晓目	42.00	78	材料力学	章宝华	36.00
30	房屋建筑学(第3版)	聂洪达	56.00	79	土力学教程(第2版)	孟祥波	34.00
31	混凝土结构设计原理	许成祥　何培玲	28.00	80	土力学	曹卫平	34.00
32	混凝土结构设计	彭　刚　蔡江勇	28.00	81	土木工程项目管理	郑文新	41.00
33	钢结构设计原理	石建军　姜　袁	32.00	82	工程力学	王明斌　庞永平	37.00
34	结构抗震设计	马成松　苏　原	25.00	83	建筑工程造价	郑文新	39.00
35	高层建筑施工	张厚先　陈德方	32.00	84	土力学(中英双语)	郎煜华	38.00
36	高层建筑结构设计	张仲先　王海波	23.00	85	土木建筑 CAD 实用教程	王文达	30.00
37	工程事故分析与工程安全(第2版)	谢征勋　罗　章	38.00	86	工程管理概论	郑文新　李献涛	26.00
38	砌体结构(第2版)	何培玲　尹维新	26.00	87	景观设计	陈玲玲	49.00
39	荷载与结构设计方法(第2版)	许成祥　何培玲	30.00	88	色彩景观基础教程	阮正仪	42.00
40	工程结构检测	周　详　刘益虹	20.00	89	工程力学	杨云芳	42.00
41	土木工程课程设计指南	许　明　孟茁超	25.00	90	工程设计软件应用	孙香红	39.00
42	桥梁工程(第2版)	周先雁　王解军	37.00	91	城市轨道交通工程建设风险与保险	吴宏建　刘宽亮	75.00
43	房屋建筑学(上：民用建筑)(第2版)	钱　坤　王若竹　吴　歌	40.00	92	混凝土结构设计原理	熊丹安	32.00
44	房屋建筑学(下：工业建筑)(第2版)	钱　坤　吴　歌	36.00	93	城市详细规划原理与设计方法	姜　云	36.00
45	工程管理专业英语	王竹芳	24.00	94	工程经济学	都沁军	42.00
46	建筑结构 CAD 教程	崔钦淑	36.00	95	结构力学	边亚东	42.00
47	建设工程招投标与合同管理实务(第2版)	崔东红	49.00	96	房地产估价	沈良峰	45.00
48	工程地质(第2版)	倪宏革　周建波	30.00	97	土木工程结构试验	叶成杰	39.00
49	工程经济学	张厚钧	36.00	98	土木工程概论	邓友生	34.00

序号	书名	主编	定价	序号	书名	主编	定价
99	工程项目管理	邓铁军　杨亚频	48.00	139	工程项目管理	王　华	42.00
100	误差理论与测量平差基础	胡圣武　肖本林	37.00	140	园林工程计量与计价	温日琨　舒美英	45.00
101	房地产估价理论与实务	李　龙	36.00	141	城市与区域规划实用模型	郭志恭	45.00
102	混凝土结构设计	熊丹安	37.00	142	特殊土地基处理	刘起霞	50.00
103	钢结构设计原理	胡习兵	30.00	143	建筑节能概论	余晓平	34.00
104	钢结构设计	胡习兵　张再华	42.00	144	中国文物建筑保护及修复工程学	郭志恭	45.00
105	土木工程材料	赵志曼	39.00	145	建筑电气	李　云	45.00
106	工程项目投资控制	曲　娜　陈顺良	32.00	146	建筑美学	邓友生	36.00
107	建设项目评估	黄明知　尚华艳	38.00	147	空调工程	战乃岩　王建辉	45.00
108	结构力学实用教程	常伏德	47.00	148	建筑构造	宿晓萍　隋艳娥	36.00
109	道路勘测设计	刘文生	43.00	149	城市与区域认知实习教程	邹　君	30.00
110	大跨桥梁	王解军　周先雁	30.00	150	幼儿园建筑设计	龚兆先	37.00
111	工程爆破	段宝福	42.00	151	房屋建筑学	董海荣	47.00
112	地基处理	刘起霞	45.00	152	园林与环境景观设计	董　智　曾　伟	46.00
113	水分析化学	宋吉娜	42.00	153	中外建筑史	吴　薇	36.00
114	基础工程	曹　云	43.00	154	建筑构造原理与设计(下册)	梁晓慧　陈玲玲	38.00
115	建筑结构抗震分析与设计	裴星洙	35.00	155	建筑结构	苏明会　赵　亮	50.00
116	建筑工程安全管理与技术	高向阳	40.00	156	工程经济与项目管理	都沁军	45.00
117	土木工程施工与管理	李华锋　徐　芸	65.00	157	土力学试验	孟云梅	32.00
118	土木工程试验	王吉民	34.00	158	土力学	杨雪强	40.00
119	土质学与土力学	刘红军	36.00	159	建筑美术教程	陈希平	45.00
120	建筑工程施工组织与概预算	钟吉湘	52.00	160	市政工程计量与计价	赵志曼　张建平	38.00
121	房地产测量	魏德宏	28.00	161	建设工程合同管理	余群舟	36.00
122	土力学	贾彩虹	38.00	162	土木工程基础英语教程	陈平　王凤池	32.00
123	交通工程基础	王富	24.00	163	土木工程专业毕业设计指导	高向阳	40.00
124	房屋建筑学	宿晓萍　隋艳娥	43.00	164	土木工程 CAD	王玉岚	42.00
125	建筑工程计量与计价	张叶田	50.00	165	外国建筑简史	吴　薇	38.00
126	工程力学	杨民献	50.00	166	工程量清单的编制与投标报价(第 2 版)	刘富勤　陈友华　宋会莲	34.00
127	建筑工程管理专业英语	杨云会	36.00	167	土木工程施工	陈泽世　凌平平	58.00
128	土木工程地质	陈文昭	32.00	168	特种结构	孙　克	30.00
129	暖通空调节能运行	余晓平	30.00	169	结构力学	何春保	45.00
130	土工试验原理与操作	高向阳	25.00	170	建筑抗震与高层结构设计	周锡武　朴福顺	36.00
131	理论力学	欧阳辉	48.00	171	建设法规	刘红霞　柳立生	36.00
132	土木工程材料习题与学习指导	鄢朝勇	35.00	172	道路勘测与设计	凌平平　余婵娟	42.00
133	建筑构造原理与设计(上册)	陈玲玲	34.00	173	工程结构	金恩平	49.00
134	城市生态与城市环境保护	梁彦兰　阎　利	36.00	174	建筑公共安全技术与设计	陈继斌	45.00
135	房地产法规	潘安平		175	地下工程施工	江学良　杨　慧	54.00
136	水泵与水泵站	张　伟　周书葵	35.00	176	土木工程专业英语	宿晓萍　赵庆明	40.00
137	建筑工程施工	叶　良	55.00	177	土木工程系列实验综合教程	周瑞荣	56.00
138	建筑学导论	裘　鞠　常　悦	32.00				

如您需要更多教学资源如电子课件、电子样章、习题答案等，请登录北京大学出版社第六事业部官网 www.pup6.cn 搜索下载。

如您需要浏览更多专业教材，请扫下面的二维码，关注北京大学出版社第六事业部官方微信（微信号：pup6book），随时查询专业教材、浏览教材目录、内容简介等信息，并可在线申请纸质样书用于教学。

感谢您使用我们的教材，欢迎您随时与我们联系，我们将及时做好全方位的服务。联系方式：010-62750667，donglu2004@163.com，pup_6@163.com，lihu80@163.com，欢迎来电来信。客户服务 QQ 号：1292552107，欢迎随时咨询。

工程材料实验报告册

专　　业：____________________

班　　级：____________________

学　　号：____________________

姓　　名：____________________

指导教师：____________________

成绩评定：____________________

目　　录

实验一　骨料实验

Ⅰ　砂料颗粒级配实验

同组者姓名________________________________实验日期____________

一、实验目的

二、实验记录

试样名称________________　　　　含水状态________________

试样质量________________

筛孔尺寸/mm	分计筛余		累计筛余		分计筛余		累计筛余百分率/%
	质量/g	百分率/%	百分率/%	符号	质量/g	百分率/%	
5				$A_{5.0}$			
2.5				$A_{2.5}$			
1.25				$A_{1.25}$			
0.63				$A_{0.63}$			
0.32				$A_{0.315}$			
0.16				$A_{0.16}$			
筛底							
细度模数	$F \cdot M=\frac{(A_{2.5}+A_{1.25}+A_{0.63}+A_{0.315}+A_{0.16})-5A_{5.0}}{100-A_{5.0}}$						
细度模数平均值							

三、筛分曲线

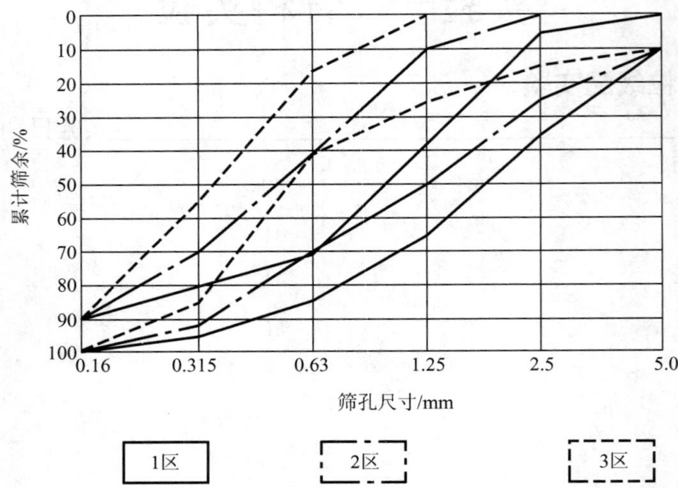
0
10
20
30
40
50
60
70
80
90
100
累计筛余/%
0.16
0.315
0.63
1.25
2.5
5.0
筛孔尺寸/mm
1区
2区
3区

四、结论

II　砂料视密度、堆积密度测定实验

同组者姓名______________________________实验日期__________

一、实验目的

二、实验记录

试样名称__________　　室温__________

(1)砂料视密度的测定。

试样状态__________　水温__________　水的密度__________

实验次数	试样质量 G_1/g	(瓶+满水)质量 G_3/g	(瓶+试样+满水)质量 G_2/g	试样体积 $(G_1+G_3-G_2)/\rho$ /cm^3	视密度 /(g/cm^3)	平均视密度 ρ/(g/cm^3)

(2)砂料堆积密度的测定。

试样状态__________

实验次数	容重筒体积 V/L	容重筒质量 G_1/kg	容重筒+砂样质量 G_2/kg	砂样质量 G_2-G_1/kg	堆积密度 /(kg/m^3)	堆积密度平均值 γ/(kg/m^3)

三、结论

该砂料的视密度 $\rho=$ __________ g/cm^3

堆积密度 $\gamma=$ __________ kg/m^3

空隙率 $P=(1-\gamma/\rho)\times100\%=$__________

Ⅲ　岩石单轴抗压强度、压碎指标值实验及洛杉矶式磨耗实验

同组者姓名＿＿＿＿＿＿＿＿＿＿＿＿＿＿＿＿＿＿＿实验日期＿＿＿＿＿＿

一、实验目的

二、实验记录

(1)岩石单轴抗压强度。

序号	样品尺寸/mm	受力面积/mm^2	破坏荷载/N	抗压强度/MPa	抗压强度平均值/MPa
1					
2					
3					
4					
5					
6					

(2)压碎指标值。

序号	试样质量/g	压碎实验后筛余质量/g	压碎值/%	平均值/%

(3)洛杉矶式磨耗实验。

序号	装入圆筒中试样质量/g	1.7mm 筛上净干量/g	洛杉矶式磨耗损失/%	平均值/%

三、结论

实验二　水泥实验

Ⅰ　水泥细度、标准稠度、凝结时间、体积安定性、胶砂流动度、水泥胶砂成型实验

同组者姓名____实验日期_____________

一、实验目的

二、实验记录

水泥品种和强度等级____________　　　　室内温度____________

出厂单位与日期________________　　　　相对湿度____________

(1)水泥细度实验。

实验筛型号：□80μm 方孔筛　□45μm 方孔筛

序号	方孔筛质量/g	方孔筛修正系数	样品质量/g	筛后总质量/g	筛后样品质量/g	筛余百分数/%	筛余平均值

(2)标准稠度用水量测定。

调整用水量法(标准法)

实验次数	水泥试样质量/g	加水量/mL	试锥下沉深度/mm	用水量/%	备注
该水泥的标准稠度用水量 $P=$　　%					

（3）凝结时间的测定。

试样编号	标准稠度用水量 P/%	加水时刻（h：min）	初凝时刻（h：min）	终凝时刻（h：min）	凝结时刻（h：min）		备注
					初凝	终凝	

（4）体积安定性检测。

试样编号	标准稠度用水量 P/%	制作日期	检验日期	检验结果	安定性是否合格	备注

（5）水泥胶砂流动度。

水泥用量/g	标准砂用量/g	水用量/mL	胶砂流动度/mm		
			1	2	平均值

（6）水泥胶砂成型。

材料用量：水泥：__________g　标准砂__________g　拌和水__________mL

三、**结论**（判定水泥的凝结时间、体积安定性并写出依据）

Ⅱ　水泥胶砂强度实验

同组者姓名____实验日期____________

一、实验目的

二、实验记录

成型日期________　　实验日期________　　龄期________　　养护水温________

<table>
<tr><td rowspan="2">试件编号</td><td colspan="3">抗折强度</td><td colspan="4">抗压强度</td></tr>
<tr><td>破坏荷载/kN</td><td>抗折强度/MPa</td><td>平均抗折强/MPa</td><td>受压面积</td><td>破坏荷载/kN</td><td>抗压强度/MPa</td><td>平均抗压强度/MPa</td></tr>
<tr><td rowspan="2">1</td><td rowspan="2"></td><td rowspan="2"></td><td rowspan="6"></td><td rowspan="6"></td><td></td><td></td><td rowspan="6"></td></tr>
<tr><td></td><td></td></tr>
<tr><td rowspan="2">2</td><td rowspan="2"></td><td rowspan="2"></td><td></td><td></td></tr>
<tr><td></td><td></td></tr>
<tr><td rowspan="2">3</td><td rowspan="2"></td><td rowspan="2"></td><td></td><td></td></tr>
<tr><td></td><td></td></tr>
<tr><td>备注</td><td colspan="7"></td></tr>
</table>

注：计算平均值时，在需要删除的数据旁打“*”。

三、实验结论(根据强度的实验结果评定水泥强度等级，并写出依据)

实验三　混凝土拌和实验

Ⅰ　混凝土拌合物和易性、表观密度测定实验

同组者姓名______________________________实验日期__________

一、实验目的

二、实验记录

混凝土设计强度等级____________　　设计坍落度____________

水泥的品种与强度等级__________　　拌和方法____________

成型室温____________　　相对湿度____________

计算配合比=1：________：________：________

(1)试拌混凝土。

材料用量						外加剂种类及掺量	坍落度	粘聚性	保水性	含砂情况	备注
水泥	砂	石			水						
		小	中	大							

校正坍落度后得到的基准配合比=1：______：______：______

(2)混凝土拌合物表观密度的测定。

容量筒质量 G_1/kg	容量筒容积 V/L	(混凝土拌合物+容量筒)质量 G_2/kg	混凝土拌合物质量/kg	实测表观密度/kg/m^3	表观密度平均值 $\gamma/(kg/m^3)$	备注

(3)计算 $1m^3$ 混凝土各组成材料的实际用量。

水泥 C=

砂 S=

石 G=

水 W=

掺和料 P=

(4) 计算混凝土拌合物的含气量。

① 混凝土拌合物理论表观密度为

$$\gamma_0 = \frac{C+S+G+W+P}{\dfrac{C}{\rho_C}+\dfrac{S}{\rho_S}+\dfrac{G}{\rho_G}+\dfrac{W}{\rho_W}+\dfrac{P}{\rho_P}} =$$

② 混凝土拌合物的含气量为

$$A = \frac{\gamma_0 - \gamma}{\gamma_0} \times 100\% =$$

三、结论

Ⅱ　混凝土强度的非破损实验——回弹法

同组者姓名＿＿＿＿＿＿＿＿＿＿＿＿＿＿＿＿＿＿＿＿＿＿＿＿实验日期＿＿＿＿＿＿＿＿

一、实验目的

二、实验记录

设计强度等级＿＿＿＿＿＿＿＿＿＿　　　　　　养护温度＿＿＿＿＿＿＿＿＿＿

相对湿度＿＿＿＿＿＿＿＿＿＿＿＿＿

试件编号	试件尺寸/mm	龄期/d	回弹值										备注
			前面				后面				测区平均值	组平均值	

三、结论

综合其他组的实验数据，建立抗压强度–回弹值的关系曲线。

(1)混凝土抗压强度与相应的回弹值统计。

试件编号	混凝土强度等级	抗压强度值/MPa	回弹值	备注

(2)绘制抗压强度–回弹值关系曲线。

Ⅲ　混凝土立方体抗压强度、劈裂抗拉强度实验

同组者姓名____实验日期______________

一、实验目的

二、实验记录

混凝土配合比________________________　　设计强度等级____________________

水泥品种与强度等级________________　　拌和方法________________________

养护温度____________________________　　相对湿度________________________

(1) 立方体抗压强度的测定。

试件编号	龄期/d	试件尺寸/mm	受压面积 A / mm^2	破坏荷载/kN	抗压强度/MPa	抗压强度平均值/MPa	备注

龄期换算系数____________________　　尺寸换算系数______________

混凝土标准试件 28d 强度代表值为____________________

(2) 劈裂抗拉强度的测定。

垫条尺寸________________________

试件编号	龄期/d	试件尺寸/mm	破坏荷载/kN	劈裂抗拉强度/MPa	抗拉强度平均值/MPa	备注

尺寸换算系数____________________

(3) 混凝土抗折强度的测定。

序号	样品截面尺寸(高×宽)/(mm×mm)	支座跨距/mm	破坏荷载/N	抗折强度/MPa	抗折强度平均值/MPa
1					
2					
3					

三、结论

(1)抗压强度。

(2)劈裂抗拉强度。

(3)混凝土抗折强度。

Ⅳ 混凝土耐久性测定实验

同组者姓名____实验日期______________

一、实验目的

二、实验记录

混凝土配合比__________________ 设计强度等级____________________

水泥品种与强度等级____________ 拌和方法________________________

(1)混凝土抗渗性。

时间									
加压等级									
渗透情况	1								
	2								
	3								
	4								
	5								
	6								

(2)混凝土抗冻性。

序号	冻融前的质量/g	冻融循环后的质量/g	冻融循环后的抗压强度/MPa		对比抗压强度/MPa		质量损失率/%		强度损失率/%
			单个	平均	单个	平均	单个	平均	

(3) 混凝土碳化实验。

实验日期		3d		7d		14d		28d	
		年　月　日		年　月　日		年　月　日		年　月　日	
碳化值	序号	单个值	平均值	单个值	平均值	单个值	平均值	单个值	平均值
	1								
	2								
	3								

(4) 作出混凝土碳化–时间曲线。

碳化值

时间

碳化–时间曲线

实验四　砂浆拌和实验

Ⅰ　砂浆稠度、分层度实验

同组者姓名____实验日期______________

一、实验目的

二、实验记录

砂浆配合比____________________________　　　　设计强度等级__________________

水泥品种与强度等级____________________　　　　拌和方法______________________

成型室温______________________________　　　　相对湿度______________________

材料用量：水泥___________　砂___________　水___________　石灰膏___________

(1) 稠度测试记录。

实验次数	刻度盘读数/mm		稠度值/mm	平均稠度值/mm	备注
	试锥沉入之前	试锥沉入之后			

(2) 分层度测试记录。

序号	初始稠度/mm	分层后稠度/mm	分层度/mm	分层度平均值/mm
1				
2				

三、结论

Ⅱ　砂浆抗压强度实验

同组者姓名＿＿＿＿＿＿＿＿＿＿＿＿＿＿＿＿＿＿＿＿＿实验日期＿＿＿＿＿＿

一、实验目的

二、实验记录

砂浆配合比＿＿＿＿＿＿＿＿＿＿＿＿＿　设计强度等级＿＿＿＿＿＿＿＿＿

水泥品种与强度等级＿＿＿＿＿＿＿＿＿　拌和方法＿＿＿＿＿＿＿＿＿＿＿

成型室温＿＿＿＿＿＿＿＿＿＿＿＿＿＿　相对湿度＿＿＿＿＿＿＿＿＿＿＿

材料用量：水泥＿＿＿＿＿　砂＿＿＿＿＿　水＿＿＿＿＿　石灰膏＿＿＿＿＿

试件成型日期＿＿＿＿＿＿　养护温度＿＿＿＿＿＿　相对湿度＿＿＿＿＿＿

试件编号	龄期/d	试件尺寸/mm	受压面积 A / mm^2	破坏荷载/kN	抗压强度/MPa	抗压强度平均值/MPa	备注

三、结论

实验五　砌墙砖强度实验

同组者姓名____实验日期______________

一、实验目的

二、实验记录

多孔砖规格____________ 强度等级____________ 生产厂家____________

编号	尺寸/mm		受压面积 /mm^2	破坏荷载 P/N	抗压强度 f_i /MPa	抗压强度平均值 $\overline{f}$ /MPa	备注
	长	宽					

三、结论

(1) 计算强度变异系数 δ。

抗压强度标准差 $S=\sqrt{\dfrac{1}{n}\sum(f_i-\overline{f})^2}=$

$$\delta=\frac{S}{\overline{f}}=$$

(2) 当 $\delta \leqslant 0.21$ 时，计算强度标准值 f_{k}。

$$f_{\mathrm{k}}=\overline{f}-1.8S=$$

(3) 根据实验结果判断该砖是否满足强度要求，并说明依据。

实验六　沥青实验

同组者姓名＿＿＿＿＿＿＿＿＿＿＿＿＿＿＿＿＿＿＿＿实验日期＿＿＿＿＿＿

一、实验目的

二、实验记录

沥青品种＿＿＿＿＿＿＿＿＿＿　　室内温度＿＿＿＿＿＿

出厂单位与日期＿＿＿＿＿＿＿＿　　相对湿度＿＿＿＿＿＿

(1)沥青软化点测定(环球法)。

<table>
<tr><th rowspan="1"></th><th colspan="2">检验条件</th><th>序号</th><th>单个值/℃</th><th>平均值/℃</th><th>备注</th></tr>
<tr><td rowspan="3">软化点
(环球法)</td><td>加热
介质</td><td>□ 蒸馏水
□ 甘　油</td><td>1</td><td></td><td rowspan="3"></td><td></td></tr>
<tr><td>起始温度</td><td></td><td rowspan="2">2</td><td rowspan="2"></td><td rowspan="2"></td></tr>
<tr><td>升温速率</td><td></td></tr>
</table>

(2)沥青针入度测定。

<table>
<tr><th></th><th colspan="2">检验条件</th><th>序号</th><th>单个值
/0.1mm</th><th>平均值
/0.1mm</th><th>备注</th></tr>
<tr><td rowspan="3">针
入
度</td><td>温度/℃</td><td></td><td>1</td><td></td><td></td><td></td></tr>
<tr><td>载荷/g</td><td></td><td>2</td><td></td><td></td><td></td></tr>
<tr><td>持荷时间/s</td><td></td><td>3</td><td></td><td></td><td></td></tr>
</table>

(3)沥青延度测定。

<table>
<tr><td rowspan="2"></td><td colspan="2">检验条件</td><td rowspan="2">序号</td><td rowspan="2">单个值/cm</td><td rowspan="2">实验结果
/cm</td><td rowspan="2">备注</td></tr>
<tr></tr>
<tr><td rowspan="3">延度</td><td rowspan="2">温度/℃</td><td rowspan="2"></td><td>1</td><td></td><td rowspan="3"></td><td></td></tr>
<tr><td>2</td><td></td><td></td></tr>
<tr><td>拉伸速率
/(cm/min)</td><td></td><td>3</td><td></td><td></td></tr>
</table>

三、结论(判定沥青软化点、针入度、延度等参数的标准，并写出依据)

实验七 沥青混合料实验

Ⅰ 沥青含量实验

同组者姓名____________________________________实验日期______________

一、实验目的

二、实验记录

样品状态____________________ 室内温度____________

实验日期____________________ 相对湿度____________

沥青含量(抽提法)

次数	混合料试样质量/g	洁净滤纸质量/g	滤液后滤纸质量/g	集料质量/g	抽提液体积/mL	残渣质量/g	抽提液中矿粉质量/g	矿料的总质量/g	沥青含量/%	平均含量/%
1										
2										

三、结论

Ⅱ　马歇尔实验

同组者姓名_______________________________________实验日期____________

一、实验目的

二、实验记录

水浴温度__________________　水浴时间________

试件编号	油石比/%	试件高度/mm					试件直径/mm			稳定度MS/kN	流值FL/0.1mm	马歇尔模数 T/(kN/mm)
		1	2	3	4	平均	1	2	平均			
1												
2												
3												
4												
5												
6												

三、结论

Ⅲ　沥青混合料密度测定实验

同组者姓名____实验日期____________

一、实验目的

二、实验记录

实验次数	干燥试件的空气中质量/g	蜡封试件的空气中质量/g	干燥试件浸泡水中的试样质量/g	蜡封试件浸泡水中的试样质量/g	试件的毛体积相对密度	试件的理论最大相对密度	试件的空隙率	件中沥青的体积百分率	试件中矿料间隙率	试件的沥青饱和度

三、结论

Ⅳ　沥青混合料饱水率测定实验

同组者姓名____实验日期____________

一、实验目的

二、实验记录

<table>
<tr><th rowspan="2">实验次数</th><th colspan="2">样品质量/g</th><th rowspan="2">饱水率/%</th><th rowspan="2">平均饱水率/%</th><th rowspan="2">备注</th></tr>
<tr><th>干燥试件的空气中质量</th><th>真空饱水后试件的空气中表干质量</th></tr>
<tr><td></td><td></td><td></td><td></td><td rowspan="3"></td><td></td></tr>
<tr><td></td><td></td><td></td><td></td><td></td></tr>
<tr><td></td><td></td><td></td><td></td><td></td></tr>
</table>

三、结论

材料力学实验报告册

专　　业：________________________

班　　级：________________________

学　　号：________________________

姓　　名：________________________

指导教师：________________________

成绩评定	
必做实验	选做(开放性)实验

目　　录

实验一　低碳钢拉伸实验

同组者姓名____________________________________实验日期____________

一、实验目的

二、实验设备

三、试件尺寸及有关数据(画出简图)

四、实验记录与数据处理

(1)拉伸实验试样尺寸。

<table>
<tr><td rowspan="3">材料</td><td colspan="10">直径 d_0 / mm</td><td rowspan="3">截面积
A_0 / mm^2</td></tr>
<tr><td rowspan="2">标距
l_0 / mm</td><td colspan="3">截面 I</td><td colspan="3">截面 II</td><td colspan="3">截面III</td></tr>
<tr><td>(1)</td><td>(2)</td><td>平均</td><td>(1)</td><td>(2)</td><td>平均</td><td>(1)</td><td>(2)</td><td>平均</td></tr>
<tr><td>低碳钢</td><td></td><td></td><td></td><td></td><td></td><td></td><td></td><td></td><td></td><td></td><td></td></tr>
</table>

(2) 低碳钢拉伸实验数据记录。

材料	断裂后标距 l_1 / mm	断裂处直径 d_1 / mm			断裂处截面积 A_1 / mm^2	屈服荷载 F_s / kN	最大荷载 F_m / kN
		(1)	(2)	平均			
低碳钢							

(3) 低碳钢拉伸实验结果。

材料	强度指标		塑性指标	
	屈服强度 σ_s / MPa	抗拉强度 σ_b / MPa	伸长率 δ / %	断面收缩率 ψ / %
低碳钢				

(4) 根据实验结果绘制 $\sigma-\varepsilon$ 曲线及试样破坏形状草图。

实验二　低碳钢和铸铁压缩实验

同组者姓名____实验日期_____________

一、实验目的

二、实验设备

三、试件尺寸及有关数据(画出简图)

四、实验记录与数据处理

(1)低碳钢、铸铁压缩实验试样尺寸及实验数据记录。

材料	高度 h_0 / mm	直径 d_0 / mm			截面积 A_0 / mm^2	F_s / kN	F_{bc} / kN	h_0 / d_0
		(1)	(2)	平均				
低碳钢								
铸　铁								

(2) 低碳钢、铸铁压缩实验计算结果对比。

材料	屈服极限 σ_s / MPa	抗压强度 σ_{bc} / MPa
低碳钢		
铸　铁		

(3) 根据实验结果绘制 $F-\Delta l$ 曲线及试样破坏形状草图。

实验三　低碳钢和铸铁扭转实验

同组者姓名____实验日期______________

一、实验目的

二、实验设备

三、试件尺寸及有关数据(画出简图)

四、实验记录与数据处理

(1)低碳钢、铸铁扭转实验试样尺寸。

材料	直径 d_0 / mm									W_p / mm^3	标距长度 l_0 / mm
	截面 I			截面 II			截面 III				
	(1)	(2)	平均	(1)	(2)	平均	(1)	(2)	平均		
低碳钢											
铸　铁											

(2) 低碳钢、铸铁扭转实验数据记录。

材　料	计算直径 d / mm	屈服扭矩 M_{es} / (N•m)	最大扭矩 M_{eb} / (N•m)	扭转角 φ / (°)
低碳钢				
铸　铁				

(3) 低碳钢、铸铁扭转实验结果对比。

材　料	扭转屈服极限 τ_s / MPa	扭转强度 τ_b / MPa
低碳钢		
铸　铁		

(4) 根据实验结果绘制 $M_e-\Delta\varphi$ 曲线及试样破坏形状草图。

实验四　纯弯曲梁正应力分布规律实验

同组者姓名____实验日期_____________

一、实验目的

二、实验设备

三、试件尺寸及有关数据(画出简图)

四、实验记录与数据处理

(1)梁的纯弯曲变形实验数据记录。

载荷/N		应变读数 ε_d / με									
P	ΔP	1#		2#		3#		4#		5#	
ε_d 增量均值/ με											

(2)梁的纯弯曲变形实验结果计算与误差分析。

应变片号	1#	2#	3#	4#	5#
应力实验值 /MPa					
应力理论值 /MPa					
误差/%					

实验五　等强度梁正应力测定实验

同组者姓名＿＿＿＿＿＿＿＿＿＿＿＿＿＿＿＿＿＿＿＿实验日期＿＿＿＿＿＿＿

一、实验目的

二、实验设备

三、试件尺寸及有关数据(画出简图)

四、实验记录与数据处理

(1)等强度梁单臂测量接线实验数据记录。

载荷/N		应变读数 ε_d / με (单臂测量接线方式)							
P	ΔP	1#		2#		3#		4#	
ε_d 增量均值 /με									

(2) 桥路变换接线实验数据记录。

载荷/N		应变读数 ε_d / με							
P	ΔP	单臂测量		半桥测量		相对两臂测量		全桥测量	
ε_d 增量均值 /με									

(3) 等强度梁不同桥路接线方式实验结果计算与误差分析。

桥路接线方式	ε_d 增量均值 /με	实验应变值 /με	理论应变值 /με	误差/%
单臂测量				
半桥测量				
相对两臂测量				
全桥测量				

实验六　弯扭组合变形实验

同组者姓名____实验日期_______________

一、实验目的

二、实验设备

三、试件尺寸及有关数据(画出简图)

四、实验记录与数据处理

(1) 弯扭组合变形实验数据记录。

载荷/N		应变读数 ε_d / με									
		测点						$\varepsilon_{弯}(\varepsilon_w)$		$\varepsilon_{扭}(\varepsilon_n)$	
P	ΔP	ε_{-45°		ε_{0°		ε_{45°					
ε_d 增量均值 /με											

(2) 实测主应变、主应力计算公式及结果。

主应变：$\begin{matrix}\varepsilon_1\\ \varepsilon_3\end{matrix} = \dfrac{\varepsilon_{-45^\circ}+\varepsilon_{45^\circ}}{2} \pm \dfrac{\sqrt{2}}{2}\sqrt{(\varepsilon_{-45^\circ}-\varepsilon_{0^\circ})^2+(\varepsilon_{45^\circ}-\varepsilon_{0^\circ})^2}$

主方向：$\tan 2\alpha_0 = \dfrac{\varepsilon_{45^\circ}-\varepsilon_{-45^\circ}}{2\varepsilon_{0^\circ}-\varepsilon_{45^\circ}-\varepsilon_{-45^\circ}}$

说明：式中 ε_{-45°、ε_{0°、ε_{45° 按平均增量计算。

主应力：$\sigma_1 = \dfrac{E}{1-\mu^2}(\varepsilon_1+\mu\varepsilon_3)$，$\sigma_3 = \dfrac{E}{1-\mu^2}(\varepsilon_3+\mu\varepsilon_1)$

计算结果：$\varepsilon_1 =$ ______ με，$\varepsilon_3 =$ ______ με，$\alpha_0 =$ ______，

$\sigma_1 =$ ______ MPa，$\sigma_3 =$ ______ MPa，

$\overline{\Delta\varepsilon_w} = \dfrac{1}{2}\varepsilon_w =$ ______ με，　　$\overline{\Delta\varepsilon_n} = \dfrac{1}{4}\varepsilon_n =$ ______ με。

(3) 弯曲正应力计算(实测，注意应变仪读数与真实值之间的倍数关系)。

$$\sigma_w = E \cdot \overline{\Delta\varepsilon_w} = \text{\_\_\_\_\_\_ MPa}$$

(4) 扭转剪应力(实测，注意应变仪读数与真实值之间的倍数关系)。

$$\tau_n = \frac{E}{1+\mu}\left|\overline{\Delta\varepsilon_n}\right| = \text{\_\_\_\_\_\_ MPa}$$

(5) 根据材料力学理论计算公式计算几个参数的理论值。

主应力 σ_1、σ_3，主方向 σ_w、τ_n。

弯矩　$M =$ ______ N·m，　　扭矩 $T =$ ______ N·m

σ_1 =______ MPa，　　σ_3 =______ MPa

α_0 =______，σ_w =______ MPa，τ_n =______ MPa

(6) 弯扭组合变形实验结果计算与误差分析。

实验参数	σ_1 /MPa	σ_3 /MPa	α_0	σ_w /MPa	τ_n /MPa
实测值					
理论值					
相对误差/%					

实验七　应变片灵敏系数标定实验

同组者姓名________________________________实验日期__________

一、实验目的

二、实验设备

三、试件尺寸及有关数据(画出简图)

四、实验记录与数据处理

加载次数	百分表读数/mm		应变读数/με							
			1#		2#		3#		4#	
1										
2										
3										

五、实验结果总结

实验八　材料切变模量 G 的测定实验

同组者姓名____实验日期________________

一、实验目的

二、实验设备

三、试件尺寸及有关数据（画出简图）

四、实验记录与数据处理

载荷/N		扭矩 /N • m		应变读数 /με		切变模量/MPa
P	ΔP	T	ΔT_i	ε_{ri}	$\Delta\varepsilon_{ri}$	$G_i = \dfrac{\Delta T_i}{W_P \Delta\varepsilon_{ri}}$
$G = \dfrac{1}{n}\sum_{i=1}^{n} G_i =$						

实验九　压杆稳定实验

同组者姓名＿＿＿＿＿＿＿＿＿＿＿＿＿＿＿＿＿＿＿＿＿＿实验日期＿＿＿＿＿＿＿

一、实验目的

二、实验设备

三、试件尺寸及有关数据(画出简图)

四、实验记录与数据处理

载荷/N	应变读数 ε_d / με	载荷/N	应变读数 ε_d / με

五、实验结果总结

实验十　板试件偏心拉伸实验

同组者姓名____________________________________实验日期____________

一、实验目的

二、实验设备

三、试件尺寸及有关数据(画出简图)

四、实验记录与数据处理

(1) 板试件偏心拉伸实验数据记录。

载荷/N		应变读数 ε_d / με							
P	ΔP	单臂测量		半桥测量		相对两臂测量		全桥测量	
ε_d 增量均值 /με									

注：选择所需的桥路接线方式进行实验，并将实验数据记录在表中。

(2) 板试件偏心拉伸实验数据处理。

桥路	ε_d 增量均值 /με	实验应变值 /με	应力类型	理论应变值 /με	误差/%
单臂测量					
半桥测量					
相对两臂测量					
全桥测量					
串联测量					
并联测量					

土力学实验报告册

专　　业：____________________

班　　级：____________________

学　　号：____________________

姓　　名：____________________

指导教师：____________________

成绩评定：____________________

目　录

实验一　土样和试样制备

同组者姓名____实验日期_____________

一、实验目的

二、实验设备

三、实验记录与数据处理

土样编号	制备日期	制备标准			所需土质量及增加水量的计算					试样制备						
		干密度/(g/cm^3)	含水率/%	计算的试筒或压膜容积/cm^3	干土质量/g	含水率/%	湿土质量/g	增加的水量/mL	所需土质量/g	制备方法	环刀质量/g	环刀加湿土质量/g	湿土质量/g	密度/(g/cm^3)	含水率/%	干密度/(g/cm^3)

实验二 含水率实验

同组者姓名________________________________实验日期____________

一、实验目的

二、实验设备

三、实验记录与数据处理

(1)含水率实验记录(烘干法)。

盒号				
盒质量/g				
盒+湿土质量/g				
盒+干土质量/g				
水分质量/g				
干土质量/g				
含水率/%				
平均含水率/%				

(2)含水率实验记录(酒精燃烧法)。

盒号				
盒质量/g				
盒+湿土质量/g				
盒+干土质量/g				
水分质量/g				
干土质量/g				
含水率/%				
平均含水率/%				

实验三　密度实验

同组者姓名＿＿＿＿＿＿＿＿＿＿＿＿＿＿＿＿＿＿＿＿实验日期＿＿＿＿＿＿

一、实验目的

二、实验设备

三、实验记录与数据处理

(1)密度实验记录(环刀法)。

土样编号						
环刀号						
环刀容积/cm^3						
环刀质量/g						
土+环刀质量/g						
土样质量/g						
湿密度/(g/cm^3)						
含水率/%						
干密度/(g/cm^3)						
平均干密度/(g/cm^3)						

(2)密度实验记录(蜡封法)。

土样编号	试件质量/g	蜡封试件质量/g	蜡封试件水中质量/g	温度/℃	水的密度/(g/cm^3)	蜡封试件体积/cm^3	蜡体积/cm^3	试件体积/cm^3	湿密度/(g/cm^3)	备注
										石蜡密度
平均										

土样编号	
平均湿密度/(g/cm^3)	
平均含水率/%	
平均干密度/(g/cm^3)	

实验四 比重实验

同组者姓名____实验日期____________

一、实验目的

二、实验设备

三、实验记录与数据处理

(1) 比重实验记录(比重瓶法)。

试验编号	比重瓶号	温度/℃	液体比重/g	比重瓶质量/g	瓶、干土总质量/g	干土质量/g	瓶、液总质量/g	瓶、液、土总质量/g	与干土同体积的液体质量/g	比重	平均比重值

(2) 比重实验记录(浮称法)。

野外编号	室内编号	温度/℃	水的比重	烘干土质量/g	金属网篮加试样在水中质量/g	金属网篮在水中质量/g	试样在水中质量/g	比重	平均值

(3) 比重实验记录(虹吸筒法)。

野外编号	室内编号	温度/℃	水的比重	烘干土质量/g	风干土质量/g	量筒质量/g	量筒加排开水质量/g	排开水质量/g	吸着水质量/g	比重	平均值

实验五　颗粒分析实验

同组者姓名____实验日期_____________

一、实验目的

二、实验设备

三、实验记录与数据处理

(1)颗粒分析实验记录(筛分法)。

筛前总土质量=　　　　　　　　　　小于2mm取试样质量=
小于2mm土质量=
小于2mm土占总土质量=

粗筛分析				细筛分析				
孔径/mm	累计留筛土质量/g	小于该孔径的土质量/g	小于该孔径的土质量百分比/%	孔径/mm	累计留筛土质量/g	小于该孔径的土质量/g	小于该孔径的土质量百分比/%	占总土质量的百分比/%

(2) 绘制土的颗粒级配曲线。

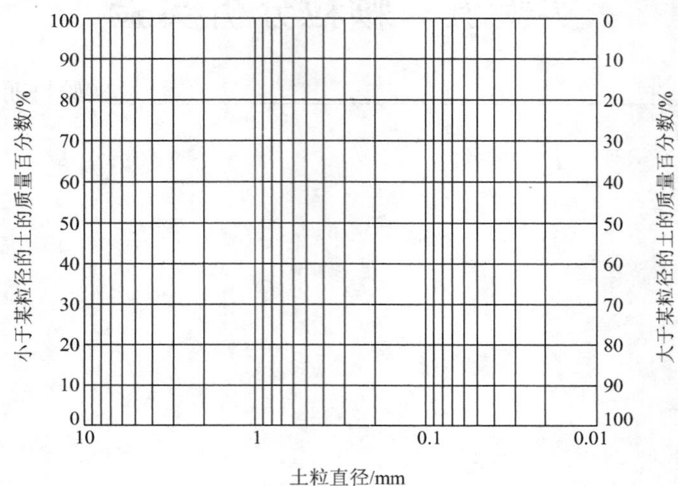

(3) 计算土的不均匀系数。

(4) 颗粒分析实验记录(甲种密度计)。

下沉时间/min	悬液温度/℃	密度计读数	温度校正值	分散剂校正值	刻度及弯液面校正值	R	R_H	土粒沉降落距/cm	粒径/mm	小于某粒径的土质量百分比/%

(5) 绘制土的颗粒级配曲线。

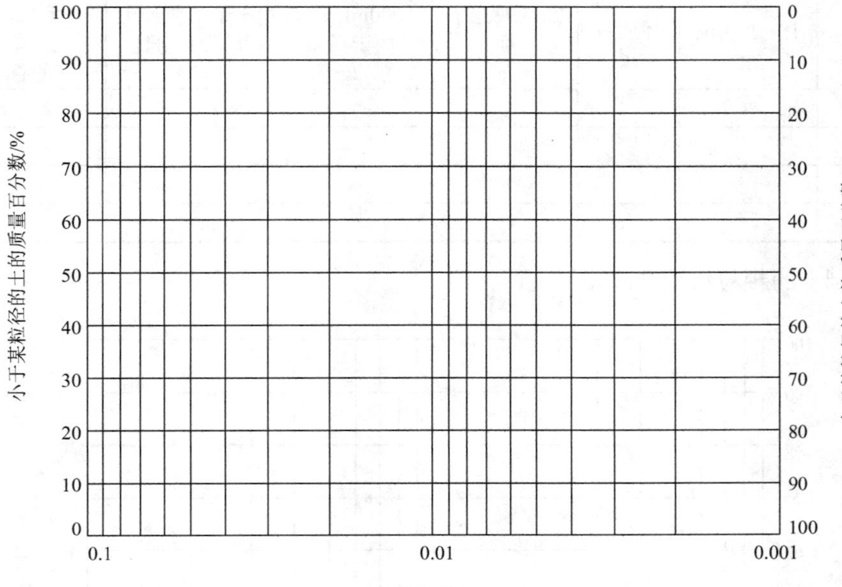

(6)颗粒分析实验记录(移液管法)。

粒径 /mm	杯号	杯+土质量 /g	杯质量 /g	25mL 吸管内 土质量 /g	1000mL 量筒 内土质量 /g	小于某粒径土 质量百分比 /%	小于某粒径土质量 占总土质量 的百分比/%

(7)绘制土的颗粒级配曲线。

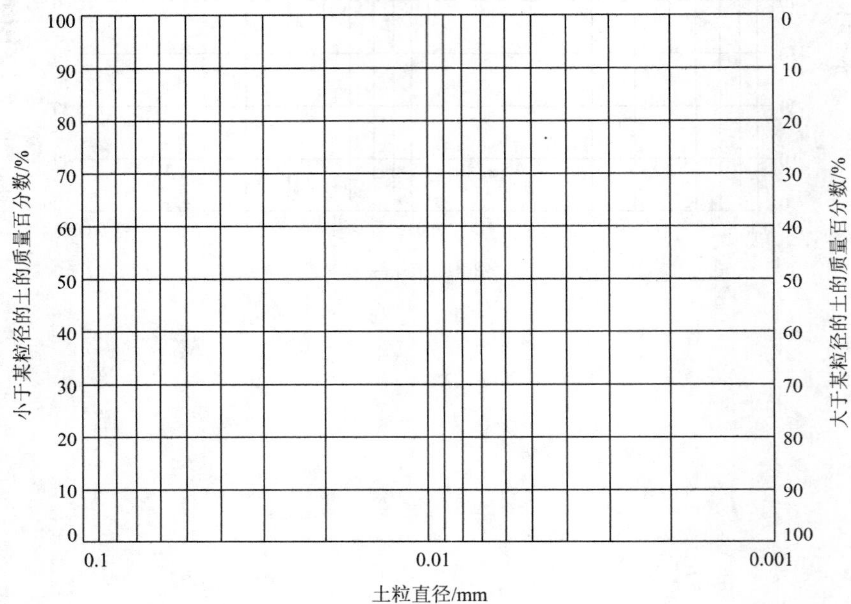

实验六　界限含水率实验

同组者姓名____实验日期______________

一、实验目的

二、实验设备

三、实验记录与数据处理

(1)液限塑限联合实验记录。

实验项目 \ 实验次数				
入土深度	h_1			
	h_2			
	$(h_1+h_2)/2$			
含水率	盒号			
	盒质量/g			
	盒+湿土质量/g			
	盒+干土质量/g			
	水分质量/g			
	干土质量/g			
	含水率/%			

(2) 绘制锥入深度与含水率的关系曲线。

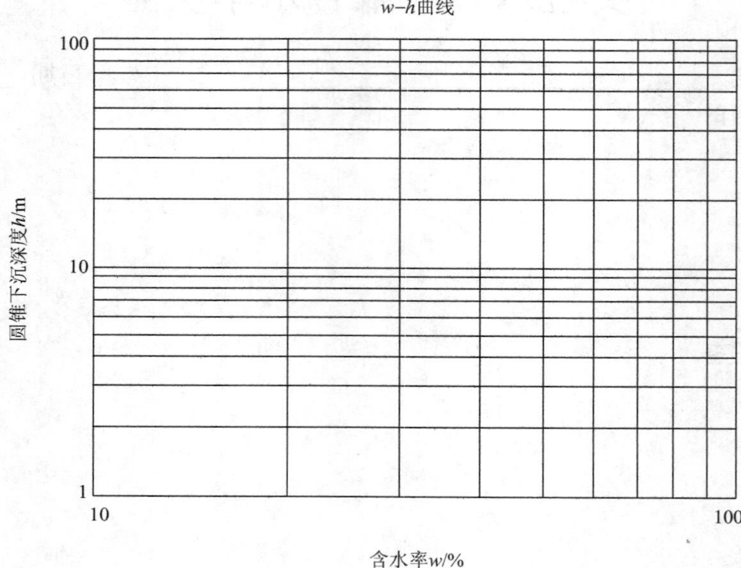

(3) 计算土的液限、塑限和塑性指数。

(4) 液限蝶式仪法实验记录。

盒号		
盒质量/g		
盒+湿土质量/g		
盒+干土质量/g		
水分质量/g		
干土质量/g		
液限含水率/%		
平均液限含水率/%		

(5) 绘制含水率与击数的关系曲线。

(6) 塑限滚搓法实验记录。

盒号		
盒质量/g		
盒+湿土质量/g		
盒+干土质量/g		
水分质量/g		
干土质量/g		
塑限含水率/%		
平均塑限含水率/%		

实验七　相对密度实验

同组者姓名____实验日期____________

一、实验目的

二、实验设备

三、实验记录与数据处理

实验项目	最大孔隙比		最小孔隙比	
实验方法	漏斗法		振击法	
试样+容器质量/g				
容器质量/g				
试样质量/g				
试样体积/cm^3				
干密度/(g/cm^3)				
平均干密度/(g/cm^3)				
比重				
孔隙比				
天然干密度/(g/cm^3)				
天然孔隙比				
相对密度				

实验八　击实实验

同组者姓名＿＿＿＿＿＿＿＿＿＿＿＿＿＿＿＿＿＿＿＿实验日期＿＿＿＿＿＿＿

一、实验目的

二、实验设备

三、实验记录与数据处理

(1)击实实验记录。

土样编号		筒号		落距		
土样来源		筒容积		每层击数		
实验日期		击锤质量		大于 5mm 颗粒质量		
干密度	实验次数					
	筒+土质量/g					
	筒质量/g					
	湿土质量/g					
	湿密度/(g/cm^3)					
	干密度/(g/cm^3)					
含水率	盒号					
	盒+湿土质量/g					
	盒+干土质量/g					
	盒质量/g					
	水质量/g					
	干土质量/g					
	含水率/%					
	平均含水率/%					
最佳含水率=			最大干密度=			

(2)绘制干密度与含水率的关系曲线。

实验九 渗透实验

同组者姓名__________________________________实验日期____________

一、实验目的

二、实验设备

三、实验记录与数据处理

(1) 常水头渗透实验记录。

实验次数	经过时间/s	测压管水位			水位差			水力坡降	渗透水量/cm^3	渗透系数/(cm/s)	平均水温/℃	校正系数	水温20℃时渗透系数/(cm/s)	平均渗透系数/(cm/s)
		1管/cm	2管/cm	3管/cm	H_1/cm	H_2/cm	平均/cm							

(2) 变水头渗透实验记录。

历时			起始水头 H_1/cm	终了水头 H_2/cm	$2.3\frac{aL}{At}$	$\lg\frac{H_1}{H_2}$	平均水温 T/℃	水温T℃时渗透系数/(cm/s)	校正系数/(cm/s)	水温20℃时渗透系数/(cm/s)	平均渗透系数/(cm/s)
起始时刻 t_1(日时分)	终了时刻 t_2(日时分)	历时 t/s									

实验十 固结实验

同组者姓名________________________实验日期__________

一、实验目的

二、实验设备

三、实验记录与数据处理

(1)标准固结实验记录一。

含水实验							
试样情况		盒号	盒+湿土质量/g	盒+干土质量/g	盒质量/g	水质量/g	干土质量/g	含水率/%
实验前	饱和前						
	饱和后（或饱和土）						
实验后							

密度实验						
试样情况		环刀+土质量/g	环刀质量/g	土质量/g	试样体积/cm^3	密度/(g/cm^3)
实验前	饱和前					
	饱和后（或饱和土）					
实验后						

孔隙比及饱和度计算		
试样情况	实验前	实验后
含水率/%		
密度/(g/cm^3)		
孔隙比		
饱和度/%		

(2) 标准固结实验记录二。

经历时间/min	压力/kPa							
	50		100		200		400	
	时间	读数	时间	读数	时间	读数	时间	读数
0.00								
0.25								
1.00								
2.25								
4.00								
6.25								
9.00								
12.25								
16.00								
20.25								
25.00								
30.25								
36.00								
42.25								
60.00								
23h								
24h								
总变形量/mm								
仪器变形量/mm								
试样总变形量/mm								

(3) 标准固结实验记录三。

加荷时间/h	压力/kPa	试样总变形量/mm	压缩后试样高度/mm	单位沉降量/(mm/m)	孔隙比	平均试样高度/mm	单位沉降量差/(mm/m)	压缩模量/MPa	压缩系数/MPa^{-1}	排水距离/cm	固结系数/(cm^2/s)
0	0										
24	50										
24	100										
24	200										
24	400										
24	800										

(4) 绘制孔隙比与压力的关系曲线。

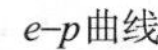

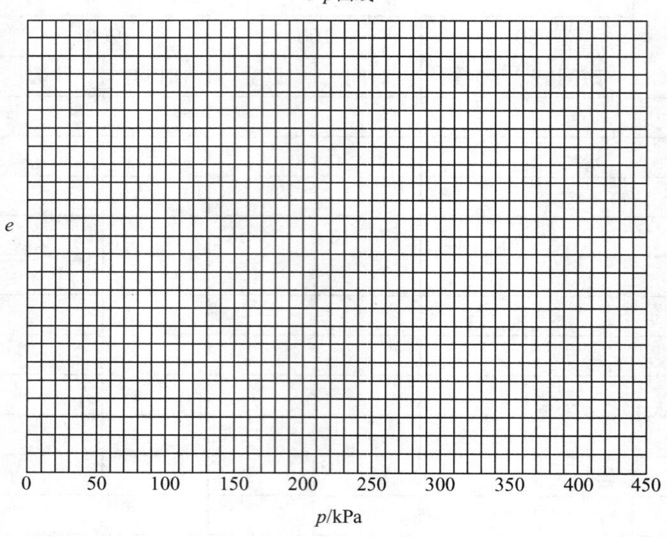

(5) 快速固结实验记录一。

含水实验

试样情况		盒号	盒+湿土质量/g	盒+干土质量/g	盒质量/g	水质量/g	干土质量/g	含水率/%
实验前	饱和前							
	饱和后（或饱和土）							
实验后								

密度实验

试样情况		环刀+土质量/g	环刀质量/g	土质量/g	试样体积/cm^3	密度/(g/cm^3)
实验前	饱和前					
	饱和后（或饱和土）					
实验后						

孔隙比及饱和度计算

试样情况	实验前	实验后
含水率/%		
密度/(g/cm^3)		
孔隙比		
饱和度/%		

(6) 快速固结实验记录二。

经历时间/min	压力/kPa							
	50		100		200		400	
	时间	读数	时间	读数	时间	读数	时间	读数
0.00								
0.25								
1.00								
2.25								
4.00								
6.25								
9.00								
12.25								
16.00								
20.25								
25.00								
30.25								
36.00								
42.25								
60.00								
总变形量/mm								
仪器变形量/mm								
试样总变形量/mm								

(7) 快速固结实验记录三。

试样原始高度					
加荷时间/h	压力/kPa	校正前试样总变形量/mm	校正后试样总变形量/mm	压缩后试样高度/mm	单位沉降量/(mm/m)
1	50				
1	100				
1	200				
1	400				
1	800				
稳定	800				

(8)绘制孔隙比与压力的关系曲线。

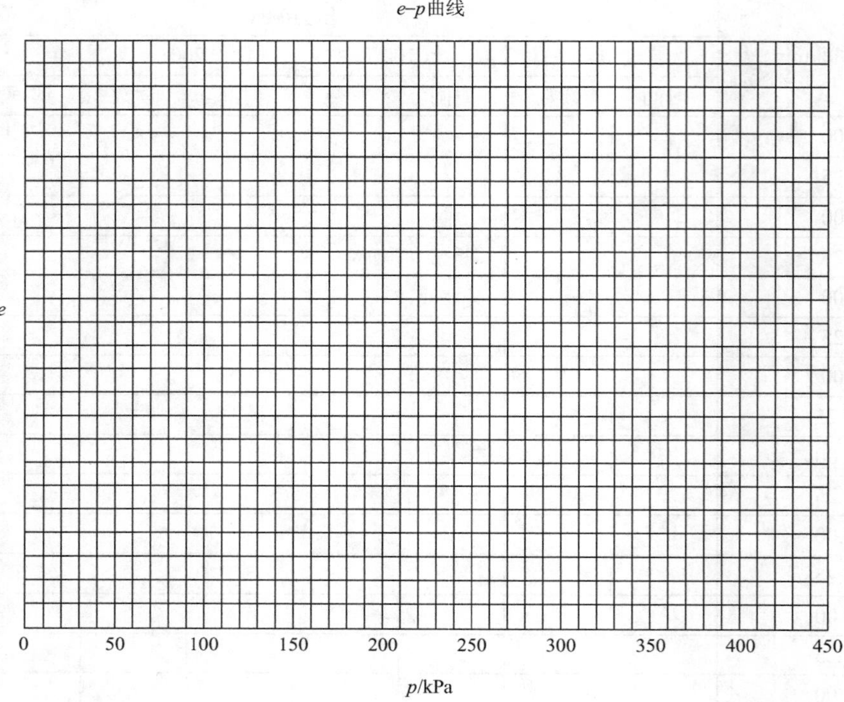

实验十一　直接剪切实验

同组者姓名____实验日期_____________

一、实验目的

二、实验设备

三、实验记录与数据处理

(1)黏质土直接剪切实验记录一。

试样编号	1			2			3			4			5		
	起始	饱和后	剪后	起始	饱和后	剪后	起始	饱和后	剪后	起始	饱和后	剪后	起始	饱和后	剪后
湿密度/(g/cm^3)															
含水率/%															
干密度/(g/cm^3)															
孔隙比															
饱和度/%															

(2)黏质土直接剪切实验记录二。

手轮转数	测力计百分表读数 /0.01mm	剪切位移 /0.01mm	剪应力 /kPa	垂直位移 /0.01mm

(3) 绘制剪应力与剪切位移的关系曲线。

(4) 绘制抗剪强度与垂直压力的关系曲线。

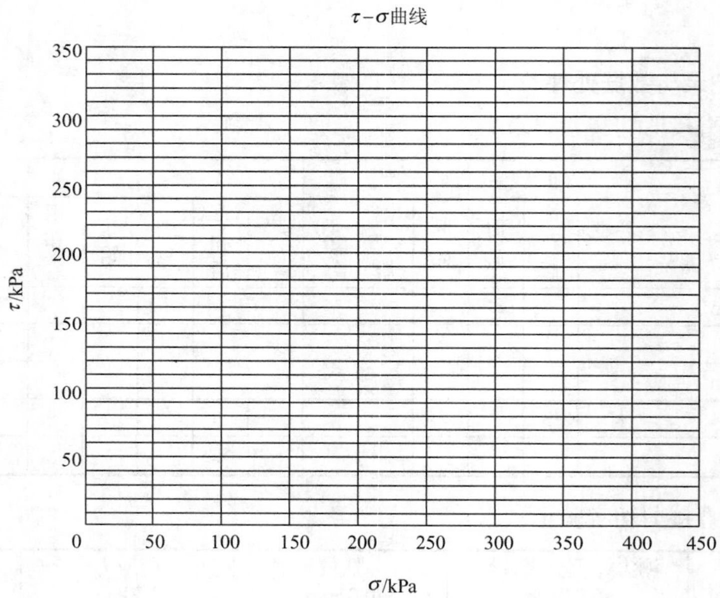

(5) 计算黏质土的抗剪强度指标。

(6) 砂类土直接剪切实验记录一。

试样编号	1			2			3			4			5		
	起始	饱和后	剪后	起始	饱和后	剪后	起始	饱和后	剪后	起始	饱和后	剪后	起始	饱和后	剪后
湿密度/(g/cm^3)															
含水率/%															
干密度/(g/cm^3)															
孔隙比															
饱和度/%															

(7) 砂类土直接剪切实验记录二。

手轮转数	测力计百分表读数 /0.01mm	剪切位移 /0.01mm	剪应力 /kPa	垂直位移 /0.01mm

(8) 计算砂类土的抗剪强度指标。

实验十二　三轴压缩实验

同组者姓名________________________________实验日期____________

一、实验目的

二、实验设备

三、实验记录与数据处理

(1) 不固结不排水实验记录一。

实验状态记录				周围压力/kPa	
实验项目	起始的	固结后	剪切后	反压力/kPa	
直径/cm				周围压力下的孔隙水压力	
高度/cm				孔隙水压力系数	
面积/cm^2					
体积/cm^3				破坏应变/%	
质量/g				破坏主应力差/kPa	
密度/(g/cm^3)				破坏大主应力	
干密度/(g/cm^3)				破坏孔隙水压力系数	
试样含水率记录					
实验项目	起始的		剪切后	相应的有效大主应力/kPa	
盒号				相应的有效小主应力/kPa	
盒质量/g				最大有效主应力比 破坏点选值准则	
盒+湿土质量/g					
湿土质量/g					
盒+干土质量/g					
干土质量/g				孔隙水压力系数	
水质量/g					
饱和度				试样破坏情况描述	

(2) 不固结不排水实验记录二。

加反压力过程							固结过程						
时间/min	周围压力/kPa	反压力/kPa	孔隙水压力/kPa	孔隙水压力增量/kPa	实验体积变化		时间/min	排水量管		孔隙水压力		体积变化管	
					读数/cm^3	体积变化量/cm^3		读数	排水量	读数/kPa	压力值/kPa	读数/cm^3	体积变化量/cm^3

(3) 不固结不排水实验记录三。

轴向变形读数/0.01mm	轴向应变/%	试样校正后面积/cm^2	测力计百分表读数/0.01mm	主应力差/kPa	大主应力/kPa	孔隙水压力		有效大主应力/kPa	有效小主应力/kPa	有效主应力比
						读数/kPa	压力值/kPa			

(4) 绘制不固结不排水剪强度包线。

(5) 计算总抗剪强度参数。

(6) 固结不排水实验记录一。

实验状态记录				周围压力/kPa	
实验项目	起始的	固结后	剪切后	反压力/kPa	
直径/cm				周围压力下的孔隙水压力	
高度/cm				孔隙水压力系数	
面积/cm^2					
体积/cm^3				破坏应变/%	
质量/g				破坏主应力差/kPa	
密度/(g/cm^3)				破坏大主应力	
干密度/(g/cm^3)				破坏孔隙水压力系数	
试样含水率记录					
实验项目	起始的		剪切后	相应的有效大主应力/kPa	
盒号				相应的有效小主应力/kPa	
盒质量/g				最大有效主应力比 破坏点选值准则	
盒+湿土质量/g					
湿土质量/g					
盒+干土质量/g					
干土质量/g				孔隙水压力系数	
水质量/g					
饱和度				试样破坏情况描述	

(7) 固结不排水实验记录二。

加反压力过程							固结过程						
时间/min	周围压力/kPa	反压力/kPa	孔隙水压力/kPa	孔隙水压力增量/kPa	实验体积变化		时间/min	排水量管		孔隙水压力		体积变化管	
					读数/cm^3	体积变化量/cm^3		读数	排水量	读数/kPa	压力值/kPa	读数/cm^3	体积变化量/cm^3

(8)固结不排水实验记录三。

轴向变形读数/0.01mm	轴向应变/%	试样校正后面积/cm^2	测力计百分表读数/0.01mm	主应力差/kPa	大主应力/kPa	孔隙水压力		有效大主应力/kPa	有效小主应力/kPa	有效主应力比
						读数/kPa	压力值/kPa			

(9)绘制主应力差与轴向应变的关系曲线。

(10)绘制有效主应力比与轴向应变的关系曲线。

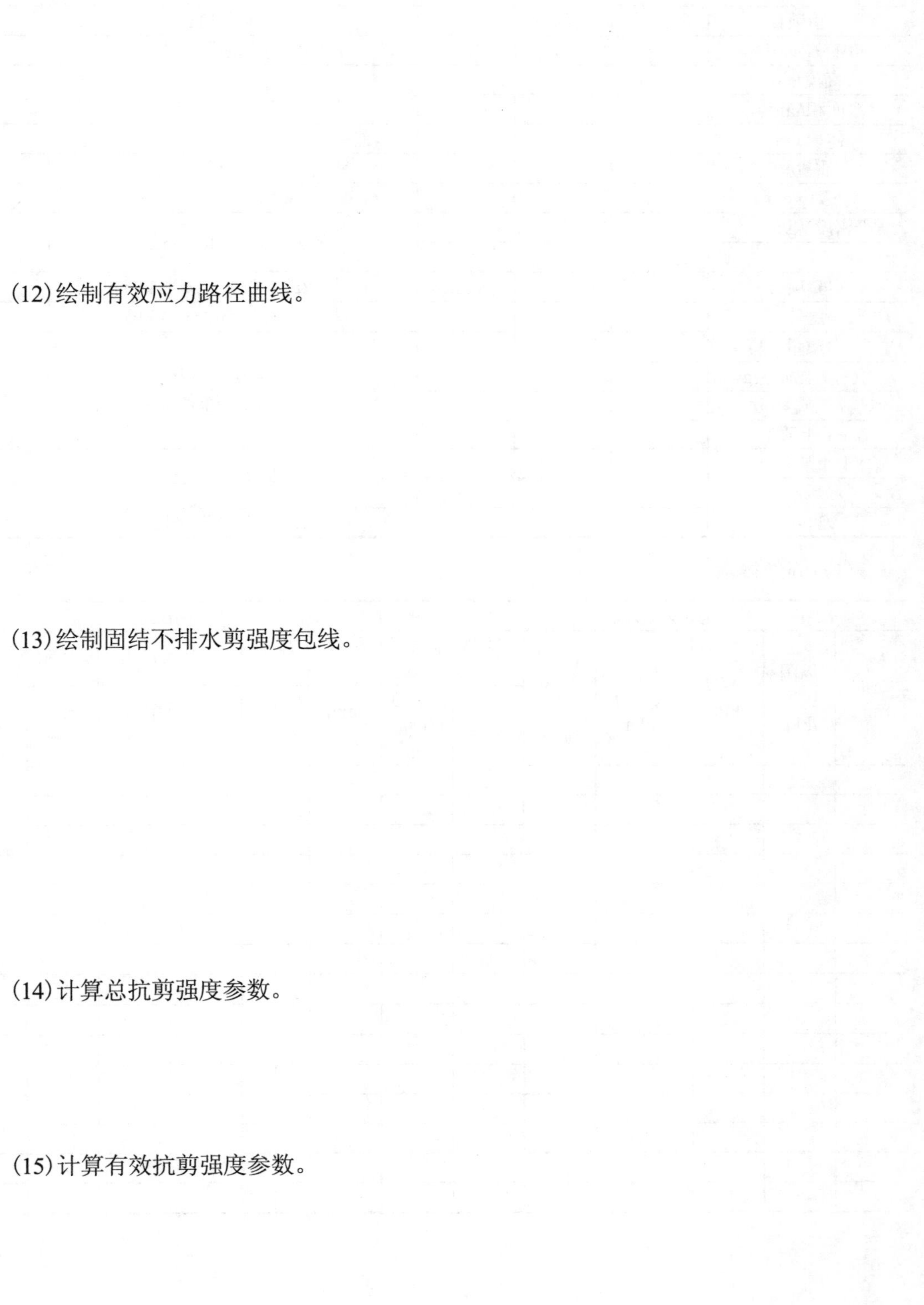

(11) 绘制孔隙水压力与轴向应变的关系曲线。

(12) 绘制有效应力路径曲线。

(13) 绘制固结不排水剪强度包线。

(14) 计算总抗剪强度参数。

(15) 计算有效抗剪强度参数。

(16) 固结排水实验记录一。

实验状态记录				周围压力/kPa	
实验项目	起始的	固结后	剪切后	反压力/kPa	
直径/cm				周围压力下的孔隙水压力	
高度/cm				孔隙水压力系数	
面积/cm^2					
体积/cm^3				破坏应变/%	
质量/g				破坏主应力差/kPa	
密度/(g/cm^3)				破坏大主应力	
干密度/(g/cm^3)				破坏孔隙水压力系数	
试样含水率记录					
实验项目	起始的		剪切后	相应的有效大主应力/kPa	
盒号				相应的有效小主应力/kPa	
盒质量/g				最大有效主应力比 破坏点选值准则	
盒+湿土质量/g					
湿土质量/g					
盒+干土质量/g					
干土质量/g				孔隙水压力系数	
水质量/g					
饱和度				试样破坏情况描述	

(17) 固结排水实验记录二。

加反压力过程							固结过程							
时间/min	周围压力/kPa	反压力/kPa	孔隙水压力/kPa	孔隙水压力增量/kPa	实验体积变化		时间/min	排水量管		孔隙水压力		体积变化管		
					读数/cm^3	体积变化量/cm^3		读数	排水量	读数/kPa	压力值/kPa	读数/cm^3	体积变化量/cm^3	

(18) 固结排水实验记录三。

轴向变形读数/0.01mm	轴向应变/%	试样校正后面积/cm^2	测力计百分表读数/0.01mm	主应力差/kPa	大主应力/kPa	孔隙水压力		有效大主应力/kPa	有效小主应力/kPa	有效主应力比
						读数/kPa	压力值/kPa			

(19) 绘制固结排水剪强度包线。

(20) 计算抗剪强度参数。

土木工程结构实验报告册

专　　业：____________________

班　　级：____________________

学　　号：____________________

姓　　名：____________________

指导教师：____________________

成绩评定：____________________

目　　录

实验一　适筋梁正截面承载力实验

一、实验目的

二、实验设备

(1) 实验梁尺寸、配筋、测点布置、加载位置及材料强度指标的标绘。

① 实验梁尺寸及配筋如图 1 所示。

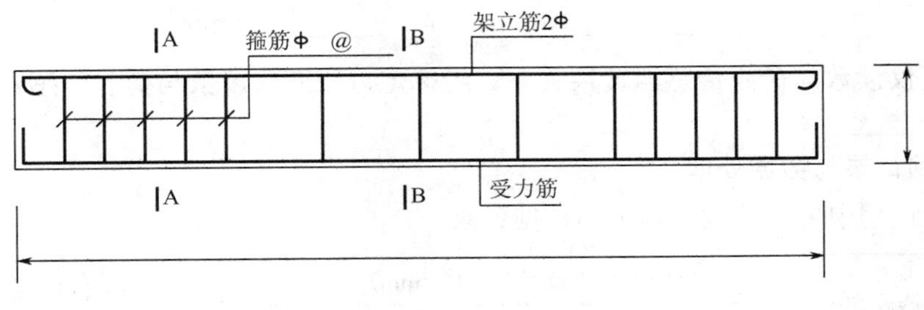

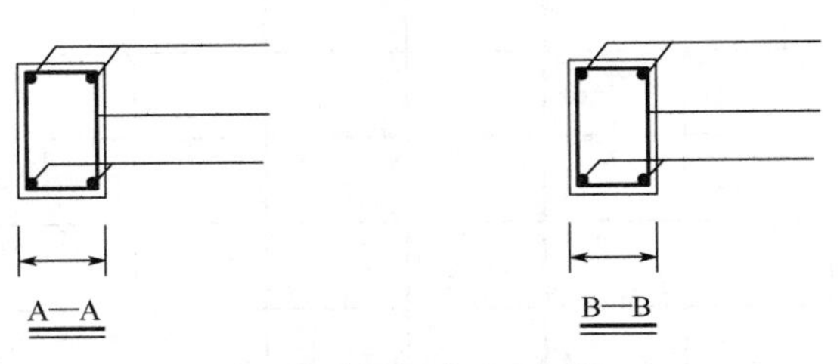

图 1　实验梁尺寸及配筋图

② 实验梁千分表布置位置如图 2 所示。

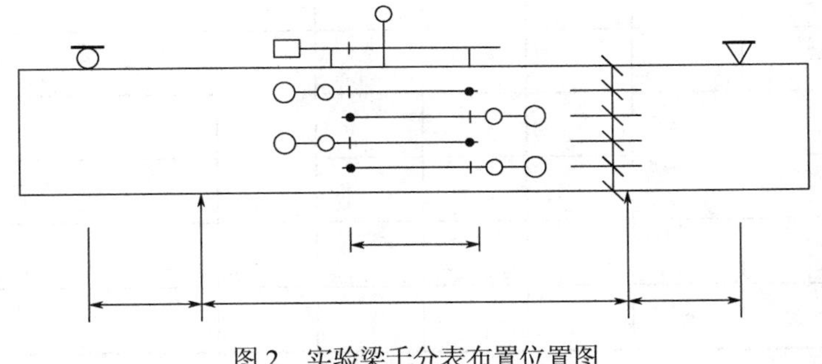

图 2　实验梁千分表布置位置图

③ 实验梁计算简图如图 3 所示。

图 3　实验梁计算简图

(2) 实验参数。

① 实验梁编号________、实验梁混凝土龄期________。

② 实验梁尺寸。

b=________mm、h=________mm、c=________mm

③ 混凝土与纵向受力钢筋的材料强度：

f_{cu}^{o} =________N/mm^2，f_{t}^{o} =________N/mm^2

④ 应变仪读数与荷载传感器转换关系。经标定，应变仪读数与荷载传感器有如下转换关系：1kN≈_____με。

三、实验记录与数据处理

(1) 实验过程中各级荷载作用下的数据记录。

序号	显示器读数/t	应变千分表读数/(×10^{-3}mm)					挠度百分表读数 ε_f/(×10^{-2}mm)	裂缝宽度 w/mm
		ε_1	ε_2	ε_3	ε_4	ε_5		
1								
2								
3								
4								
5								
6								
7								
8								
9								
10								
11								
12								

(2) 根据电阻应变仪读数计算各级荷载 P^o 和跨中截面弯矩 M^o。

序号	1	2	3	4	5	6	7	8	9	10	11	12
显示器读数/t												
荷载值/kN												
弯矩值/(kN · m)												

(3) 根据千分表读数分别在图 4 上绘制实验梁纯弯区段开裂前、开裂后和破坏前的平均应变分布图。

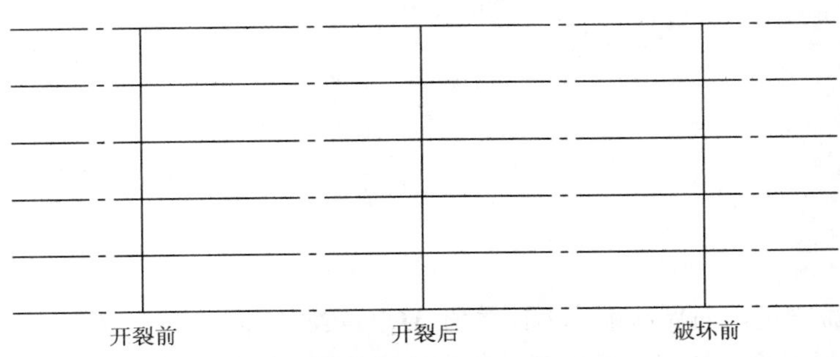

图 4　实验梁纯弯区段平均应变分布图

(4) 根据百分表读数在图 5 上绘制实验梁跨中相对弯矩–挠度曲线（$M^o/M_u^o-f^o$ 曲线）。

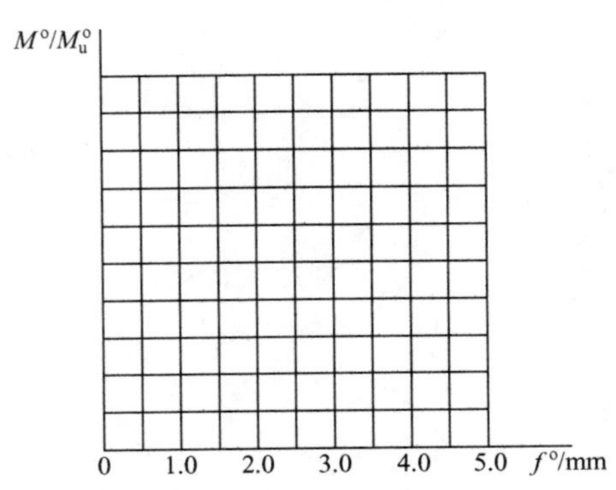

图 5　实验梁 $M^o/M_u^o-f^o$ 曲线

(5) 将实验梁裂缝分布情况绘制在图 6 上。

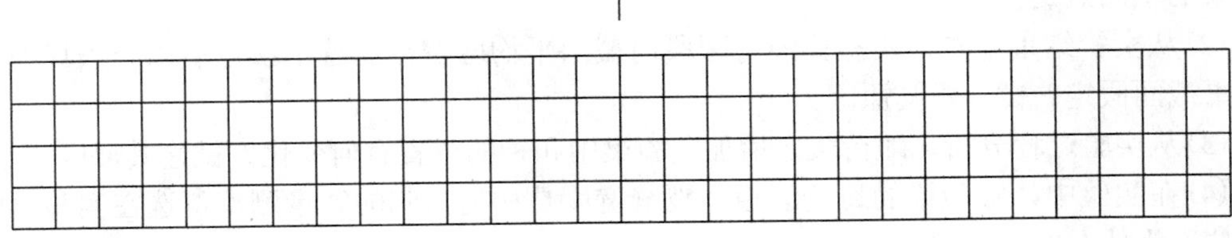

图 6　实验梁裂缝分布图

(6)进行实验梁正截面受弯开裂弯矩计算值 M_{cr} 与实测值 M_{cr}^{o} 比较。

(7)进行实验梁正截面受弯承载力计算值 M_u 与实测值 M_u^{o} 比较(M_u 应根据实验梁的有关实测数据，按教科书给出的正截面受弯承载力公式计算，其中 f_c^{o} 按下式计算：$f_c^{o}=0.76f_{cu}^{o}$)。

四、分析与思考

(1)从实验全过程来描述，适筋梁三个工作阶段的划分、受力特点以及破坏形态与少筋、超筋梁的不同点是什么?

(2)从实验结果来看，实验梁纯弯区段内截面平均应变在裂缝出现前后以及破坏前是否符合平截面假定?试分析其原因。

(3)从实验过程分析，随荷载之增加实验梁中和轴的位置有何变化?试述其原因。

(4)在实验中，实验梁的裂缝间距和裂缝宽度是如何量测的?量测部位选在实验梁的什么部位?为什么?

(5)试分析导致实验梁正截面受弯承载力计算值 M_u 与实测值 M_u^{o} 出现偏差的原因。

实验二　梁斜截面受剪承载力实验

一、实验目的

二、实验设备

(1) 实验梁尺寸、配筋、加载位置及材料强度指标的标绘。

① 实验梁尺寸及配筋如图 1 所示。

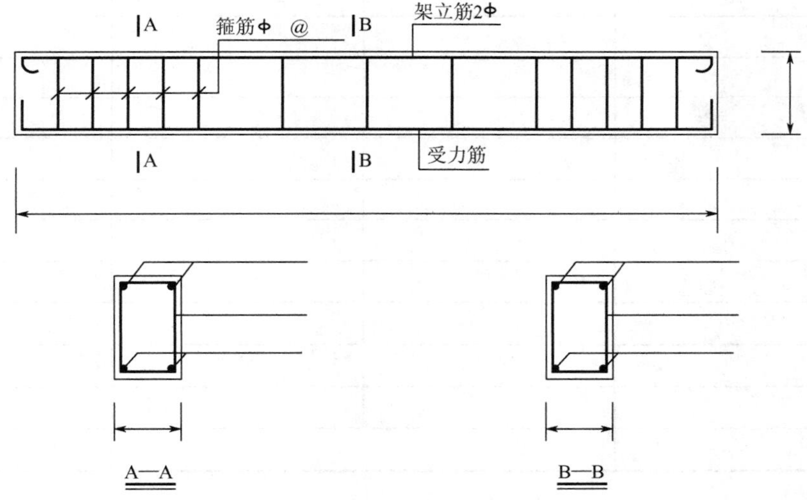

图 1　实验梁尺寸及配筋图

② 实验梁计算简图如图 2 所示。

图 2　实验梁计算简图

(2) 实验参数。

① 实验梁编号________、实验梁混凝土龄期________。

② 实验梁尺寸：

b=________mm、h=________mm、c=________mm

③ 混凝土与钢筋的材料强度：

$$f_{cu}^{o}=\_\_\_\_\_\_\_\_\text{N/mm}^2，\ f_{yv}^{o}=\_\_\_\_\_\_\_\_\text{N/mm}^2，\ f_{y}^{o}=\_\_\_\_\_\_\_\_\text{N/mm}^2$$

④ 钢筋和箍筋：

$$A_s=\_\_\_\_\_\_\_\_\text{mm}^2，A_{sv}=\_\_\_\_\_\_\_\_\text{mm}^2，s=\_\_\_\_\_\_\_\_\text{mm}$$

⑤ 应变仪读数与荷载转换关系。经标定，应变仪读数与荷载传感器有如下转换关系：1kN≈________με 。

三、实验记录与数据处理

(1) 实验过程中各级荷载作用下的数据记录：

序号	电阻 应变仪读数 ε_0	荷载值 P_i/kN	剪力值 V/kN	实验现象
1				
2				
3				
4				
5				
6				
7				
8				
9				
10				
11				
12				

(2) 绘制实验梁破坏阶段裂缝分布图于图 3 上，图中应标出临界斜裂缝水平投影长度。

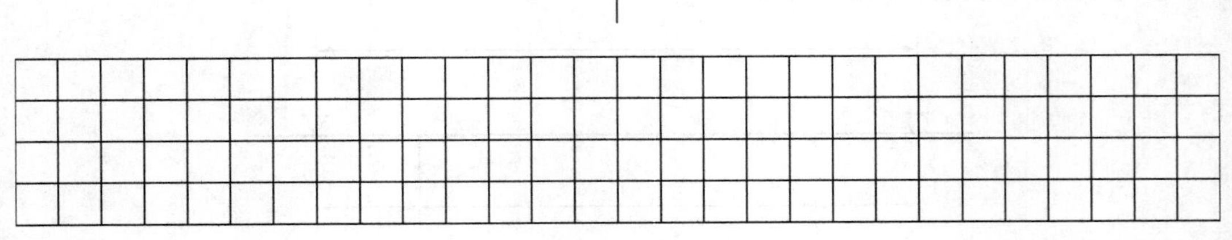

图 3　实验梁斜裂缝分布图

(3) 进行实验梁斜截面受剪承载力计算值 V_u 与实测值 V_u^o 比较（V_u 应根据实验梁的有关实测数据，按教科书给出的以集中荷载为主独立简支梁斜截面受剪承载力公式计算，其中混凝

土抗拉强度值 f_t^o 按下式计算：$f_t^o = 0.395(f_{cu}^o)^{0.55}$，式中 f_{cu}^o 为实验梁混凝土立方体抗压强度实测值)。

四、分析与思考

(1) 简述实验梁从加载至破坏的实验全过程，并与适筋梁正截面破坏进行比较，加深对这两种破坏性质的认识。

(2) 观察并讨论实验梁上裂缝的分布情况，分析实验梁上的裂缝是什么类型的裂缝，说明导致这些裂缝出现的原因，以及与斜压、斜拉型破坏有何不同。

(3) 试分析改变实验梁的剪跨比和箍筋含量，对其斜截面承载力的影响。

(4) 试分析导致实验梁斜截面受剪承载力计算值 V_u 与实测值 V_u^o 出现偏差的原因。

实验三　钢桁架静力实验

一、实验目的

二、实验设备

仪器名称及型号：

三、有关参数

应变片的阻值=__________Ω，应变片灵敏系数 K =__________。

四、实验记录与数据处理

(1) 填写实验记录。

测点序号	应变仪测点通道号	初读		第一次		第二次		第三次		第四次		第五次		卸载一		卸载二	
		0kN		kN		kN		kN		kN		kN		kN		kN	
		时	分	时	分	时	分	时	分	时	分	时	分	时	分	时	分
		读数/με	增量/με	读数/με	增量/με	读数/με	增量/με	读数/με	增量/με	读数/με	增量/με	读数/με	增量/με	读数/με	增量/με	读数/με	增量/με
1																	
2																	
3																	
4																	
5																	
6																	
7																	
8																	
9																	
10																	
11																	
12																	
13																	
14																	
测点布置简图	实验日期记录				备注												

(2)绘制所测杆件在荷载作用下的荷载-应变曲线。

(3)比较桁架杆件在各级荷载作用下内力的实测值与理论值并进行分析。

流体力学实验报告册

专　　业：________________________

班　　级：________________________

学　　号：________________________

姓　　名：________________________

指导教师：________________________

成绩评定：________________________

目　　录

实验一　平面静水压力实验

一、实验目的

二、计算公式

三、实验记录与数据处理

仪器编号：______________________。

(1)有关常数记录。

① 天平臂距离　　　　$L_0 =$ __________________cm

② 扇形体垂直距离　　$L =$ __________________cm

③ 平面宽度　　　　　$b =$ __________________cm

④ 平面高度　　　　　$a =$ __________________cm

(2) 量测记录。

压力分布形式	测次	水位读数 H/cm	砝码质量 m/g
三角形分布	1		
	2		
	3		
梯形分布	1		
	2		
	3		

(3) 计算表。

压强分布形式	测次	作用点距底部距离	作用力距支点垂直距离	实测力矩	实测静水总压力	理论静水总压力	相对值
		e	$L_1 = L - e$	$M_0 = mgL_0$	$P_{实测} = \frac{M_0}{L_1}$	$P_{理论}$	$y = \frac{P_实}{P_理}$
		cm	cm	N·cm	N	N	—
三角形分布	1						
	2						
	3						
梯形分布	1						
	2						
	3						

四、分析与思考

(1)试问作用在液面下平面图形上绝对压力的压力中心和相对压力的压力中心哪个在液面上更深的地方？为什么？

(2)分析产生量测误差的原因，指出在实验仪器的设计、制作和使用中，哪些问题是最关键的。

实验二　文丘里实验

一、实验目的

二、计算公式

三、实验记录与数据处理

仪器编号：____________________________。

(1) 有关常数记录。

① 文丘里管管道直径　　$D=$ ____________________ cm

② 文丘里管喉管直径　　$d=$ ____________________ cm

(2) 量测记录。

测次	测管液面高程读数		量水体积	量水时间
	h_1 /cm	h_2 /cm	V /cm^3	t/s
1				
2				
3				
4				
5				
6				
7				
8				
9				
10				

(3) 计算表。

测次	测压管高差	实测流量	K	理论流量	流量因数
	$\Delta h = h_1 - h_2$	$q_{vs} = \dfrac{V}{t}$		$q_v = K\sqrt{\Delta h}$	$\mu = \dfrac{q_{vs}}{q_v}$
	cm	cm^3/s	cm$^{2.5}$/s	cm^3/s	—
1					
2					
3					
4					
5					
6					
7					
8					
9					
10					

(4) 绘制文丘里管 Δh 与实测流量 q_{vs} 的关系曲线(用方格纸，比例自选)。

四、分析与思考

(1) 文丘里流量计的实际流量与理论流量为什么会有差别？这种差别是由哪些因素造成的？

(2) 文丘里流量计的流量因数是否与雷诺数有关？通常给出一个固定的流量因数，应怎么理解？

(3) 为什么在实验中要反复强调保持水流稳定的重要性？

实验三　雷诺实验

一、实验目的

二、计算公式

三、实验记录与数据处理

仪器编号：________________。

(1)有关常数记录和计算。

① 管径　　　　$d=$ ________________ cm

② 断面积　　　$A=\dfrac{\pi d^2}{4}=$ ____________ cm^2

③ 水温　　　　$T=$ ________________ ℃

④ 运动黏度系统　$\upsilon=$ ________________ cm^2/s

(2) 量测记录一。

测次	量杯充水体积 V /cm^3	充水时间 t/s	颜色水线形态
1			
2			
3			
4			
5			
6			
7			
8			
9			
10			

(3) 量测记录二。

测次	流量	平均流速	Re
	$Q=\dfrac{V}{t}$	$v=\dfrac{Q}{A}$	
	cm^3/s	cm/s	
1			
2			
3			
4			
5			
6			
7			
8			
9			
10			

四、分析与思考

(1)流态判据为何采用无量纲参数而不采用临界流速？

(2)为何认为上临界雷诺数无实际意义，而采用下临界雷诺数作为层流与紊流的判据？

(3)分析实验误差产生的原因。